Heidelberger Taschenbücher Band 226

Georg Löffler

Grundzüge der physiologischen Chemie

Mit 180 Abbildungen und 52 Tabellen

Springer-Verlag
Berlin Heidelberg New York Tokyo 1983

Professor Dr. med. Georg Löffler
Institut für Biochemie, Genetik und Mikrobiologie
der Universität Regensburg
Universitätsstraße 31, 8400 Regensburg

ISBN-13:978-3-540-12402-3   e-ISBN-13:978-3-642-69091-4
DOI: 10.1007/978-3-642-69091-4

CIP-Kurztitelaufnahme der Deutschen Bibliothek. Löffler, Georg: Grundzüge der
physiologischen Chemie/ Georg Löffler. – Berlin; Heidelberg; New York; Tokyo:
Springer, 1983. (Heidelberger Taschenbücher; Bd. 226)
ISBN-13:978-3-540-12402-3

NE: GT

Das Werk ist urheberrechtlich geschützt. Die dadurch begründeten Rechte, insbesondere die der Übersetzung, des Nachdruckes, der Entnahme von Abbildungen, der Funksendung, der Wiedergabe auf photomechanischem oder ähnlichem Wege und der Speicherung in Datenverarbeitungsanlagen bleiben, auch bei nur auszugsweiser Verwertung, vorbehalten. Die Vergütungsansprüche des § 54, Abs. 2 UrhG werden durch die „Verwertungsgesellschaft Wort", München, wahrgenommen.

© Springer-Verlag Berlin Heidelberg 1983

Die Wiedergabe von Gebrauchsnamen, Handelsnamen, Warenbezeichnungen usw. in diesem Werk berechtigt auch ohne besondere Kennzeichnung nicht zu der Annahme, daß solche Namen im Sinne der Warenzeichen- und Markenschutz-Gesetzgebung als frei zu betrachten wären und daher von jedermann benutzt werden dürften.

Produkthaftung: Für Angaben über Dosierungsanweisungen und Applikationsformen kann vom Verlag keine Gewähr übernommen werden. Derartige Angaben müssen vom jeweiligen Anwender im Einzelfall anhand anderer Literaturstellen auf ihre Richtigkeit überprüft werden.

Gesamtherstellung: Beltz, Offsetdruck, Hemsbach/Bergstraße
2127/3140-543210

Vorwort

Der Verfasser kennt aus langjähriger Lehrtätigkeit die Schwierigkeiten des Anfängers, sich in das immer umfangreicher werdende Gebiet der physiologischen Chemie einzuarbeiten. Unter diesem Aspekt ist das vorliegende Heidelberger Taschenbuch konzipiert worden, das in kurzer Form die wichtigsten Aspekte der physiologischen Chemie behandelt. Der Schwerpunkt liegt dabei auf der Schilderung des Zellstoffwechsels mit Substratabbau, Energiestoffwechsel und Biosynthesen sowie dem Stoffwechsel wichtiger Gewebe und der hormonellen Stoffwechselkontrolle. Als Ergänzung dienen Kapitel über Struktur und Funktion von Proteinen und Enzymen. Die Darstellung beschränkt sich auf die für das Verständnis wesentlichen Tatsachen und berücksichtigt den laut Gegenstandskatalog für die ärztliche Vorprüfung geforderten Stoff.

Der Schwerpunkt des Buches liegt auf dem Stoffwechsel des tierischen Organismus. Es ist aus diesem Grund besonders für Studenten der Medizin und Zahnmedizin, daneben aber auch für Biologen, Chemiker und Pharmazeuten gedacht. Es soll den Lesern den Einstieg in die physiologische Chemie vermitteln, das Arbeiten mit umfangreicheren Lehrbüchern erleichtern und schließlich als Hilfe bei der Examensvorbereitung dienen.

Regensburg, Juli 1983   Georg Löffler

Inhaltsverzeichnis

1 Die Bauteile des tierischen Organismus 1

Das Prinzip des Aufbaus lebender Organismen aus einfachen
Bauteilen 2
Die am Aufbau der subzellulären Organellen beteiligten
Verbindungen 6
    Monosaccharide 6
    Fettsäuren 7
    Aminosäuren 8
    Nucleotide 9
Die Entstehung der monomeren Bauteile tierischer Zellen 10

2 Aminosäuren und Proteine 12

Aminosäuren 12
    Die proteinogenen Aminosäuren 12
    Die Bedeutung der Aminosäureseitenketten für Struktur und
    Funktion von Proteinen 14
    Trennung und Nachweis von Aminosäuren 15
Polymere von Aminosäuren: Peptide und Proteine 17
    Die Peptidbindung 17
    Die dreidimensionale Struktur von Proteinen und Peptiden . . 17
        Die Primärstruktur von Peptiden und Proteinen 18
        Die Sekundärstruktur von Proteinen und Peptiden 19
        Die Tertiärstruktur von Peptiden und Proteinen 21
        Die Quartärstruktur von Proteinen 24
Trennungs- und Nachweismethoden von Peptiden und
Proteinen 24
    Fraktionierung nach Teilchengröße 25
    Trennung nach Ladungsunterschieden 26
    Auftrennung von Proteingemischen aufgrund ihrer
    Löslichkeit 27
Quantitative Bestimmung von Proteinen 27
Biologisch wichtige Peptide und Proteine 27

3 Die Biokatalyse 30

Proteine als Katalysatoren 30
    Einteilung von Enzymen und ihre Nomenklatur 30
    Allgemeiner Aufbau von Enzymen 32

Enzymkinetik	35
Die Spezifität der Enzymkatalyse	35
Die Bestimmung der Enzymaktivität	36
Die Beziehungen zwischen Substratkonzentration und enzymkatalysiertem Substratumsatz	38
Grundlagen der Reaktionskinetik	38
Abhängigkeit enzymkatalysierter Reaktionen von der Enzym- und Substratkonzentration	39
Methoden zur Bestimmung der Michaeliskonstanten	42
Weitere Faktoren, die die Geschwindigkeit enzymkatalysierter Reaktionen beeinflussen	44
Temperatur	44
Wasserstoffionenkonzentration	44
Aktivatoren und Hemmstoffe	44
Die kompetitive Hemmung	45
Die nichtkompetitive Hemmung	47
Die Regulation der Enzymaktivität	48
Enzymregulation durch Änderung der Enzymbiosynthese	48
Enzymregulation durch Änderung der katalytischen Effektivität	49
Allosterische Regulation	49
Regulation durch Interkonvertierung	51
Der molekulare Mechanismus der Enzymkatalyse	52
Stereospezifische Bindung und Fixierung des Substrates	52
Säure-Basen-Katalyse	52
Bildung von covalenten Bindungen zwischen Enzym und Substrat	53
Die induzierte Paßform (induced fit)	53
4 Der Abbau der Kohlenhydrate	**54**
Die chemische Natur der Kohlenhydrate	54
Der Abbau von Glucose zu Lactat: Die Glykolyse	59
Die einzelnen Reaktionen der Glykolyse	61
Die Regulation der Glykolyse	64
Die Einschleusung von Glykogen in die Glykolyse	65
Glykogenolyse	65
Die Regulation der Glykogenolyse	66
Der Abbau von Glucose im Pentosephosphatweg	67
Die Reaktionen des Pentosephosphatweges	67
Die biologische Bedeutung des Pentosephosphatweges	70
Der Abbau von Fructose und Galactose	70
Stoffwechsel der Galactose	71
Stoffwechsel der Fructose	72
5 Der Citratcyclus und die biologische Oxidation	**74**
Der Citratcyclus	74
Vom Pyruvat zum Acetyl-CoA: Die Pyruvatdehydrogenase	75

Vom Acetyl-CoA zum Succinat: Die Oxidation des Acetylrestes	77
Vom Succinat zum Oxalacetat	79
Die Regulation des Citratcyclus	80
Die Beziehungen des Citratcyclus zu anderen Stoffwechselwegen	81
Atmungskette und oxidative Phosphorylierung	82
Prinzipien der Energiekonservierung in biologischen Systemen	82
Der Elektronentransport der Atmungskette	87
Die Elektronentransport-Phosphorylierung	91
Hypothesen über den Mechanismus der Kopplung von Elektronentransport und ATP-Bildung	94
An Redoxreaktionen beteiligte Enzyme	95

6 Der Abbau von Fett 99

Klassifizierung der Fette	99
Der Abbau der Triacylglycerine	101
Die β-Oxidation der Fettsäuren	103
Die Aktivierung von Fettsäuren zu Acyl-CoA	103
Die Bedeutung des Carnitins für den Transport von Acylresten in den mitochondrialen Innenräumen	103
Die Einzelreaktionen der β-Oxidation der Fettsäuren	105
Die Bilanz der β-Oxidation	108
Stoffwechsel der Ketonkörper	108
Biosynthese	108
Verwertung	110

7 Abbau der Aminosäuren I: Stoffwechsel der Aminogruppe ... 111

Die Übertragung von Aminogruppen durch Transaminierung	112
Der Stoffwechsel des Ammoniaks	114
Entstehung von Amoniak im Organismus	114
Die reversible oxidative Desaminierung von Glutamat	115
Nicht oxidative Desaminierung	115
Ammoniakfreisetzung im Purin- und Pyrimidin-Stoffwechsel	115
Aminosäureoxidasen	117
Die Umwandlung von Ammoniak zu Harnstoff: Der Harnstoffcyclus	117
Ammoniak und die Biosynthese N-haltiger Verbindungen	119
Transport von Aminogruppen im Blut	120

8 Abbau der Aminosäuren II: Schicksal des C-Skeletts der Aminosäuren 122

Der Abbau des Kohlenstoffskeletts einzelner Aminosäuren	124
Beziehungen des Aminosäureabbaus zum Citratcyclus	124

Grundzüge des Abbaus der verzweigtkettigen Aminosäuren 124
Aminosäuren, deren Abbau α-Ketoglutarat liefert 126
Aminosäuren, deren Abbau Succinyl-CoA liefert 126
Aminosäuren, deren Abbau Fumarat bzw. Oxalacetat
liefert 127
Aminosäuren, deren Abbau Pyruvat liefert 127
Der Abbau der aromatischen Aminosäuren Phenylalanin
und Tyrosin 127
Die Phenylketonurie als Beispiel für angeborene
Enzymdefekte 130

Aminosäuren und der Stoffwechsel von 1-Kohlenstoffresten 132
Stoffwechsel einzelner Aminosäuren 133
   Stoffwechsel von Prolin und Hydroxyprolin 133
   Stoffwechsel des Histidins 135
   Der Abbau der Aminosäure Tryptophan 135
   Der Stoffwechsel der schwefelhaltigen Aminosäuren und
   die Biosynthese schwefelhaltiger Verbindungen 135

9 Stoffwechsel des Organismus bei Nahrungsmangel: Wechselbeziehungen des Kohlenhydrat-, Fett- und Proteinstoffwechsels 138

Der Lipidstoffwechsel im Hunger 140
Der Kohlenhydratstoffwechsel im Hunger 142
Der Proteinstoffwechsel im Hunger 145
Die Gluconeogenese 146

10 Substratspeicherung: Biosynthese von Glykogen und Triacylglycerinen 149

Die Speicherung von Kohlenhydraten 149
   Die Einzelreaktionen der Glykogenbiosynthese 149
   Die Regulation der Glykogenbiosynthese 151
Die Speicherung von Triacylglycerinen 153
   Die Einzelreaktionen der Triacylglycerin-Biosynthese 154
   Die Biosynthese der Fettsäuren 155
      Carboxylierung von Acetyl-CoA zu Malonyl-CoA 155
      Die Fettsäuresynthetase 156
   Die Regulation der Fettsäure- und Triacylglycerinbiosynthese . 157

11 Membranstruktur mit Biosynthese von Membranlipiden 159

Der Aufbau biologischer Membranen 159
Der Stoffwechsel der Phosphoglyceride 165
   Biosynthese 165
   Abbau 166

Stoffwechsel der Sphingolipide	166
Biosynthese	166
Abbau	166
Der Stoffwechsel des Cholesterins	167
Biosynthese	167
Abbau	169

12 Biosynthese von Zuckern und Zuckerderivaten 171

Prinzip der Verwendung nukleotidaktivierter Zucker für Kohlenhydratbiosynthesen	171
Der Stoffwechsel der Glucuronsäure	172
Die Biosynthese von UDP-Glucuronat	172
Stoffwechsel des UDP-Glucuronates	173
Biosynthese der in Glykoproteinen und Glykosaminoglykanen vorkommenden Zucker	173
Biosynthese von Polysacchariden	175
Die Heteroglykane	176
Glykoproteine	176
Proteoglykane	178

13 Der Stoffwechsel von Nucleotiden 181

Die Mononucleotide	181
Aufbau von Mononucleotiden	181
Funktion von Mononucleotiden	183
Der Stoffwechsel von Purinen und Pyrimidinen	184
Biosynthese der Purine	184
Die Pyrimidinbiosynthese	188
Die Biosynthese von Desoxiribonucleotiden	189
Die Wiederverwertung von Purin- und Pyrimidinbasen	189
Der Abbau der Purinbasen	190
Abbau der Pyrimidine	191
Nucleinsäuren (Polynucleotide)	191
Primärstruktur der Nucleinsäuren	191
Konformation der Nucleinsäuren	193

14 Der Stoffwechsel der Nucleinsäuren 197

Bedeutung von Nucleinsäuren als Informationsträger	197
Die Replikation	199
Die Transkription	201
Mechanismus der Transkription	201
Regulation der Transkription	204
Die Verhältnisse bei Prokaryoten: Das Operonmodell	204
Die Verhältnisse bei Eukaryoten	205

Hemmstoffe der Nucleinsäurebiosynthese 206
Der enzymatische Abbau der Nucleinsäuren 206

15 Die Proteinbiosynthese 207

Das Prinzip der Proteinbiosynthese: Translation der in der DNS
gespeicherten Information 207
    Die mRNS als Matrize für die Proteinbiosynthese 207
    Aminoacyl-tRNS: Der Schlüssel für die Translation von
    Basensequenz in Aminosäuresequenz 210
    Die Ribosomen 212
Die ribosomale Proteinbiosynthese 213
Posttranslationale Modifikation von Proteinen 216
Veränderungen des genetischen Materials 217
    Veränderungen des genetischen Materials durch Mutationen . 219
    Änderungen des genetischen Materials durch Viren 221

16 Ernährung, Verdauung und Resorption 222

Die Energiebilanz des menschlichen Organismus 222
Die einzelnen Nahrungsbestandteile 223
    Proteine 223
    Kohlenhydrate 226
    Fette 227
    Essentielle Nahrungsbestandteile 227
        Essentielle Aminosäuren 227
        Essentielle Fettsäuren 228
Vitamine 228
    Die wasserlöslichen Vitamine 231
        Thiamin (Vitamin B_1) 231
        Riboflavin (Vitamin B_2) 232
        Nikotinsäureamid 232
        Biotin 233
        Pyridoxin (Vitamin B_6) 235
        Pantothensäure 235
        Folsäure 236
        Cobalamin (Vitamin B_{12}) 237
        Ascorbinsäure (Vitamin C) 239
    Die fettlöslichen Vitamine 240
        Retinol (Vitamin A) 240
        Calciferol (Vitamin D) 242
        Phyllochinon (Vitamin K) 244
        Tocopherol (Vitamin E) 245
Die Spurenelemente 245
    Die Übergangsmetalle 247
        Eisen 247
        Kupfer, Zink, Mangan, Kobalt und Molybdän 248

Jod	249
Fluor	249
Verdauung und Resorption von Nahrungsstoffen	250
Die gastrointestinale Sekretion	250
Abbau und Resorption einzelner Nahrungsbestandteile	253
Kohlenhydrate	253
Proteine, Peptide und Aminosäuren	253
Fette	254
Wasser und Elektrolyte	255
Bedeutung der Bakterienflora des Intestinaltraktes	256

17 Die Regulation des Stoffwechsels durch Hormone — 257

Wirkungsmechanismus von Hormonen	257
Hormonwirkung über Wechselwirkung mit der Zellmembran	257
Hormonwirkung auf der Ebene der Transkription bzw. Translation	259
Stoffwechsel von Hormonen	259
Hormonelle Regelkreise	260
Methoden des Hormonnachweises	261
Kontrolle des Intermediärstoffwechsels: Rasch wirksame Hormone	263
Insulin	263
Struktur, Biosynthese und Sekretion	263
Biochemische Wirkungen	264
Glucagon	267
Struktur, Biosynthese und Sekretion	267
Biochemische Wirkungen	268
Noradrenalin und Adrenalin	268
Biosynthese und Speicherung	268
Biochemische Wirkung	269
Abbau	269
Der Diabetes mellitus	270
Kontrolle von Wachstum und Differenzierung: Langsam wirkende Hormone	272
Das Wachstumshormon (STH)	272
Synthese und Sekretion	272
Biochemische Wirkung	273
Die Hormone der Schilddrüse	274
Biosynthese und Sekretion	274
Biochemische Wirkung	275
Die Sexualhormone	277
Die gonadotropen Hormone der Hypophyse	277
Biosynthese und Sekretion	277
Biochemische Wirkungen	277
Die Androgene	277
Biosynthese	277
Biochemische Wirkungen	278

Die Östrogene	279
Biosynthese	279
Wirkung	280
Die Gestagene	280
Der Abbau der Sexualhormone	280
Die Glucocorticoidhormone der Nebennierenrinde	281
Biosynthese und Sekretion	281
Biochemische Wirkung	282
Hormone, die in den Stoffwechsel von Calcium und Phosphat eingreifen	283
Parathormon	283
Biosynthese und Sekretion	283
Biochemische Wirkung	284
Thyreocalcitonin	284
Hormone, die den Stoffwechsel von Elektrolyten beeinflussen	284
Die Mineralocorticoide	284
Die Hormone des Hypophysenhinterlappens	286
Die Gewebshormone	287

18 Das Blut . . . 290

Die korpuskulären Elemente des Blutes	290
Erythrocyten	290
Hämoglobin	290
Das Häm	291
Die Bedeutung des Hämoglobins beim Transport von CO_2	295
Die Hämoglobinopathien	296
Biosynthese und Abbau von Häm	296
Der Stoffwechsel der Erythrocyten	300
Bildung und Abbau von Erythrocyten	301
Granulocyten	302
Die Lymphocyten und das Immunsystem	303
Die humorale und zelluläre Immunantwort	303
Die Antigene	304
Die Antikörper	305
Bedeutung immunologischer Reaktionen	308
Die Thrombocyten und die Blutgerinnung	309
Thrombocytenaggregation	310
Die plasmatische Blutgerinnung	310
Aktivierung durch das extravasculäre System	311
Aktivierung durch das intravasculäre System	311
Vitamin K	311
Heparin	311
Vitamin K-Antagonisten	312
Hemmung der Blutgerinnung in vitro	312
Die Fibrinolyse	312

Blutplasma und Blutserum 312
   Die Plasmaproteine 313
   Die niedermolekularen Bestandteile des Blutes 315

19 Die Leber 316

Spezifische Stoffwechselfunktionen der Leber 317
   Stoffwechselfunktionen 317
   Die Entgiftung von körpereigenen und körperfremden
   Substanzen in der Leber 318
      Teil 1 der Biotransformation: Oxidative bzw. reduktive
      Umwandlung 318
      Teil 2 der Biotransformation: Die Konjugation 318
   Die Entwicklung des Biotransformationssystems 320
   Der Stoffwechsel lebertoxischer Substanzen 320
Die Gallenflüssigkeit 322

20 Das Fettgewebe 324

21 Das Muskelgewebe 327

Mechanismus der Muskelkontraktion 327
Der Energiestoffwechsel des Muskelgewebes 330

22 Das Nervengewebe 333

Der Aufbau des Nervensystems 333
Stoffwechsel des Nervengewebes 334
Nervenleitung und Überträgerstoffe 335

23 Binde- und Stützgewebe 338

Bauteile des Bindegewebes 338
   Kollagen und Elastin 338
   Die Proteoglykane 339
   Die Architektur des Bindegewebes 340
Der Stoffwechsel des Binde- und Stützgewebes 341
   Der Kollagenstoffwechsel 341
   Der Stoffwechsel der Proteoglykane 342
Störungen des Bindegewebsstoffwechsels 343
   Kollagenstoffwechsel 343
   Stoffwechsel der Proteoglykane 344
Knochen und Knochenbildung 344

24 Sachverzeichnis 346

1 Die Bauteile des tierischen Organismus

Am Beginn des Versuches, aus der Welt magischer Bezüge zu einem naturwissenschaftlich begründeten Verständnis unserer Umwelt zu gelangen, stand die Erkenntnis einer klaren Polarität zwischen der Welt des anorganischen, unbelebten und der alle Vorstellungskraft überschreitenden Vielfalt im Bereich des Organischen, Lebenden. Eine Reihe von Merkmalen legte es nahe, einen prinzipiellen Unterschied zwischen unbelebter und belebter Natur zu machen. In der unbelebten Natur finden sich eine beschränkte Anzahl anorganischer Verbindungen von einfachem Aufbau und nur geringen übergeordneten Strukturmerkmalen. Im Gegensatz dazu zeichnet sich alles Lebendige durch größte Vielfalt und eine bis heute noch nicht voll erfaßte Komplexizität der Struktur aus. Nehmen unbelebte anorganische Verbindungen Energie auf, so führt dies in aller Regel zu einem Verlust an Struktur und Ordnung. Im Gegensatz dazu nehmen lebende Organismen Energie aus ihrer Umwelt auf, um mit ihrer Hilfe ihre Komplexizität zu erhalten bzw. zu erhöhen. Anorganische Verbindungen zeigen allenfalls die Tendenz zum Zerfall in die zugrundeliegenden Bauteile, lebende Organismen zeichnen sich dagegen durch die Fähigkeit zur Vermehrung, d.h. der identischen Reduplikation aus. Aufgrund dieser klaren und prima vista prinzipiellen Unterschiede nimmt es nicht wunder, daß über Jahrhunderte die Ansicht vertreten wurde, daß allem Lebendigen eine spezifische Kraft, die „vis vitalis" zugeordnet sei, die in der unbelebten Materie nicht vorkommt und die eigentlich der Vermittler der spezifischen Eigenschaften des Lebendigen ist.

Mit der zu Beginn des letzten Jahrhunderts einsetzenden stürmischen Entwicklung der Chemie wurde ein Arsenal von Verfahren geschaffen, das es erlaubte, die Bestandteile lebender Organismen zu analysieren und zumindest bei einfacheren Bauteilen chemisch zu synthetisieren. Die dabei gewonnenen Erkenntnisse haben klar gezeigt, daß lebende Organismen im Prinzip aus denselben Atomen zusammengesetzt sind, die auch in der unbelebten Natur vorkommen. Der um ein Vielfaches höhere Ordnungsgrad bioorganischer Moleküle beruht auf den spezifischen Eigenschaften des Kohlenstoffatoms und seiner speziellen Fähigkeit, sich zu großen Molekülverbänden zusammenzuschließen. Für alle in lebenden Organismen ablaufenden Reaktionen gelten dieselben physikalisch-chemischen

Gesetze, wie sie auch den Reaktionen der anorganischen Welt zugrunde liegen. Diese Einsicht hat die Entwicklung der naturwissenschaftlichen Medizin ganz entscheidend beeinflußt. Sie ermöglichte die Erweiterung und Vertiefung von Virchows Konzept der Lokalisierung von Erkrankungen auf der *zellulären Ebene*. Das Ziel der heutigen modernen Medizin besteht darin, Krankheiten und ihre Entstehung letztlich auf *molekularer Ebene* zu lokalisieren.

Das Prinzip des Aufbaus lebender Organismen aus einfachen Bauteilen

Tabelle 1-1 stellt am Beispiel der Wirbeltiere den Aufbau tierischer Organismen dar. Wegen ihrer stammesgeschichtlichen Verwandtschaft verfügen alle Wirbeltiere in etwa über dieselbe Zahl von Einzelorganen wie Leber, Nieren, Zentralnervensystem usw. Jedes dieser Organe ist seinerseits aus einer großen Zahl gleichartiger Einzelzellen aufgebaut. Ungeachtet der einzelnen Spezies ist ihre Größe im wesentlichen nur noch von der Art des Organs abhängig. So hat eine Leberzelle einen Durchmesser von 20 µm, ein Erythrocyt einen solchen von 7,5 µm.

Tabelle 1-1. Prinzip des Aufbaus vielzelliger Organismen

Organismus	z. B. Wirbeltiere, Säugetiere
Einzelne Organe und Gewebe	Zentralnervensystem, Leber, Milz, Verdauungsorgane usw. Bindegewebe, Blut usw.
Zellen	Nervenzellen, Leberzellen, Fibroblasten, Erythrocyten, Leukocyten usw.
Subzelluläre Organellen	Zellkern, Mitochondrien, Lysosomen, endoplasmatisches Reticulum, Golgi-Apparat, Plasmamembran
Makromoleküle	Proteine, Nucleinsäuren, Polysaccharide, Lipide
Monomere Bauteile	Aminosäuren, Nucleotide, Monosaccharide, Fettsäuren, Steroide usw.

Die Untersuchung des Aufbaus der Architektur von Organismen, Geweben und Organen gehört zu den Aufgaben der anatomischen Wissenschaften. Versucht man, nähere Einblicke in die Organisation der Einzelzelle zu erhalten, so stößt man sehr rasch auf die prinzipiellen Grenzen der heute möglichen Vergrößerungsverfahren. Abbildung 1-1 zeigt in schematischer Darstellung die elektronenmikroskopisch noch nachweisbaren Organellen einer eukaryoten Zelle.

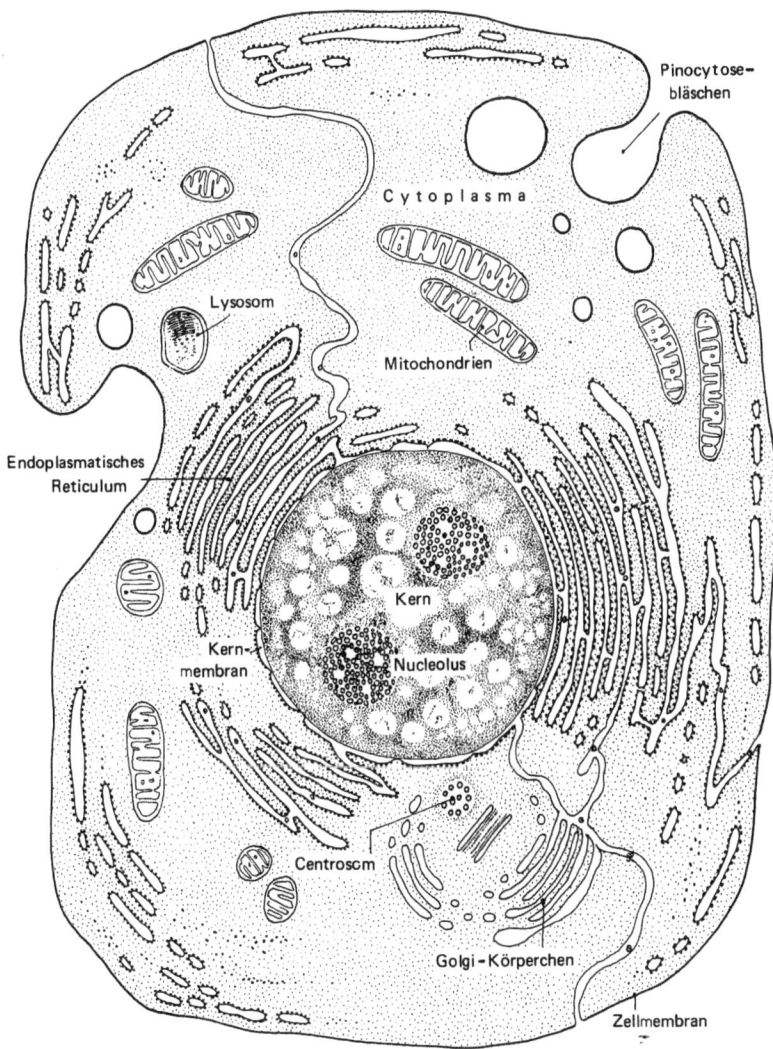

Abb. 1.1. Schematische Darstellung des Aufbaus einer eukaryoten Zelle nach dem im elektronenmikroskopischen Bild darstellbaren Organellen (aus Löffler G., Petrides P., Weiß L., Harper H., Physiologische Chemie, 2. Auflage. Berlin, Heidelberg, New York: Springer 1979)

Jede Zelle ist von einer sich elektronenmikroskopisch als *Doppelschicht* darstellenden Membran, der *Plasmamembran,* umgeben. Untersucht man ihre Zusammensetzung mit analytisch-chemischen Methoden, so lassen sich im wesentlichen zwei Typen von Makromolekülen feststellen, *Proteine,* welche häufig mehr oder weniger große Kohlenhydratseitenketten tragen, sowie *Lipide.* Bei den Lipiden handelt es sich im wesentlichen um *Phospholipide* (Phosphatidylcholin, Phosphatidyläthanolamin, Phosphatidylserin sowie Sphingolipide (s. S. 159 ff.)). Ein wesentlicher Bestandteil der Plasmamembran tierischer, nicht jedoch bakterieller Zellen, ist das *Cholesterin.* Im allgemeinen beträgt das Verhältnis von Protein/Lipid in tierischen Zellen 1:2. Abbildung 1-2 zeigt eine schematische Darstellung des Membranaufbaus nach den heutigen Vorstellungen. Ihr liegt eine Anordnung der amphiphilen Lipidmoleküle als *Lipiddoppelschicht* zugrunde, bei der die Alkanketten der Fettsäurereste nach innen, die hydrophilen Kopfgruppen dagegen nach außen ragen. Eine derartige Lipidmembran ist praktisch impermeabel für geladene hydrophile Verbindungen. Erst die Tatsache, daß *integrale Membranproteine* in dieser Lipidmembran „schwimmen", verleiht den Plasmamembranen tierischer Zellen ihre spezifischen Eigenschaften wie selektiven Transport von Anionen und Kationen, von Monosacchariden und Aminosäuren, Fähigkeit zur Erkennung der verschiedensten Signale (Hormone) durch geeignete Rezeptoren, Fähigkeit zur Zell-Zell-Wechselwirkung.

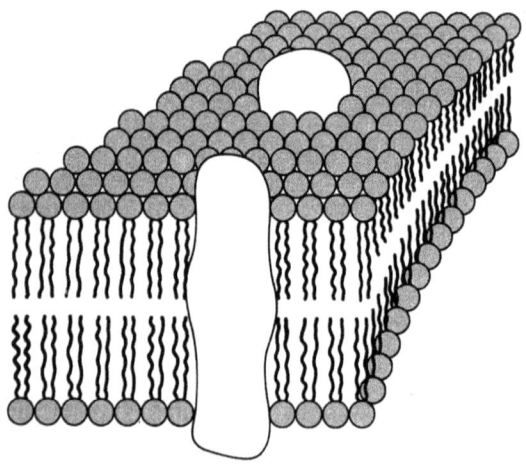

Abb. 1-2. Schematische Darstellung des Aufbaus einer Lipidmembran. Man erkennt die Lipiddoppelschicht, die aus den nach außen ragenden hydrophilen Kopfgruppen der Membranlipide sowie aus den nach innen ragenden Alkanketten der Fettsäurereste besteht. In die Lipiddoppelschicht sind integrale Membranproteine eingelagert

Die größte intrazelluläre Organelle ist der *Zellkern* mit einer Größe von 4–6 µm. Da der Zellkern auch lichtmikroskopisch gut zu erkennen ist, ist sehr viel über die charakteristischen Änderungen bekannt, die er während der Zellteilung sowie Aktivitätsänderungen von Zellen durchmacht. Typischerweise ist ein Zellkern von einer Doppelmembran, der *Kernmembran* umhüllt. Im Zellkern befindet sich nahezu die gesamte *Desoxyribonucleinsäure* (DNS, s. S. 193) der Zelle. Sie ist zusammen mit den *Histonen* und anderen Proteinen in Form der *Chromosomen* organisiert. Besonders reich an *Ribonucleinsäure* (RNS, s. S. 195) ist der als *Nucleolus* bezeichnete Teil des Kernes. Es bestehen vielfältige Beziehungen zwischen dem Zellkern und seiner Umgebung, dem *Cytosol*. Die zur Mitose führenden Reize werden im Cytosol erzeugt. Für die Transkription und Replikation benötigte Nucleotide müssen vom Kern aufgenommen werden. Im Kern werden die verschiedenen RNS-Spezies (s. S. 195) synthetisiert und in das Cytoplasma abgegeben, im Kern erfolgt darüber hinaus die Assemblierung der ribosomalen Untereinheiten (s. u.).

Wesentlich kleiner als der Kern sind die *Mitochondrien*, von denen beispielsweise ein Hepatocyt ungefähr 800 enthält. Mit einer Länge von etwa 1 µm liegen sie an der Grenze des lichtmikroskopischen Auflösungsvermögens. Mitochondrien enthalten eine innere und eine äußere Membran, wobei die innere Membran stark aufgefaltet ist und die *mitochondrialen Cristae* bildet (Abb. 1-1). Dies führt zu einer beträchtlichen Oberfläche (1 g Leber enthält 3,2 qm mitochondriale Innenmembran). Die mitochondriale Innenmembran zeichnet sich durch einen für biologische Membranen ungewöhnlich hohen Proteingehalt aus. In ihr laufen die für die Energiegewinnung aerober Zellen essentiellen Vorgänge der *oxidativen Phosphorylierung* ab (s. S. 91). In dem mitochondrialen Innenraum, der *Matrix*, sind unter anderem die für das Funktionieren der oxidativen Phosphorylierung unerläßlichen Reaktionen der β-*Oxidation der Fettsäuren* (s. S. 103) sowie des *Citratcyclus* (s. S. 74) lokalisiert.

Mit einem Durchmesser von 0,3–0,5 µm nur unwesentlich kleiner als Mitochondrien sind die *Lysosomen*. Lysosomen sind von einer Membran umgebene Vesikel, die in ihrem Inneren unstrukturiert sind und eine große Zahl der verschiedensten *Hydrolasen* mit Spezifitäten für Kohlenhydrate, Lipide, Proteine und Nucleinsäuren enthalten. Sie spielen eine Rolle bei der Verdauung der durch *Phagocytose* oder *Pinocytose* aufgenommenen Materialien. Beim Zelltod sind sie am Phänomen der *Zellyse* beteiligt.

Über die genannten Strukturen hinaus ist jede Zelle von einem weit verzweigten Netzwerk intrazellulärer Schläuche, Lamellen und Vesikeln erfüllt, welches durch die Membranen des *endoplasmatischen Reticulums* gebildet wird. Mit ihm sind etwa 20 % der intrazellulären Proteine, 50 % der zellulären amphiphilen Lipide sowie 58 % der zellulären RNS assoziiert.

Manche Teile des endoplasmatischen Reticulums tragen eine Vielzahl von *Ribosomen* (s. S. 212) und bilden so das *rauhe endoplasmatische Reticulum* (RER). Im endoplasmatischen Reticulum werden körperfremde Substanzen metabolisiert, Glyko- und Lipoproteine synthetisiert und transportiert und schließlich eine Reihe von Lipiden und Kohlenhydraten synthetisiert.

Die am Aufbau der subzellulären Organellen beteiligten Verbindungen

Geht man von den mit den modernsten elektronenmikroskopischen Verfahren gerade eben noch erfaßbaren Größenordnungen einen Schritt weiter und untersucht die einzelnen Makromoleküle, aus denen die subzellulären Strukturen zusammengesetzt sind, so sieht man sich zunächst einer weiteren Zunahme der Vielfalt gegenüber. Ein so vergleichsweise simpel aufgebautes Lebewesen wie das im tierischen Darm in großen Mengen vorkommende Bakterium Escherichia coli enthält 70% Wasser und 15% Proteine. Dabei kommen etwa 3000 verschiedene Proteinspezies vor. Weitere 7% seines Gewichtes bestehen aus den als Nucleinsäuren bezeichneten Makromolekülen, von denen es etwa 1000 verschiedene molekulare Spezies gibt. Über diese hinaus enthält eine E. coli-Zelle etwa 50 verschiedene Kohlenhydratmoleküle (3% des Gewichtes) sowie 40 verschiedene Lipidspezies (2% des Gewichtes). Tierische Zellen und besonders die äußerst komplex aufgebauten Zellen der Wirbeltiere sind wesentlich größer als eine einfache Bakterienzelle und enthalten um ein Vielfaches mehr Makromoleküle.
Zerlegt man diese jedoch mit den modernen Verfahren der Biochemie weiter, so wird klar, daß die Natur zum Aufbau der ungeheuren Zahl von Makromolekülen mit Molekulargewichten zwischen 10^3–10^9 nur eine sehr beschränkte Zahl von Bauteilen mit Molekulargewichten zwischen 100–350 benötigt. Es handelt sich um *Monosaccharide, Fettsäuren, Glycerin, Aminosäuren* und *Nucleotide*. Im folgenden sind die wichtigsten chemischen Eigenschaften dieser Bauteile anhand einiger ausgewählter Beispiele zusammengefaßt. Im übrigen sei auf die Lehrbücher der Chemie verwiesen.

Monosaccharide. Abbildung 1-3 zeigt den prinzipiellen Aufbau von Monosacchariden anhand der beiden biologisch wichtigen Zucker *Glucose* und *Ribose*. In beiden Fällen handelt es sich um mehrwertige Alkohole aus 5 bzw. 6 C-Atomen, die am C-Atom 1 eine Aldehydkonfiguration tragen. In wäßriger Lösung kommt es zur Bildung eines *Halbacetales* zwischen der Aldehydgruppe am C-Atom 1 sowie der Hydroxylgruppe des C-Atoms 4 (Ribose) bzw. 5 (Glucose). Außer den *Aldosen* mit der Aldehydgruppe am C-Atom 1 kommen in der Natur Isomere vor, die *Ketosen*. Sie verfügen im allgemeinen über eine Ketogruppierung am C-Atom 2, liegen jedoch in wäßriger Lösung auch in Ringform vor.

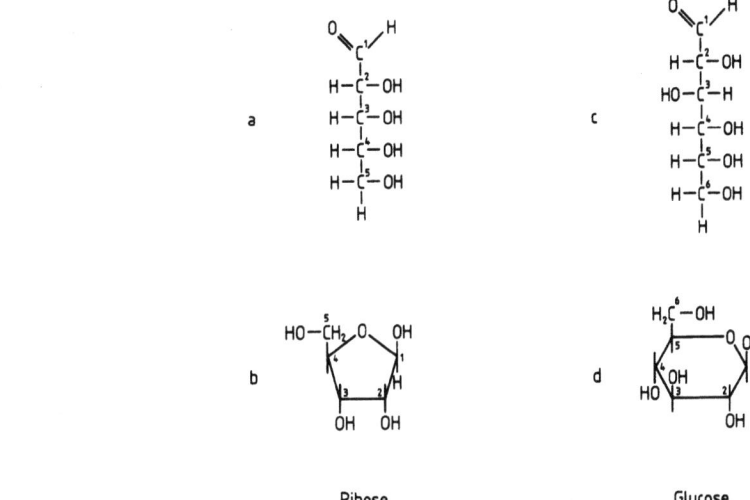

Ribose   Glucose

Abb. 1-3. Der Aufbau von Monosacchariden am Beispiel der Ribose (**a, b**) sowie Glucose (**c, d**). Die Monosaccharide sind in der offenen Form (**a, c**) bzw. als Halbacetale (**b, d**) dargestellt

Das C-Atom 1 bei Aldosen bzw. 2 bei Ketosen ist besonders reaktionsfähig und kann mit alkoholischen OH-Gruppen oder NH-Gruppen unter Bildung von *Vollacetalen* reagieren. Derartige Vollacetale werden dann als *O*- bzw. *N-Glykoside* bezeichnet und gehören zu den biologisch aktivsten Verbindungen (s. S. 57).

Unter normalen Bedingungen werden etwa 50% des Energiebedarfs des menschlichen Organismus aus der Oxidation von Kohlenhydraten, im wesentlichen von Glucose, gedeckt. Glucose kann von vielen Zellen in Form des *Glykogens* bzw. der *Stärke* (bei Pflanzen) gespeichert werden. Glykogen und Stärke sind Polymere aus Glucose mit Molekulargewichten bis zu 10^7 (s. S. 58).

Polymere aus verschiedenen Zuckern, sogenannte *Heteroglykane*, bilden die *extrazelluläre Grundsubstanz* (Glykosaminoglykane, s. S. 59), finden sich jedoch auch als Bauteile der *Glykoproteine* (s. S. 59).

Ein Reduktionsprodukt der aus 3 C-Atomen bestehenden Aldose-Glycerinaldehyd ist der dreiwertige Alkohol *Glycerin,* der das Rückgrat einer Reihe von Lipiden (s. S. 101) bildet.

Fettsäuren. Die Grundstruktur aller biologisch wichtiger Fettsäuren ist in Abb. 1-4 am Beispiel der *Palmitinsäure* sowie der *Ölsäure* zusammengestellt. Alle Fettsäuren verfügen über eine Carboxylgruppe am C-Atom 1

$CH_3-(CH_2)_{14}-COO^-$ Palmitinsäure

$CH_3-(CH_2)_7-CH=CH-(CH_2)_7-COO^-$ Ölsäure

Abb. 1-4. Struktur von Palmitinsäure bzw. Ölsäure als Beispiel für den Aufbau von Fettsäuren

sowie über eine mehr oder weniger lange Kohlenwasserstoffkette. Diese ist für die lipophilen Eigenschaften der Fettsäuren verantwortlich. Relativ häufig finden sich Fettsäuren mit einer (Ölsäure) bzw. mehreren Doppelbindungen, die den Schmelzpunkt derartiger Fettsäuren deutlich herabsetzen. In tierischen Geweben kommen als Zwischenprodukte des Stoffwechsels vor allen Dingen die kurzkettigen Fettsäuren wie *Essigsäure* und *Propionsäure* vor, daneben in Lipiden Fettsäuren mit 16 und 18 C-Atomen. Sind alle drei Hydroxylgruppen des Glycerins mit Fettsäuren verestert, so handelt es sich um ein *Triacylglycerin,* welches den Hauptbestandteil des sog. Speicherfettes ausmacht. Über die Bedeutung weiterer Fettsäureester s. S. 101.

Aminosäuren. Abbildung 1-5 zeigt die allgemeinen Strukturmerkmale von Aminosäuren, den Bauteilen, aus denen alle in der belebten Welt vorkommenden Proteine zusammengesetzt sind. Allen Aminosäuren gemeinsam ist der Besitz eines *α-C-Atoms,* das eine *Carboxyl-* und eine *Aminogruppe* trägt. Die einzelnen Aminosäuren unterscheiden sich ausschließlich in der chemischen Natur der sog. *Aminosäureseitenkette,* die im Schema als R

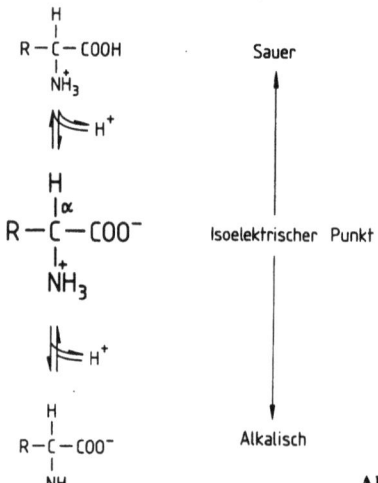

Abb. 1-5. Strukturmerkmale von Aminosäuren

bezeichnet ist. Häufig zeigt R Verwandtschaft zu Fettsäuren, womit den jeweiligen Aminosäuren lipophile Eigenschaften in ihrer Seitenkette verliehen werden. Andere Aminosäuren mit lipophilen Eigenschaften tragen aromatische bzw. heterocyclische Ringe an ihrer Seitenkette. Aminosäuren mit *lipophilen* Eigenschaften stehen solche mit *hydrophilen* Eigenschaften gegenüber. Beispiele hierfür sind die in ihrer Seitenkette eine Carboxylgruppe tragenden Aminosäuren Glutamat bzw. Aspartat sowie die Aminosäuren mit einer OH- bzw. SH-Gruppierung wie das Serin, das Threonin bzw. das Cystein. Näheres über die Struktur der Aminosäuren s. S. 12.

Aufgrund der Amino- und Carboxylgruppe zeigen Aminosäuren bei verschiedenen pH-Werten unterschiedliche Ladungen. Bei pH-Werten unter 3–4 kommt es zur Protonierung auch der Carboxylgruppe, womit die Gesamtladung der Aminosäure positiv wird. Auf der anderen Seite deprotoniert bei pH-Werten über 7–8 auch die Aminogruppe, womit die Aminosäure eine negative Ladung gewinnt.
Proteine sind die polymeren Formen von Aminosäuren. Die Verknüpfung zwischen den einzelnen Aminosäuren geschieht dabei formal durch Wasserabspaltung zwischen der Carboxylgruppe der einen und der Aminogruppe der nächsten Aminosäure (Abb. 2-2). Die Eigenschaften eines Proteins werden weitgehend durch die chemischen Eigenschaften der Aminosäureseitenketten der am Aufbau des Proteins beteiligten Aminosäuren festgelegt. Jedes Protein verfügt über eine spezifische *Aminosäuresequenz*, die für alle seine Eigenschaften verantwortlich ist. In den natürlichen Proteinen finden sich die 20 *proteinogenen Aminosäuren*. Geht man von relativ kleinen Proteinen aus etwa 100 Aminosäuren aus (Molekulargewicht etwa 12 000), so läßt sich leicht errechnen, daß bei Verwendung von 20 proteinogenen Aminosäuren 20^{100} verschiedene Aminosäuresequenzen, also eine unvorstellbar große Zahl von Proteinen kombiniert werden kann. Damit wird verständlich, daß die Natur mit nur 20 Bauteilen jedes beliebige Protein mit unterschiedlichen Eigenschaften zu synthetisieren imstande ist.

Nucleotide. Die Mononucleotide sind nach den Kohlenhydraten, Fettsäuren und Aminosäuren die vierte Verbindungsgruppe, die im Organismus den Ausgangspunkt für die Synthese hochmolekularer komplexer Verbindungen abgibt.
Abbildung 1-6 zeigt den prinzipiellen Aufbau eines *Mononucleotids* am Beispiel des Adenosin-Monophosphates (Adenylsäure). Über eine *N-glykosidische* Bindung ist eine stickstoffhaltige Base, in diesem Fall das Adenin, mit dem C-Atom 1 einer *Ribose* verknüpft. Mit der Hydroxylgruppe des C-Atoms 5 dieser Ribose ist darüber hinaus ein *Phosphatrest* verestert. Die verschiedenen in der Natur vorkommenden Mononucleotide

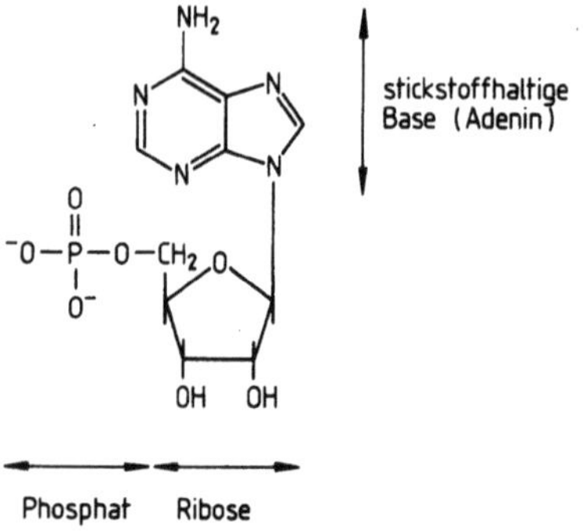

Abb. 1-6. Adeninmononucleotid als Beispiel für den Aufbau eines Mononucleotides

unterscheiden sich zunächst durch die Natur der stickstoffhaltigen Base. Neben den Purinnucleotiden *Adenin* und *Guanin* kommen die Pyrimidinnucleotide *Thymin, Cytosin* und *Uracil* vor. In manchen Nucleinsäuren ist darüber hinaus die OH-Gruppe in Position 2 der Ribose durch ein H ersetzt (s. S. 193).

Auch aus Mononucleotiden können lange, unverzweigte, fadenförmige Moleküle, die *Polynucleotide,* entstehen. Die Verknüpfung erfolgt dabei durch Ausbildung einer *Phosphorsäurediesterbindung* zwischen dem C-Atom 5 der Ribose der einen Nucleinsäure mit der Hydroxylgruppe am C-Atom 3 der Ribose der nächstfolgenden Nucleinsäure (s. S. 192). Die Molekulargewichte dieser Polynucleotide schwanken zwischen 30000 bis 50000 und vielen Millionen. Es gehört zu den erregendsten Erkenntnissen der modernen Biochemie, daß in den Polynucleotiden der Zellen die Information für die Biosynthese aller Proteine einer Zelle niedergelegt ist. Über diese Aufgabe als Baustein der Informationsspeicherung hinaus haben Mononucleotide eine Vielzahl wichtiger Funktionen im Stoffwechsel (s. S. 183).

Die Entstehung der monomeren Bauteile tierischer Zellen

So befriedigend auch die Tatsache war, daß die ungeheure Vielfalt bioorganischer Moleküle, Makromoleküle, subzellulärer Strukturen, Zellen und Gewebe letztendlich aus einer sehr beschränkten Zahl von 30–50 Bauteilen besteht, so erhob sich doch die Frage nach der Herkunft dieser Bauteile. Außer in „lebender Materie" kommen derartige bioorganische Verbindungen auf der Erdkruste nicht oder nur in geringsten Spuren vor. Wieder erhob sich die Frage nach spezifischen Eigenschaften lebender Materie im Vergleich zu unbelebter.

Daß bioorganische Moleküle abiotisch aus einfachen Ausgangsprodukten wie Ammoniak, Methan, Wasserstoff und Wasser entstehen könnten, zeigte Stanly Miller um das Jahr 1953. Er führte nämlich ein im Prinzip bereits 1920 vom russischen Biochemiker A. E. Oparin vorgeschlagenes Experiment durch. Oparin hatte postuliert, daß in der stark reduzierenden Uratmosphäre der Erde (Ammoniak, Methan, Wasserstoff, Wasser) durch elektrische Entladungen entsprechend unseren heutigen Gewittern eine Synthese einfacher organischer Moleküle ausgelöst werden könnte. Miller entwarf tatsächlich eine experimentelle Anordnung, bei der in einem Gefäß ein Gasgemisch aus Ammoniak, Methan, Wasserstoff und Wasser bei 80°C elektrischen Entladungen ausgesetzt wurde. Nach einigen Wochen fand sich in dem Gefäß ein Gemisch der Aminosäuren Glycin, Alanin, Aspartat, Glutamat. Daneben kamen Harnstoff, Bernsteinsäure, Milchsäure, Essigsäure, Ameisensäure und andere einfache Verbindungen vor. In der Zwischenzeit konnte gezeigt werden, daß in einem derartigen System im Prinzip viele hundert verschiedene organische Verbindungen entstehen, zu denen alle in Proteinen vorkommenden Aminosäuren, die stickstoffhaltigen Basen Adenin, Guanin, Cytosin, Uracil und Thymin sowie viele Zucker gehören. Dieser Nachweis der abiotischen Entstehung von bioorganischen Molekülen hat eine der prinzipiellen Schwierigkeiten bei der Erklärung der Lebensentstehung auf unserem Planeten geklärt.

2 Aminosäuren und Proteine

Aminosäuren

Die besondere Bedeutung der Aminosäuren liegt darin, daß sie die Bauteile aller in lebenden Organismen vorkommenden Proteine darstellen. Insgesamt finden sich in den bisher bekannten Proteinen die 20 in Tabelle 2-1 dargestellten sog. proteinogenen Aminosäuren. Darüber hinaus haben Aminosäuren als Ausgangsprodukte für die Biosynthese einer Vielzahl wichtiger Verbindungen wie beispielsweise von Hormonen (Katecholamine, s. S. 268), Neurotransmittern (z. B. γ-Aminobutyrat, s. S. 335), von biogenen Aminen (z. B. Serotonin, s. S. 287) sowie als Stickstofflieferanten bei der Biosynthese N-haltiger Verbindungen (Purin-, Pyrimidinbiosynthesen, s. S. 184) eine große Bedeutung.

Die proteinogenen Aminosäuren

Tabelle 2-1 stellt die bekannten 20 proteinogenen Aminosäuren zusammen. Diese unterscheiden sich ausschließlich in der Natur ihrer Seitenkette R (Abb. 1-5), während die funktionellen Gruppen am α-C-Atom, also die Amino- und Carboxyl-Gruppe, bei allen Aminosäuren natürlich gleichartig aufgebaut sind.
Die Aminosäuren *Glycin, Alanin, Valin, Leucin* und *Isoleucin* zeichnen sich durch eine aliphatische Seitenkette aus, die verzweigt sein kann. In diese Reihe gehört auch die Aminosäure *Methionin*, die eine Mercaptomethylgruppe enthält. Eine ebenfalls schwefelhaltige Aminosäure ist das *Cystein*, das eigentlich ein Strukturanaloges des Alanins darstellt, bei dem die CH_3-Gruppe durch eine CH_2-SH-Gruppe ersetzt ist. Es entspricht in seiner Struktur dem *Serin,* das statt der CH_2-SH- eine CH_2-OH-Gruppe besitzt. Das um eine CH_3-Gruppe verlängerte Homologe des Serins ist die Aminosäure *Threonin*. Monoaminodicarbonsäuren sind die beiden Aminosäuren *Asparaginsäure* und *Glutaminsäure.* Liegt die Carboxylgruppe in Form ihres Amides vor, so entsteht *Asparagin* bzw. *Glutamin*. Aminosäuren mit einer Seitenkette, die eine Aminogruppe enthält, sind das *Arginin* und das *Lysin. Histidin, Phenylalanin, Tyrosin* und *Tryptophan* tragen eine aromati-

Tabelle 2-1. Die proteinogenen Aminosäuren

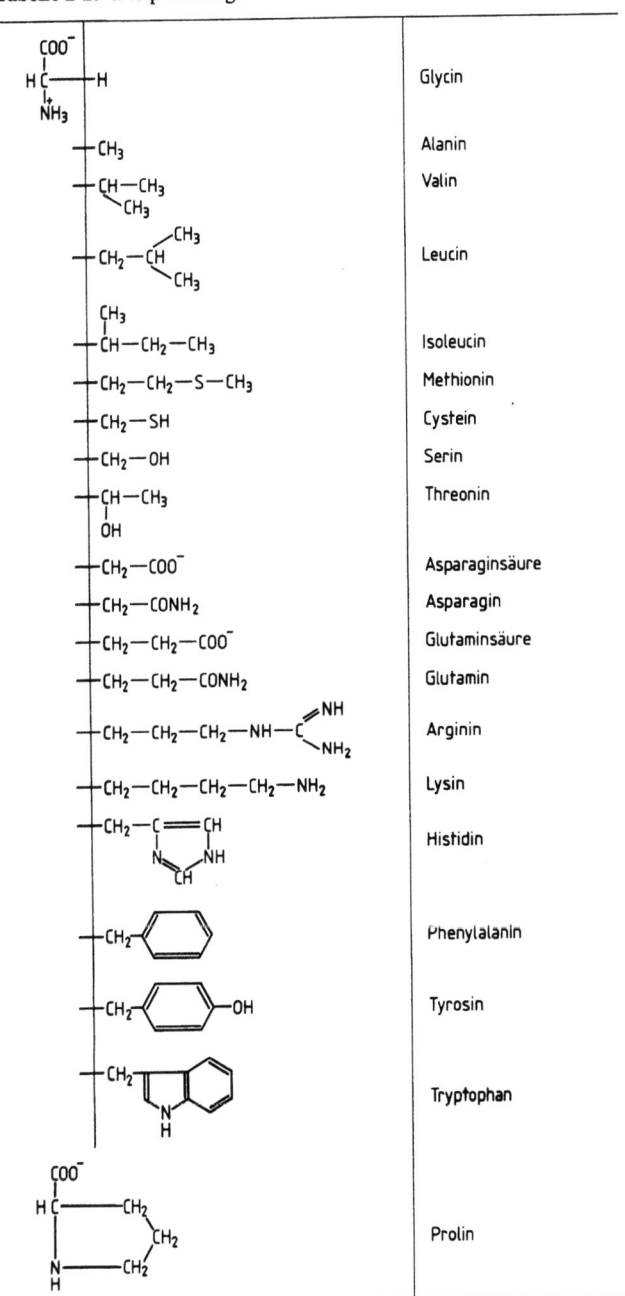

sche Seitenkette, beim *Prolin* schließlich handelt es sich um eine Aminosäure mit cyclischem Aufbau.

Tabelle 2-2 stellt wichtige nichtproteinogene Aminosäuren zusammen. Ornithin und Citrullin sind wichtige Zwischenprodukte des Harnstoffcyclus (s. S. 117). *γ-Aminobuttersäure* ist streng genommen keine echte Aminosäure. Sie entsteht durch Decarboxylierung am α-C-Atom des Glutamates.

Tabelle 2-2. Wichtige nichtproteinogene Aminosäuren

$\text{H}-\underset{\overset{+}{\text{NH}_3}}{\overset{\text{COO}^-}{\text{C}}}-\text{CH}_2-\text{CH}_2-\text{CH}_2-\text{NH}_2$	Ornithin
$\text{H}-\underset{\overset{+}{\text{NH}_3}}{\overset{\text{COO}^-}{\text{C}}}-\text{CH}_2-\text{CH}_2-\text{CH}_2-\text{NH}-\text{CO}-\text{NH}_2$	Citrullin
$\text{H}-\underset{\overset{+}{\text{NH}_3}}{\overset{\text{H}}{\text{C}}}-\text{CH}_2-\text{CH}_2-\text{COO}^-$	γ-Aminobuttersäure

Die Bedeutung der Aminosäureseitenketten für Struktur und Funktion von Proteinen

Außer den beiden am α-C-Atom lokalisierten funktionellen Gruppen, der Carboxyl- und der Aminogruppe, verfügen die verschiedenen Seitenketten der Aminosäuren über Gruppierungen, die dank ihrer spezifischen Eigenschaften für Struktur und Funktion der verschiedensten Proteine von Bedeutung sind (Tabelle 2-1). Von großer Bedeutung ist beispielsweise die SH-Gruppe der Aminosäure Cystein. Bei vielen Proteinen erfolgt eine Stabilisierung der Raumstruktur durch Oxidation zweier in unmittelbarer Nachbarschaft liegender Cysteinyl-SH-Gruppen zu einer *Disulfidbrücke*. So verfügt beispielsweise das Proteohormon *Insulin* (s. S. 263) über zwei derartige Disulfidbrücken, die die A- und B-Kette miteinander „quervernetzen". Die Struktur der A-Kette wird darüber hinaus über eine intramolekulare Disulfidbrücke zwischen zwei Cysteinresten stabilisiert. Auch für die katalytische Funktion vieler Enzyme ist die SH-Gruppierung eines Cysteinylrestes von Bedeutung. So erfolgt beispielsweise die Oxidation des

Phosphoglycerinaldehyds zum 1,3-Bisphosphoglycerat erst nach covalenter Bindung von Phosphoglycerinaldehyd an eine derartige SH-Gruppe, wobei zunächst als Zwischenprodukt ein Thiohalbacetal entsteht (s. S. 62).

Von besonderer Bedeutung sind die Hydroxylgruppen der Aminosäuren *Serin* und *Threonin*. Sie tragen die Kohlenhydratseitenketten derjenigen *Glykoproteine*, die O-glykosidisch mit ihrem zugehörigen Protein verknüpft sind. Darüber hinaus werden sie bei den durch *covalente Modifikation* (Interconvertierung) regulierten Enzymen modifiziert, im allgemeinen durch Übernahme eines Phosphatrestes in Esterbindung.

Die Säureamidgruppierung des *Asparagins* dient bei vielen Glykoproteinen als Anker für die in diesem Fall N-glykosidisch angeheftete Kohlenhydratseitenkette.

Die Seitenketten der Aminosäure *Alanin, Valin, Leucin, Isoleucin* und *Phenylalanin* sind aufgrund ihres stark hydrophoben Charakters für *hydrophobe Wechselwirkungen* und damit für die Struktur von Proteinen verantwortlich (s. S. 23). In Abhängigkeit vom pH können darüber hinaus die an sich auch hydrophoben Seitenketten der Aminosäuren *Tyrosin* und *Histidin* (p-Hydroxyphenylalanin bzw. α-Amino-β-Imidazolpropionsäure) protoniert bzw. deprotoniert werden und dienen so der Protonenübertragung bei verschiedenen Enzymkatalysen (s. S. 52). Für die katalytische Wirksamkeit vieler Enzyme ist die ε-Aminogruppe des *Lysins* wichtig. Sie ist imstande, mit Aldehyden Schiffsche Basen auszubilden und damit beispielsweise die Voraussetzung für Aldoladditionen zu schaffen.

Trennung und Nachweis von Aminosäuren

Der Nachweis einer einzelnen spezifischen Aminosäure in einem Aminosäuregemisch ist häufig schwierig und mit Fehlern behaftet, da für viele Aminosäuren spezifische Nachweisverfahren fehlen oder die hierfür geeigneten Enzyme (z. B. Transaminasen, Oxidasen u. a.) schwer darzustellen sind. Es hat sich infolgedessen eingebürgert, die in einem Gemisch enthaltenen Aminosäuren zunächst durch geeignete Verfahren aufzutrennen und danach in den einzelnen Fraktionen nur mehr eine gruppenspezifische Nachweisreaktion durchzuführen.

Im Prinzip können Aminosäuregemische durch *Papier-* bzw. *Dünnschichtchromatographie*, also aufgrund ihrer hydrophoben bzw. hydrophilen Eigenschaften, getrennt werden. Diese Verfahren sind jedoch heute vollständig durch die Aminosäuretrennung durch *Ionenaustauschchromatographie* ersetzt worden. Die Trennung kommt hierbei durch Wechselwirkung der geladenen Gruppen von Aminosäuren mit ionisierten Gruppen eines Ionenaustauschers zustande.

Im allgemeinen werden für die Trennung von Aminosäuregemischen Ionenaustauscher mit *Sulfonsäuregruppen* ($-SO_3^-$) verwendet, die mit Kationen Salze bilden und infolgedessen auch als *Kationenaustauscher* bezeichnet werden. Da Aminosäuren bei pH-Werten unterhalb ihres isoelektrischen Punktes, d. h. im Sauren, als Kationen vorliegen, werden sie unter diesen Bedingungen vom Austauscher gebunden. Eluiert man den Austauscher mit Puffern von steigendem pH-Wert, nehmen Aminosäuren entsprechend ihres isoelektrischen Punktes die Form von Zwitterionen an und werden fraktioniert vom Austauscher freigegeben. In den dabei entstehenden einzelnen Fraktionen können Aminosäuren nun mittels Gruppenreaktionen nachgewiesen werden. Das häufigste hierbei angewandte Verfahren ist der colorimetrische Nachweis mit *Ninhydrin*. Bei dieser Reaktion entsteht mit allen Aminosäuren eine blaue Verbindung, deren Absorption leicht gemessen werden kann.

Heute stehen zum quantitativen Nachweis der einzelnen Aminosäuren in Aminosäuregemischen automatische Apparaturen zur Verfügung, bei denen in einem Arbeitsgang das Aufbringen des Aminosäuregemisches auf den Ionenaustauscher, die anschließende Elution der einzelnen Aminosäuren mit Puffern steigenden pH und schließlich der quantitative Nachweis der Aminosäurekonzentration in den einzelnen Fraktionen mittels des Ninhydrinverfahrens oder anderer Gruppennachweisreaktionen erfolgt.

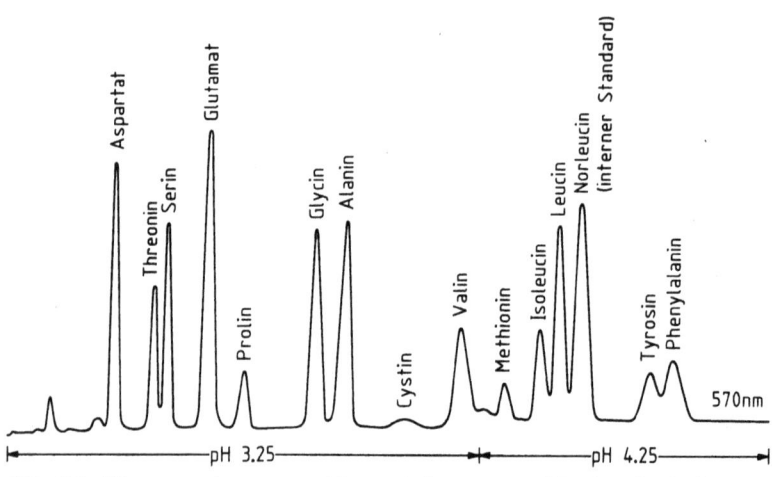

Abb. 2-1. Diagramm einer automatisierten Auftrennung und Analyse der Aminosäuren eines Proteinhydrolysates. Die in der Abbildung nicht dargestellten basischen Aminosäuren werden in einem Extraarbeitsgang bei höherem pH aufgetrennt. Die integrierte Fläche unter den einzelnen Gipfeln ist der Konzentration der einzelnen Aminosäuren proportional (Martin D. W., Mayes P. A., Rodwell V. W.: Harper's Rev. of Biochemistry 18th Edition. Lange Medical Publications 1981)

Abbildung 2-1 zeigt ein Diagramm eines auf diese Weise analysierten Aminosäuregemisches, welches durch Totalhydrolyse eines Proteins gewonnen wurde.

Polymere von Aminosäuren: Peptide und Proteine

Die Peptidbindung

Peptide und Proteine als Polymerisate von Aminosäuren sind von größter Bedeutung für die Struktur und Funktion lebender Organismen. Die Polymerisation der Aminosäuren erfolgt dabei formal nach dem in Abb. 2-2 dargestellten Schema durch Wasserabspaltung zwischen der Carboxylgruppe der einen und der Aminogruppe der nächsten Aminosäure, wobei eine *Peptidbindung* entsteht[1]. An die Carboxylgruppe der neu ankondensierten Aminosäure läßt sich eine dritte, vierte, fünfte usw. Aminosäure anheften, so daß auf diese Weise lange, kettenförmige und stets unverzweigte Moleküle entstehen. Bei Verbindungen bis zu 100 Aminosäuren spricht man von Peptiden, noch größere werden als Proteine bezeichnet. Es ist jedoch klar, daß eine derartige Auftrennung relativ willkürlich ist.

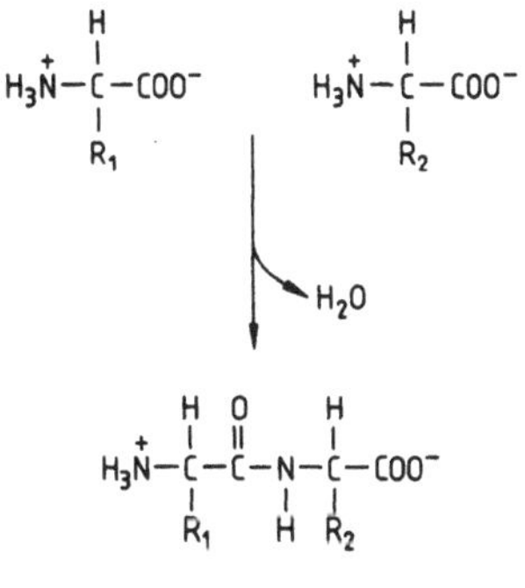

Abb. 2-2. Entstehung einer Peptidbindung durch Wasserabspaltung zwischen der Carboxylgruppe der einen und der Aminogruppe der folgenden Aminosäure

Die dreidimensionale Struktur von Proteinen und Peptiden

In besonderem Maße dienen Peptide und Proteine als Moleküle mit hohem *Informationsgehalt*. Dies läßt sich gut verstehen, wenn man bedenkt, daß sie in Form der *Enzyme* die sogenannten Biokatalysatoren stellen, für die

---

1 Der hier vorgeschlagene formale Mechanismus der Bildung einer Peptidbindung durch Wasserabspaltung bedarf in lebenden Systemen einer Vielzahl von Einzelschritten, welche in Kapitel 15 geschildert sind

Vermittlung der Immunantwort des Organismus in Form der *Immunglobuline* benötigt werden oder auch die spezifischen Eigenschaften von *Zelloberflächenstrukturen* vermitteln. All die genannten Aufgaben erfordern hochkomplizierte und dabei genau determinierte Raumstrukturen. Die intensive Beschäftigung mit dem Problem der dreidimensionalen Form von Proteinen, d. h. also ihrer *Konformation,* hat in der Tat ganz wesentlich zum Verständnis vieler biologischer Phänomene beigetragen.

Die Primärstruktur von Peptiden und Proteinen. Unter dem Begriff der *Primärstruktur* eines Peptides oder Proteins versteht man die Sequenz der einzelnen, durch Peptidbindungen verknüpften Aminosäuren eines Proteins. Da formal jedes Peptid und Protein durch schrittweise Kondensation der Carboxylgruppe einer Aminosäure mit der Aminogruppe der nächstfolgenden entstanden ist, so verfügt demnach jedes Peptid auch über zwei verschiedene Enden, das Amino-terminale- bzw. das Carboxy-terminale Ende (Abb. 2-2). Nach Konvention beginnt man bei der Notierung der Aminosäuresequenz oder Primärstruktur eines Peptides immer mit der N-terminalen Aminosäure und endet mit der C-terminalen Aminosäure.

Dank der verschiedensten ausgeklügelten Methoden ist es heute möglich, die Primärstruktur von Proteinen ohne unvertretbar großen Aufwand zu ermitteln. Im Prinzip besteht die hierbei zur Anwendung kommende Strategie darin, das zu sequenzierende Peptid oder Protein mit Hilfe spezifischer, meist enzymatischer Verfahren in definierte Bruchstücke zu zerlegen, deren Sequenz dann durch schrittweisen Abbau vom Amino-terminalen Ende her ermittelt werden kann (Edmann-Abbau).

Nur in den seltensten Fällen lassen sich heute aufgrund der Kenntnis der Primärstruktur eines Peptids oder Proteins exakte Aussagen über seine räumliche Konfiguration machen. Dies gilt, obwohl die C–N-Bindung einer *Peptidbindung* nicht, wie man zunächst annehmen könnte, eine frei

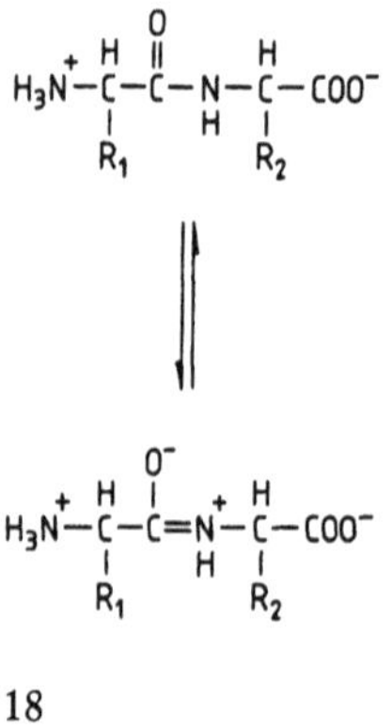

Abb. 2-3. Mesomere Grenzstrukturen an einer Peptidbindung. Durch Elektronenverschiebung vom Stickstoff zum Sauerstoff nimmt die der Peptidbindung zugrundeliegende C–N-Bindung den Charakter einer planaren Doppelbindung an, um die eine freie Drehung nicht mehr möglich ist

drehbare Einfachbindung ist sondern viel eher den Charakter einer *planaren Doppelbindung* annimmt, um die eine freie Drehung nicht mehr möglich ist. Der Grund für dieses Phänomen ist der Abb. 2-3 zu entnehmen. Wegen der stark Elektronen-anziehenden Eigenschaft des Sauerstoffs wandert ein Elektronenpaar der C=O-Bindung zum Sauerstoff, was die Verschiebung eines weiteren freien Elektronenpaars des Stickstoffs zur C–N-Bindung zur Folge hat. Der Sauerstoff erhält damit eine negative, der Stickstoff eine positive Partialladung. Die tatsächliche Zustandswahrscheinlichkeit einer Peptidbindung liegt zwischen den beiden in der Abb. 2-3 geschilderten mesomeren Grenzzuständen. Dies geht auch aus der Tatsache hervor, daß der C–N-Abstand in etwa zwischen dem Wert von 0,147 nm für die Einfach- und dem Wert von 0,127 nm für die Doppelbindung liegt. Er beträgt in der mesomeren Form etwa 0,132 nm.

Durch die oben geschilderten speziellen Eigenschaften der Peptidbindung wird die Zahl der möglichen Konformationen eines Peptides und Proteins stark eingeschränkt. Aufgrund der für jedes Protein individuellen Sequenz einzelner Aminosäuren sowie der speziellen Eigenschaften der Aminosäureseitenketten ergibt sich eine festgelegte Raumstruktur, die auch als Konformation eines Peptids oder Proteins bezeichnet wird. Die wichtigste und heute am weitesten verbreitete Methode zur Erfassung der Konformation von Peptiden und Proteinen ist die *Röntgenstrukturanalyse*. Sie beruht im Prinzip darauf, daß ein Kristall des zu untersuchenden Proteins mit Röntgenstrahlen bestrahlt wird, deren Wellenlänge im Bereich der Atomabstände liegt. Dadurch ergibt sich ein für das betreffende Protein charakteristisches Beugungsbild, das die genaue Lokalisation der in einem Protein vorkommenden Atome ermöglicht. Eine grundsätzliche Limitierung des Verfahrens besteht darin, daß zur Röntgenstrukturanalyse relativ große Kristalle des zu untersuchenden Proteins eingesetzt werden müssen. Proteine, die schlecht oder gar nicht kristallisieren, wie z. B. Membranproteine, können durch Röntgenstrukturanalyse nicht untersucht werden, weswegen unsere Kenntnis über ihre Konformation bis heute sehr lückenhaft ist.

Die Sekundärstruktur von Proteinen und Peptiden. Schon sehr früh zeigte sich bei entsprechender Vermessung von Strukturproteinen mit Hilfe der Röntgenstrukturanalyse, daß die tatsächlich vorhandenen Atomabstände nicht mit der Annahme einer vollständig gestreckten Polypeptidkette in Übereinstimmung gebracht werden können. Dieser Widerspruch wurde durch die Entdeckung der *α-Helix-* sowie der *β-Faltblattstruktur* im wesentlichen von Pauling und Corey aufgeklärt.

Bei vielen Proteinen, besonders jedoch bei den *α-Keratinen* (fibrilläre Proteine der Haare und der Wolle), liegt die Polypeptidkette in Form einer *rechtsgewundenen Schraube (α-Helix)* vor (Abb. 2-4). Pro 360° Windung

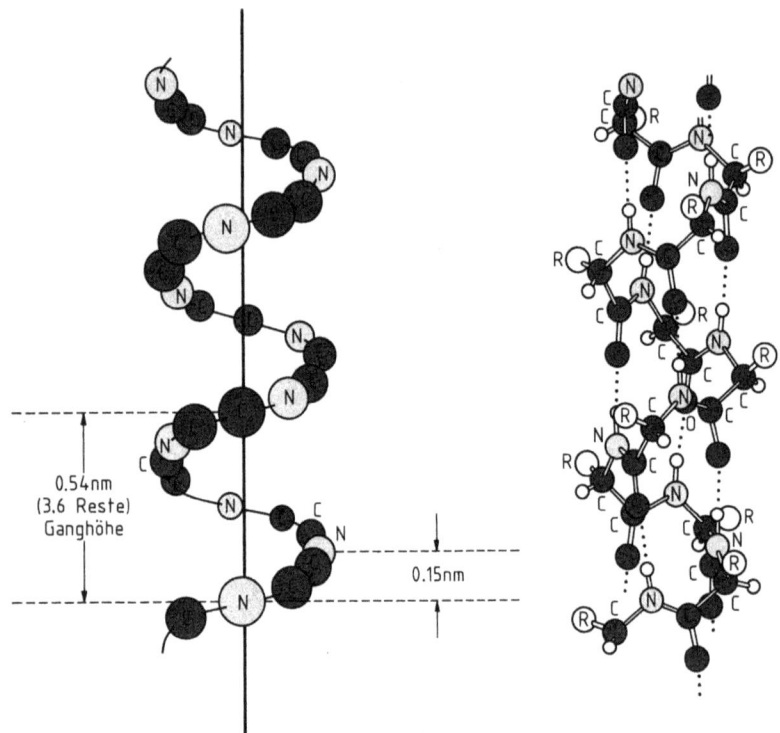

Abb. 2-4. Schematische Darstellung der Anordnung einer Polypeptidkette in Form einer rechtsgängigen α-Helix (Martin D. W., Mayes P. A., Rodwell V. W.: Harper's Rev. of Biochemistry, 18th Edition. Lange Medical Publications 1981)

finden sich 3,6 Aminosäuren, die Ganghöhe jeder Schraubenwindung beträgt 0,54 nm. Bei dieser Anordnung kommen die N−H-Gruppen der einen Peptidbindung mit der C=O-Gruppierung der vierten folgenden Peptidbindung in etwa parallel zur Achse der Helix übereinander zu liegen. Diese Anordnung begünstigt die Ausbildung von *Wasserstoffbrückenbindungen* zwischen der N−H- und der C=O-Gruppe. Die Bindungsenergie einer einzelnen Wasserstoffbrückenbindung ist zwar relativ schwach, da jedoch in den helikalen Bereichen von Proteinen nahezu alle Peptidbindungen an der Brückenbildung teilnehmen, stellen sie insgesamt den wichtigsten Faktor für die Stabilität der Helix dar. Alle α-Keratine besitzen als grundlegendes Strukturprinzip die α-Helix. α-Keratine sind die Strukturproteine der Haare, der Haut, der Schnäbel, Nägel und Klauen der meisten Wirbeltiere. Auch in löslichen Proteinen kommen, wenn auch in geringe-

rem Umfang, α-helikale Anteile vor. Mit etwa 70% hat das *Myoglobin* den höchsten α-Helix-Gehalt globulärer Proteine.
Eine weitere, durch Wasserstoffbrückenbindungen stabilisierte und zum Oberbegriff der Sekundärstruktur gehörige Möglichkeit der Proteinkonformation ist die *Faltblattstruktur,* die im Gegensatz zur α-Helix auch als β-Struktur bezeichnet wird. In dieser in Abb. 2-5 dargestellten Anordnung liegt die Peptidkette in Zickzackform vor. Diese wird dadurch stabilisiert, daß sich Wasserstoffbrückenbindungen zu einem parallel (oder antiparallel) verlaufenden Bezirk der gleichen oder einer zweiten Peptidkette ausbilden. Die Aminosäureseitenketten ragen dabei nach oben und unten aus der Ebene des zickzackförmig angeordneten, durch die Peptidbindungen vorgegebenen Proteinrückgrates heraus.

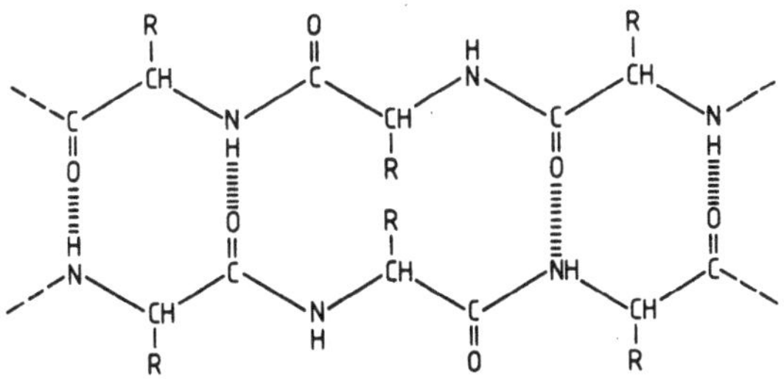

Abb. 2-5. Schematische Darstellung der Ausbildung einer β-Faltblattstruktur zwischen 2 antiparallelen Peptidketten. Die Struktur wird durch Ausbildung von Wasserstoffbrückenbindungen zwischen gegenüberliegenden CO- und NH-Gruppierungen stabilisiert

Eine Faltblattstruktur haben vor allen Dingen die fibrillären Proteine der Seide, die β-Keratine. Darüber hinaus finden sie sich in größerem oder geringerem Anteil als Strukturbauteile der meisten globulären Proteine.

Die Tertiärstruktur von Proteinen und Peptiden. In den meisten Proteinen mit Ausnahme der Keratine kommen nur mehr oder weniger große Anteile der Kette in einer der beiden genannten Konformationsformen, der helikalen oder der Faltblattstruktur vor. Trotzdem bewirken eine Reihe von Kräften, daß Proteine sich zu exakt festgelegten Raumstrukturen aufknäulen. Am Beispiel der *Ribonuclease* (s. auch S. 23), über deren Raumstruktur man durch Röntgenstrukturanalyse genau informiert ist, ist diese dreidimensionale Faltung eines Peptidfadens gut zu erkennen (Abb. 2-6). Das Protein besteht aus einer einzigen Kette von 124 Aminosäuren. In der Abbildung sind das Amino-Ende zu Beginn und das Carboxy-Ende am Ende des Moleküls hervorgehoben. Als *Sekundärstruktur* verfügt die

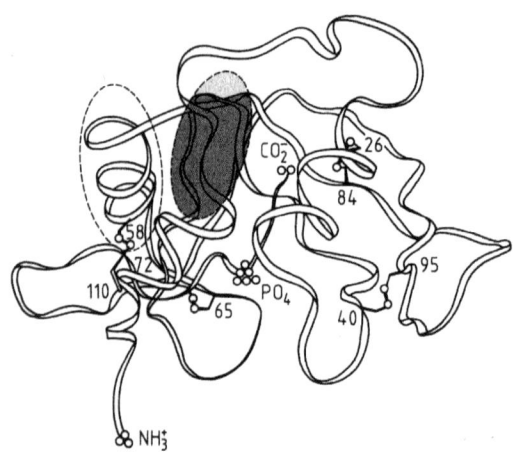

Abb. 2-6. Schematische Darstellung der Raumstruktur der Ribonuclease. Der Amino- bzw. Carboxy-Terminus sind markiert. Quervernetzungen der Kette finden sich zwischen den Cysteinresten 26–48, 40–95, 58–110 und 65–72. Die α-helikale Region sowie das β-Faltblatt sind entsprechend markiert. (Martin D. W., Mayes P. A., Rodwell V. W.: Harper's Rev. of Biochemistry 18th Edition. Lange Medical Publications 1981)

Ribonuclease über einen α-helikalen Bereich sowie über Areale mit Faltblattstruktur. Diese machen jedoch nur einen verhältnismäßig kleinen Anteil der Gesamtstruktur aus, die mit dem vom äußeren Aspekt her richtigen, sachlich jedoch sicher falschen Begriff „Zufallsknäuel" bezeichnet wird. Bei der Anordnung eines Peptidfadens als Zufallsknäuel handelt es sich nämlich um eine durch die Primärstruktur der Aminosäuren genau festgelegte und durch die verschiedensten Kräfte stabilisierte Anordnung des Peptidfadens, die für die Funktion des Proteins von essentieller Bedeutung ist (s. u.).

Das Zufallsknäuel der Ribonuclease wird zunächst durch 4 *Disulfidbrücken* zwischen Cysteinylresten fixiert (Abb. 2-6). Die Knüpfung der Disulfidbrücken erfolgt dabei zwischen den Cysteinylresten 26 und 84, 40 und 95, 58 und 110 sowie 65 und 72. Im Zufallsknäuel kommen sich also die verschiedensten Teile des Peptidfadens sehr nahe und bilden hoch organisierte Strukturen, welche für die spezifischen Funktionen eines Proteins (z. B. Enzymkatalyse, s. S. 52) von großer Bedeutung sind.

Über die Quervernetzung eines Peptidfadens mit Disulfidbrücken hinaus gibt es eine Reihe von nicht covalenten, schwächeren Kräften, die jedoch zusammen sehr wesentlich zur Stabilität der Tertiärstruktur beitragen. Es handelt sich um *Wasserstoffbrückenbindungen, Salzbrücken* (elektrostatische Bindungen zwischen Aminogruppen und Carboxylgruppen von Aminosäureseitenketten), sowie vor allem um *hydrophobe Wechselwirkungen*. Unter dieser Bezeichnung versteht man die Tatsache, daß in einer Peptidkette in wäßriger Lösung die hydrophoben Aminosäureseitenketten aus thermodynamischen Gründen spontan versuchen, in eine energetisch günstige Position zu gelangen. Sie haben das Bestreben, sich von der wäßrigen Lösung abzuwenden und dabei aneinander anzulagern.

Die Bedeutung der Primärstruktur für die Aufrechterhaltung der Sekundär- und Tertiärstrukturen und damit für die Funktion eines Proteins ist in besonders eindrucksvoller Weise von Anfinsen ebenfalls am Beispiel der Ribonuclease gezeigt worden (Abb. 2-7). Versetzt man gereinigte Ribonucleasen mit Mercaptoethanol ($HO-CH_2-CH_2-SH$) sowie einem Überschuß von Harnstoff, so kommt es durch das Mercaptoethanol zur Lösung der Disulfidbrücken sowie durch den Harnstoff zur Auflösung vor allem der

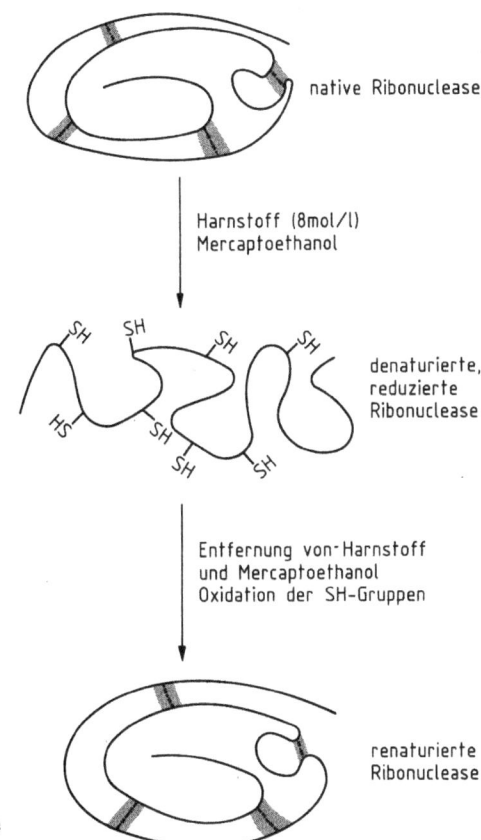

Abb. 2-7. Denaturierung und Renaturierung von Ribonuclease (Einzelheiten s. Text)

Wasserstoffbrückenbindungen, so daß das Enzym schließlich in regelloser, *denaturierter* Form vorliegt. Es überrascht nicht, daß hiermit ein vollständiger Verlust der enzymatischen Aktivität einhergeht. Entfernt man nun durch Dialyse Harnstoff und Mercaptoethanol, so erlangt das Enzym langsam seine volle enzymatische Aktivität zurück. Dieser auch als *Renaturierung* bezeichnete Prozeß läßt sich nur so verstehen, daß durch die Entfernung des Harnstoffes wieder die Möglichkeit zur Ausbildung nichtcovalenter Wechselwirkungen zwischen den verschiedenen Aminosäureresten des Peptidfadens gegeben ist. Zwangsläufig kommt es dabei zu einer Konformation, die derjenigen des nativen Enzyms entspricht. Die immer vorhandenen Spuren von Luftsauerstoff genügen, um Disulfidbrücken zwischen einander nahen Cysteinylresten zu schließen, so daß schließlich das intakte Enzym wieder hergestellt ist. Aus diesem Experiment muß der Schluß gezogen werden, daß bereits in der *Primärstruktur* eines Proteins, d. h. in der Sequenz der einzelnen Aminosäurereste die gesamte Information für die dreidimensionale Struktur des Proteins vorgegeben ist. Es wird auf der anderen Seite auch verständlich, warum ein durch Punktmutation (s. S. 219) entstandener Austausch von nur einer Aminosäure unter Umständen zu einer schwerwiegenden Beeinträchtigung der Funktion eines Proteins infolge Änderung seiner dreidimensionalen Struktur führen kann.

Die Quartärstruktur von Proteinen. Eine Reihe von Proteinen verfügt zusätzlich zu den oben geschilderten Strukturelementen über eine *Quartärstruktur*. Mit diesem Begriff bezeichnet man die Tatsache, daß mehrere identische bzw. nicht identische Peptide als Untereinheiten sich zu einem oligomeren Gebilde als Funktionseinheit zusammenlagern. Hierfür ist notwendig, daß die einzelnen monomeren Untereinheiten über spezifische Regionen verfügen, die sie instand setzen, ihren Partner zu erkennen und zu binden. Die für die Quartärstruktur verantwortlichen Kräfte sind meist *hydrophobe Wechselwirkungen* bzw. *Wasserstoffbrückenbindungen*. Die Anzahl der Untereinheiten kann von zwei (Leberphosphorylase; s. S. 66), vier (Hämoglobin) bis zu einigen Tausend (Hüllprotein des Tabakmosaikvirus) betragen. Eine Reihe von Schlüsselenzymen des Stoffwechsels verfügen über Quartärstruktur und erlangen dadurch die Eigenschaft der allosterischen Kontrolle (s. S. 49).

Trennungs- und Nachweismethoden von Peptiden und Proteinen

Häufig stellt sich, auch in der klinischen Analytik von Proteingemischen wie beispielsweise dem Serum, das Problem, den mengenmäßigen Anteil einer einzigen Komponente zu ermitteln. Soweit nicht spezifische Verfahren zum

Nachweis dieser Komponente zur Verfügung stehen, muß das Gemisch fraktioniert und dabei das zu untersuchende Protein angereichert werden. Eine Fraktionierung von Proteingemischen kann aufgrund von Unterschieden in Löslichkeit, Ladung oder Teilchengröße erfolgen.

Fraktionierung nach Teilchengröße. Zur Auftrennung eines Proteingemisches nach Teilchengröße wird heute im allgemeinen die sogenannte *Gelchromatographie* (Hohlraumdiffusionschromatographie) verwendet. Wie aus Abb. 2-8 hervorgeht, besteht das Verfahren im Prinzip darin, daß Polydextran- bzw. Polyacrylamid-Gele nach Quellung in Wasser in ein Rohr gebracht und dann mit dem Proteingemisch beschickt werden. Partikel mit niedrigem Molekulargewicht können in die Poren des Gels eindringen, ihnen steht somit ein wesentlich größerer Verteilungsraum in der wäßrigen Phase zur Verfügung, womit sich ihre Wanderungsstrecke verlängert. Demgegenüber können Proteinmoleküle mit hohem Molekulargewicht nicht in die Poren des Gels eindringen und werden demzufolge schneller durch das Glasrohr wandern.

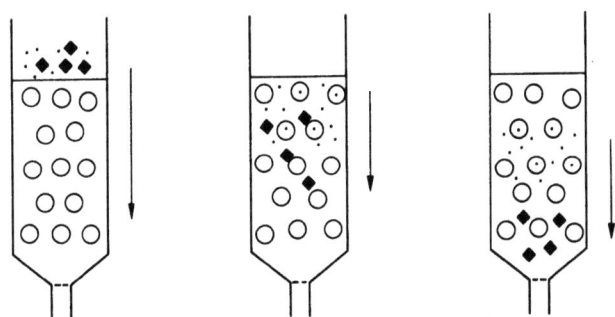

Abb. 2-8. Das Prinzip der Gelchromatographie. Ein Gemisch verschiedener Partikelgrößen fließt durch eine Säule, die mit einem Material mit definierter Porengröße gefüllt ist. Kleinere Partikel können in die Poren eindringen und benötigen deswegen längere Zeit, um durch die Säule zu fließen

Gegenüber der Gelchromatographie hat das wesentlich aufwendigere und zeitraubendere Verfahren der *analytischen* bzw. *präparativen Ultrazentrifugation* von Proteingemischen an Bedeutung verloren. Hierbei dient im Prinzip die Wanderungsgeschwindigkeit eines Proteins im Schwerefeld der Ultrazentrifuge (bis zu 400 000 g!) als Trennverfahren bzw. Maß für Molekulargewicht und damit Teilchengröße.

Trennung nach Ladungsunterschieden. Ähnlich wie Aminosäuren stellen auch Proteine sogenannte *Ampholyte* dar. Aufgrund ihrer verschiedenen Aminosäureseitenketten können sie je nach dem pH-Wert der Umgebung in protonierter bzw. deprotonierter und damit in mehr oder weniger geladener Form vorliegen. Den pH-Wert, bei dem sich positive und negative Ladungen eines Proteins gerade aufheben, es also in ungeladener Form vorliegt, bezeichnet man auch als den *isoelektrischen Punkt* eines Proteins. Hier ist unter anderem seine Löslichkeit im Wasser am geringsten.

Die Ampholytnatur der Proteine kann zu einer Proteinfraktionierung durch *Ionenaustauschchromatographie* benutzt werden. Hierbei werden als Matrix Kunststoffpartikel verwendet, die positiv bzw. negativ geladene Gruppen tragen und so als Ionenaustauscher dienen. Abbildung 2-9 zeigt die am häufigsten verwendeten Ionenaustauscher, nämlich den Anionenaustauscher *Diäthylaminoäthylzellulose* (DEAE-Zellulose) bzw. den Kationenaustauscher *Carboxymethylzellulose* (CM-Zellulose).

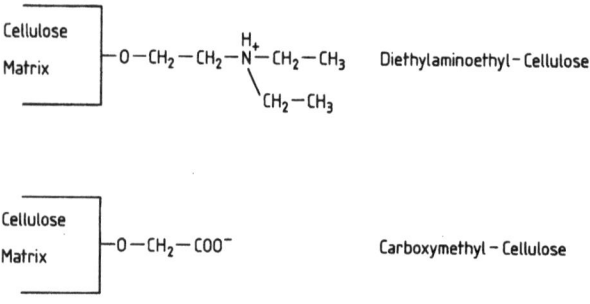

Abb. 2-9. Häufig benützte Anionen- bzw. Kationenaustauscher

Als außerhalb ihres isoelektrischen Punktes geladene Teilchen zeigen Proteine auch die Fähigkeit zur Wanderung im elektrischen Feld. Dieser Vorgang, der als *Proteinelektrophorese* bezeichnet wird, hat deshalb große klinische Bedeutung erlangt, da beispielsweise die Serumproteine durch Elektrophorese in verschiedene Gruppen aufgeteilt werden können, deren relative Konzentrationsverhältnisse Aufschlüsse über das Vorliegen der verschiedensten pathologischen Zustände geben können. Meist wird die Elektrophorese der Serumproteine bei einem pH von 8–9 durchgeführt, der weit oberhalb des isoelektrischen Punktes liegt. Serumproteine liegen dann als Anionen vor und wandern im elektrischen Feld entsprechend ihrer Ladung und Teilchengröße verschieden schnell zur Anode.

Auftrennung von Proteingemischen aufgrund ihrer Löslichkeit. Konzentrierte Salzlösungen (z. B. Ammoniumsulfat $(NH_4)_2SO_4$) konkurrieren mit den Proteinen um die Wassermoleküle, was schließlich zu einer Löslichkeitsverminderung und *Ausfällung* von Proteinen führt. Da verschiedene Proteine bei verschiedenen Ammoniumsulfatkonzentrationen ausfallen, ergibt sich somit die Möglichkeit zur Proteinfraktionierung. Auf einem ähnlichen Prinzip beruht die Proteinfraktionierung mit *organischen Lösungsmitteln*, besonders mit Ethanol. Auch hier kann zur Fraktionierung von Proteingemischen die Tatsache ausgenutzt werden, daß verschiedene Proteine bei unterschiedlichen Ethanolkonzentrationen reversibel denaturiert werden und damit aus der Lösung ausfallen.

Quantitative Bestimmung von Proteinen

Die am weitesten verbreitete Proteinbestimmung ist die sogenannte Biuretreaktion. Die Gruppierung $-CO-NH-$, die ja in Form der Peptidbindungen in Proteinen vorkommt, gibt im Alkalischen mit zweiwertigen Kupfersalzen einen blauvioletten Farbkomplex. Dieser kann photometrisch vermessen und zur Grundlage einer quantitativen Proteinbestimmung gemacht werden, die in der klinischen Chemie besonders zur Bestimmung des Gesamtproteingehaltes im Serum verwendet wird.
Andere Verfahren zur Proteinbestimmung beruhen auf dem Nachweis bestimmter Aminosäureseitenketten. So zeigen aromatische Aminosäuren, vor allem das *Tyrosin*, ein Absorptionsmaximum bei 280 nm, das zur Proteinbestimmung herangezogen werden kann. Allerdings ist hier die Eichung schwierig, da verschiedene Proteinspezies auch einen unterschiedlichen Tyrosingehalt haben. Ein anderes Verfahren beruht auf dem *colorimetrischen Nachweis* von Tyrosylresten in Proteinen. Es ist zur Grundlage einer besonders empfindlichen quantitativen Proteinbestimmung geworden, für die jedoch im Prinzip das oben Gesagte gilt. Schließlich sind geladene Gruppen von Proteinen imstande, gewisse Farbstoffe zu binden. Das bekannteste Verfahren ist die Proteinfärbung mit *Coomassie-Blau*. Im Sauren werden Aminogruppen von Proteinen protoniert und erscheinen damit positiv geladen. Diese können dann den negativ geladenen Farbstoff binden, was zu einer photometrisch meßbaren Absorptionsänderung des Farbstoffes führt.

Biologisch wichtige Peptide und Proteine

Während bis vor wenigen Jahren die allgemeine Aufmerksamkeit sich auf die Struktur und Funktion von hochmolekularen Proteinen konzentrierte, erkennt man heute mehr und mehr, daß es in pflanzlichen und tierischen Organismen eine Vielzahl von *Peptiden* mit Molekulargewichten bis etwa 10000 gibt, die als Hormone oder Gewebsfaktoren dienen. Zu den sogenannten Peptidhormonen gehören wichtige Verbindungen wie *Insulin, Glucagon,* das *adrenocorticotrope Hormon,* die *Enkephaline* und *Endorphine* (s. S. 337) sowie die Hypophysenhinterlappenhormone *Oxytocin* und *Vasopressin* (s. S. 286). Abbildung 2-10 zeigt die Struktur des Vasopressins, eines Polypeptides mit 8 Aminosäuren, das an den Positionen 1 und 6 Cysteinylreste enthält, die durch eine Disulfidbrücke verbunden sind.

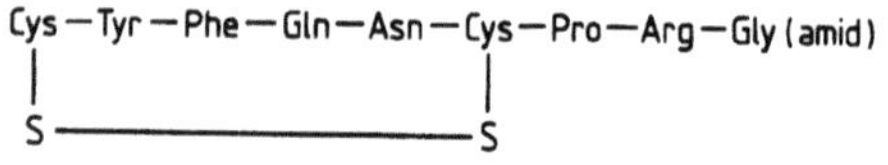

```
Cys —Tyr —Phe— Gln —Asn —Cys —Pro —Arg —Gly (amid)
 |                         |
 S ——————————————————————— S
```

Abb. 2-10. Aminosäuresequenz des Vasopressin

Viele der in den letzten Jahren entdeckten Wuchsfaktoren (s. S. 273) sind Peptide mit Molekulargewichten nicht über 13000.
Ein in besonders hoher Konzentration in den verschiedenen Körperflüssigkeiten sowie vor allem im Erythrocyten vorkommendes Tripeptid ist das *Glutathion* (γ-Glutamyl-Cysteinyl-Glycin; Abb. 2-11). Die funktionelle Gruppe dieses Tripeptides ist die SH-Gruppe, die als Reduktionsmittel dienen kann. Man nimmt an, daß sie vor allem in *Erythrocyten* zur Reduktion von Hydroperoxiden dient, die wegen des dort herrschenden hohen Sauerstoffpartialdruckes besonders leicht entstehen. Das dabei zum Disulfid oxidierte Glutathion muß durch ein eigenes Enzymsystem, die Glutathionreduktase, reduziert werden, um erneut funktionsfähig zu werden (s. auch S. 300).

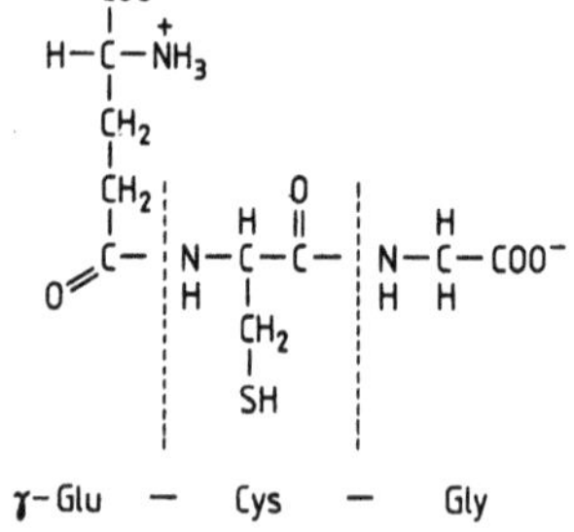

Abb. 2-11. Glutathion

Eine Reihe von *Antibiotika* sind ebenfalls Peptide, welche als Besonderheit häufig einen ringförmigen Aufbau zeigen. Viele, besonders kleinere Peptide werden nicht durch die normale Maschinerie der Proteinbiosynthese (s. S. 207) gebildet, sondern entstehen an auf die Biosynthese nur einer Verbindung spezialisierten Multienzymkomplexen. Besonders gut ist dieser Vorgang am cyclischen Antibiotikum Gramicidin S gezeigt (Abb. 2-12).

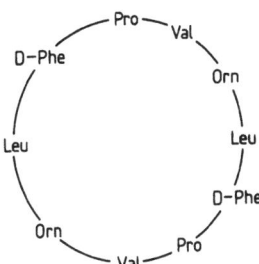

Abb. 2-12. Die Aminosäuresequenz des Gramicidin S

Angesichts der vielfältigen Aufgaben von Proteinen im Organismus ist es schwer, typische Vertreter dieser Gattung zu nennen. Proteine können als Strukturbestandteile des Organismus wichtige Funktionen erfüllen. Als Beispiel hierfür seien die *Keratine* (s. S. 19), die Proteine des *kontraktilen Apparates* der Muskeln (s. S. 328) sowie die Proteine des *Cytoskelettes* genannt. Diese Verbindungen verfügen entweder in hohem Umfang über die als Sekundärstruktur weiter oben geschilderten Strukturelemente oder besitzen die Fähigkeit, durch die Bildung von Aggregaten übergeordnete Strukturen zu bilden. Im Gegensatz dazu zeigen *Enzyme* als die Träger der katalytischen Funktionen in lebenden Zellen meist einen relativ einheitlichen Aufbau. Es handelt sich häufig um *globuläre Proteine,* die eine zentrale Vertiefung besitzen, an der das Substrat angelagert wird (s. S. 32). Auch die *Immunglobuline* als Träger der biologischen Abwehrmechanismen sind einheitlich aufgebaut. Es handelt sich um hoch organisierte, durch viele Disulfidbrücken quervernetzte Gebilde, mit einer spezifischen Bindungsstelle für das Antigen (s. S. 305). Über die Wechselbeziehungen zwischen Struktur und Funktion bei anderen biologisch aktiven Proteinen wie beispielsweise den Proteohormonen, den Transportproteinen sowie anderen Membran-gebundenen Proteinen herrscht heute noch weitgehende Unklarheit. Dies ist wenigstens zum Teil darauf zurückzuführen, daß sich Proteine mit ausgeprägten hydrophoben Regionen wie Membranproteine nur schlecht kristallisieren lassen und damit der Röntgenstrukturanalyse entzogen bleiben.

3 Die Biokatalyse

Proteine als Katalysatoren

In jedem lebenden Organismus laufen gleichzeitig nebeneinander eine Vielzahl teilweise recht komplizierter chemischer Reaktionen ab, die einmal dem der Energiegewinnung dienenden Abbau komplexer organischer Verbindungen dienen, zum anderen der Biosynthese zelleigenen Materials. Die dabei im allgemeinen herrschenden Bedingungen – neutraler pH, konstanter Druck und Temperatur, Überschuß an Wasser als Lösungsmittel – machen es von vornherein unwahrscheinlich, daß die geschilderten Reaktionen ohne weiteres mit der benötigten Geschwindigkeit ablaufen. Die Natur bedarf vielmehr zur Aufrechterhaltung des Stoffwechsels eines großen Satzes außerordentlich effektiver Katalysatoren, die als *Enzyme* bezeichnet werden.

Enzyme sind immer *Proteine* und wirken als Katalysatoren in biologischen Systemen. Ihre Molekulargewichte schwanken zwischen etwa 10000 und mehreren Millionen.

Einteilung von Enzymen und ihre Nomenklatur

Während in den Anfangsjahren der Enzymologie neu entdeckte Enzyme von ihren Entdeckern mit mehr oder weniger phantasievollen Namen ausgestattet wurden, hat es sich später durchgesetzt, Enzyme nach dem jeweiligen Substrat zu bezeichnen und mit der Endung -ase zu bezeichnen (z. B. Lipase für fettspaltende Enzyme, Proteasen für proteolytisch wirkende Enzyme). Eine verbesserte Nomenklatur ergab sich in der Folgezeit aus der Benennung von Enzymen nach ihrer Funktion (Oxidasen, Reduktasen, Synthetasen usw.). Dieses System ist in vielen Trivialnamen der heute bekannten Enzyme enthalten und wird zudem durch ein in den letzten Jahren von der „International Union of Biochemistry" vorgeschlagenes Nomenklatursystem ergänzt, das Enzyme nach den katalysierten Reaktionen benennt und im folgenden geschildert werden soll:

Tabelle 3-1 zeigt die heute gültige Einteilung der Enzyme nach den durch sie katalysierten Reaktionen. Dabei kann man insgesamt 6 Hauptklassen von

Tabelle 3-1. Einteilung der Enzyme in Hauptklassen

Hauptklasse	Katalysierte Reaktion	Beispiele
1. Oxidoreduktasen	$S_{red} + S'_{ox} \rightleftharpoons S_{ox} + S'_{red}$	Lactatdehydrogenase (S. 64) Glutamatdehydrogenase (S. 115) Succinatdehydrogenase (S. 79) Pyruvatdehydrogenase (S. 75)
2. Transferasen	$S\text{-}X + S' \rightleftharpoons S + S'\text{-}X$	Hexokinase (S. 61) Phosphorylase (S. 65)
3. Hydrolasen	$S - S' + H_2O \rightarrow S\text{-}OH + S'\text{-}H$ Hydrolytische Abspaltung von Gruppen	Proteasen, Peptidasen Esterasen Glykosidasen
4. Lyasen	Nichthydrolytische Abspaltung von Gruppen	Aldolase (S. 62) Transketolase (S. 68) Fumarase (S. 79)
5. Isomerasen	Umwandlungen isomerer Verbindungen	Retinalisomerase (S. 241) Triosephosphatisomerase (S. 62) UDP-Galaktose-4-Epimerase (S. 72)
6. Ligasen	Energieabhängige Verknüpfung von Bindungen	Pyruvatcarboxylase (S. 147) Thiokinase (S. 103) Glutaminsynthetase (S. 119)

Enzymen unterscheiden. Die erste und besonders wichtige Hauptklasse bilden die sogenannten *Oxidoreduktasen*. Sie katalysieren grundsätzlich Redoxreaktionen, die gerade beim Substratabbau zur Energiegewinnung eine außerordentlich große Rolle spielen. Bei vielen Oxidoreduktasen ist ein Partner der Redoxreaktion als sogenanntes wasserstoff-übertragendes Coenzym mehr oder weniger fest an das Enzym gebunden. Wie aus den in Tabelle 3-1 angegebenen Beispielen hervorgeht, katalysieren Oxidoreduktasen u. a. die Oxidation von $-CHOH-$, $-CHNH_2-$ sowie $-CH_2\text{-}CH_2-$ Gruppierungen. Zur zweiten Hauptgruppe der Enzyme, den *Transferasen*, gehören all diejenigen Enzyme, die den Transfer einer Gruppe X zwischen zwei Substraten S und S' katalysieren. Beispiele für diese wichtige Gruppe von Enzymen sind die Kinasen, die den Phosphattransfer von ATP auf

entsprechende Substrate vermitteln. Andere Transferasen übertragen Glykosyl-, Acyl- oder Alkyl-Gruppierungen.
Eine große Bedeutung beim Abbau der verschiedensten Makromoleküle haben die *Hydrolasen*. Sie katalysieren ganz allgemein die hydrolytische Spaltung von Ester, Äther, Peptid, Glykosid, Säureanhydrid oder C−C-Bindungen. Hauptvertreter dieser dritten Hauptklasse sind die vielen Hydrolasen des Verdauungstraktes. *Lyasen* katalysieren im Gegensatz zu den Hydrolasen die nichthydrolytische Abspaltung von verschiedenen Gruppen. Gespalten werden können C−C-, C−O-, C−N-, C−S-Bindungen. *Isomerasen* sind schließlich Enzyme, die die Umwandlung der verschiedenen in der Natur vorkommenden Isomere ineinander ermöglichen. Zu ihnen gehören die Aldose-Ketose-Isomerasen der Glykolyse, die verschiedenen Epimerasen sowie die Cis-Trans-Isomerasen. Die letzte Hauptgruppe von Enzymen stellen schließlich die *Ligasen* dar, die im wesentlichen für biosynthetische Prozesse benutzt werden. Sie katalysieren die energieabhängige Knüpfung von Bindungen. Der Energiedonator ist im allgemeinen das ATP, jedoch kann es durch analoge Verbindungen mit hohem Gruppenübertragungspotential ersetzt werden.

Allgemeiner Aufbau von Enzymen

Alle bisher bekannten Enzyme gehören zu der Gruppe der *Proteine*. Ein großer Teil der Enzyme ist gut wasserlöslich und befindet sich im cytosolischen Raum der Zelle. Wie man aus röntgenstrukturanalytischen Untersuchungen weiß, handelt es sich in diesem Fall um *globuläre Proteine*. Andere Enzyme, die sogenannten *Membranenzyme*, sind fest an die verschiedenen intrazellulären Membranen der tierischen Zelle gebunden. Beispiele hierfür sind die Enzyme des *Elektronentransports* der biologischen Oxidation (s. S. 94), die Enzyme der *Glykoproteinbiosynthese* (s. S. 175), die Enzyme des *Ionentransportes* (s. S. 330) sowie die Enzyme der *Lipidbiosynthese* (s. S. 165). Häufig gelingt es nicht, diese Enzyme ähnlich wie die wasserlöslichen cytosolischen Enzyme durch konventionelle Anreicherungsverfahren (s. u.) zu reinigen. Bei dem Versuch, sie aus der Lipidmatrix der Membran zu lösen, werden sie häufig inaktiviert, wobei es erheblichen experimentellen Geschickes bedarf, sie zur Reaktivierung in entsprechende künstliche Membransysteme einzubauen. Membranenzyme besitzen besonders häufig *hydrophobe Aminosäuren,* was sicherlich ihren Einbau in die Lipidmatrix von Membranen erleichtert.
Viele Enzyme, besonders diejenigen der Hauptgruppen 1, 2, 5 und 6, katalysieren die Reaktionen mit ihrem Substrat nur in Gegenwart eines speziellen Nichtprotein-Moleküls, das im allgemeinen als *Coenzym*

bezeichnet wird (Tabelle 3-2). Coenzyme sollten dann besser als Cosubstrate bezeichnet werden, wenn sie wie ein zweites Substrat an der Reaktion teilnehmen. Dies wird besonders deutlich am Beispiel der Oxidoreduktasen, die alle über wasserstoffübertragende Coenzyme verfügen. Im Gegensatz zum eigentlichen Substrat ist das Coenzym oder Cosubstrat häufig relativ fest, gelegentlich auch durch covalente Bindungen, an das Enzymprotein gebunden. Der Komplex aus Enzym und Coenzym wird auch als *Holoenzym* bezeichnet, der Proteinanteil alleine als *Apoenzym*.

Tabelle 3-2 gibt einen Überblick über die wichtigsten Coenzyme. Die überwiegende Zahl von Coenzymen leitet sich interessanterweise von *Vitaminen* ab, kann also vom Organismus selbst nicht synthetisiert werden (s. auch S. 228). Dabei sind die Funktionen der von Vitaminen abgeleiteten Coenzyme außerordentlich vielfältig. Sie reichen von *Wasserstoffübertragung* in Redoxsystemen zu *Decarbxoylierungen, Carboxylierungen, Transaminierungen, C-1-Gruppenübertragungen* und *Acylgruppenverschiebungen*. Aus dieser Tatsache wird verständlich, daß ernährungsbedingte Vitaminmangel-Zustände, welche ja häufig mehrere Vitamine betreffen, ein eher unspezifisches, jedoch schweres Krankheitsbild hervorrufen, da die grundlegenden Reaktionen des Stoffwechsels beeinträchtigt sind.

Als Coenzym dienende Verbindungen, die vom Organismus selbst synthetisiert werden können, leiten sich zum großen Teil von *Purin-* oder *Pyrimidin-*

Tabelle 3-2. Herkunft und Funktion wichtiger Coenzyme

Coenzym	Funktion	Vitamin	Beispiel
Ascorbat	Hydroxylierungen Redoxsystem	Ascorbat Vitamin C	Prolin Hydroxylase (s. S. 341)
Thiamin-pyrophosphat	Decarboxylierung Aldehydgruppen-transfer	Thiamin Vitamin B_1	Pyruvatdehydrogenase (s. S. 75)
Flavinmono-nucleotid (FMN); Flavin-adenin-dinucleotid (FAD)	Wasserstoff-übertragung	Riboflavin Vitamin B_2	Succinatdehydrogenase (s. S. 79) NADH-Coenzym Q-Reduktase (s. S. 91)
Nicotinamid-adenin-dinucleotid (-phosphat) NAD^+; $NADP^+$	Wasserstoff-übertragung	Nicotinsäure	Glucose-6-Phosphat-dehydrogenase (s. S. 69) HMG-CoA-Reduktase (s. S. 169)

Tabelle 3-2. Fortsetzung

Coenzym	Funktion	Vitamin	Beispiel
Pyridoxal-phosphat	Transaminierung, Decarboxylierung, α-, β-Elimination von Aminosäuren	Pyridoxin Vitamin B_6	Glutamat-Oxalacetat-Transaminase (s. S. 112)
Coenzym A	Acylübertragung	Pantothensäure	Citratsynthase (s. S. 77) Ketothiolase (s. S. 105)
Biotinyl-Lysyl-Enzym	Carboxylierung	Biotin	Pyruvatcarboxylase (s. S. 147) Acetyl-CoA-Carboxylase (s. S. 155)
Lipoyl-Lysyl-Enzym	Wasserstoff- und Acylgruppenübertragung	Liponsäure	Pyruvatdehydrogenase (s. S. 75)
Tetrahydrofolat	C1-Gruppenübertragung	Folsäure	Purinbiosynthese (s. S. 184)
5'Adenosyl-cobalamin	1,2-Verschiebung von Alkylgruppen	Cobalamin (= Vitamin B_{12})	Methyl-Malonyl-CoA-Mutase (s. S. 105)
Difarnesyl-naphtho-Chinon	Carboxylierung von Glutamylresten in Proteinen	Naphthochinon (= Vitamin K)	γ-Carboxylierung von Glutamylresten des Prothrombin (s. S. 245)
Ubichinon	Wasserstoffübertragung	—	NADH-Ubichinonreduktase (s. S. 91)
Cytochrome	Elektronenübertragung	—	Cytochrom a/a_3 (s. S. 88)
Adenosintriphosphat (ATP)	Phosphatübertragung Adenylübertragung	—	Hexokinase (s. S. 61)
Cytidindiphosphat (CDP)	Phospholipidbiosynthese	—	Übertragung von Phosphorylcholin (s. S. 165)
Uridindiphosphat (UDP)	Saccharidübertragung	—	Glykogensynthetase (s. S. 151)
Adenosylmethionin	Methylgruppenübertragung	—	Cholinbiosynthese (s. S. 132)
Phosphoadenosyl-Phosphosulfat (PAPS)	Sulfatübertragung	—	Saccharidsulfatierung (s. S. 137)

Nucleotiden ab. Sie dienen der *Übertragung* von *Phosphat*- oder *Adenylresten*, der *Phospholipidbiosynthese*, der *Saccharidübertragung*, der *Übertragung* von *Methylgruppen* sowie der *Sulfatübertragung*. Als Coenzyme in den Elektronentransport der Atmungskette eingeschaltet sind schließlich noch das *Ubichinon* sowie die verschiedenen *Cytochrome*.

Enzymkinetik

Die Spezifität der Enzymkatalyse

Die in der Chemie üblichen Nichtproteinkatalysatoren beschleunigen in aller Regel relativ unspezifisch eine Reihe von Reaktionen. Im Gegensatz dazu katalysieren Enzyme den Umsatz von nur wenigen strukturell verwandten Verbindungen, häufig sogar nur eine einzige Reaktion.
Die Spezifität von Enzymen geht gelegentlich so weit, daß nicht nur ganze Moleküle, sondern bestimmte Gruppierungen innerhalb eines Moleküls als Erkennungsmerkmale für das Substrat dienen. So zeigen die meisten Enzyme eine absolute *Stereospezifität* für einen Teil des Substratmoleküls. Das heißt, daß von zwei oder mehreren Stereoisomeren eines Substrates selektiv nur ein einziges umgesetzt wird.
Abbildung 3-1 zeigt am Beispiel der Lactatdehydrogenase die Grundprinzipien der Stereospezifität. Von den beiden möglichen Stereoisomeren des Lactates wird nur das L-Lactat von der Lactatdehydrogenase als Substrat erkannt und zum optisch inaktiven Pyruvat oxidiert. Umgekehrt ist es so, daß bei der Reduktion von Pyruvat zu Lactat nicht das Razemat D, L-Lactat, sondern wiederum ausschließlich L-Lactat entsteht. Dieses erstaunliche Phänomen läßt sich nur durch die hohe Spezifität der Bindung von Lactat an entsprechende Bindungsstellen im aktiven Zentrum der Lactatdehydrogenase verstehen (s. u.).

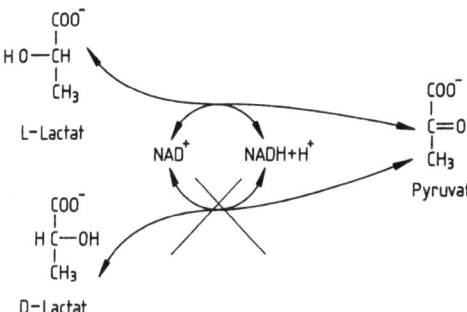

Abb. 3-1. Die Stereospezifität von Enzymen am Beispiel der Lactatdehydrogenase. Das Enzym setzt nur das physiologischerweise vorkommende L-Lactat, nicht jedoch dessen Isomeres, das D-Lactat, um

Neben der Stereospezifität findet sich bei einer Reihe von Enzymen auch eine sogenannte *Gruppenspezifität*. Bei Enzymen mit Gruppenspezifität handelt es sich um solche, die bestimmte chemische Gruppierungen wie Ester-, Anhydrid-, Peptid- oder glykosidische Bindungen als Substrate erkennen, wobei sonst eine eher breite Substratspezifität vorliegt. So spaltet beispielsweise die im Verdauungstrakt vorkommende Protease Trypsin Peptidbindungen in einer Vielzahl von Proteinen, jedoch nur nach den geladenen, hydrophilen Aminosäuren Arginin bzw. Lysin. Eine Reihe von Glykosidasen zeigen hohe Spezifität bezüglich des die glykosidische Bindung eingehenden Zuckers und der sterischen Anordnung der glykosidischen Bindung (α- bzw. β-glykosidische Bindung), jedoch nur eine sehr geringe Spezifität bezüglich des Aglykons.

Die Bestimmung der Enzymaktivität

Enzyme als Proteine unterscheiden sich im allgemeinen in nichts von anderen Proteinen im Intra- bzw. Extrazellulärraum. Diese Tatsache macht es äußerst schwierig, direkt die Menge eines Enzymproteins zu messen. Dagegen erlaubt die Tatsache, daß Enzyme als Biokatalysatoren eine sehr genau bestimmbare *biologische Aktivität* haben, den quantitativen Nachweis ihres Vorhandenseins. Mit anderen Worten heißt das, daß in einer Gewebeprobe oder Körperflüssigkeit nicht die Enzymmenge, sondern die *Enzymaktivität* bestimmt wird. Unter Enzymaktivität wird ganz allgemein die Reaktionsgeschwindigkeit verstanden, mit der eine enzymkatalysierte Reaktion abläuft. Unter optimalen Bedingungen, d. h. einem Überschuß aller Reaktionspartner, Messung im Temperatur- und pH-Optimum, Vorhandensein der notwendigen Cofaktoren in ausreichender Menge, ist die *Geschwindigkeit* des *Substratumsatzes proportional* der *Menge* des in einem Testansatz vorhandenen *Enzyms*.

Damit derartige Enzymaktivitäts-Bestimmungen erfolgreich durchgeführt werden können, ist es notwendig, mit Hilfe physikalisch-chemischer Methoden entweder den Verbrauch des (Co-)Substrates bzw. die Bildung des entsprechenden Produktes messen zu können. Sehr elegant gestaltet sich das Verfahren dann, wenn es sich um Reaktionen handelt, bei denen NAD$^+$ bzw. NADP$^+$ als Reaktionspartner eingeschaltet sind. Wie die Abb. 3-2 zeigt, verfügen beide wasserstoffübertragenden Coenzyme in der reduzierten Form, d. h. also als NADH bzw. NADPH über ein deutliches Absorptionsmaximum bei 340 nm. Der molare Extinktionskoeffizient von NADH bzw. NADPH ist identisch und sehr leicht zu vermessen. Er gibt die Extinktion einer einmolaren Lösung dieser Verbindungen bei einer Schichtdicke von 1 cm an. Zur *Enzymaktivitäts-Bestimmung* muß also lediglich

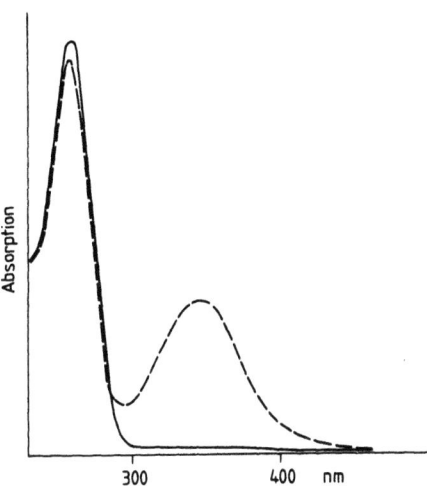

Abb. 3-2. Absorptionsspektrum von
NAD^+ (——) und $NADH$ (– – – –)

während des Ablaufs der enzymkatalysierten Reaktion die Änderung der Absorption bei 340 nm gemessen werden. Unter optimalen Bedingungen ist der Abfall der Extinktion bei Oxidation von reduziertem Coenzym bzw. der Anstieg der Extinktion bei Reduktion des oxidierten Coenzyms proportional der eingesetzten Enzymmenge. Da die Extinktionskoeffizienten genau bekannt sind, läßt sich darüber hinaus leicht die Menge des umgesetzten Substrates errechnen.

Auch dann, wenn an der untersuchten Enzymreaktion kein NAD^+ (bzw. $NADP^+$) beteiligt ist, versucht man im allgemeinen, durch Nachschaltung einer zweiten Reaktion als Hilfsreaktion das oben geschilderte Meßprinzip mittels wasserstoffübertragender Coenzyme zu verwenden, wie es beispielsweise bei der Bestimmung der Transaminasenaktivitäten in Zellen und Körperflüssigkeiten durchgeführt wird. Die *Glutamat-Oxalacetat-Transaminase* (GOT) katalysiert folgende Reaktion:

$$\text{Aspartat} + \alpha\text{-Ketoglutarat} \rightleftharpoons \text{Oxalacetat} + \text{Glutamat}$$

Diese Reaktion allein liefert keinen Meßparameter, der leicht durch direkte Photometrie die Bestimmung der Enzymaktivität erlaubt. Durch Nachschalten der von der *Malatdehydrogenase* katalysierten Reaktion:

$$\text{Oxalacetat} + \text{NADH} + H^+ \rightleftharpoons \text{Malat} + NAD^+$$

gelingt im sogenannten *zusammengesetzten optisch-enzymatischen* Test auch hier die direkte photometrische Bestimmung der Enzymaktivität. Die einzige Voraussetzung hierfür ist, daß das Gleichgewicht der Hilfsreaktion ganz auf der rechten Seite liegt.

Nach internationaler Übereinkunft bezeichnet man als *Internationale Einheit (IU, International Unit)* diejenige Enzymmenge, die unter optimalen Bedingungen bezüglich Temperatur, pH und Substratsättigung den Umsatz von *1 µmol Substrat pro Minute* katalysiert. In neuerer Zeit wird alternativ als Meßgröße für den Umsatz das *Katal* (kat) verwendet. Ein Katal entspricht dabei derjenigen Enzymmenge, die den Umsatz von *1 mol Substrat pro Sekunde* katalysiert.

Die Beziehungen zwischen Substratkonzentration und enzymkatalysiertem Substratumsatz

Grundlagen der Reaktionskinetik. Wie für die Gesetzmäßigkeiten der Reaktionskinetik in chemischen Systemen gelten auch für die in der Biochemie vorkommenden Reaktionen sowie für die Enzyme als Biokatalysatoren die allgemeinen Gesetzmäßigkeiten der Reaktionskinetik. Betrachtet man die Reaktion

$$A + B \rightarrow C$$

so kann man nach der kinetischen oder Kollisionstheorie davon ausgehen, daß A und B zusammenstoßen müssen, um zu C zu reagieren. Dabei muß die Häufigkeit der Zusammenstöße der Reaktionsgeschwindigkeit proportional sein. Durch den Zusammenstoß von A und B werden beide Moleküle in einen reaktionsfähigeren Zustand, d.h. in einen Zustand eines *höheren Energieniveaus* überführt, von dem aus dann die Reaktion zu C spontan erfolgt. Diejenige Energiemenge, die benötigt wird, um den angeregten Zustand von A und B zu erzielen, wird auch als *Aktivierungsenergie* bezeichnet. Eine Erhöhung der Temperatur, d.h. also eine Zufuhr von Energie erhöht die kinetische Energie der Moleküle A und B, so daß Zusammenstöße häufiger erfolgen und dementsprechend die Reaktionsgeschwindigkeit zunimmt. Für enzymkatalysierte Reaktionen gilt wie für katalysierte Reaktionen allgemein, daß durch den Katalysator die *Aktivierungsenergie herabgesetzt* wird. In chemischen Systemen beruht die Wirkung eines Katalysators meist darauf, daß er mit einem der Reaktionspartner vorübergehend eine Verbindung eingeht, wodurch die Aktivierungsenergie herabgesetzt wird. Für enzymkatalysierte Reaktionen trifft im Prinzip das gleiche zu. An sehr spezifischen Stellen im *aktiven Zentrum* eines Enzyms (s.u.) werden die Substrate so gebunden, daß sie in die entsprechende räumliche Zuordnung zueinander geraten, wodurch eine spezifische Reaktionsmöglichkeit beschleunigt werden kann.

Die *Effektivität* von Enzymen als Katalysatoren ist beachtlich. Im allgemeinen kann man davon ausgehen, daß im Vergleich zu nichtkatalysierten

Reaktionen Enzyme die Reaktionsgeschwindigkeit um den Faktor 10^8–10^{20} erhöhen. Man beachte dabei jedoch immer, daß grundsätzlich wie bei allen katalysierten Reaktionen auch Enzyme *nicht* das Gleichgewicht einer Reaktion, sondern lediglich die *Geschwindigkeit der Gleichgewichtseinstellung* verändern können (weiteres s. Lehrbücher der Chemie).

Abhängigkeit enzymkatalysierter Reaktionen von der Enzym- und Substratkonzentration. Bei *Substratüberschuß* liegt unter Berücksichtigung des meist hohen Molekulargewichts von Enzymen die Konzentration des Substrates meist um viele Größenordnungen über derjenigen des Enzyms. Dies bedeutet nach der Kollisionstheorie, daß zwar alle Enzymmoleküle eine reelle Chance haben, mit ihrem Substrat in Wechselwirkung zu treten, auf der anderen Seite jedoch nur ein kleiner Teil der Substratmoleküle je Zeiteinheit auf ein Enzym als Reaktionspartner trifft. Daraus wird verständlich, daß dann die Geschwindigkeit der enzymkatalysierten Reaktion *direkt proportional* der Enzymkonzentration ist (streng genommen trifft das nur zu, wenn optimale Bedingungen bezüglich der Konzentration des Cosubstrates, des pH-Wertes sowie der Temperatur eingehalten werden).

Anders stellen sich die Verhältnisse dar, wenn bei konstanter Enzymkonzentration die Substratkonzentration variiert wird. Abbildung 3-3 zeigt die Beziehung zwischen Substratkonzentration und Geschwindigkeit der enzymkatalysierten Reaktion. Auffallend dabei ist, daß bei niedrigen Substratkonzentrationen zunächst die Reaktionsgeschwindigkeit proportional zur *Substratkonzentration* zunimmt. Bei weiterer Erhöhung der

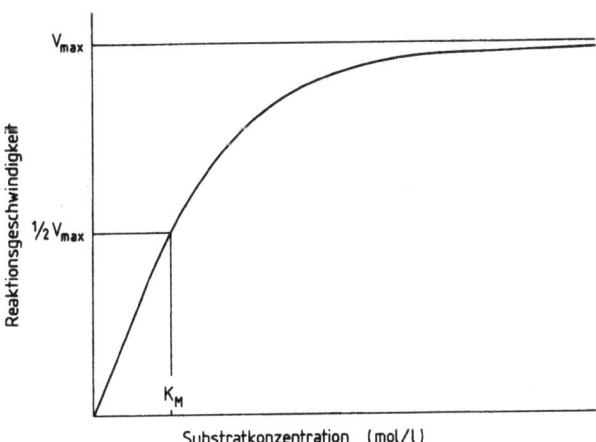

Abb. 3-3. Abhängigkeit der Geschwindigkeit einer enzymkatalysierten Reaktion von der Substratkonzentration. V_{max}, Maximalgeschwindigkeit; K_M, Michaeliskonstante

Substratkonzentration flacht diese Beziehung jedoch immer mehr ab, so daß schließlich eine Gerade entsteht, die einem Zustand entspricht, in dem eine weitere Erhöhung der Substratkonzentration nicht mehr zu einer Änderung der Reaktionsgeschwindigkeit führt.

Aus dieser Beobachtung zogen Michaelis und Menten einige grundlegende Schlüsse über den prinzipiellen Mechanismus enzymkatalysierter Reaktionen, welche im folgenden kurz dargestellt werden sollen:

Im einfachsten Fall verläuft die Reaktion

$$S \rightleftharpoons P$$
(Substrat) (Produkt)

in Anwesenheit eines Enzyms (E) als Katalysator nach folgendem Mechanismus

$$S + E \rightleftharpoons ES \rightleftharpoons P + E \tag{1}$$

Er beinhaltet, daß sich zunächst aus E und S der *Enzym-Substratkomplex* bildet, aus dessen Zerfall das Produkt P entsteht, wobei das Enzym wieder regeneriert wird. Unter der Annahme, daß die Geschwindigkeit der Rückreaktion von P + E zu ES verschwindend klein ist, läßt sich Gleichung (1) folgendermaßen schreiben:

$$S + E \underset{k_{-1}}{\overset{k_1}{\rightleftharpoons}} ES \overset{k_2}{\rightarrow} P + E \tag{2}$$

Dabei sind k_1, k_{-1} und k_2 die Geschwindigkeitskonstanten der jeweiligen Reaktionen. Michaelis und Menten gingen davon aus, daß für die Gesamtreaktion der Zerfall des Enzym-Substratkomplexes zu P + E geschwindigkeitsbestimmend ist. Die Reaktionsgeschwindigkeit V wird dann[1]

$$V = k_2 [ES] \tag{3}$$

Das Problem besteht nun darin, für die nicht oder nur schwer zu ermittelnde Konzentration von ES einen Ausdruck aus bekannten oder leicht zu ermittelnden Größen zu finden.

Die Geschwindigkeit der Bildung von ES entspricht

$$\frac{d[ES]}{dt} = k_1 \cdot [E][S] \tag{4}$$

die Geschwindigkeit des Verbrauches von ES ist dann

$$\frac{-d[ES]}{dt} = k_{-1}[ES] + k_2[ES] \tag{5}$$

---

[1] Im folgenden geben eckige Klammern Konzentrationen wieder

oder

$$\frac{-d[ES]}{dt} = (k_{-1} + k_2)[ES] \tag{6}$$

Im Gleichgewichtszustand sind Bildung und Verbrauch von ES gleich, so daß sich ergibt:

$$k_1[E][S] = k_{-1} + k_2[ES] \tag{7}$$

oder

$$[ES] = \frac{[E][S]}{(k_{-1} + k_2)/k_1} \tag{8}$$

Der Nenner der Gleichung 8 kann zu einer einzigen Konstante, der Michaeliskonstante K_M, zusammengefaßt werden:

$$K_M = (k_{-1} + k_2)/k_1 \tag{9}$$

Eingesetzt in Gleichung 8 ergibt sich

$$ES = \frac{[E][S]}{K_M} \tag{10}$$

Unter normalen Bedingungen wird [S] sehr viel größer als [E] sein. [E] gibt die Konzentration des freien Enzyms wieder, entspricht also

$$[E] = ([E_t] - [ES]) \tag{11}$$

wobei $[E_t]$ der Gesamtenzymkonzentration entspricht. Durch Einsetzen in Gleichung (10) ergibt sich

$$ES = \frac{([E_t] - [ES])[S]}{K_M} \tag{12}$$

Durch Umformung ergibt sich

$$[ES] = [E_t]\frac{[S]}{K_M + [S]} \tag{13}$$

Diese Ableitung von ES kann nun in Gleichung (3) eingesetzt werden:

$$V = k_2[E_t]\frac{[S]}{K_M + [S]} \tag{14}$$

da die Maximalgeschwindigkeit einer enzymkatalysierten Reaktion dann erreicht wird, wenn das Enzym vollständig als Enzym-Substratkomplex vorliegt ($ES = E_t$), ergibt sich

$$V_{max} = k_2[E_t] \tag{15}$$

Setzt man diesen Ausdruck in Gleichung (14) ein, so wird

$$V = V_{max} \frac{[S]}{K_M + [S]} \qquad (16)$$

Diese Gleichung von Michaelis und Menten beschreibt für viele Enzyme die Abhängigkeit der Reaktionsgeschwindigkeit von der Substratkonzentration, was sich an verschiedenen Grenzfällen leicht demonstrieren läßt:

1. *[S] ist viel kleiner als K_M:* Da in diesem Fall im Nenner der Michaelis-Menten-Gleichung der Ausdruck $K_M + [S]$ gleich K_M gesetzt werden kann, reduziert sich die Gleichung auf

$$V = V_{max} \cdot \frac{[S]}{K_M}$$

V_{max} und K_M sind Konstanten, also kann es weiter heißen

$$V = K \cdot [S]$$

Dies bedeutet, daß unter diesen Bedingungen die Reaktionsgeschwindigkeit V proportional der Substratkonzentration ist.

2. *[S] ist viel größer als K_M:* In diesem Fall kann im Nenner der Michaelis-Menten-Gleichung der Wert für K_M vernachlässigt werden:

$$V = V_{max} \cdot \frac{[S]}{[S]} \quad \text{oder} \quad V = V_{max}$$

Die Reaktionsgeschwindigkeit entspricht also der Maximalgeschwindigkeit V_{max}.

3. *$K_M = [S]$:* In diesem Fall kann die Michaelis-Menten-Beziehung aufgelöst werden zu:

$$V = V_{max} \cdot \frac{[S]}{2[S]} \quad \text{oder} \quad V = \frac{1}{2} V_{max}$$

Dies bedeutet, daß eine enzymkatalysierte Reaktion mit halbmaximaler Geschwindigkeit abläuft, wenn die eingesetzte Substratkonzentration der Michaeliskonstanten entspricht. Mit anderen Worten gibt die Michaeliskonstante K_M für ein gegebenes Enzym diejenige *Substratkonzentration* an, die zu *halbmaximaler Geschwindigkeit* führt. Die Michaeliskonstante hat die Dimension mol/l, wie sich übrigens auch aus Gleichung (9) errechnen läßt. Im allgemeinen liegt sie in einer Größenordnung von 10^{-3}–10^{-6} mol/l.

Methoden zur Bestimmung der Michaeliskonstanten. Im einfachsten Fall läßt sich der Wert für K_M der direkten Darstellung der Abhängigkeit der Reaktionsgeschwindigkeit von der Substratkonzentration entnehmen, wie sie in Abb. 3-3 dargestellt ist. Man ermittelt daraus den Wert für V_{max}, halbiert ihn und bestimmt die zugehörige Substratkonzentration, die dann K_M entspricht. Leider läßt sich häufig V_{max} nicht mit ausreichender Genauigkeit ermitteln, so daß dann die Michaelis-Menten-Gleichung zur Bestimmung von K_M umgeformt werden muß. Das am häufigsten angewandte Verfahren ist die Umformung nach Lineweaver und Burk: Hierzu wird die Micheälis-Menten-Gleichung in die *reziproke Form* gebracht:

$$\frac{1}{V} = \frac{K_M + [S]}{V_{max} \cdot [S]} \quad \text{oder}$$

$$\frac{1}{V} = \frac{K_M}{V_{max}} \cdot \frac{1}{[S]} + \frac{[S]}{V_{max}[S]} \quad \text{oder}$$

$$\frac{1}{V} = \frac{K_M}{V_{max}} \cdot \frac{1}{[S]} + \frac{1}{V_{max}}$$

Diese Umformung entspricht der Geradengleichung:

$$y = ax + b$$

Trägt man graphisch statt y 1/V und statt x 1/S auf, so wird die in Abb. 3-3 dargestellte Abhängigkeit der Reaktionsgeschwindigkeit enzymkatalysierter Reaktionen zu einer Geraden (Abb. 3-4). Diese schneidet die y-Achse am Punkt b bzw. $1/V_{max}$. Setzt man y = 0, so ergibt sich für den Schnittpunkt mit der x-Achse:

$$ax = -b \qquad x = -\frac{b}{a} \qquad = -\frac{1}{K_M}$$

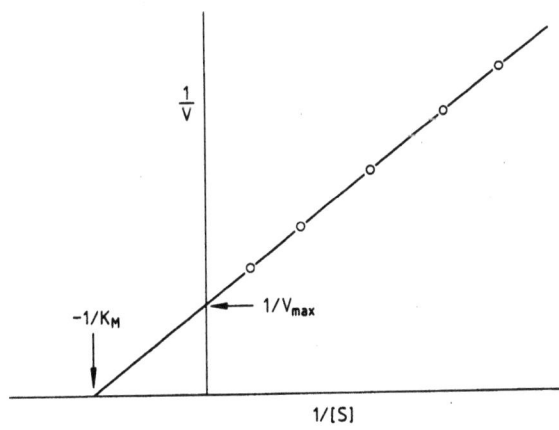

Abb. 3-4. Abhängigkeit der Reaktionsgeschwindigkeit einer enzymkatalysierten Reaktion von der Substratkonzentration in der Auftragung nach Lineweaver-Burk

d. h., der Schnittpunkt mit der x-Achse gibt den negativen, reziproken Wert der K_M wieder.

Weitere Faktoren, die die Geschwindigkeit enzymkatalysierter Reaktionen beeinflussen

Temperatur. Innerhalb des in der belebten Natur vorkommenden Temperaturbereiches zeigt sich eine deutliche Zunahme der Geschwindigkeit enzymkatalysierter Reaktionen mit steigender Temperatur. Der Beschleunigungsfaktor, den eine derartige Reaktion bei einer Erhöhung der Temperatur um 10° erfährt, wird auch als *Temperaturkoeffizient* oder Q_{10} bezeichnet. Er beträgt bei den meisten enzymkatalysierten Reaktionen 2, d. h. bei einer Erhöhung der Temperatur um 10° verdoppelt sich die Reaktionsgeschwindigkeit. Allerdings gilt diese Beziehung bei den meisten Enzymen nur bis zu einem Temperaturbereich von etwa 40–50°. Wird dieser überschritten, so fällt die Reaktionsgeschwindigkeit meist sehr steil ab und erreicht rasch Werte um 0. Der Grund hierfür liegt darin, daß die meisten Enzyme als Proteine *nicht hitzestabil* sind und infolgedessen bei höheren Temperaturen meist irreversibel denaturiert werden. Ausnahmen von dieser Regel machen z. B. die sogenannten thermophilen Mikroorganismen, die in heißen Quellen leben und deren Enzymproteine so ausgestattet sind, daß sie auch bei Temperaturen weit über 40° hohe Aktivität zeigen.

Wasserstoffionenkonzentration. Die meisten Enzyme zeigen biologische Aktivität bei pH-Werten zwischen 4 und 9, wobei der pH-Wert, bei dem sie die höchste Aktivität entwickeln, auch das *pH-Optimum* genannt wird. Diese Abhängigkeit der Enzymkatalyse von der Wasserstoffionenkonzentration wird verständlich, wenn man bedenkt, daß sehr häufig an der Katalyse saure oder basische Gruppen der Aminosäureseitenketten beteiligt sind, von deren Dissoziationszustand jeweils die enzymatische Aktivität abhängt. Bei sehr hohen bzw. sehr niedrigen pH-Werten kommt es darüber hinaus zur irreversiblen Denaturierung des Enzymproteins.

Aktivatoren und Hemmstoffe. Viele Enzyme benötigen für ihre Aktivität *ein-* oder *zweiwertige Ionen.* So benötigen ATP-umsetzende Enzyme meist Magnesium, andere Enzyme werden von Mangan-, Zink-, Calcium- bzw. Kobalt-Ionen aktiviert.

Die Hemmung enzymatischer Aktivitäten ist ein in der Natur vielfach verwandtes Verfahren zur Regulation komplexer Prozesse wie beispielsweise der Blutgerinnung, der Fibrinolyse, des Komplementsystems und anderer. Im Blut sowie in anderen Körperflüssigkeiten wie Harn, Liquor,

Samenflüssigkeit, Speichel usw. finden sich beispielsweise eine Reihe von *Proteinaseinhibitoren* (α_1-Antitrypsin, α_2-Makroglobulin usw., s. S. 312), deren Fehlen aufgrund genetischer Defekte zu charakteristischen Krankheitsbildern führt.

Neben diesen sehr spezifisch wirkenden physiologischen Hemmstoffen gibt es auch eine Reihe unphysiologischer Verbindungen, die in vivo und in vitro die Aktivität bestimmter Enzyme hemmen und die aus diesem Grunde gelegentlich auch als Arzneimittel verwendet werden.

Nach dem Hemmtyp unterscheidet man prinzipiell zwei Klassen von Inhibitoren, kompetitive und nichtkompetitive Hemmstoffe.

Die kompetitive Hemmung. Damit eine Verbindung als kompetitiver Hemmstoff eines Enzyms wirken kann, muß sie im *aktiven Zentrum* des Enzyms anstelle des natürlichen Substrates von der *Substratbindungsstelle* gebunden werden, wofür in aller Regel eine beträchtliche Strukturanalogie notwendig ist. Ein klassisches Beispiel für kompetitive Hemmung ist die Hemmung der Succinatdehydrogenase durch das um 1 C-Atom verkürzte Succinatanaloge Malonat (Abb. 3-5).

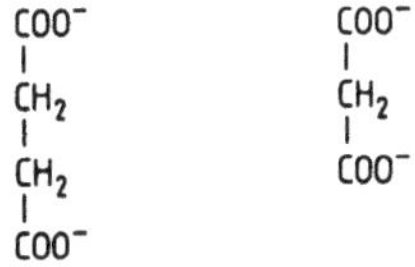

$$
\begin{array}{cc}
COO^- & COO^- \\
| & | \\
CH_2 & CH_2 \\
| & | \\
CH_2 & COO^- \\
| & \\
COO^- & \\
a & b
\end{array}
$$

Abb. 3-5. Strukturformeln von Succinat (**a**) und Malonat (**b**)

Die Succinatdehydrogenase katalysiert die Oxidation von Succinat zu Fumarat (s. S. 79), wobei eine Doppelbindung zwischen den beiden α-C-Atomen entsteht. Genau wie mit Succinat bildet die Succinatdehydrogenase auch mit dem Malonat einen Enzymsubstratkomplex. Da das Malonat jedoch nur über drei C-Atome verfügt, kann keine zu einer C=C-Doppelbindung führende Oxidation stattfinden. Dem *Enzym-Inhibitor-Komplex* bleibt damit als einzige Reaktionsmöglichkeit die Rückreaktion zu freiem Enzym und Inhibitor. Konkurrieren Enzyminhibitor und natürliches Substrat um die Bindungsplätze im aktiven Zentrum, so ergibt sich folgende Beziehung:

$$EI \rightleftarrows E \rightleftarrows ES \rightarrow E + P$$
$$\quad\quad\ \ I \quad\ S$$

Die Bildung von P, d. h. die Reaktionsgeschwindigkeit, hängt einzig und allein von der Konzentration von ES ab. Bei Anwesenheit eines kompetitiven Inhibitors konkurrieren Inhibitor und Substrat um die gleiche Bindungsstelle am Enzym, nämlich um das aktive Zentrum. Die Konzentration von ES wird infolgedessen vom Verhältnis von Substrat und Inhibitor sowie von deren jeweiligen Affinitäten zum Enzym abhängen. Jede Erhöhung der Inhibitorkonzentration muß zu einer Abnahme von ES, jede Zunahme der Substratkonzentration zu einer Zunahme von ES führen. Ist die Substratkonzentration wesentlich größer als die Inhibitorkonzentration, so spielt die Bildung von EI keine Rolle mehr. Trägt man bei konstanter Hemmstoffkonzentration die Abhängigkeit der Reaktionsgeschwindigkeit von der Substratkonzentration in doppelt reziproker Weise auf, so ergibt sich das in Abb. 3-6 dargestellte Diagramm. Bei Vorliegen einer kompetitiven Hemmung ist der Schnittpunkt der in Ab- bzw. Anwesenheit des Inhibitors gemessenen Geraden mit der y-Achse identisch. Da dieser Schnittpunkt dem reziproken Wert der Maximalgeschwindigkeit entspricht, bedeutet dies mit anderen Worten, daß bei Substratüberschuß, d. h. unter den Bedingungen der Maximalgeschwindigkeit, die Anwesenheit eines kompetitiven Inhibitors nicht zu einer Verminderung der Reaktionsgeschwindigkeit führt. Der Schnittpunkt mit der x-Achse, der dem negativen reziproken Wert der Michaeliskonstanten entspricht, ist jedoch in Anwesenheit eines kompetitiven Inhibitors kleiner als in dessen Abwesenheit. Dies bedeutet, daß kompetitive Inhibitoren die *Michaeliskonstante erhöhen:* In Anwesenheit des Inhibitors wird eine höhere *Substratkonzentration* zum Erreichen der halbmaximalen Geschwindigkeit des Enzyms gebraucht.

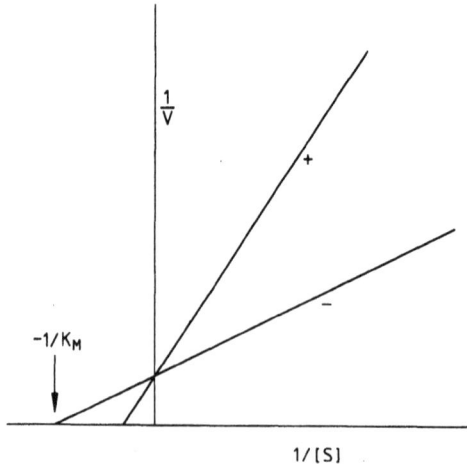

Abb. 3-6. Lineweaver-Burk-Diagramm in Abwesenheit (−) bzw. in Anwesenheit (+) eines kompetitiven Inhibitors

Eine Reihe von erfolgreichen Arzneimitteln gehören in die Gruppe der kompetitiven Enzyminhibitoren. Als Beispiel hierfür sei das Allopurinol genannt, welches zur Therapie der Gicht eingesetzt wird. Wie aus Abb. 3-7 hervorgeht, ist das Allopurinol ein Strukturanaloges des Hypoxanthins. Als solches hemmt es kompetitiv die Xanthinoxidase (s. S. 190), welche die Umwandlung von Hypoxanthin und Xanthin zu Harnsäure katalysiert. Hierdurch werden Xanthin und Hypoxanthin die Endprodukte des Purinabbaues. Beide Verbindungen sind wesentlich besser wasserlöslich als Harnsäure und können leichter durch die Nieren ausgeschieden werden.

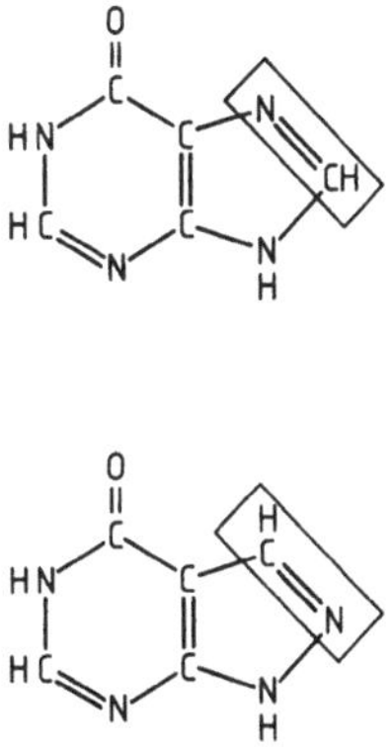

Abb. 3-7. Strukturformel von Hypoxanthin **(a)** und Allopurinol **(b)**

Die nichtkompetitive Hemmung. Das Phänomen der *nichtkompetitiven Hemmung* von Enzymen ist von relativ geringer Bedeutung. Ein nichtkompetitiver Hemmstoff hat im allgemeinen wenig oder gar keine strukturelle Ähnlichkeit mit dem Substrat und wird häufig auch an einer anderen Bindungsstelle des Enzymproteins gebunden. Durch diese Bindung wird allerdings eine Hemmung der Umsatzgeschwindigkeit des Enzyms bewirkt. Im Gegensatz zum kompetitiven Hemmstoff ändert sich in Anwesenheit eines nichtkompetitiven Hemmstoffes die Michaeliskonstante für das Substrat nicht, jedoch nimmt die Maximalgeschwindigkeit ab.

Die reversible, nichtkompetitive Hemmung ist ein außerordentlich seltenes Phänomen. Dagegen führen eine Vielzahl von *Enzymgiften* zur irreversiblen nichtkompetitiven Hemmung. Häufig sind derartige Gifte *Schwermetallionen* (z. B. Hg^{2+}) oder *Oxidationsmittel,* die für die katalytische Aktivität des Enzyms wichtige Gruppierungen verändern. Irreversible, nichtkompetitive Hemmstoffe haben jedoch auch eine physiologische Bedeutung. So finden sich im Blut eine Reihe von *Proteinaseinhibitoren* (z. B. α_2-Makroglobulin), deren Fehlen zu typischen Krankheitserscheinungen führt. Auch im Pankreas finden sich derartige Proteinaseinhibitoren.

Die Regulation der Enzymaktivität

Nahezu ausnahmslos werden die vielen im Stoffwechsel lebender Organismen vorkommenden Einzelreaktionen durch spezifische Enzyme katalysiert. Der *Stoffwechsel* in seiner Gesamtheit stellt ein hochkomplexes, in seinen Einzelheiten bis heute bei weitem noch nicht verstandenes *Netzwerk* der Einzelreaktionen dar. Berücksichtigt man die Tatsache, daß die Umweltbedingungen (Klima, Nahrungszufuhr usw.) sich ständig ändern und die Leistungsfähigkeit und damit die Überlebenschancen eines Organismus davon abhängen, daß er seinen Stoffwechsel ständig an neue Bedingungen anpassen kann, so wundert es einen nicht, daß eine Reihe teilweise sehr komplizierter Mechanismen entwickelt wurde, die es erlauben, die *katalytische Aktivität* von Enzymen entsprechend den jeweiligen Bedürfnissen des Stoffwechsels zu *modifizieren*. Diese Regulation kann dabei grundsätzlich entweder durch Vermehrung bzw. Verminderung der Enzymkonzentration oder aber durch Änderung der katalytischen Effektivität von Enzymen erfolgen.

Enzymregulation durch Änderung der Enzymbiosynthese

Auf welche Weise Organismen sich durch *Enzyminduktion* (Steigerung der Neusynthese von Enzymprotein) bzw. *Enzymrepression* (Verminderung der Enzymsynthese) an geänderte Stoffwechselbedingungen anpassen können, wurde erstmalig von Jacob und Monod Anfang der 60er Jahre an Mikroorganismen beschrieben. Sie beobachteten, daß Bakterienzellen, welche ursprünglich nur eine geringe Kapazität zum Lactoseabbau besitzen, diese Fähigkeit sehr rasch gewinnen, wenn man sie auf Lactose als einzigem Substrat wachsen läßt. Sie erkannten, daß dies darauf beruht, daß eine Reihe von Enzymen, welche für den Lactoseabbau benötigt werden, in Anwesenheit von Lactose als Substrat in *vermehrtem Umfang* synthetisiert werden und so den Bakterien die Möglichkeit zur Utilisierung des Substrates geben. Über die molekularen Mechanismen dieses Vorganges, der natürlich auch im Sinne der Abschaltung der Biosynthese nicht benötigter Enzyme funktioniert, orientiert Kapitel 14. Bei höheren tierischen Organismen findet sich das Phänomen der durch Substrate hervorgerufenen Enzyminduktion nicht mehr oder nur noch indirekt. Hier sorgen eine Reihe von Hormonen (s. S. 257f.) dafür, daß der Enzymbestand tierischer Organe den jeweiligen Stoffwechselbedingungen angepaßt werden kann (über die hier zugrundeliegenden Mechanismen s. S. 259).
Über den Mechanismus der Enzyminduktion bzw. Repression können ganze Stoffwechselwege an- bzw. abgeschaltet werden. Eine derartige

Regulation hat jedoch Nachteile. Da sie mit der Biosynthese bzw. dem Abbau hochkomplizierter Moleküle, nämlich enzymatisch aktiver Proteine, verbunden ist, benötigt sie relativ große Mengen an Energie. Wichtiger ist noch, daß immer Zeiträume von Stunden bis Tagen notwendig sind, bis ein für einen Stoffwechselweg benötigter Enzymbestand synthetisiert oder beim „Abschalten" abgebaut ist. Stoffwechselregulation durch Enzyminduktion bzw. Repression benötigt also relativ viel Zeit und erlaubt deswegen nur eine *langfristige Anpassung* des Stoffwechsels an geänderte Umweltbedingungen.

Enzymregulation durch Änderung der katalytischen Effektivität

Allosterische Regulation. Eine Reihe von besonders häufig an Verzweigungsstellen des Stoffwechsels lokalisierten oder für bestimmte Stoffwechselwege geschwindigkeitsbestimmenden Enzymen zeichnet sich dadurch aus, daß die *katalytische Effektivität* durch eine Reihe von *Effektoren* beeinflußt wird, die meist keinerlei Ähnlichkeit mit dem Substrat haben. Häufig wird darüber hinaus der Effektor vom Enzymmolekül einer anderen Stelle als dem aktiven Zentrum gebunden. Aus diesem Grund werden sie auch als *allosterische Enzyme* bezeichnet.

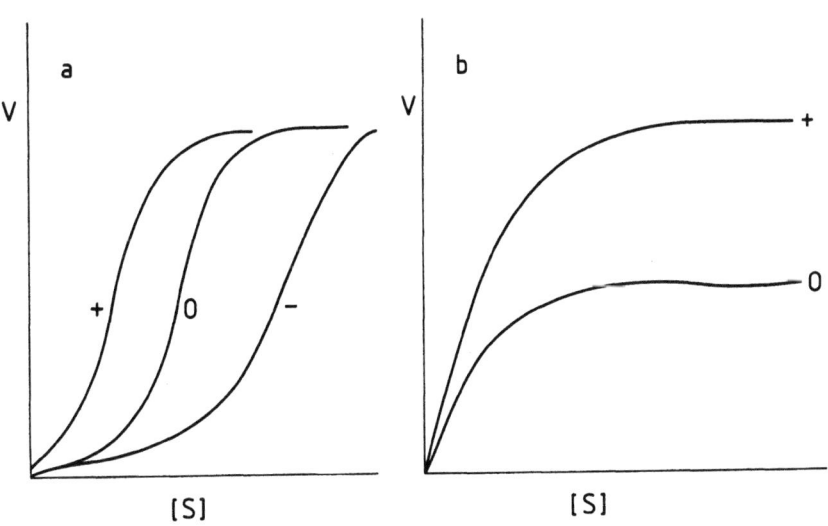

Abb. 3-8a, b. Abhängigkeit der Reaktionsgeschwindigkeit von der Substratkonzentration bei allosterisch regulierten Enzymen. **a** Enzym des K-Typs: negative allosterische Liganden verschieben die sigmoide Kurve nach rechts, positive nach links. **b** Enzym des V-Typs: in Anwesenheit des allosterischen Liganden (+) erhöht sich V_{max}

Allosterisch regulierte Enzyme verfügen immer über *Quartärstruktur*. Sie bestehen mindestens aus zwei, häufiger aus mehr als zwei Untereinheiten, wobei jede Untereinheit über ein aktives Zentrum sowie eine Bindungsstelle für den allosterischen Effektor oder Liganden verfügt. Wie aus Abb. 3-8 hervorgeht, verläuft die Kinetik allosterischer Enzyme häufig anders als es dem Modell von Michaelis-Menten entspricht. Trägt man Reaktionsgeschwindigkeit gegen Substratkonzentration auf, so ergibt sich meist eine sigmoide Beziehung, die durch negative allosterische Effektoren nach rechts, durch positive nach links verschoben wird. Seltener als diese Enzyme des *K-Typs* sind allosterische Enzyme des *V-Typs*. Hier ist die hyperbole Abhängigkeit der Reaktionsgeschwindigkeit von der Substratkonzentration erhalten, jedoch erhöhen allosterische Effektoren den Wert der maximalen Geschwindigkeit.

Abbildung 3-9 zeigt die Effektivität allosterischer Regulation am Beispiel des für den Glucosedurchsatz durch die Glykolyse (s. S. 61) geschwindigkeitsbestimmenden Enzyms, der Phosphofructokinase. Dieses Enzym ist für den Glucoseabbau zu Pyruvat bzw. Lactat und damit für die Energieproduktion der Zelle geschwindigkeitsbestimmend. Die Tatsache, daß *ATP* ein negativer, *ADP* und *AMP* dagegen positive allosterische Effektoren des Enzyms sind, erscheint in Anbetracht dieser Tatsache äußerst sinnvoll: Mangel an verfügbarer chemischer Energie äußert sich in jeder Zelle in Form eines Anstiegs der ADP- und AMP-Konzentration und führt zu einer Aktivierung der Phosphofructokinase. Ist dagegen der Energieverbrauch einer Zelle gering, verfügt sie über eine hohe ATP-Konzentration, was zu einem Abschalten der Phosphofructokinase führt. Über diese Abhängigkeit

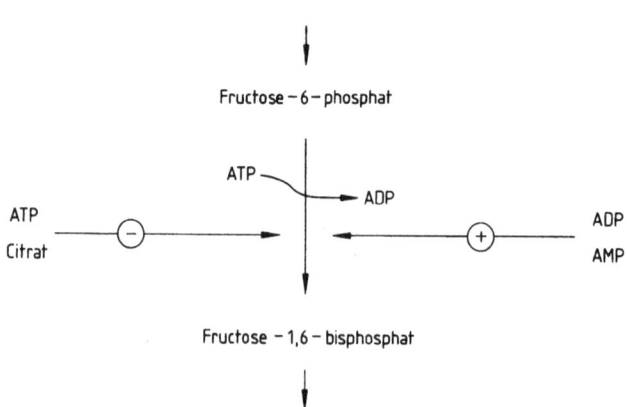

Abb. 3-9. Regulation der Glykolyse durch das Zusammenspiel allosterischer Effektoren an der Phosphofructokinase. ATP und Citrat sind negative, ADP und AMP positive allosterische Effektoren

von der Energieladung einer Zelle hinaus reagiert die Phosphofructokinase über weitere allosterische Effektoren auf das gerade zur Verfügung stehende Substrat der Zelle. Bei gesteigerter *Fettsäureoxidation* (Hunger) muß Glucose für die Gewebe gespart werden, denen sie als einziges Substrat zur Deckung des Energiebedarfs dient. In allen anderen Geweben sorgen dagegen Metabolite des Fettsäureabbaus dafür, daß der Glucoseabbau in der Glykolyse gebremst wird. Eine entscheidende Rolle spielt dabei, daß bei gesteigerter β-Oxidation vermehrt anfallendes *Citrat* (s. S. 77) ebenfalls als negativer allosterischer Effektor der Phosphofructokinase dient und so den Durchsatz durch die Glykolyse bremst.

Außer bei der Glykolyse spielen allosterische Phänomene eine besonders große Rolle bei der Regulation des *Citratcyclus* (s. S. 80), des *Purin-* sowie des *Pyrimidinstoffwechsels* (s. S. 184f.).

Regulation durch Interkonvertierung. Bei diesem Typ der Enzymregulation erfolgt eine *covalente Modifikation* des *Enzymproteins,* welche reversibel bzw. nichtreversibel sein kann.

Die *reversible covalente Modifikation* von Enzymproteinen erfolgt im allgemeinen dadurch, daß bestimmte chemische Gruppierungen, meist ein *Phosphat-* bzw. *Adenylat*-Rest an besondere funktionelle Gruppen des Enzymproteins geknüpft werden, wodurch sich die katalytischen Eigenschaften eines Enzyms ändern. Durch meist hydrolytische Abspaltung dieser Gruppen erfolgt dann die Rückkehr zum Ausgangspunkt. Typisch für die Regulation durch reversible Interkonvertierung ist, daß sowohl für die Anheftung wie auch für die Abspaltung dieser Gruppen eigene Enzyme notwendig sind. Abbildung 3-10 stellt die Grundprinzipien der covalenten

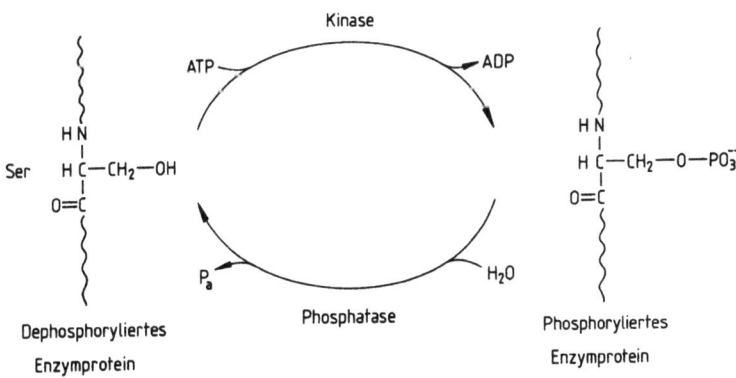

Abb. 3-10. Prinzip der covalenten Modifikation von Enzymen. Durch eine spezifische, ATP-abhängige Kinase wird ein Serylrest des Enzymproteins phosphoryliert. Eine entsprechende spezifische Phosphatase ist für die Rückreaktion verantwortlich

chemischen Modifikation dar. Besonders gut beschrieben ist das Phänomen der reversiblen Interkonvertierung am Beispiel der Enzyme des *Glykogenstoffwechsels* (s. S. 151), der *Pyruvatdehydrogenase* (s. S. 75) sowie der *hormonempfindlichen Triacylglycerinlipase* des Fettgewebes (s. S. 102).

Streng genommen stellt das Phänomen der irreversiblen chemischen Modifikation von Enzymen keine Regulation dar. Bestimmte Enzyme, so vor allen Dingen die *Proteasen* des *Gastrointestinaltraktes* sowie die Enzyme der *Blutgerinnung und Fibrinolyse* werden in Form enzymatisch inaktiver Vorstufen, der sogenannten *Proenzyme*, synthetisiert. Ihre Aktivierung erfolgt enzymkatalysiert durch Abspaltung bestimmter Peptide, deren Größe von Enzym zu Enzym variiert.

Der molekulare Mechanismus der Enzymkatalyse

Die Tatsache, daß Enzyme zu den effektivsten bekannten Katalysatoren gehören (Beschleunigung im Vergleich zur nichtkatalysierten Reaktion um den Faktor 10^8–10^{20}), wirft natürlich die Frage auf, welche molekularen Mechanismen ihnen diese Effektivität verleihen. Die dabei beteiligten Vorgänge müssen sich im *aktiven Zentrum*, also einem relativ kleinen Areal des Enzyms, in Form einer entsprechenden Wechselwirkung zwischen Substratmolekülen und Enzym abspielen. Wie aufgrund der Verschiedenheit der katalysierten enzymatischen Reaktion nicht anders zu erwarten ist, läßt sich auch die Enzymkatalyse nicht auf einen Mechanismus zurückführen. Man kennt heute im wesentlichen vier Mechanismen, über die Enzyme ihre katalytische Effektivität erhalten:

Stereospezifische Bindung und Fixierung des Substrates. Sie erfolgt am aktiven Zentrum in der Weise, daß die anzugreifende Gruppe in unmittelbarer Nachbarschaft zu einer katalytischen Gruppierung des aktiven Zentrums gelangt.

Säure-Basen-Katalyse. Säuren bzw. Basen dienen als Katalysatoren bei einer Vielzahl organischer Reaktionen. Da auch Enzyme in Form ihrer Aminosäureseitenketten über *protonierbare* bzw. *deprotonierbare* Gruppierungen verfügen, können sie für viele Reaktionen als Protonendonatoren bzw. Protonenakzeptoren dienen. Derartige Gruppierungen sind *Amino-, Carboxyl-, Sulfhydryl-, phenolische Hydroxyl-* und *Imidazol-*Gruppen. Ein Beispiel für die Säure-Basen-Katalyse durch Enzyme sind die meisten Proteasen des Gastrointestinaltraktes. Während unkatalysiert für die Hydrolyse von Peptidbindungen sehr hohe Protonenkonzentrationen neben hohen Temperaturen benötigt werden, können enzymatisch Peptidbindungen aufgrund der Säure-Basen-Katalyse bei neutralem pH in kurzer Zeit gespalten werden.

Bildung von covalenten Bindungen zwischen Enzym und Substrat. Im Verlauf des Katalysecyclus einer ganzen Reihe von Enzymen entsteht ein *covalent* verbundener *Enzymsubstratkomplex.* Abbildung 4-4 stellt als Beispiel hierfür den Mechanismus des Glykolyseenzyms *Glycerinaldehyd-3-Phosphatdehydrogenase* dar. Hier entsteht der covalente Enzymsubstratkomplex durch Ausbildung eines *Thiohalbacetals* zwischen der SH-Gruppe eines *Cystein*restes und der Carbonylgruppe des *Glycerinaldehyd-3-Phosphates*. Andere Aminosäuren, welche zur Bildung von covalenten Enzymsubstratkomplexen beitragen können, sind *Serin* (Proteasen des Gastrointestinaltraktes, Gerinnungsenzyme), *Lysin* (Fructose-1,6-Bisphosphataldolase), *Histidin* (z. B. Glucose-6-Phosphatase). Der biologische Vorteil der covalenten Katalyse besteht darin, daß das Substrat am aktiven Zentrum durch die covalente Bindung besonders genau positioniert wird, um z. B. von entsprechenden Aminosäureseitenketten des Enzyms nucleophil angegriffen werden zu können.

Die induzierte Paßform (induced fit). Mit dieser Bezeichnung wird die durch einige experimentelle Daten wahrscheinlich gemachte Annahme beschrieben, daß bei einigen Enzymen durch die Bindung des Substrates eine *Konformationsänderung* ausgelöst wird, welche dazu dient, die anzugreifende Bindung des Substrates bloßzulegen und damit dem Angriff reaktiver Gruppen des Enzyms auszusetzen.

4 Der Abbau der Kohlenhydrate

Die chemische Natur der Kohlenhydrate

Die Bezeichnung dieser Substanzgruppe als *Kohlenhydrate* hat im wesentlichen historische Ursachen. Ursprünglich bezeichnete man damit alle die Verbindungen, welche als Hydrate des Kohlenstoffes aufzufassen waren

Tabelle 4-1. Die wichtigsten Pentosen und Hexosen

	D–Ribose
	D–2–Desoxyribose
	D–Glucose
	D–Galaktose
	D–Mannose
	D–Fructose

und demgemäß mit der Summenformel $C_n(H_2O)_n$ zu beschreiben waren. Man kennt heute allerdings eine Reihe von Verbindungen, die eindeutig der Klasse der Kohlenhydrate zuzuordnen sind, jedoch Abweichungen von dieser Regel aufweisen.

Im einfachsten Fall treten Kohlenhydrate als Monomere auf und werden dementsprechend als *Monosaccharide* bezeichnet. Ihrer chemischen Natur nach sind sie die Aldehyde bzw. Ketone mehrwertiger Alkohole und werden dementsprechend als Aldosen bzw. Ketosen bezeichnet. Tabelle 4-1 zeigt die für den Stoffwechsel der Säuger und damit des Menschen wichtigsten Monosaccharide. Es handelt sich im wesentlichen um Verbindungen mit 5 bzw. 6 C-Atomen. Die wichtigsten *Pentosen* sind die *D-Ribose* sowie die *D-Desoxyribose*. Beide Verbindungen kommen in den *Nucleinsäuren* vor und werden aus Glucose synthetisiert. Als Bestandteile von *Glykoproteinen* (s. S. 59) finden sich darüber hinaus die *Arabinose* sowie die *Xylose*. Die biologisch bedeutendste Hexose ist die *D-Glucose* als wichtigstes vom Organismus verwendetes Monosaccharid. Eine wichtige Rolle als Nahrungskohlenhydrat spielt daneben die D-Fructose. D-Galactose, D-Mannose, L-Fucose kommen in Glykoproteinen (s. S. 59) vor und werden aus Glucose synthetisiert.

Monosaccharide mit der gleichen Zahl von C-Atomen unterscheiden sich im allgemeinen nicht in ihren Summenformeln, sondern sind lediglich *Stereoisomere* (Einzelheiten hierzu s. Lehrbücher der Chemie). Die vielen Hydroxylgruppen machen Monosaccharide gut wasserlöslich (hydrophil). Abbildung 4-1 zeigt die Reaktionsmöglichkeiten der verschiedenen funktionellen Gruppen von Monosacchariden am Beispiel der D-Glucose. Eine besonders reaktionsfreudige Gruppierung ist die *Aldehydgruppe* am C-Atom 1. Diese kann unter Bildung eines inneren Halbacetals mit einer Hydroxylgruppe des gleichen Moleküls (im allgemeinen der Hydroxylgruppe des C-Atom 5) reagieren, wobei die Ringform der Monosaccharide entsteht, in der sie in der wäßrigen Lösung des intra- bzw. extrazellulären Raumes überwiegend vorkommen. Der Ringschluß führt zur Bildung eines weiteren *Asymmetriezentrums* am C-Atom 1. D-Glucose kann demnach in den beiden *anomeren Formen* der α- bzw. *β-Glucose* vorkommen. *Oxidation* der Aldehydgruppe am C-Atom 1 auf die Stufe einer *Carboxylgruppe* führt zur Bildung der *Gluconsäure*, *Oxidation* der CH_2OH-Gruppe des C-Atomes 6 zur Bildung der *Glucuronsäure* (analoge -onsäuren bzw. -uronsäuren finden sich bei anderen Monosacchariden). Ersatz einer Hydroxylgruppe durch eine NH_2-*Gruppe* führt zur Bildung der sogenannten *Aminozucker*. Im tierischen Organismus finden sich derartige Aminogruppen überwiegend am C-Atom 2 von Hexosen. Häufig sind derartige Aminogruppen darüber hinaus acetyliert, so daß die *N-Acetylaminozucker* entstehen (s. S. 174).

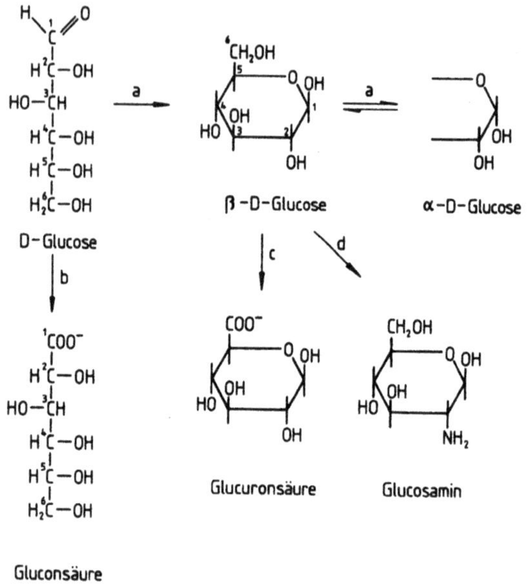

Abb. 4-1. Reaktionsmöglichkeiten von Monosacchariden am Beispiel der Glucose. *a* Intramolekularer Ringschluß zur pyranoiden Form. Dabei entsteht am C-Atom 1 ein neues Isomeriezentrum, so daß die anomeren Formen der β-D- bzw. α-D-Glucose entstehen. *b* Oxidation der Aldehydgruppe am C-Atom 1 zur Carboxylgruppe, wobei Gluconsäure (allgemein -onsäuren) entsteht. *c* Oxidation der $-CH_2OH$-Gruppe am C-Atom 6 zur Carboxylgruppe, wobei Glucuronsäure (allgemein -uronsäuren) entsteht. *d* Ersatz einer Hydroxylgruppe durch eine Aminogruppe. Dieser Ersatz erfolgt im allgemeinen am C-Atom 2, wobei Glucosamin (allgemein Hexosamin) entsteht

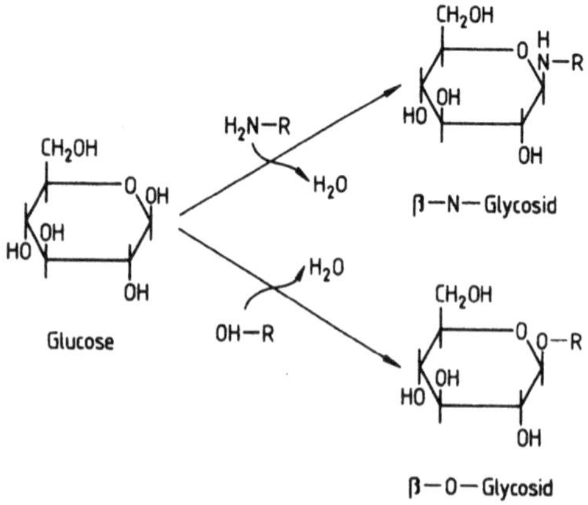

Abb. 4-2. Prinzip der Bildung eines N- bzw. O-Glykosides

Die nach Ringschluß verbleibende Hydroxylgruppe am C-Atom 1 ist als halbacetalische Hydroxylgruppe von besonderer Reaktionsfreudigkeit. Sie kann mit einer Hydroxylgruppe eines weiteren Alkohols oder mit einer NH_2-Gruppe unter Bildung eines *Vollacetals* reagieren (s. Abb. 4-2). Im Fall der Vollacetalbildung mit Monosacchariden spricht man von sog. *Glykosiden*, je nachdem, ob eine alkoholische −OH-Gruppe bzw. eine NH_2-Gruppe die Bindung eingegangen ist von *O*- bzw. *N-Glykosiden*. Auch bei den Glykosiden gibt es eine α- und β-Isomerie.

O- und N-Glykoside gehören zu biologisch außerordentlich wichtigen körpereigenen Verbindungen (*Nucleoside, Nucleotide, Polynucleotide, Polysaccharide* u. a.). Darüber hinaus finden sie sich als Strukturbestandteile vieler körperfremder Verbindungen, die als *Pharmaka* in der Therapie Verwendung finden (z. B. Herzglykoside).

Wird die glykosidische Bindung mit einem weiteren Monosaccharid eingegangen, so entstehen die sogenannten *Disaccharide*, deren für die Biologie der tierischen Zelle wichtigsten Vertreter in Tabelle 4-2 zusammengestellt sind. Ein wichtiges körpereigenes Disaccharid ist die *Lactose*, die durch die

Tabelle 4-2. Die wichtigsten Disaccharide

Ausbildung einer glykosidischen Bindung zwischen dem C-Atom 1 eines Galactose-Moleküls und der alkoholischen Hydroxylgruppe des C-Atoms 4 eines Glucose-Moleküls entsteht. Lactose ist als Milchzucker das Hauptkohlenhydrat der Milch. Ähnlich aufgebaut ist das Disaccharid *Maltose*, das beim Abbau von Nahrungspolysacchariden entsteht und ein Glykosid aus zwei Molekülen Glucose darstellt. Der als Süßstoff verwendete Zucker *Saccharose* ist ein Glykosid, bei dem die halbacetalische Hydroxylgruppe des C-Atoms 1 der Glucose mit der ebenfalls halbacetalischen Hydroxylgruppe des C-Atoms 2 des Ketozuckers Fructose reagiert hat. Im Gegensatz zu Lactose und Maltose verfügt aus diesem Grunde die Saccharose über keine weitere halbacetalische Hydroxylgruppe und kann so keine Glykoside mehr bilden.

Sind mehrere Monosaccharide durch glykosidische Bindungen miteinander verknüpft, so entstehen *Polysaccharide*. Tabelle 4-3 gibt einen Überblick über die Nomenklatur der wichtigsten Polysaccharide.

Tabelle 4-3. Einteilung wichtiger Polysaccharide

Homoglykane	Stärke Glykogen	Reservekohlenhydrate. Verzweigte Glucosepolymere mit α-1,4- und α-1,6-glykosidischen Bindungen. Molekulargewichte mehrere Millionen	S. 65
Heteroglykane	Glykoproteine	Kohlenhydratbestandteile vieler Proteine aus 2–20 glykosidisch verknüpften Monosacchariden	S. 176
	Glykosaminoglykane	Extrazelluläre Matrix. Kohlenhydratketten aus repetitiven Disacchariden	S. 178
	Peptidoglykane	Bakterielle Zellwände	
	Glykolipide	Zelluläre Membranen	

Enthalten derartige Polymere nur ein einziges Monosaccharid, so spricht man von *Homoglykanen*. Enthalten sie jedoch verschiedene Monosaccharide als Bausteine, so handelt es sich um *Heteroglykane*. Wichtige Homoglykane sind die aus α-glykosidisch miteinander verknüpfter Glucose zusammengesetzten Homoglykane *Stärke* und *Glykogen*. Beide zeichnen sich durch außerordentliche strukturelle Ähnlichkeit aus. Neben 1-4-glykosidischen Bindungen kommen 1-6-glykosidische Bindungen vor, so daß an derartigen Stellen Verzweigungspunkte entstehen. Stärke und Glykogen sind demnach stark verzweigte, baumähnliche Makromoleküle mit Molekulargewichten, die bis in viele Millionen reichen. Sie unterscheiden sich im wesentlichen durch die Häufigkeit der Verzweigungsstellen (bei der Stärke etwa an jedem 25. Glucosemolekül, beim Glykogen an jedem 6. bis 10.).

Die aus jeweils verschiedenen Monosaccharidbausteinen zusammengesetzten *Heteroglykane* kommen im allgemeinen in Verbindung mit Proteinen, Peptiden oder Lipiden vor. So tragen *Glykoproteine* Heteroglykane aus *2–20 Monosacchariden*. Bei *Proteoglykanen* handelt es sich dagegen um einfach aufgebaute Proteinskelette, die Heteroglykane aus sich *wiederholenden Disacchariden* tragen. Ein Zucker der sich wiederholenden Disaccharideinheit ist dabei im allgemeinen ein *Aminozucker*, so daß derartige Heteroglykane auch als *Glykosaminoglykane* bezeichnet werden (s. S. 178). In bakteriellen Zellwänden finden sich die sogenannten *Peptidoglykane*, bei denen das Nichtkohlenhydrat ein Peptid aus 4–5 Aminosäuren ist. Komplexe zwischen Lipiden und Kohlenhydraten sind schließlich die als Bauteile zellulärer Membranen vorkommenden *Glykolipide* sowie *an Lipide geknüpfte Saccharide*, die als Zwischenprodukte bei der Glykoproteinbiosynthese dienen (weitere Einzelheiten zu Heteroglykanen s. S. 178).

Die *chemische Analyse* von Kohlenhydraten erfolgt in aller Regel an Monosacchariden, d. h., Disaccharide und Polysaccharide müssen vor der eigentlichen Nachweisreaktion durch entsprechende Behandlung (enzymatische Hydrolyse bzw. Säurehydrolyse) gespalten werden.

Die früher weit verbreiteten Nachweismethoden, die auf der *reduzierenden Wirkung der Carbonylgruppe* von Monosacchariden beruhte (Reduktion von Metallsalzen wie zweiwertigem Kupfer bzw. dreiwertigem Wismuth) sind heute weitgehend verlassen. Dasselbe gilt für viele Farbreaktionen von Monosacchariden. Im allgemeinen beruhen diese darauf, daß bei Behandlung von Pentosen und Hexosen mit konzentrierten Säuren durch intramolekulare Wasserabspaltung Furfural (Pentosen) bzw. Hydroxymethylfurfural (Hexosen) entsteht, das mit phenolischen Verbindungen unter Bildung charakteristischer Farbstoffe reagieren kann.

Heute werden Monosaccharide im allgemeinen durch *enzymatische Verfahren* (Bestimmung der Blutglucose-Konzentration) bzw. nach entsprechender Derivatisierung durch Gaschromatographie bestimmt.

Der Abbau von Glucose zu Lactat: Die Glykolyse

Viele Mikroorganismen, einfache eukaryote Organismen sowie die Zellen der tierischen Organismen, sind zur *glykolytischen* Zerlegung von Glucose nach der Summengleichung

Glucose $\leftrightharpoons$ 2 Lactat; $\Delta G^{\circ\prime} = -197$ kJ/mol
$C_6H_{12}O_6 \leftrightharpoons 2\ C_3H_6O_3$

imstande.

In der Hefezelle findet sich als analoge Reaktion die alkoholische Gärung:

Glucose $\leftrightharpoons$ 2 Ethanol + 2 CO_2; $\Delta G^{\circ\prime} = -226$ kJ/mol

Ein Teil der bei der Glykolyse freiwerdenden Energie, nämlich ca. 60 kJ/mol entsprechend 2 ATP, können als chemische Energie während der Glykolyse bzw. der alkoholischen Gärung konserviert werden, der Rest geht als Wärme verloren.

Aufgrund ihres ubiquitären Vorkommens in der belebten Natur muß angenommen werden, daß die Glykolyse zu den entwicklungsgeschichtlich ältesten Stoffwechselwegen gehört.

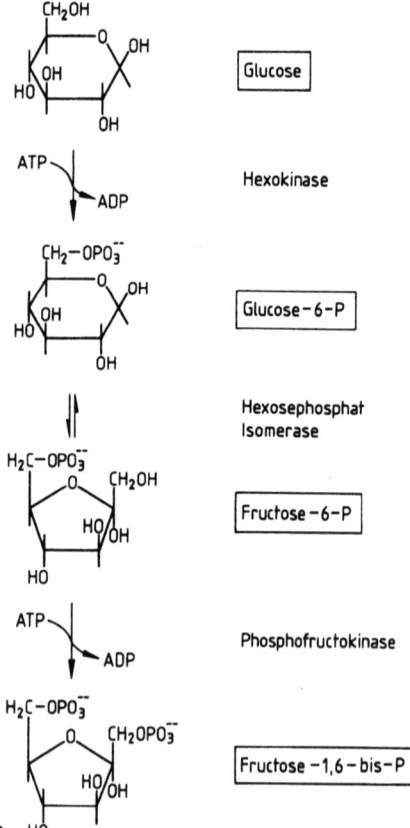

Abb. 4-3a, b. Die Glykolyse. **a** Teil 1, Umwandlung der Glucose zum Fructose-1,6-Bisphosphat. **b** Teil 2, vom Fructose-1,6-Bisphosphat zum Lactat. *PGADH*, Phosphoglycerinaldehyd-Dehydrogenase; *PGK*, Phosphoglyceratkinase; *PGM*, Phosphoglyceratmutase; *EN*, Enolase; *PK*, Pyruvatkinase; *LDH*, Lactatdehydrogenase

Die einzelnen Reaktionen der Glykolyse

Die Einzelreaktionen der Glykolyse sind in Abb. 4-3 zusammengestellt. Die erste Phase der Glykolyse dient dem Zweck, das Glucosemolekül so umzuwandeln, daß dieses in zwei gleichartige Verbindungen mit je 3 C-Atomen gespalten werden kann. Hierzu wird zunächst mit dem Enzym *Hexokinase* Glucose zu *Glucose-6-Phosphat* phosphoryliert. Der Donor der Phosphatgruppe ist ATP, das dabei in ADP umgewandelt wird. In Leberzel-

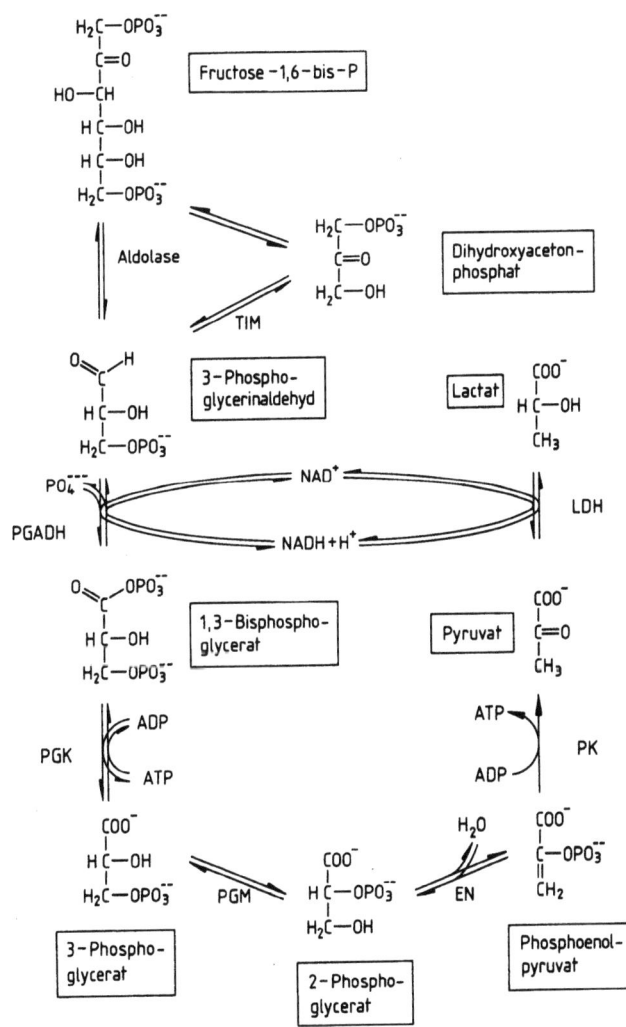

Abb. 4-3b

len findet sich ein weiteres Glucose-phosphorylierendes Enzym, die *Glucokinase*. Von der Hexokinase unterscheidet sie sich durch ihre wesentlich größere Michealis-Konstante sowie die Tatsache, daß ihre Biosynthese durch Insulin gesteigert werden kann.

Im Zug der Glykolyse wird Glucose-6-Phosphat in einer weiteren Reaktion zu *Fructose-6-Phosphat* umgewandelt. Das für diese Isomerisierung benötigte Enzym ist die *Phosphohexose-Isomerase*. Fructose-6-Phosphat kann nun ein zweites Mal, diesmal am C-Atom 1, phosphoryliert werden. Die hierfür notwendige *Phosphofructokinase* wird durch verschiedene Faktoren allosterisch beeinflußt und kann außerdem noch durch Phosphorylierung kovalent modifiziert werden (s. S. 64). Die Phosphofructokinase ist das geschwindigkeitsbestimmende Enzym der Glykolyse.

Die Verschiebung der Carbonylgruppe von der Position 1 auf die Position 2 des Glucosemoleküls durch die Phosphohexose-Isomerase ist die Voraussetzung dafür, daß in der nun folgenden Reaktion durch *Aldolspaltung* das Glucosemolekül in die beiden Triosephosphate *Dihydroxyacetonphosphat* (enthält die C-Atome 1–3 der Glucose) sowie *3-Phosphoglycerinaldehyd* (enthält die Glucose-C-Atome 4–6) gespalten werden kann. Das hierfür verantwortliche Enzym ist die *Fructose-1,6-Bisphosphataldolase*. Ähnlich wie die Phosphohexose-Isomerase ist auch die Fructose-1,6-Bisphosphataldolase frei reversibel. Die in Leber und Nieren vorkommende Aldolase (Aldolase B) kann außer Fructose-1,6-Bisphosphat auch *Fructose-1-Phosphat* spalten. Die letztere Reaktion wird von den in den extrahepatischen extrarenalen Geweben vorkommenden Aldolasen A nur sehr langsam katalysiert.

Durch die *Triosephosphat-Isomerase* können die bei der Aldolase entstehenden Bruchstücke der Glucose, nämlich der 3-Phosphoglycerinaldehyd sowie das Dihydroxyacetonphosphat ineinander überführt werden.

In der zweiten Phase der Glykolysekette werden die Triosephosphate unter ATP-Gewinnung solange um- bzw. abgebaut, bis das Endprodukt der Glykolyse, das Lactat, entstanden ist. Ein unter Energiefixierung ablaufender Umbau des 3-Phosphoglycerinaldehyds erfolgt bereits in der nächsten glykolytischen Reaktion. Sie besteht in der Oxidation der Aldehydgruppe des 3-Phosphoglycerinaldehyds zur Glycerinsäure, die dabei allerdings phosphoryliert wird, so daß die 1,3-Bisphosphoglycerinsäure entsteht. Die Einzelheiten dieser ersten oxidierenden Reaktion der Glykolyse sind in Abb. 4-4 dargestellt. Die Phosphoglycerinaldehyddehydrogenase ist ein Enzym, das aus vier identischen Untereinheiten besteht. Jede dieser Untereinheiten verfügt im aktiven Zentrum über eine für die Katalyse essentielle SH-Gruppe. In der ersten Phase der Reaktion reagiert die Carbonylgruppe des Phosphoglycerinaldehyds unter Bildung eines *Thiohalbacetales* mit dieser SH-Gruppe. Durch eine NAD-abhängige Reaktion

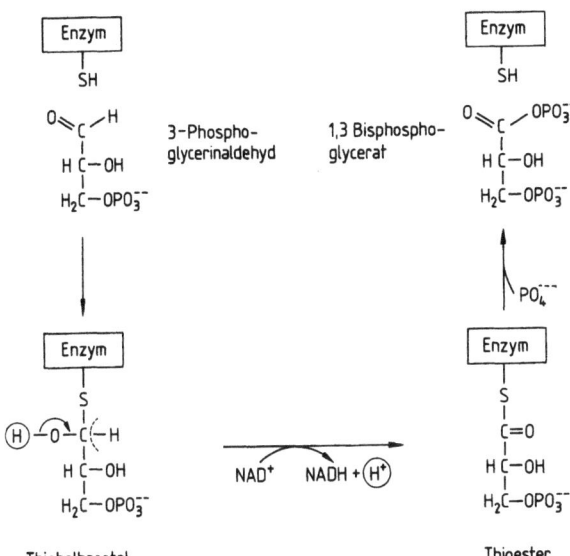

Abb. 4-4. Reaktionsmechanismus der Phosphoglycerinaldehyd-Dehydrogenase. Die Aldehyd-Gruppe des Substrates lagert sich an eine essentielle SH-Gruppe des Enzyms an. Der dabei gebildete Thiohalbacetal wird oxidiert, der Thioester unter Bildung eines gemischten Carbonsäure-Phosphorsäureanhydrides phosphorolytisch gespalten

entsteht aus dem Halbacetal ein *Thioester*. In dieser Konfiguration wird ein Teil der bei der Oxidation eines Aldehyds zur Säure freiwerdenden Energie konserviert. In der nächsten Teilreaktion wird nun der entstandene Thioester nicht hydrolytisch, sondern *phosphorolytisch* gespalten, wobei die aktive SH-Gruppe des Enzyms rückgebildet wird und *1,3-Bisphosphoglycerat* entsteht. Die Phosphatgruppe in Position 1 stellt ein gemischtes Phosphorsäureanhydrid mit der Carboxylgruppe des 3-Phosphoglycerats dar, gehört also ebenfalls wie der Thioester in die Gruppe der *energiereichen Verbindungen*.

In der nun anschließenden *Phosphoglyceratkinase-Reaktion* wird das energiereiche Phosphat des 1,3-Bisphosphoglycerates auf ADP übertragen, wobei ATP und *3-Phosphoglycerat* entsteht. Da in der Glykolyse zwei Triosephosphate pro Glucose entstehen und Dihydroxyacetonphosphat durch die Triosephosphat-Isomerase in 3-Phosphoglycerinaldehyd überführt werden kann, werden auf der Stufe der Phosphoglyceratkinase zwei Moleküle ATP regeneriert. Diese Art der ATP-Bildung wird als *Substratkettenphosphorylierung* bezeichnet.

Im nächsten Schritt der Glykolyse erfolgt eine Umlagerung der Phosphatgruppe, so daß aus 3-Phosphoglycerat das *2-Phosphoglycerat* entsteht. Das hierfür verantwortliche Enzym ist eine Mutase, die *Phosphoglyceratmutase.* In dem durch die *Enolase* katalysierten Schritt wird intramolekular aus 2-Phosphoglycerat Wasser abgespalten, so daß *Phosphoenolpyruvat* entsteht. Seine Phosphatgruppe gehört als *Enolphosphat* ebenfalls zu den *energiereichen Verbindungen.* Durch das Enzym *Pyruvatkinase* wird sie unter Bildung von ATP auf ADP übertragen. Das entstehenden Enolpyruvat lagert sich spontan in die Ketoform, das *Pyruvat*, um. Pro Mol Glucose werden bei dieser Reaktion wiederum zwei ATP gebildet.

Durch die Reaktion des entstandenen *Pyruvates* mit NADH entsteht das Endprodukt der Glykolyse, das *Lactat,* sowie NAD^+. Die Bedeutung dieser Reaktion liegt darin, daß sie den glykolytischen Glucoseabbau auch in Abwesenheit von Sauerstoff ermöglicht. In ihr kommt es nämlich zu einer Regenerierung von NAD^+, welches für die Glycerinaldehyd-3-Phosphatdehydrogenase-Reaktion benötigt wird.

In der anaeroben Glykolyse wird also durch Zerlegung von Glucose zu 2 Lactat ATP nach folgender Gleichung erzeugt:

$$\text{Glucose} + 2\,P_i + 2\,\text{ADP} \rightleftharpoons 2\,\text{Lactat} + 2\,\text{ATP}$$

Die eigentliche *Energiekonservierung* findet auf der Stufe der Oxidation des 3-Phosphoglycerinaldehyds zur 1,3-Bisphosphoglycerinsäure statt. Der Akzeptor für die dabei freiwerdenden Reduktionsäquivalente ist das NAD, welches dabei zu NADH umgewandelt wird. Unter anaeroben Bedingungen erfolgt die Reoxidation des NADH in der *Lactatdehydrogenase*-Reaktion (s. oben), unter aeroben Bedingungen kann NADH in der *Atmungskette* mit Sauerstoff reoxidiert werden (s. S. 87).

Die Regulation der Glykolyse

Die Geschwindigkeit des Glucosedurchsatzes durch die Glykolysekette wird außer vom Glucoseangebot durch eine Reihe *allosterisch* wirksamer Effektoren sowie hormonell durch *Enzyminduktion* reguliert. Eine Regulation durch Interkonvertierung, d. h. kovalente Modifikation der an der Glykolyse beteiligten Enzyme spielt demgegenüber wohl eine geringere Rolle.

Bereits das erste Enzym der Glykolysekette, die *Hexokinase,* wird durch ihr Produkt, das Glucose-6-Phosphat, gehemmt. Dies trifft jedoch nicht für die in der Leber vorkommende Glucokinase zu. Das wichtigste regulatorische Enzym der Glykolyse ist die *Phosphofructokinase.* Hohe Konzentrationen von ATP als Ausdruck einer guten Energiebilanz der Zelle führen zu einer allosterischen Hemmung des Enzyms. Das gleiche gilt für das Citratcycluszwischenprodukt *Citrat.* Ist die Energiebilanz der Zelle jedoch nicht ausgeglichen, so kommt es zu einem Anstieg der Konzentrationen von ADP und AMP. Da diese die Phosphofructokinase allosterisch *aktivieren*, wird auf diese Weise für einen beschleunigten Glucosedurchsatz und damit für Energiegewinnung gesorgt. Ein ebenfalls positiver Effektor der Phosphofructokinase ist das *Fructose-6-Phosphat*. Das nächste regulierte Enzym der Glykolysekette ist die *Pyruvatkinase*, welche allosterisch durch Fructose-1,6-Bisphosphat aktiviert wird. Es ist von großem Interesse, daß die Biosynthese der drei genannten regulatorischen Enzyme durch *Insulin* induziert wird (s. S. 266). Die Regulation der Glykolyserate auf der Ebene der Phosphofructokinase bietet eine Erklärung für den sogenannten *Pasteur-Effekt*. Er beschreibt das Phänomen, daß viele Gewebe beim Übergang von normaler Sauerstoffversorgung zur Hypoxie sprunghaft eine deutliche Zunahme der Glykolyserate zeigen. Dies läßt sich sehr leicht verstehen, wenn man davon ausgeht, daß bei Hypoxie sich die Energiebilanz der Zellen verschlechtert und die Konzentrationen von ADP und AMP ansteigen. Die dadurch hervorgerufene Aktivierung der Phosphofructokinase ist für den erhöhten Durchsatz durch die Glykolysekette verantwortlich.

Die Einschleusung von Glykogen in die Glykolyse

Glykogenolyse. Der menschliche Organismus speichert insgesamt etwa 400 g Glykogen, die sich im wesentlichen auf die Leber (100 g) und die Muskulatur (300 g) verteilen. Ihre rasche Mobilisierbarkeit ist eine wesentliche Voraussetzung für die Konstanz der Blutglucosekonzentration in der extrazellulären Flüssigkeit *(Glucosehomöostase)* und damit für die Erhaltung der Funktionsfähigkeit vieler Gewebe, besonders des Zentralnervensystems.
Geschwindigkeitsbestimmend für den Glykogenabbau ist die *phosphorolytische* Spaltung der 1,4-glykosidischen Bindungen durch die Phosphorylase. Bei dieser Reaktion, welche am nichtreduzierenden Ende einer Glykogenkette beginnt, entsteht *Glucose-1-Phosphat* (Abb. 4-5). Durch eine Mutase, die Phosphoglucomutase, wird Glucose-1-Phosphat in Glucose-6-Phosphat umgewandelt und kann damit weiter abgebaut werden (Abb. 4-5).
Die Phosphorylase ist nicht imstande, die an den Verzweigungsstellen des „Glykogenbaums" auftretenden 1,6-glykosidischen Bindungen zu spalten. Hierzu wird zunächst durch eine *1,4-1,4-Glucantransferase* ein aus etwa 3–6 Glykosylresten bestehendes Oligosaccharid unter Freilegung der 1,6-glykosidischen Verzweigungsstelle auf den anderen Ast des Glykogenbaumes übertragen. Eine *Amylo-1,6-Glucosidase* katalysiert nun die hydrolytische Abspaltung des über die 1,6-glykosidische Bindung verknüpften Glucosere-

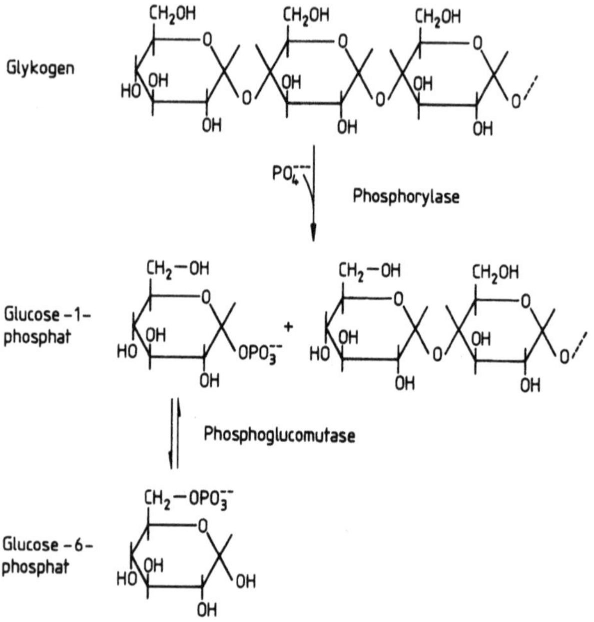

Abb. 4-5. Bildung von Glucose-6-Phosphat aus Glykogen durch Phosphorylase und Phosphoglucomutase

stes. Im Gegensatz zur Phosphorylasewirkung entsteht hier also freie Glucose.

Die Regulation der Glykogenolyse. Abbildung 4-6 zeigt die Regulation der Glykogenolyse. Wie bei der Glykolyse setzt auch hier die Regulation am geschwindigkeitsbestimmenden Enzym, der *Glykogenphosphorylase,* an. Es handelt sich um ein interkonvertierbares Enzym, das in zwei Formen, einer *enzymatisch inaktiven nichtphosphorylierten* Form (Dephospho-Phosphorylase, Phosphorylase b) sowie in einer *enzymatisch aktiven phosphorylierten* Form (Phospho-Phosphorylase, Phosphorylase a) vorkommt. Die unter physiologischen Bedingungen inaktive Phosphorylase b läßt sich ohne kovalente Modifikation durch hohe, physiologischerweise nicht vorkommende Konzentrationen von AMP aktivieren. Der Phosphatakzeptor der Glykogenphosphorylase ist ein *Serylrest* des Enzymproteins. Gereinigte Phosphorylase a aus Skelettmuskulatur liegt als Tetramer aus vier identischen Untereinheiten vor, die inaktive Phosphorylase b dagegen als dimeres Protein. Die Phosphorylase der Leber ist sowohl in aktiver als auch in inaktiver Form dimer. Für die Umwandlung von inaktiver in aktive Phosphorylase ist das in Abb. 4-6 dargestellte *Kaskadensystem* verantwort-

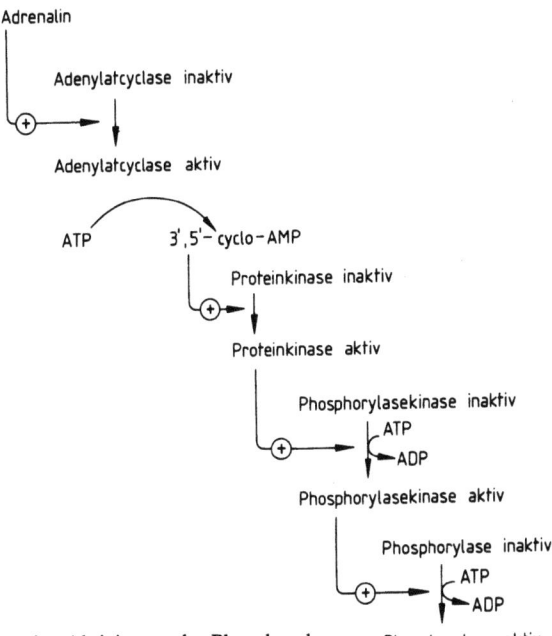

Abb. 4-6. Adrenalin-abhängige Aktivierung der Phosphorylase

lich, das letztendlich unter der Kontrolle von *3',5'-cyclo-AMP* (cAMP) steht. Dieses Nucleosidphosphat entsteht durch die Membran-gebundene Adenylatcyclase, welche im Fall der Leber durch die Hormone *Adrenalin, Noradrenalin* und *Glucagon*, im Fall der Skelettmuskelzelle durch *Adrenalin* und *Noradrenalin* aktiviert wird. Hohe Konzentrationen von cAMP führen zur Aktivierung einer *cAMP-abhängigen Proteinkinase*. Diese katalysiert die Phosphorylierung eines weiteren Enzyms, der *Phosphorylasekinase*, welche dabei von der inaktiven in die aktive Form übergeht. Aktive Phosphorylasekinase phosphoryliert und aktiviert die *Glykogenphosphorylase*. Für die Inaktivierung sowohl der Glykogenphosphorylase als auch der Phosphorylasekinase sind jeweils spezifische *Phosphatasen* verantwortlich, über deren Regulation noch nichts Sicheres bekannt ist.

Der Abbau von Glucose im Pentosephosphatweg

Die Reaktionen des Pentosephosphatweges

Der *Pentosephosphatweg* (Synonyma: Hexosemonophosphatweg, Pentosephosphatcyclus) führt formal zum Abbau von Glucose zu CO_2 und Reduk-

tionsäquivalenten in Form von NADPH. Abbildung 4-7 stellt die Einzelreaktionen des Cyclus dar. In der Phase 1 erfolgt zunächst eine Oxidation von *Glucose-6-Phosphat* mit $NADP^+$, wobei *6-Phosphogluconat* und *NADPH* entsteht. Eine zweite durch die 6-Phosphogluconatdehydrogenase katalysierte Oxidation greift am C-Atom 3 an. Das dabei entstehende 3-Keto-6-Phosphogluconat ist jedoch äußerst instabil. Es kommt zur *Decarboxylierung* am C-Atom 1, wobei die Pentose *Ribulose-5-Phosphat* entsteht.
In der nun folgenden zweiten Phase des Pentosephosphatweges kommt es ausgehend von *drei Pentosen* (insgesamt 15 C-Atome) zur Synthese von *zwei Molekülen Glucose-6-Phosphat* sowie einem Molekül *3-Phosphoglycerinaldehyd* (15 C-Atome). Hierzu ist zunächst die Umwandlung von *Ribulose-5-Phosphat* durch Epimerisierung in *Xylulose-5-Phosphat* bzw. durch Isomerisierung in die Aldose *Ribose-5-Phosphat* notwendig (Abb. 4-7). Die letztgenannte Reaktion liefert unter anderem die für Nucleosid- bzw. Nucleotid-Biosynthesen benötigten Pentosen in Form von Ribose-5-Phosphat. Im Pentosephosphatcyclus werden die C-Atome 1 und 2 des Xylulose-5-Phosphat als „aktiver Glykolaldehyd" auf Ribose-5-Phosphat übertragen, wobei *3-Phospho-Glycerinaldehyd* und die aus sieben C-Atomen bestehende Ketose *Sedoheptulose-7-Phosphat* entstehen. Das hierfür verantwortliche Enzym ist die *Transketolase*. Sie enthält als Coenzym das *Thiamin-Pyrophosphat,* welches Xylulose-5-Phosphat in analoger Weise bindet wie die Pyruvat- bzw. α-Ketoglutaratdehydrogenase ihre jeweiligen Substrate. Erst nach Bindung an Thiamin-Pyrophosphat erfolgt die entsprechende Abspaltung des 3-Phosphoglycerinaldehyds sowie die Übertragung des verbleibenden „aktiven Glykolaldehyds" auf Ribose-5-Phosphat.
In der nächsten Reaktion wird ein aus den drei ersten C-Atomen der *Sedoheptulose-7-Phosphat* bestehendes Bruchstück in Form eines *Dihydroxyaceton-Restes* auf 3-Phosphoglycerinaldehyd übertragen, wobei *Fructose-6-Phosphat* und die aus vier C-Atomen bestehende Aldose *Erythrose-4-Phosphat* entstehen. Das hierfür verantwortliche Enzym ist die *Transaldolase*. Ein aus einem weiteren *Xylulose-5-Phosphat* entnommener *Glykolaldehyd* wird durch die Transketolase auf *Erythrose-4-Phosphat* übertragen, wobei *Fructose-6-Phosphat* und *3-Phosphoglycerinaldehyd* entstehen. Fructose-6-Phosphat kann leicht zu Glucose-6-Phosphat isomerisiert werden.
In der Bilanz werden also im Pentosephosphatweg, wenn man von drei Molekülen Glucose-6-Phosphat ausgeht, ein halbes Molekül Glucose-6-Phosphat unter Bildung von 6 $NADPH+H^+$ sowie 3 CO_2 abgebaut, wobei zwei Glucose-6-Phosphat sowie ein 3-Phosphoglycerinaldehyd übrigbleiben.

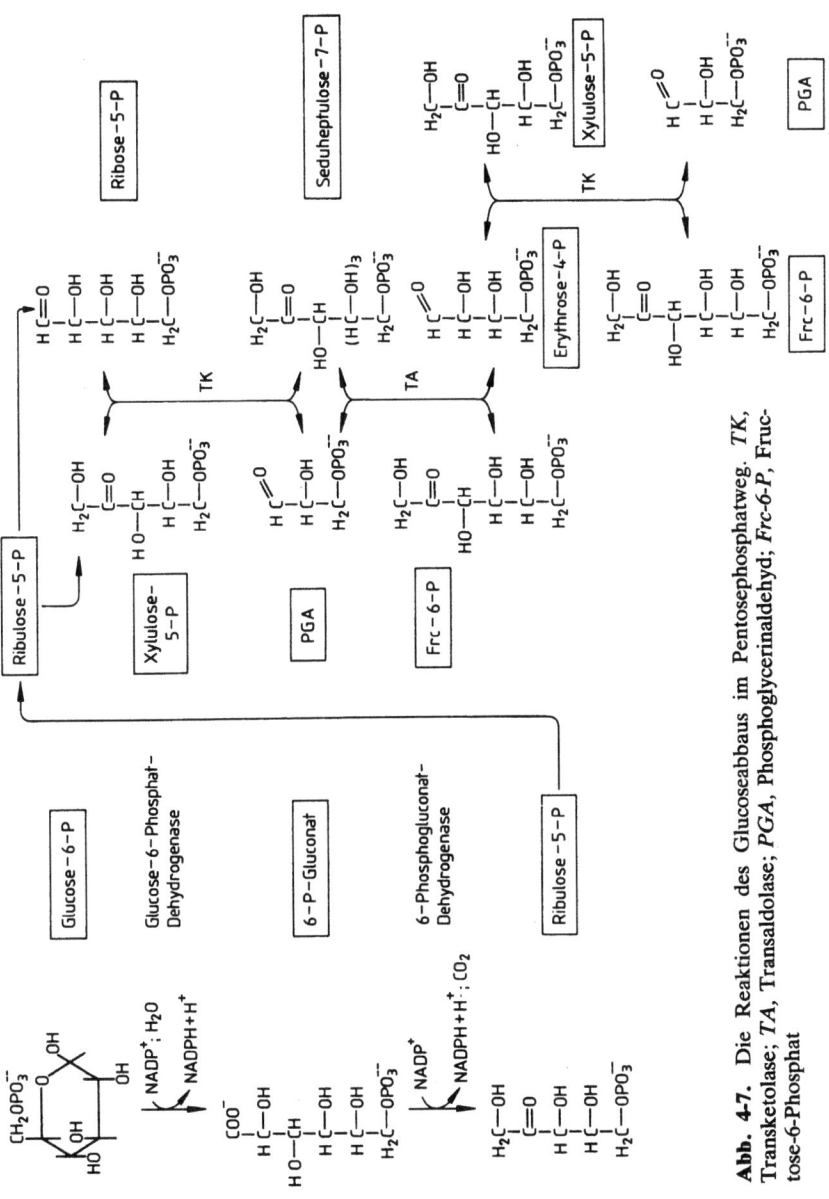

Abb. 4-7. Die Reaktionen des Glucoseabbaus im Pentosephosphatweg. *TK*, Transketolase; *TA*, Transaldolase; *PGA*, Phosphoglycerinaldehyd; *Frc-6-P*, Fructose-6-Phosphat

Die biologische Bedeutung des Pentosephosphatweges

Zwei Eigenschaften verleihen dem Pentosephosphatcyclus große biologische Bedeutung. Einmal können durch ihn die für die Nucleosid- und Nucleotidbiosynthese benötigten *Pentosen* synthetisiert werden. Dies geschieht meist unter Einschaltung der beiden Dehydrogenasen (Phase 1 des Pentosephosphatcyclus). In Geweben, in denen diese Dehydrogenasen fehlen, werden zur Pentosephosphat-Synthese ausgehend von *Fructose-6-Phosphat* und *3-Phosphoglycerinaldehyd* die *Transaldolase-* und *Transketolase-*Reaktionen, jedoch in umgekehrter Richtung, benutzt.

Über diesen Aspekt hinaus stellt der Pentosephosphatweg eine wesentliche Möglichkeit zur Erzeugung von *NADPH* dar. Für wichtige „*reduktive Biosynthesen*" wie beispielsweise die Synthese von *Fettsäuren, Cholesterin* oder *Steroidhormonen* werden Reduktionsäquivalente in Form von NADPH und nicht NADH benötigt. Außer dem Malatenzym (s. S. 82) sowie der cytoplasmatischen $NADP^+$-abhängigen *Isocitratdehydrogenase* gehört der Pentosephosphatweg zu den wichtigsten NADPH-Lieferanten. Es ist aus diesem Grund nicht verwunderlich, daß Gewebe mit einer hohen Kapazität zu derartigen reduktiven Biosynthesen (Fettgewebe: Fettsäure-Biosynthese; lactierende Milchdrüse: Fettsäure-Biosynthese; Nebennierenrinde: Steroidhormon-Biosynthese) auch über eine hohe enzymatische Kapazität zum Glucosedurchsatz durch den Pentosephosphatweg verfügen. Auch im Erythrocyten werden beträchtliche Mengen an Glucose im Pentosephosphatweg abgebaut, obwohl hier mit Sicherheit keine reduktiven Biosynthesen ablaufen. NADPH wird hier für die Reduktion von *Glutathiondisulfid* (s. S. 300) benötigt. Reduziertes Glutathion schützt SH-Gruppen in Membranen sowie SH-Enzyme des Erythrocyten vor der Oxidation infolge des dort herrschenden großen O_2-Partialdruckes und vermindert so die Neigung zur Hämolyse.

Der Abbau von Fructose und Galactose

Die einzigen Monosaccharide, die dem tierischen Organismus außer Glucose in einigem Umfang zur Deckung des Energiebedarfes angeboten werden, sind *Galactose* und *Fructose*. Galactose ist Bestandteil des aus Glucose und Galactose bestehenden Milchzuckers *Lactose* und wird infolgedessen besonders vom Neugeborenen und Säugling, aber auch bei reichlicher Milchzufuhr, in beträchtlichem Umfang verstoffwechselt. Fructose ist Bestandteil des Disaccharides *Saccharose* (engl. Sucrose), das in hoher Konzentration in Früchten vorkommt, daneben aber auch als Haushaltszucker der wichtigste heute verfügbare Süßstoff ist.

Stoffwechsel der Galactose

Galactose unterscheidet sich von Glucose durch sterische Umkehr (Epimerisierung) am C-Atom 4. Im allgemeinen können Epimerisierungen von Monosacchariden nur nach entsprechender Aktivierung der Monosaccharide zu Nucleosiddiphosphat-Derivaten nach Abb. 4-8 durchgeführt werden. Im Fall der Galactose ist das entsprechende Nucleosiddiphosphat-Derivat die Uridindiphosphatgalactose (s. S. 171).

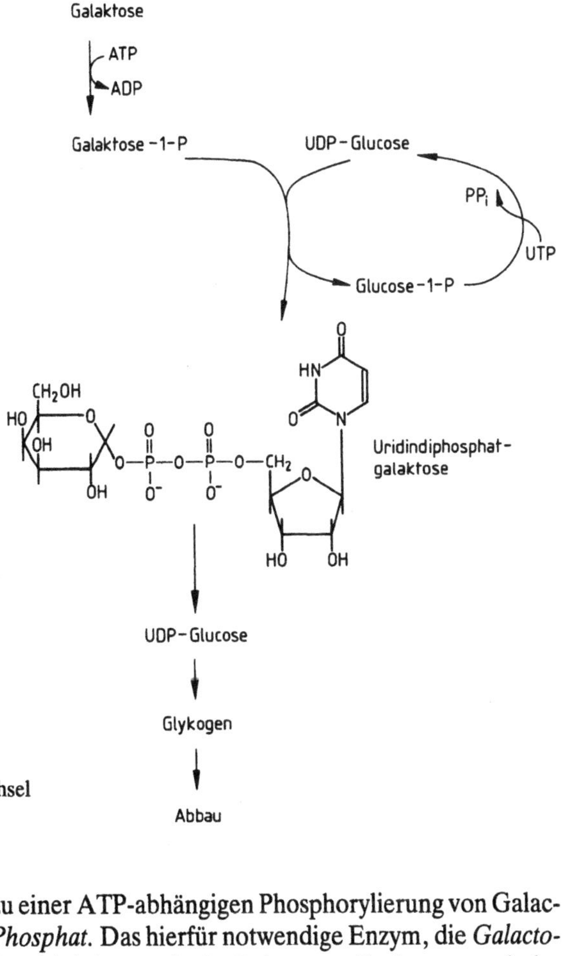

Abb. 4-8. Der Stoffwechsel der Galactose

Zunächst kommt es zu einer ATP-abhängigen Phosphorylierung von Galactose zu *Galactose-1-Phosphat*. Das hierfür notwendige Enzym, die *Galactokinase,* kommt in hoher Aktivität nur in der Leber vor, die deswegen als das Hauptorgan des Galactosestoffwechsels anzusehen ist. Die Aktivierung von

Galactose zu *Uridindiphosphat-Galactose* erfolgt durch Übertragung eines *Uridinmonophosphat-Restes* von *Uridindiphosphat-Glucose* auf *Galactose-1-Phosphat,* wobei *Glucose-1-Phosphat* und *Uridindiphosphat-Galactose* entstehen. Erst jetzt kann durch eine entsprechende Epimerase aus Uridindiphosphat-Galactose Uridindiphosphat-Glucose erzeugt werden. Die Einschleusung von Uridin-Diphosphat-Glucose in katabole Stoffwechselprozesse erfordert zunächst den Einbau des Glucoserestes in Glykogen, das danach abgebaut und in Glykolyse und Citratcyclus zu CO_2 und Wasser umgesetzt werden kann. Bei der *Epimerasereaktion* handelt es sich um eine frei reversible Reaktion, so daß auf diese Weise nicht nur Galactose in Glucose umgewandelt wird, sondern auch für die Glykoprotein-Biosynthese benötigte *Galactosylreste* aus Uridindiphosphat-Glucose gebildet werden.

Stoffwechsel der Fructose

Die für den Fructosestoffwechsel der Leber verantwortlichen Reaktionen sind in Abb. 4-9 zusammengestellt. Ähnlich wie im Fall der Galactose erfolgt zunächst eine ATP-abhängige Phosphorylierung zu *Fructose-1-Phosphat.* Das hierfür verantwortliche Enzym ist die außer in der Leber in den Nieren und der Mucosa des Dünndarms vorkommende *Fructokinase.*

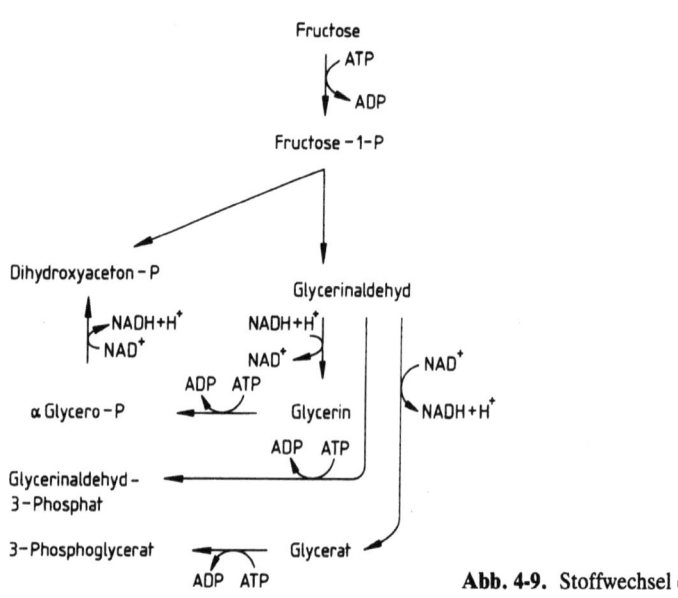

Abb. 4-9. Stoffwechsel der Fructose

Fructose-1-Phosphat wird sofort durch die Leberaldolase, die in dieser Hinsicht im Vergleich zu den Aldolasen extrahepatischer Gewebe eine Sonderstellung einnimmt, zu *D-Glycerinaldehyd* und *Dihydroxyacetonphosphat* gespalten.
Während das letztere ein normales Glykolysezwischenprodukt ist, muß der erstere auf einem der drei im folgenden beschriebenen Umwege in den Leberstoffwechsel eingeschleust werden.
D-Glycerinaldehyd kann durch die *Alkoholdehydrogenase* zu *Glycerin* reduziert, dieses zu *α-Glycerophosphat* phosphoryliert und danach zu *Dihydroxyacetonphosphat* oxidiert werden. Die zweite Möglichkeit besteht in der Oxidation von *Glycerinaldehyd* zu *Glycerinsäure*. Das hierfür verantwortliche Enzym ist die *Aldehyddehydrogenase*. Glycerinsäure kann, wenigstens in der Rattenleber, zu *Glycerat-3-Phosphat* phosphoryliert werden. Der für den Glycerinstoffwechsel wichtigste Schritt ist die ATP-abhängige Phosphorylierung von D-Glycerinaldehyd zu *Glycerinaldehyd-3-Phosphat*, womit der Eintritt in die Glykolysekette ermöglicht wird.
In extrahepatischen Geweben spielt der Stoffwechsel der Nahrungsfructose nur eine untergeordnete Rolle, da diese von der Leber quantitativ aufgenommen wird. Allerdings kann in verschiedenen Geweben Glucose in Fructose überführt werden und umgekehrt. Die hier verantwortlichen Enzyme sind die *Aldosereduktase* sowie die *Ketosereduktase*, die folgende Reaktionen katalysieren:

$$\text{Glucose} + \text{NADPH} + \text{H}^+ \rightleftharpoons \text{Sorbitol} + \text{NADP}^+$$
$$\text{Sorbitol} + \text{NAD}^+ \rightleftharpoons \text{Fructose} + \text{NADH} + \text{H}^+$$

Unter Einwirkung der Aldosereduktase wird die Aldehydgruppe am C-Atom 1 der Glucose zu einer alkoholischen $-CH_2OH$-Gruppe reduziert, durch die Ketosereduktase kommt es zur Oxidation der CHOH-Gruppe am C-Atom 2 des Sorbitols.

5 Der Citratcyclus und die biologische Oxidation

Der Citratcyclus

Der im vorangegangenen Kapitel besprochene Abbau von Glucose zu Lactat bietet zwar den Vorteil, auch unter anaeroben Bedingungen ablaufen zu können. Dieser Vorteil wird jedoch durch eine vergleichsweise geringe Ausnutzung der im Glucosemolekül potentiell steckenden Energie erkauft. Im Verlauf der Lactatbildung aus Glucose erfolgt eine Änderung der freien Energie in einer Größenordnung von $\Delta G^{0\prime} = -197$ kJ/mol. Zerlegt man dagegen Glucose nach der Formel:

$$\text{Glucose} + 6\ O_2 \rightarrow 6\ CO_2 + 6\ H_2O,$$

so läuft dieser Prozeß mit einem $\Delta G^{0\prime}$ von -2891 kJ/mol ab!
Im Gegensatz zur anaeroben Glykolyse ist für diesen Vorgang der Glucoseoxidation Sauerstoff notwendig. Es ist das Verdienst des deutsch-englischen Biochemikers Hans Adolf Krebs, die diesem oxidativen Stoffwechsel zugrunde liegenden Mechanismen aufgeklärt zu haben. Dabei zeigte es sich, daß bei der sauerstoffabhängigen Oxidation der Glucose zunächst die Strecke der Glykolyse bis zum Pyruvat beschritten wird, und daß im weiteren Verlauf Pyruvat nach der Gleichung:

$$\text{Pyruvat} + 3\ H_2O \rightarrow 3\ CO_2 + 10\ [H] \quad \text{abgebaut wird.}$$

Dieser Prozeß erfolgt in zwei Stufen. Dabei wird zunächst Pyruvat unter Bildung von *Acetyl-CoA* decarboxyliert und oxidiert. Auf der zweiten Stufe erfolgt im eigentlichen Citratcyclus die Oxidation von Acetyl-CoA nach der Gleichung

$$\text{Acetyl-CoA} + 2\ H_2O \rightarrow 2\ CO_2 + 8\ [H] + \text{CoA-SH}$$

Durch Koppelung von Glykolyse und Citratcyclus ist damit die vollständige Oxidation von Glucose zu CO_2 möglich. Die dabei freiwerdenden Reduktionsäquivalente dienen schließlich im Prozeß der in der *Atmungskette* lokalisierten *oxidativen Phosphorylierung* der Energiekonservierung in Form von ATP (s. S. 91).

Vom Pyruvat zum Acetyl-CoA: Die Pyruvatdehydrogenase

Die Bildung von Acetyl-CoA, der „aktivierten Essigsäure", erfolgt durch dehydrierende (oxidative) Decarboxylierung von Pyruvat. Das hierfür verantwortliche Enzym liegt innerhalb der Mitochondrien als hochmolekularer Multienzymkomplex vor. Die durch die *Pyruvatdehydrogenase* katalysierte Reaktion verläuft mehrstufig und ist in ihren Einzelheiten in Abb. 5-1 dargestellt. Zunächst erfolgt an der *Pyruvatdecarboxylase*-Untereinheit des Enzyms die *Decarboxylierung* des *Pyruvates*, wobei als Reaktionsprodukt *aktiver Acetaldehyd* entsteht. Hierzu addiert sich *Pyruvat* an *Thiaminpyrophosphat*, welches das Coenzym der Pyruvatdecarboxylase-Unterein-

Abb. 5-1. Mechanismus der Pyruvatdehydrogenase (Einzelheiten s. Text)

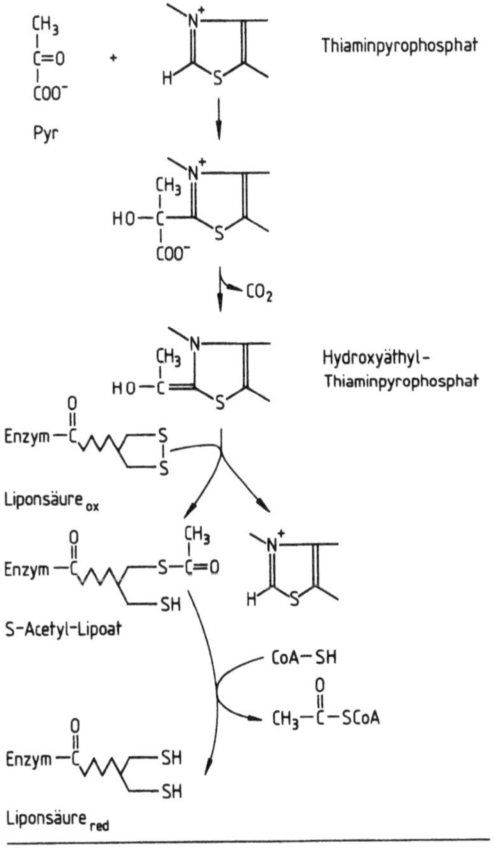

$$\text{Liponsäure}_{red} + FAD \rightleftharpoons \text{Liponsäure}_{ox} + FADH_2$$

$$FADH_2 + NAD^+ \rightleftharpoons FAD + NADH + H^+$$

heit darstellt. Durch diese Bindung werden entsprechende Elektronenverschiebungen erleichtert, so daß unter Decarboxylierung der aktive Acetaldehyd, das *Hydroxyäthyl-Thiaminpyrophosphat* entsteht.
In dieser ersten Reaktion der Pyruvatdehydrogenase ist noch keine Oxidation, sondern lediglich eine Decarboxylierung erfolgt, so daß der Carbonylkohlenstoff des Pyruvates seine Oxidationsstufe beibehalten hat. Die *Oxidation* des *Hydroxyäthyl-Thiaminpyrophosphates* erfolgt durch die *Lipoat-Transacetylase*-Untereinheit des Pyruvatdehydrogenase-Komplexes. Mit *oxidierter Liponsäure* wird der aktive Acetaldehyd auf die Stufe des *Acetylrestes* oxidiert, wodurch enzymgebundenes *S-Acetylhydrolipoat* entsteht und freies Thiaminpyrophosphat rückgebildet wird. Durch einfache, von derselben Untereinheit des Enzyms katalysierte *Transacetylierung* erfolgt eine Übertragung des Acetylrestes auf Coenzym A, wobei *Acetyl-Coenzym A* und *reduzierte Liponsäure* entstehen.
Die letzte Teilreaktion des Pyruvatdehydrogenase-Komplexes besteht in der *Reoxidation* des *reduzierten Lipoates*. Die *Dihydrolipoat-Dehydrogenase* ist ein FAD-abhängiges Enzym, welches Dihydrolipoat zu Lipoat oxidiert. Das dabei entstehende $FADH_2$ wird mit NAD^+ reoxidiert. Damit schreibt sich die Summenreaktion der durch den Pyruvatdehydrogenase-Komplex katalysierten Reaktion folgendermaßen:

$$\text{Pyruvat} + \text{CoA-SH} + \text{NAD}^+ \rightarrow \text{Acetyl-CoA} + \text{NADH} + \text{H}^+ + \text{CO}_2$$

Die bei der Oxidation des Acetaldehyds zum Acetylrest freiwerdende Energie ist so groß, daß trotz der Bildung eines energiereichen Thioesters im Acetyl-CoA die Pyruvatdehydrogenase mit einem $\Delta G^{0\prime}$ von -34 kJ/mol exergon und unter intrazellulär herrschenden Bedingungen irreversibel ist.

Die Bildung von Acetyl-CoA aus Pyruvat ist ein entscheidender Schritt im Glucosestoffwechsel. Während aus Pyruvat durch formale Umkehrung der Glykolyse (Gluconeogenese, s. S. 146) wieder Glucose resynthetisiert werden kann, ist dies für das Acetyl-CoA nicht mehr möglich. Es kann nur noch im Citratcyclus oxidiert oder für eine Reihe von Synthesen verwendet werden (s. S. 155, 167). Damit ist verständlich, daß der Pyruvatdehydrogenase-Komplex sehr genau reguliert wird. Einmal wirken die Endprodukte der Reaktion, nämlich *Acetyl-CoA* und *NADH* als *Hemmstoffe*. Damit ist gewährleistet, daß bei ausreichendem Angebot dieser beiden Verbindungen nicht noch mehr Pyruvat irreversibel zu Acetyl-CoA abgebaut wird. Über diese allosterische Hemmung hinaus kann der Pyruvatdehydrogenase-Komplex durch *Interkonvertierung*, d.h. durch covalente Modifikation gesteuert werden (Abb. 5-2). Der Pyruvatdehydrogenase-Komplex kommt als Dephosphopyruvatdehydrogenase in aktiver und Phospho-Pyruvatdehydrogenase in inaktiver Form vor. Die Inaktivierung der aktiven Dephos-

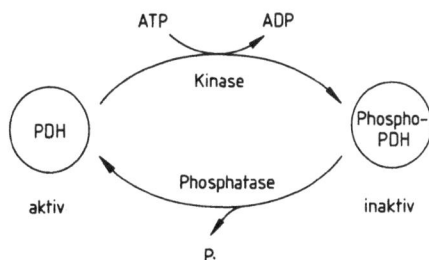

Abb. 5-2. Die Interkonvertierung des Pyruvatdehydrogenase-Komplexes

pho-Pyruvatdehydrogenase erfolgt durch eine spezifische ATP-abhängige Phosphorylierung des Enzymproteins, wofür eine eigene *Pyruvatdehydrogenase-Kinase* notwendig ist. Die Überführung der inaktiven in die aktive Form des Enzyms wird durch eine spezifische *Phosphatase* katalysiert, welche den covalent gebundenen Phosphatrest wieder abspaltet. Unter der Einwirkung von Insulin geht die Pyruvatdehydrogenase bevorzugt in die aktive Form über, bei länger dauerndem Fasten, fettreicher Nahrung sowie Diabetes mellitus überwiegt dagegen die inaktive Form des Pyruvatdehydrogenase-Komplexes.

Vom Acetyl-CoA zum Succinat: Die Oxidation des Acetylrestes

In Abb. 5-3 sind die Einzelreaktionen des Citratcyclus dargestellt. Ein Acetylrest wird dabei auf Oxalacetat als Trägermolekül übertragen, wobei *Citrat* entsteht, welches dem Cyclus seinen Namen gegeben hat. Durch einen cyclischen Prozeß erfolgt die vollständige Oxidation des Acetylrestes zu CO_2 und die Rückgewinnung von Oxalacetat, welches dann damit dem nächsten Durchgang zur Verfügung steht.

Formal kann der Cyclus in zwei Phasen eingeteilt werden. Es handelt sich zunächst um die Bildung von *Citrat* sowie die Oxidation des *Acetylrestes* zu CO_2, wobei *Succinat* als Zwischenprodukt entsteht. In der zweiten Phase erfolgt die Rückgewinnung von *Oxalacetat* aus Succinat.

Eingeleitet wird die Phase 1 des Citratcyclus durch Addition von *Acetyl-CoA* an *Oxalacetat*, wobei *Citrat* und freies Coenzym A entstehen. Das hierfür verantwortliche Enzym ist die *Citratsynthase,* das Gleichgewicht der Reaktion liegt weit auf der Seite der Citratsynthese. Durch die *Aconitase* erfolgt nun eine Umlagerung des Citrates, so daß über das Zwischenprodukt Aconitat *Isocitrat* entsteht. Dieses wird durch die *Isocitratdehydrogenase* mit NAD^+ oxidiert. Das dabei als Zwischenprodukt entstehende Oxalsuccinat wird vom gleichen Enzym unter Bildung von α-*Ketoglutarat* decarboxy-

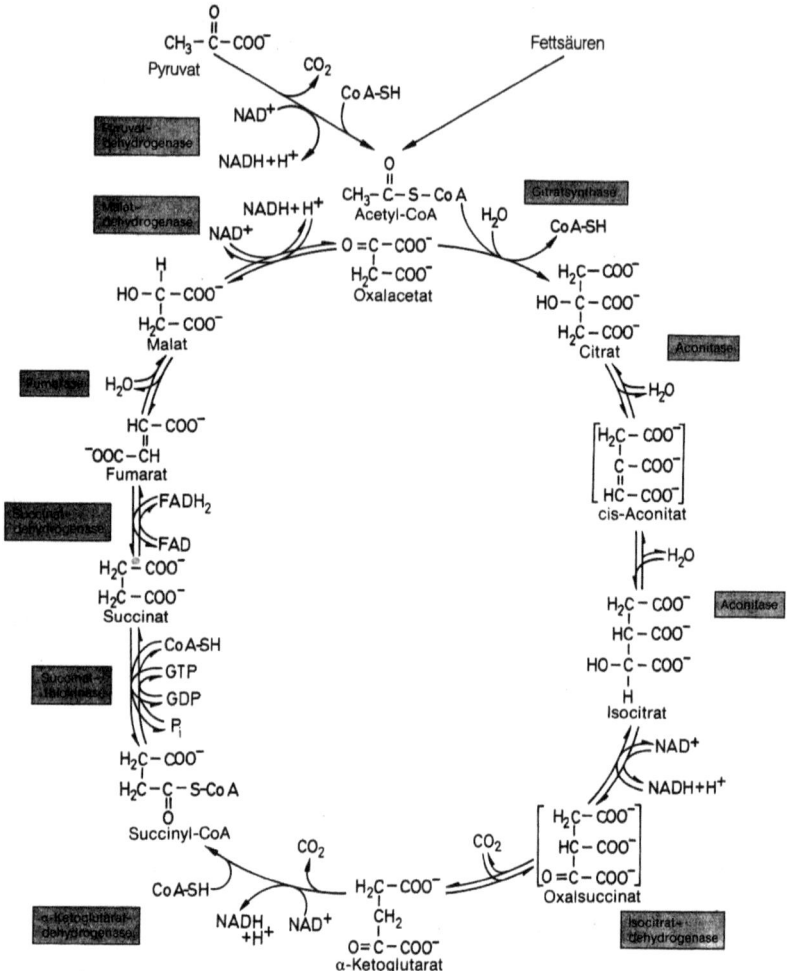

Abb. 5-3. Die Reaktionsfolge des Citratcyclus

liert. Dieses wird sofort weiter oxidiert. Ganz ähnlich wie im Fall des Pyruvates (α-Ketopropionat) erfolgt auch die Oxidation des α-Ketoglutarates durch *dehydrierende Decarboxylierung*. Der α-Ketoglutarat-Dehydrogenase-Komplex benutzt denselben Reaktionsmechanismus sowie dieselben Coenzyme wie der Pyruvatdehydrogenase-Komplex, aus α-Ketoglutarat entsteht somit *Succinyl-CoA*. Dieses wird zu *Succinat* und Coenzym A zerlegt, wobei die durch die Lösung der Thioesterbindung freiwerdende Energie in Form eines *GTP* konserviert wird, welches aus anorganischem

Phosphat und GDP entsteht. Vom energetischen Standpunkt aus gesehen sind GTP und ATP gleichwertig.
Bis hierhin ist also eine zweimalige Decarboxylierung des Isocitrates erfolgt, so daß formal beide C-Atome des Acetyl-CoA oxidiert wurden. Allerdings endet diese Reaktionsfolge auf der Stufe des Succinates.

Vom Succinat zum Oxalacetat

Zum Abschluß des Cyclus muß Succinat wieder zu Oxalacetat umgewandelt werden. Dies geschieht in einer Reihe von Reaktionen, die formal Ähnlichkeit mit analogen Reaktionen bei der β-Oxidation der Fettsäuren (s. S. 105) haben. Zunächst erfolgt eine *Dehydrierung* von Succinat zu *Fumarat*. Das hierfür verantwortliche Enzym ist die *Succinatdehydrogenase*, der Wasserstoffakzeptor das *FAD*. Wie in der Fettsäureoxidation wird die entstandene Doppelbindung durch die Einwirkung des Enzyms *Fumarase hydratisiert*, so daß *Malat* entsteht, dessen $-CHOH$-Gruppierung NAD-abhängig durch die *Malatdehydrogenase* zur Keto-Gruppierung des *Oxalacetates* oxidiert wird. Damit ist das in der Phase 1 des Citratcyclus zur Reaktion mit Acetyl-CoA benötigte Trägermolekül Oxalacetat wieder regeneriert, der Acetylrest vollständig zu CO_2 oxidiert worden. Die entstandenen Reduktionsäquivalente finden sich in Form von *3 NADH + H$^+$* sowie einem *FADH$_2$*. Darüber hinaus ist durch *Substratketten-Phosphorylierung* auf der Stufe der Succinat-Thiokinase ein *GTP* gewonnen worden.
Die vollständige Energiebilanz des Citratcyclus ist in Tabelle 5-1 zusammengestellt. Auf der Stufe der Isocitratdehydrogenase, der α-Ketoglutaratdehy-

Tabelle 5-1. Energiebilanz bei der Oxidation von Acetyl-CoA im Citratcyclus

Schritt	H-Akzeptor	ATP-Ausbeute
Isocitrat→α-Ketoglutarat	$NAD^+\to$ $NADH + H^+$	3
α-Ketoglutarat→Succinyl-CoA	$NAD^+\to$ $NADH + H^+$	3
Succinyl-CoA→Succinat	(Substratkettenphosphorylierung)	1
Succinat→Fumarat	$FAD\to$ $FADH_2$	2
Malat→Oxalacetat	$NAD^+\to$ $NADH + H^+$	3
Summe		12

drogenase sowie der Malatdehydrogenase werden je 1 NADH + H$^+$, auf der Stufe der Succinatdehydrogenase ein FADH$_2$ erzeugt. Geht man von der Tatsache aus, daß ein NADH in der Atmungskette zur Bildung von 3, 1 FADH$_2$ zur Bildung von 2 ATP benutzt werden kann (s. S. 91), so ergibt sich in Summe als Energiebilanz der Acetyl-CoA-Oxidation unter Einrechnung des durch Substratketten-Phosphorylierung gebildeten GTP (welches einem ATP energetisch äquivalent ist) eine Energieausbeute von *12 ATP*. Geht man vom Pyruvat aus, so erhöht sich diese um den ATP-Betrag, der dem bei der Pyruvatdehydrogenase-Reaktion gebildeten NADH + H$^+$ entspricht, also auf 15 ATP. Vergleicht man diesen Energiebetrag mit der Energieausbeute bei der anaeroben Glykolyse von Glucose zu Lactat, so wird rasch die Überlegenheit sauerstoffabhängiger oxidativer Prozesse gegenüber den anaerob verlaufenden Fermentationen klar, der für die überwältigende Überlegenheit aerober Lebensformen über anaerobe verantwortlich ist.

Die Regulation des Citratcyclus

Tabelle 5-2 gibt einen Überblick über diejenigen Enzyme, an denen eine Regulation des Citratcyclus erfolgen kann. Grundsätzlich wird der Durchsatz durch den Citratcyclus durch den *energetischen Zustand* einer Zelle gesteuert. Hohe ATP-Gehalte bzw. ein hohes Angebot an reduzierten Wasserstoff-übertragenden Coenzymen führt zu einer Hemmung der entsprechenden regulatorischen Enzyme, hohes ADP, AMP dagegen in einigen Fällen zu einer Aktivierung.

Tabelle 5-2. Aktivatoren und Inhibitoren einzelner Enzyme des Citratcyclus in tierischen Zellen

Enzymatischer Schritt	Aktivierung	Hemmung
Citratsynthase		ATP (~P)
NAD-Isocitratdehydrogenase	ADP, Mg^{2+}, Mn^{2+}	ATP, NADH
Succinatdehydrogenase	P$_1$, Succinat, Fumarat	Oxalacetat
Pyruvatdehydrogenase	Pyruvat, ADP, Mg^{2+}	Acetyl-CoA, ATP, NADH

Das für die Bildung von Acetyl-CoA aus Glucose verantwortliche Enzym, die *Pyruvatdehydrogenase,* wird durch *Acetyl-CoA* und *NADH* allosterisch gehemmt. Darüber hinaus fördert ein hoher mitochondrialer ATP-Gehalt die Phosphorylierung des aktiven Enzyms unter Bildung der inaktiven

Form. Umgekehrt wird das Enzym durch hohe Pyruvatkonzentrationen aktiviert, ADP hemmt die Phosphorylierung und damit die Inaktivierung des Enzyms. Auch das nächste Enzym des Cyclus, die Citratsynthase, wird durch hohe ATP-Konzentrationen gehemmt. Die Isocitratdehydrogenase unterliegt ebenfalls einer Kontrolle durch Adeninnucleotide. Die Succinatdehydrogenase, die die Umwandlung von Succinat zu Oxalacetat einleitet, wird durch *Oxalacetat* gehemmt und durch *Succinat* aktiviert.

Die Beziehungen des Citratcyclus zu anderen Stoffwechselwegen

Aus Abb. 5-4 geht hervor, daß der Citratcyclus keineswegs nur eine enzymatische Maschinerie zur Zerlegung von Acetylresten zu CO_2 und H_2O darstellt, sondern vielmehr eine Reihe von Zwischenprodukten anderer

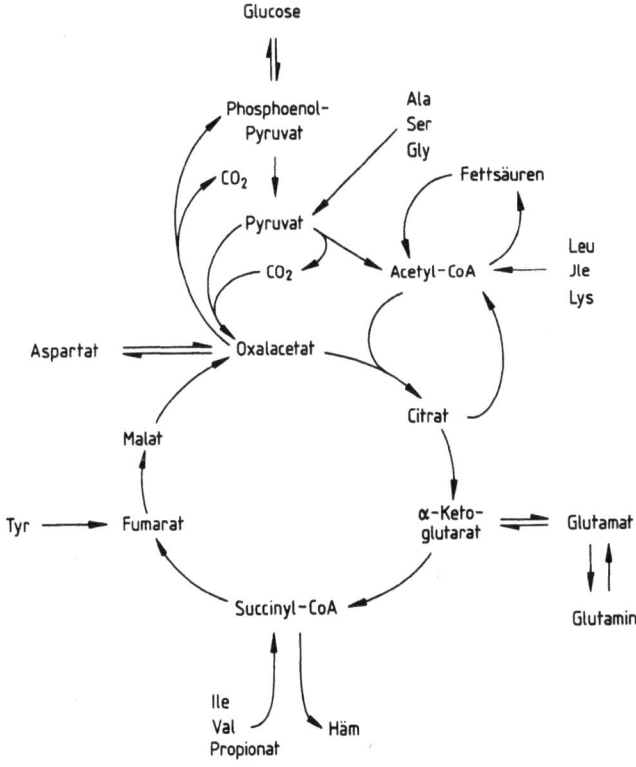

Abb. 5-4. Beziehungen des Citratcyclus zum Stoffwechsel der Glucose, der Fettsäuren, der Aminosäuren sowie des Häm

Stoffwechselwege aufnehmen kann und darüber hinaus mit Citratcyclus-Zwischenprodukten wichtige Biosynthesen beliefert.

Acetyl-CoA wird außer durch dehydrierende Decarboxylierung von Pyruvat aus der Glykolyse (s. S. 61) auch durch die β-Oxidation der Fettsäuren (s. S. 105) geliefert. Der Abbau der Aminosäuren Leucin, Isoleucin und Lysin liefert ebenfalls Acetyl-CoA. Über Transaminasen (s. S. 113) sowie Glutamatdehydrogenase (s. S. 115) steht der Citratcyclus in enger Verbindung mit dem Stoffwechsel des Glutamates sowie anderer Aminosäuren. Beim Abbau von Isoleucin, Valin, ungeradzahligen Fettsäuren sowie Propionsäure entsteht Succinyl-CoA. Der Abbau der Aminosäuren Tyrosin und Aspartat liefert Fumarat bzw. Oxalacetat. Durch Carboxylierung von Pyruvat durch die Pyruvatcarboxylase (s. S. 147) kann Oxalacetat gebildet werden.

Alle Reaktionen, bei denen Citratcyclus-Zwischenprodukte mit 5 oder 4 C-Atomen aus anderen Stoffwechselwegen gebildet werden, sind für die Funktion des Cyclus von besonderer Bedeutung. Sie dienen nämlich der *Auffüllung* des für das Funktionieren des Citratcyclus unerläßlichen, obwohl nur in katalytischen Mengen benötigten *Oxalacetates* und werden infolgedessen als *anaplerotische Reaktionen* bezeichnet. Dies trifft in besonderem Maße für die *Pyruvatcarboxylase*-Reaktion zu.

Dieses Auffüllen des Citratcyclus ist deshalb notwendig, weil er nicht nur in Form seiner verschiedenen Zwischenprodukte die Endstufen des Abbaus von Kohlenhydraten, Fetten und Aminosäuren sammelt, sondern auch *Ausgangspunkt* einer Reihe *wichtiger Biosynthesen* ist. Hierzu gehören die Bildung von *Acetyl-CoA* aus Citrat durch die *ATP-Citratlyase* (s. S. 157), die Biosynthese einer Reihe von *Aminosäuren* aus α-*Ketoglutarat* (s. S. 115), die vom *Succinyl-CoA* ausgehende *Häm-Biosynthese* (s. S. 296), die Synthese der Aminosäuren *Aspartat* und *Asparaginat*, die Bildung von Pyruvat aus Malat durch Oxidation und Decarboxylierung (Malatenzym) sowie schließlich die vom Oxalacetat ausgehende und als Gluconeogenese bezeichnete *Glucose-Biosynthese* (s. S. 146).

Atmungskette und oxidative Phosphorylierung

Prinzipien der Energiekonservierung in biologischen Systemen

Während *autotrophe Organismen* (chlorophyllhaltige Pflanzen sowie Mikroorganismen mit chlorophyllähnlichen Pigmenten) die für ihre Biosyntheseleistungen benötigte Energie dem Sonnenlicht entnehmen, besteht für die *heterotrophen* tierischen Organismen sowie die meisten *Mikroorganismen* diese Möglichkeit nicht. Sie sind vielmehr für ihre Energiegewinnung auf die Oxidation organischer Verbindungen angewiesen, deren freie Energie sich dabei verringert. Unter *Oxidation* sollen dabei all diejenigen Prozesse verstanden werden, die mit einer *Abgabe* von *Elektronen* an geeignete Elektronenakzeptoren einhergehen, welche dabei selbst reduziert werden. In allgemeiner Form wird damit als *Oxidation* die *Abgabe* und als *Reduktion* die *Aufnahme von Elektronen* verstanden. Da mit jeder Oxidation notwendigerweise die Reduktion des Elektronenakzeptors einhergeht, sollte man streng genommen nicht von Oxidations- oder Reduktions-, sondern vielmehr von *Redoxreaktionen* sprechen.

Redoxreaktionen, die der Energiegewinnung dienen sollen, müssen spontan ablaufen. Unter Verwendung der Wasserstoffelektrode als Bezugsgröße kann analog der „Spannungsreihe" der physikalischen Chemie auch den in der Biochemie vorkommenden Redoxpaaren ein entsprechendes Redoxpotential zugeordnet werden (s. Lehrbücher der allgemeinen Chemie). Der einzige Unterschied gegenüber der allgemeinen Chemie besteht darin, daß die Wasserstoffionen-Konzentration nicht 1 mol/l (pH = 0) ist, sondern wegen der besonderen Säurelabilität der in der Biochemie vorkommenden Verbindungen auf eine Protonenkonzentration von 10^{-7} mol/l (pH = 7) bezogen wird. In dieser Konzentration beträgt das Redoxpotential der Wasserstoffzelle im Vergleich zum Normalpotential − 0,42 Volt. Unter diesen Bedingungen ermittelte Normalpotentiale werden als E_0' anstatt E_0 bezeichnet. Tabelle 5-3 gibt eine Zusammenstellung der Normalpotentiale wichtiger biochemischer Redoxpaare. Nach der auch für die allgemeine Chemie geltenden Definition sind Verbindungen mit negativerem Redoxpotential imstande, solche mit positiverem zu reduzieren. Aus dieser

Tabelle 5-3. Normalpotentiale wichtiger biochemischer Redoxpaare

System	E_0' [V]
Sauerstoff/Wasser	+ 0,82
Cytochrom a (Fe^{3+}/Fe^{2+})	+ 0,29
Cytochrom c (Fe^{3+}/Fe^{2+})	+ 0,22
Ubichinon (ox/red)	+ 0,10
Cytochrom b (Fe^{3+}/Fe^{2+})	+ 0,08
$FMN/FMNH_2$	− 0,12
$NAD^+/NADH + H^+$	− 0,32
H^+/H_2	− 0,42
Fumarat/Succinat	+ 0,03
Oxalacetat/Malat	− 0,17
Pyruvat/Lactat	− 0,19
Acetacetat/β-Hydroxybutyrat	− 0,27

Tatsache kann bei Kenntnis der Redoxpotentiale der beiden an einer Redoxreaktion teilnehmenden Verbindung die Richtung des Elektronenflusses abgelesen werden.

Die bei einer Redoxreaktion stattfindende Änderung der *freien Energie* wird durch die Gleichung

$$\Delta G^{0\prime} = - n \cdot F \cdot \Delta E_0'$$

gegeben.

Dabei ist n die Zahl der übertragenen Elektronen, F die Faraday-Konstante (Ladungsmenge/mol Elektronen (965 000 Coulomb)) und $\Delta E_0'$ die Differenz der Redoxpotentiale bei der Elektronenübertragung. Aus der Gleichung geht klar hervor, daß Redoxreaktionen dann spontan ablaufen, wenn die Differenz der Redoxpotentiale der beteiligten Redoxpaare positiv ist.

Da im allgemeinen die in der Zelle vorkommenden Konzentrationen von Reaktanten nicht den thermodynamischen Standardbedingungen entsprechen, wird zur Umrechnung auf das unter gegebenen Konzentrationsbedingungen tatsächlich vorliegende Redoxpotential die Nernstsche Gleichung benötigt:

$$E' = E_0' + \frac{R \cdot T}{n \cdot F} \cdot \ln \frac{[\text{oxidiert}]}{[\text{reduziert}]}$$

Da eine Energiegewinnung im Bereich des Lebendigen nicht nach dem Prinzip der Wärmekraftmaschine erfolgen kann, ergibt sich das Problem der *Konservierung* der bei exergonen Redoxreaktionen freiwerdenden Energie. In ihrer einfachsten Form erfolgt die *Energiekonservierung* durch *direkte chemische Koppelung* der exergonen Redoxreaktion an eine endergone Reaktion über ein gemeinsames obligatorisches Zwischenprodukt beider Reaktionen. Ein Beispiel für diese Art der Energiekonservierung ist die Bildung von GTP aus GDP und anorganischem Phosphat im Citratcyclus:

1) Succinyl-CoA + GDP + $P_i \rightleftharpoons$
   Succinat + GTP + CoA-SH; $\Delta G^{0\prime} = -2,8$ kJ/mol

Die Reaktion verläuft mit einem $\Delta G^{0\prime}$ von $-2,8$ kJ/mol. Die Verknüpfung von GDP mit anorganischem Phosphat, d. h. also die Knüpfung einer Phosphorsäureanhydrid-Bindung benötigt einen Energiebetrag in der Größenordnung von 30 kJ/mol. Dieser wird durch die Hydrolyse der „energiereichen" Thioester-Bindung im Succinyl-CoA aufgebracht. Damit ergibt sich also die Frage nach der Herkunft des Succinyl-CoA. Im Citratcyclus entsteht dieses aus Ketoglutarat nach der Gleichung:

2) α-Ketoglutarat + NAD^+ + CoA-SH $\rightarrow$
   Succinyl-CoA + CO_2 + NADH + H^+; $\Delta G^{0\prime} = -34$ kJ/mol

Die Verknüpfung von Decarboxylierung und Oxidation des α-Ketoglutarates liefert eine Reaktion, die mit einem $\Delta G^{0'}$ von -34 kJ/mol abläuft, obwohl außerdem eine „energiereiche" Thioester-Bindung in Form des Succinyl-CoA geknüpft wird.

Faßt man die beiden Reaktionen zusammen, so ergibt sich

3) α-Ketoglutarat + NAD^+ + GDP + $P_i \rightarrow$
Succinat + CO_2 + NADH + H^+ + GTP; $\Delta G^{0'} = -36,8$ kJ/mol

Die dehydrierende Decarboxylierung von α-Ketoglutarat zu Succinat liefert uns also leicht den Energiebetrag, der zur Synthese von GTP aus GDP und anorganischem Phosphat notwendig wäre. Als energiereiches gemeinsames Zwischenprodukt der Reaktionen 1) und 2) tritt das Succinyl-CoA auf, in dessen Thioester-Bindung der bei der Oxidation des Ketoglutarates freiwerdende Energiebetrag fixiert wurde.

Die Verwendung derartiger *gemeinsamer Zwischenprodukte* exergoner und endergoner Reaktionen ist ein sehr erfolgreiches Prinzip für die Energiekonservierung. Von besonderem Vorteil erweist sich hier die Tatsache, daß es eine Reihe von Verbindungen gibt, die als gemeinsame Zwischenprodukte einer Vielzahl von Reaktionen dienen können. Die größte Bedeutung kommt hierbei dem Adenosintriphosphat oder ATP zu, dessen Struktur in Abb. 5-5 dargestellt ist. Das ATP-Molekül enthält die Purinbase Adenin, dessen N-Atom 1 mit einer N-glykosidischen Bindung mit dem C-Atom 1 einer Ribose verknüpft ist. Das C-Atom 5 der Ribose trägt esterartig ein Phosphat gebunden, das über zwei Phosphorsäureanhydrid-Bindungen mit zwei weiteren Phosphatresten verknüpft ist.

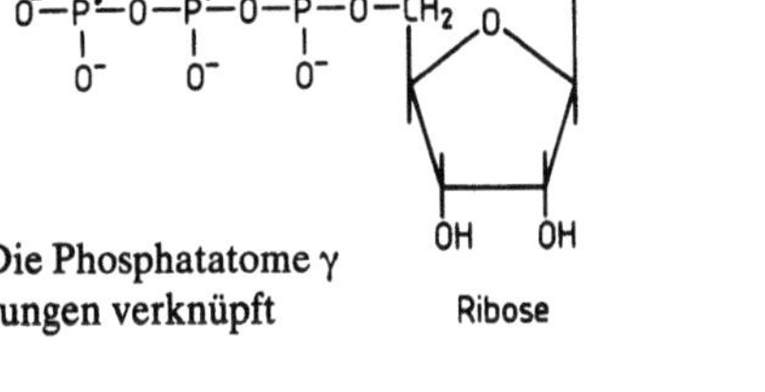

Abb. 5-5. Adenosin-Triphosphat *(ATP)*. Die Phosphatatome γ und β sowie β und α sind mit Anhydridbindungen verknüpft

Abbildung 5-6 skizziert die Rolle des ATP im Rahmen der Energiekonservierung. Es dient dazu, die bei einer Vielzahl von exergonen Reaktionen

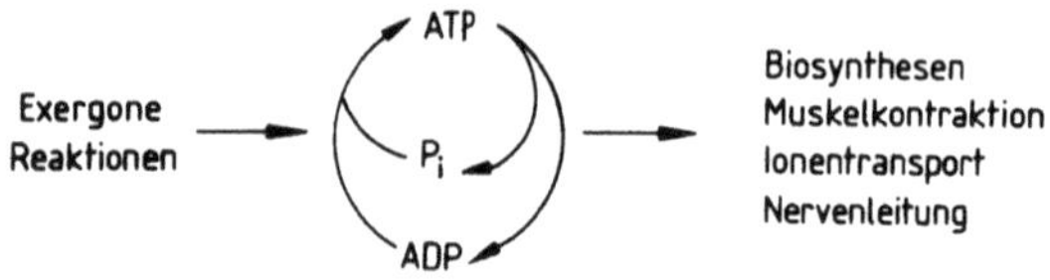

Abb. 5-6. ATP als „Energieübertrager"

(meist Redoxreaktionen) freiwerdende Energie in Form der Phosphorsäureanhydrid-Konfiguration zwischen dem γ- und β-Phosphat zu konservieren. Bei endergonen, energieverbrauchenden Reaktionen (Biosynthesen, Muskelkontraktion, Nervenerregung, aktiver Transport u. a.) wird der so fixierte Energiebetrag unter Spaltung des ATP in ADP und anorganisches Phosphat dazu benutzt, die energieverbrauchende Reaktion anzutreiben. Dabei entstehen in aller Regel phosphorylierte Zwischenprodukte.

In Tabelle 5-4 sind weitere „energiereiche" Verbindungen dargestellt, die sich durch ein hohes Gruppenübertragungspotential auszeichnen. Zu ihnen gehören eine Reihe von *Nucleosidphosphaten,* deren Struktur dem ATP bzw. ADP analog ist. Darüber hinaus tragen eine Phosphatgruppierung mit hohem Gruppenübertragungspotential *Enolphosphate,* wie das *Phospho-*

Tabelle 5-4. Energiereiche Bindungen

Typ	Beispiel	Struktur
Pyrophosphat	ATP, GTP, UTP, CTP usw.	Adenin-Ribose $-O-\overset{O}{\underset{O^-}{\overset{\|}{P}}}-O-\overset{O}{\underset{O^-}{\overset{\|}{P}}}-O-\overset{O}{\underset{O^-}{\overset{\|}{P}}}-O^-$
Enolphosphat	Phosphoenol-Pyruvat	$^-OOC-\overset{OPO_3^{--}}{\underset{}{\overset{\|}{C}}}=CH_2$
Guanidophosphat	Kreatinphosphat	$^-OOC-CH_2-N\underset{\underset{NH}{\overset{\|}{C}}}{\overset{CH_3}{\|}}\diagdown NH-PO_3^{--}$
Acylphosphat	1,3-Bisphospho-glycerat	$_O\overset{OPO_3^{--}}{\overset{\|}{\diagup}}C-CHOH-CH_2-OPO_3^{--}$
Thioester	Acetyl-CoA	$CH_3-\overset{O}{\overset{\|}{C}}-S-CoA$

enolpyruvat, und *Phosphoguanidine,* wie das *Phosphokreatin.* Gemischte Anhydride der Phosphorsäure mit Carbonsäuren, die sogenannten *Acylphosphate,* zeichnen sich ebenfalls durch ein hohes Gruppenübertragungspotential aus. Keine Phosphorsäure enthalten die *Thioester* (s. Kap. 6) sowie das *S-Adenosyl-Methionin* (S. 132).

Eine ATP-Bildung aus ADP ist grundsätzlich auf drei verschiedenen Wegen möglich:

1. Durch *Transphosphorylierung.* Unter diesem Begriff versteht man die Übertragung einer Phosphatgruppe von einer energiereichen Verbindung auf die andere. Von besonderer Bedeutung sind hierbei *Adenylatkinase* (1) sowie die *Kreatinkinase* (2).

   1) $2\,ADP \rightleftharpoons ATP + AMP$

   2) $Kreatinphosphat + ADP \rightleftharpoons Kreatin + ATP$

   Die Adenylatkinase dient der ATP-Regenerierung aus ADP und wird unter anderem zur Deckung des ATP-Bedarfes bei plötzlicher Anoxie herangezogen. Die Kreatinkinase (Gleichung 2) kommt in besonders hoher Aktivität in der Muskel- und Nervenzelle vor. Kreatinphosphat ist ein bei Energieüberschuß gebildetes und intrazellulär gespeichertes energiereiches Phosphat, das bei plötzlichem Energiebedarf herangezogen werden kann, um benötigtes ATP zu bilden.

2. Durch *Substratkettenphosphorylierung.* Hierunter versteht man, daß die bei Redoxreaktionen innerhalb von Substratketten (Glykolyse, Citratcyclus) auftretende Änderung der freien Energie in Form von ATP oder einem Äquivalent des ATP fixiert werden kann. Substratkettenphosphorylierungen innerhalb des tierischen Stoffwechsels sind die *Phosphoglyceratkinase* und die *Pyruvatkinase* der Glykolyse sowie die *Succinat-Thiokinase* des Citratcyclus.

3. Durch *Atmungskettenphosphorylierung.* Unter dem Begriff der Atmungskettenphosphorylierung versteht man die an den Elektronentransport in der Atmungskette gekoppelte ATP-Bildung aus ADP und anorganischem Phosphat. Sie ist im aerob lebenden tierischen Organismus die Hauptenergiequelle.

Der Elektronentransport der Atmungskette

Die Fähigkeit zur Reoxidation des bei Redoxreaktionen gebildeten NADH bzw. $FADH_2$ mit Sauerstoff unter gleichzeitiger Bildung von ATP aus ADP und anorganischem Phosphat ist bei tierischen Zellen ausschließlich in der *inneren Mitochondrienmembran* (s. S. 5) lokalisiert. Damit nehmen

Mitochondrien eine zentrale Rolle bei der Energieversorgung tierischer Zellen ein. Der mitochondrialen Energiegewinnung liegt letztlich die stark exergone Reaktion des *„energiereichen Wasserstoffs"* des NADH mit *Sauerstoff unter Wasserbildung* gemäß Gleichungen 1 und 2 zugrunde. Wie aus der zusammenfassenden Gleichung 3 hervorgeht, verläuft diese Reaktion mit einer Änderung der freien Energie von -218 kJ/mol.

1) $NADH + H^+ \rightarrow NAD^+ + 2 H^+ + 2e^-$
2) $1/2 O_2 + 2H^+ + 2e^- \rightarrow H_2O$

3) $NADH + H^+ + 1/2 O_2 \rightarrow NAD^+ + H_2O$; $\Delta G^{0\prime} = -218$ kJ/mol

Insgesamt werden bei der NADH-Oxidation mit Sauerstoff drei ATP aus drei ADP und drei anorganischen Phosphat gebildet (s. unten). Es ist damit klar, daß es sich nicht um eine ein-, sondern um eine mehrstufige Reaktion handeln muß. Abbildung 5-7 stellt den Transport von Reduktionsäquivalenten in der inneren Mitochondrienmembran dar. Der Weg des Wasserstoffs läuft dabei zunächst vom NADH auf ein *Flavoprotein* der Atmungskette, das als prosthetische Gruppe das *FMN* sowie *Eisen* und *Schwefel* enthält. Der nächste Partner ist das *Ubichinon* oder *Coenzym Q* (Abb. 5-8), welches Wasserstoff von FMN- bzw. FAD-haltigen Dehydrogenasen aufnehmen kann. Vom Coenzym Q erfolgt kein Wasserstoff, sondern nur noch ein Elektronentransport zum Sauerstoff hin. Auch hier sind kaskadenartig eine Reihe von Redoxträgern, die *Cytochrome,* eingeschaltet. Die Cytochrome b, c_1, c sowie a/a_3 sind Elektronen-transportierende Proteine, die als prosthetische Gruppe das *Häm* (s. S. 296) enthalten. Wie beim Hämoglobin besteht die prosthetische Gruppe aus einem Tetrapyrrol mit einem zentralen Eisenatom, welches beim Elektronentransport entsprechende Änderungen zwischen der 3- und 2-wertigen Form durchmacht. Abbildung 5-9 zeigt den prinzipiellen Aufbau eines Cytochroms am Beispiel des *Cytochrom c.* Dieses aus 104 Aminosäuren bestehende Hämoprotein mit einem Molekulargewicht von 12400 gehört aufgrund seiner guten Löslichkeit zu den am besten untersuchten Cytochromen. Als prosthetische Gruppe trägt es ein Eisenporphyrin. Die Vinylgruppen an den Pyrrolringen B und D sind mit zwei Cysteinresten des Proteinanteils über Thioätherbrücken kovalent verknüpft. Im Cytochrom c_1 findet sich eine ähnliche Verbindung von prosthetischer Gruppe und Proteinanteil jedoch beträgt sein Molekulargewicht 37000. Über die Struktur des Cytochrom b ist wesentlich weniger bekannt. Auch hier handelt es sich um ein Hämoprotein. Das Cytochrom a/a_3 stellt einen Komplex mit einem Molekulargewicht von 600000 dar, der als prosthetische Gruppen zwei Häm A-Gruppen trägt. Häm A unterscheidet sich vom Häm in den Cytochromen b und c durch unterschiedliche Substituenten an den vier Pyrrolringen. So trägt es in Position 2 eine aus

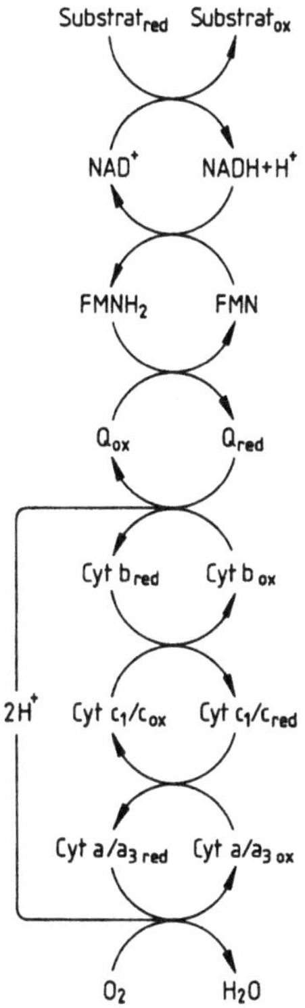

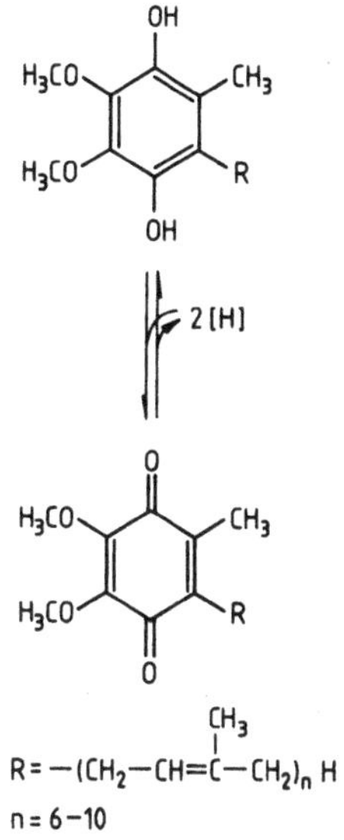

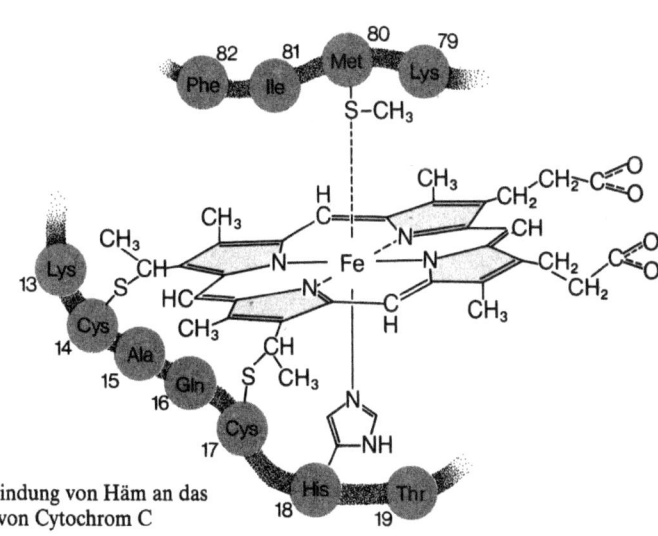

Abb. 5-8. Coenzym Q (Ubichinon)

Abb. 5-7. Wasserstoff- und Elektronentransport in der Atmungskette der Mitochondrien

Abb. 5-9. Bindung von Häm an das Apoprotein von Cytochrom C

siebzehn C-Atomen bestehende *isoprenoide Seitenkette*, die möglicherweise für die Verankerung in einer lipophilen Umgebung verantwortlich ist. Cytochrom a/a_3 enthält darüber hinaus in stöchiometrischen Mengen zum Häm Kupfer, das an der Katalyse unter Valenzwechsel beteiligt ist. Cytochrom a/a_3 ist das einzige Glied der Atmungskette, welches Elektronen *direkt* auf den *Sauerstoff* übertragen kann, so daß die der biologischen Oxidation zugrunde liegende Wasserbildung erfolgen kann.

Abbildung 5-10 zeigt die Beziehungen des Wasserstoff- und Elektronentransports in der Atmungskette zu den verschiedenen am Abbau von Kohlenhydraten und Fetten beteiligten Dehydrogenasen. Auf der elektronegativsten Seite der Elektronentransportkette münden die Enzyme, die den Transfer von Substratwasserstoff auf das NAD^+ der Atmungskette katalysieren. Es handelt sich um *Dehydrogenasen* des *Citratcyclus*, des *Ketonkörperstoffwechsels* sowie die *β-Oxidation*. Die *dehydrierende Decarboxylierung* der beiden α-Ketosäuren Pyruvat und α-Ketoglutarat führt ebenfalls zum NADH, allerdings benötigen diese Dehydrogenasen als Zwischenträger ein Flavoprotein. Andere FAD-abhängige Enzyme wie die *Succinat-*, die *α-Glycerophosphat-* sowie die *Acyl-CoA-Dehydrogenase* liefern den als $FADH_2$ gesammelten Substratwasserstoff direkt unter Umgehung des Flavinmononucleotides auf das *Coenzym Q*.

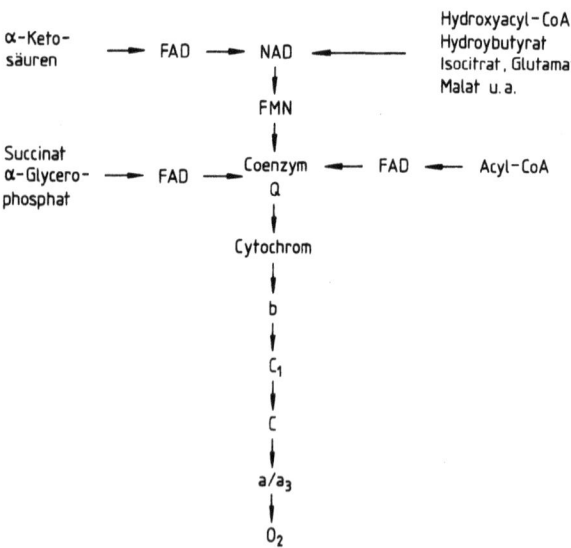

Abb. 5-10. Die Beziehungen der verschiedenen Dehydrogenasen zum Wasserstoff- und Elektronentransport in der Atmungskette

Die Elektronentransport-Phosphorylierung

Isolierte intakte Mitochondrien sind bei Zusatz geeigneter Substrate sowie ausreichender Mengen an Sauerstoff zur Bildung von ATP aus ADP imstande. Dabei besteht ein genau festgelegtes stöchiometrisches Verhältnis von Sauerstoffverbrauch und Phosphateinbau in ADP, welches durch den *P/O-Quotienten* wiedergegeben wird. Bei der Oxidation von NADH werden pro Atom verbrauchten Sauerstoffes *drei Moleküle* anorganisches Phosphat in ADP eingebaut, der P/O-Quotient beträgt also 3. Bei Elektronentransport über $FADH_2$-abhängige Dehydrogenasen nimmt der P/O-Quotient den Wert von 2 an.

Dieses *stöchiometrische Verhältnis* zwischen ATP-Bildung und Sauerstoffverbrauch deutet auf die Tatsache hin, daß der Elektronentransport der Atmungskette so abläuft, daß nur drei bzw. zwei der eingeschalteten Redoxreaktionen den für die Knüpfung einer Phosphorsäureanhydrid-Bindung benötigten Energiebetrag aufbringen können.

Die Hydrolyseenergie der Phosphorsäureanhydrid-Bindungen im ATP liegt bei etwa -30 kJ/mol. Es ist klar, daß für die Knüpfung der Anhydridbindung ein gleichartiger oder größerer Betrag zur Verfügung stehen muß. Nach den auf S. 82f. dargelegten Beziehungen zwischen $\Delta G'_0$ und $\Delta E'_0$ kann ein derartiger Energiebetrag nur aufgebracht werden, wenn die Differenz der Redoxpotentiale der beteiligten Redoxpartner wenigstens 0,156 V beträgt. Aus Messungen der Redoxpotentiale der einzelnen Glieder des Elektronentransportes sowie aus Versuchen, durch sorgfältige Bestimmung der P/O-Quotienten unter Einsatz verschiedener Hemmstoffe des Elektronentransportes kommen als Orte der Koppelung von Elektronentransport und oxidativer Phosphorylierung der Transport von Reduktionsäquivalenten zwischen *NAD* und dem *Nicht-Hämeisen* der *NADH-Dehydrogenase* ($\Delta E'_0 = 0{,}27$ V), zwischen *Cytochrom b* und *Cytochrom c* ($\Delta E'_0 = 0{,}22$ V) sowie zwischen *Cytochrom a/a_3* und *Sauerstoff* ($\Delta E'_0 = 0{,}53$ V) in Frage.

Unter normalen Bedingungen hängen Elektronentransport und ATP-Bildung in der Atmungskette sehr eng zusammen, d.h. sie sind *strikt gekoppelt*. Mit anderen Worten bedeutet dies, daß nicht nur eine ATP-Bildung aus ADP und anorganischem Phosphat nur dann stattfinden kann, wenn ein Elektronentransport durch die einzelnen Redoxteilnehmer der Atmungskette diesen endergonen Prozeß treibt, sondern daß auch der Elektronentransport in der Atmungskette nur dann stattfinden kann, wenn *ADP* und *anorganisches Phosphat* als Substrate für die ATP-Bildung vorhanden sind. Abbildung 5-11 zeigt diese Koppelung von Elektronentransport und oxidativer Phosphorylierung am Beispiel von isolierten Mitochondrien. Inkubiert man diese in einem phosphathaltigen Medium

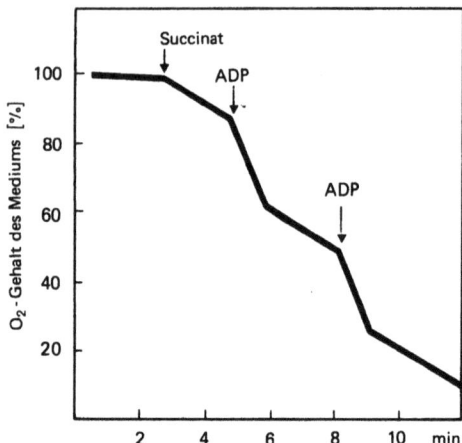

Abb. 5-11. Atmungskontrolle an isolierten Lebermitochondrien. Isolierte Mitochondrien wurden mit Succinat als Substrat versetzt und die Sauerstoffaufnahme gemessen. Als Meßgröße diente die durch den Sauerstoffverbrauch der Mitochondrien hervorgerufene Abnahme der Sauerstoffkonzentration im Inkubationsmedium. An den mit den Pfeilen bezeichneten Stellen wurde jeweils 0,1 µmol ADP/ml zugesetzt. Die dadurch erhöhte Geschwindigkeit des Sauerstoffverbrauchs (aktive Atmung) geht zurück, wenn das zugesetzte ADP verbraucht ist

und mißt ihren Sauerstoffverbrauch, so nimmt er auch in Gegenwart eines Überschusses an oxidierbarem Substrat nur einen geringen Wert an. Erst nach Zugabe von ADP steigt die Geschwindigkeit des Sauerstoffverbrauches rasch an, geht jedoch sofort wieder zurück, wenn das zugesetzte ADP vollständig zu ATP phosphoryliert worden ist. Man kann annehmen, daß im Rahmen der Deckung des Energiestoffwechsels der einzelnen Zellen Mitochondrien je nach den Bedürfnissen der Zelle zwischen dem *kontrollierten Ruhezustand* (alles vorhandene ADP ist zu ATP phosphoryliert, die Atmungsgeschwindigkeit ist langsam) sowie dem *aktiven Zustand* (durch extramitochondrialen ATP-Verbrauch fällt viel ADP als phosphorylierbares Substrat an, der Sauerstoffverbrauch ist hoch) wechseln.

Eine Reihe von *Hemmstoffen* der Atmungskette und der oxidativen Phosphorylierung haben sich als wertvolle Werkzeuge zur Untersuchung des Mechanismus beider Prozesse erwiesen und sind in Tabelle 5-5 zusammengestellt. Man kann grundsätzlich zwischen *Hemmstoffen der Atmungskette, Hemmstoffen der oxidativen Phosphorylierung* sowie *Entkopplern der oxidativen Phosphorylierung* unterscheiden. Zu den beiden ersteren gehören z. B. die auch in der Medizin verwendeten *Barbiturate* sowie die als Gifte vorkommenden Verbindungen *HCN, CO, H_2S*. Ein wichtiger Hemmstoff der oxidativen Phosphorylierung ist das Antibiotikum *Oligomycin,* das

Tabelle 5-5. Wichtige Gifte für Atmungskette und oxidative Phosphorylierung

Substanz	Wirkort
Barbiturate	Atmungskette zwischen FMN und Coenzym Q
CN^-, CO, H_2S	Atmungskette zwischen Cytochrom a und O_2
Oligomycin	Hemmung der oxidativen Phosphorylierung
2,4-Dinitrophenol Carbonylcyanid-Phenylhydrazone Thyroxin	Entkopplung der oxidativen Phosphorylierung

jedoch mehr experimentelles Interesse gefunden hat. *Entkoppler der oxidativen Phosphorylierung* heben die strikte Koppelung zwischen Elektronentransport und ATP-Bildung auf. Unter diesen Umständen läuft zwar der Elektronentransport sowie der Sauerstoffverbrauch mit maximaler Geschwindigkeit, es wird jedoch dabei kein oder sehr wenig ATP gebildet. Der größte Teil der bei den Redoxreaktionen gebildeten Energie entsteht in Form von Wärme und geht so dem Organismus verloren. Die Entkoppler *2,4-Dinitrophenol* oder die verschiedenen *Carbonyl-Cyanid-Phenylhydrazone* werden nur zu wissenschaftlichen Untersuchungen verwendet. Eine körpereigene Verbindung, die unter bestimmten pathologischen Bedingungen als Entkoppler der oxidativen Phosphorylierung wirken kann, ist das *Schilddrüsenhormon Thyroxin*. Das sich unter diesen Bedingungen entwickelnde gefährliche Krankheitsbild der Thyreotoxikose ist jedoch außerordentlich selten und unterscheidet sich deutlich von der wesentlich häufigeren Hyperthyreose (s. Lehrbücher der Pathobiochemie). Die bei vielen Kleinnagern und Winterschläfern, aber auch beim Menschen in der Säuglingsperiode im sogenannten *braunen Fettgewebe* stattfindende *Thermogenese,* deren Zweck die Verhinderung eines zu starken Absinkens der Körpertemperatur ist, beruht auf einer Entkoppelung der oxidativen Phosphorylierung in diesem Gewebe durch langkettige Fettsäuren. Auch das *Arsenat* wirkt als Entkoppler. Sein Mechanismus beruht darauf, daß es anstelle von Phosphat in energiereiche Verbindungen eingebaut wird. Im Gegensatz zu den Anhydriden der Phosphorsäure sind jedoch diejenigen der Arsensäure außerordentlich hydrolyselabil und zerfallen spontan unter Wärmebildung.

Hypothesen über den Mechanismus der Kopplung von Elektronentransport und ATP-Bildung

Die im Vorangegangenen erläuterten Erkenntnisse über den Zusammenhang zwischen Elektronentransport und ATP-Bildung beruhen auf sorgfältigen Messungen der Redoxpotentiale der am Elektronentransport beteiligten Redoxpartner, auf genauen kinetischen Untersuchungen sowie auf einer sorgfältigen Analyse der Wirkungsweise der geschilderten Gifte der oxidativen Phosphorylierung und des Elektronentransportes. Sie sagen jedoch nichts über den molekularen Mechanismus aus, der die strikte Kopplung zwischen Elektronentransport und ATP-Bildung bewirkt und lassen darüber hinaus Fragen nach dem Mechanismus dieses außerordentlich wichtigen Prozesses außer acht.

Nach der früher bevorzugten Theorie der *chemischen Kopplung* von Atmungskette und ATP-Bildung wurde ein Prozeß angenommen, der analog zur Substratkettenphosphorylierung in Glykolyse und Citratcyclus ablaufen sollte (s. S. 63, S. 79). Bei der Redoxreaktion sollte ein „*energiereiches*" Zwischenprodukt entstehen, welches, evtl. nach Phosphorylierung wie bei der Glycerinaldehydphosphatdehydrogenase-Reaktion (s. S. 63), als Substrat für die ATP-Bildung geeignet wäre. Trotz jahrelanger Bemühungen ist es jedoch nicht gelungen, auch nur den leisesten Hinweis für die Existenz eines derartigen energiereichen Zwischenproduktes zu erhalten, weswegen die Theorie der chemischen Kopplung mehr und mehr in den Hintergrund gerückt ist.

Von dem Engländer Peter Mitchell ist die *Theorie der chemiosmotischen Kopplung* von Elektronentransport und ATP-Bildung entwickelt worden, die mehr und mehr an Boden gewinnt. Wie in Abb. 5-12 dargestellt, fordert die chemiosmotische Hypothese, daß die bei den einzelnen Redoxreaktionen des Elektronentransportes in der Atmungskette freiwerdende Energie zur Aufrichtung eines *Protonengradienten* über der inneren Mitochondrienmembran benutzt wird. Das dabei entstehende *elektrochemische Potential* ist die treibende Kraft für eine *ATP-Synthase,* welche ebenfalls in der mitochondrialen Innenmembran gelegen ist. Eine Reihe von experimentellen Befunden spricht für die Richtigkeit der chemiosmotischen Hypothese. So konnte bisher ein Elektronentransport mit oxidativer Phosphorylierung nur an *intakten Mitochondrien* oder aus Mitochondrien gewonnenen *geschlossenen Vesikeln* nachgewiesen werden. Die Erzeugung eines Protonengradienten über der inneren Mitochondrienmembran während des Elektronentransportes konnte nachgewiesen werden. Schließlich lassen sich experimentell Bedingungen finden, bei denen ein entsprechender Protonengradient artifiziell erzeugt und dann zur ATP-Synthese verwendet werden kann. Die meisten *Entkoppler* der oxidativen Phosphorylierung

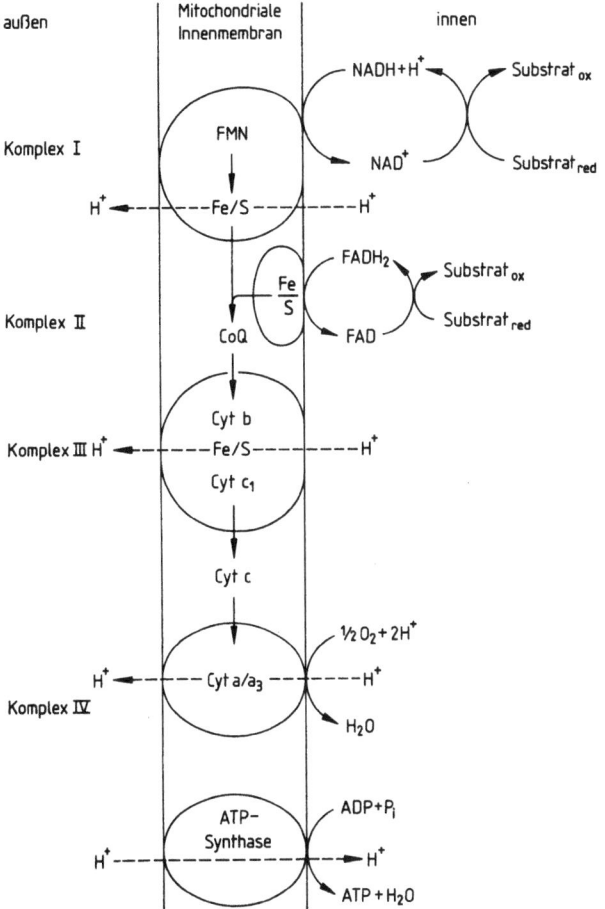

Abb. 5-12. Anordnung der einzelnen Enzymkomplexe des Wasserstoff- und Elektronentransportes sowie der mitochondrialen ATP-Synthase in der inneren Mitochondrienmembran nach der chemiosmotischen Hypothese (Einzelheiten s. Text)

erhöhen die *Protonendurchlässigkeit* der inneren Mitochondrienmembran, womit es zum Zusammenbruch des Protonengradienten und damit zum Sistieren der ATP-Bildung kommt.

An Redoxreaktionen beteiligte Enzyme

Tabelle 5-6 stellt eine Übersicht der häufigsten Oxidoreduktasen zusammen. Prinzipiell kann man unterscheiden zwischen *sauerstoffabhängigen*

Tabelle 5-6. Wichtige Oxidoreductasen

Bezeichnung	Reaktion	Funktionelle Gruppen
Oxigenasen		
a) Dioxigenasen	$X + O_2 \rightarrow XO_2$	Fe^{2+}, Häm-Eisen
b) Monooxigenasen	$XH + O_2 + DH_2$ $\rightarrow XOH + D + H_2O$	Fe^{2+}, Cytochrom P_{450} DH_2 = $NADPH_2$, Ascorbat Tetrahydrobiopterin
Oxidasen	$XH_2 + \frac{1}{2} O_2 \rightarrow X + H_2O$	Häm-Eisen, Cu
Aerobe Dehydrogenasen	$XH_2 \searrow$ Akzeptor$_{ox}$ $\searrow H_2O$ $X \nearrow$ Akzeptor$_{red}$ $\nearrow \frac{1}{2} O_2$	FMN, FAD Fe^{2+}, Mo^{2+}
Anaerobe Dehydrogenase		
a) NAD(P)$^+$-abhängig	$XH_2 \searrow$ NAD(P)$^+$ oder FAD	NAD(P)
b) FAD-abhängig	$X \nearrow$ NAD(P)H + H$^+$ oder FADH$_2$	FAD
c) Cytochrom-abhängig	$XH_2 \searrow$ 2 Cyt (Fe^{3+}) $2 H^+ + X \nearrow$ 2 Cyt (Fe^{2+})	Häm-Eisen der Cytochrome
Hydroperoxidasen		
a) Peroxidase	$XH_2 \searrow H_2O_2$ $X \nearrow 2 H_2O$	Häm-Eisen
b) Katalase	$H_2O_2 \searrow H_2O_2$ $O_2 \nearrow 2 H_2O$	Häm-Eisen

und *nichtsauerstoffabhängigen* Enzymen. In die erste Gruppe gehören zunächst die *Oxigenasen,* welche den Einbau von Sauerstoff in ein Substratmolekül katalysieren. Bei den *Dioxigenasen* werden beide Atome des Sauerstoffmoleküls für diesen Einbau verwendet. Die Oxigenasen kommen vor allem beim Abbau aromatischer Aminosäuren (s. S. 129) vor.
Von großer Bedeutung für Biosynthese und Abbau von Steroidhormonen (s. S. 277f.), aber auch für den Abbau vieler körpereigener und körperfremder Verbindungen (z. B. Pharmaka) sind die *Monooxigenasen* (mischfunktionelle Oxigenasen, Hydroxylasen), die den Einbau nur eines Atoms des Sauerstoffmoleküls in ein Substrat katalysieren, wobei eine Hydroxylgruppe entsteht. Wahrscheinlich ist das sehr reaktionsfähige Superoxydradikal das für die Hydroxylierung verantwortliche Zwischenprodukt. Abbildung 5-13 stellt schematisch die in ihren Einzelheiten noch ungeklärte Monooxigenasereaktion dar. Donor der für die Reaktion notwendigen Reduktionsäquivalente kann außer NADPH Ascorbat oder Tetrahydrobiopterin sein. Viele Monooxigenasen enthalten als elektronenübertragen-

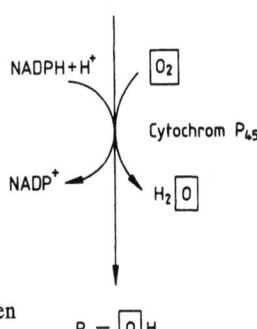

Abb. 5-13. Prinzip der durch Monooxigenasen katalysierten Hydroxylierungen

des Enzym das Hämoprotein *Cytochrom P_{450}* (so benannt nach einer typischen Absorptionsbande bei 450 nm).
Weitere Sauerstoff-abhängige Oxidoreduktasen sind die *Oxidasen*. Sie katalysieren die Dehydrierung verschiedenster Substrate, wobei als Wasserstoffakzeptor *Sauerstoff* dient und als Produkt neben dem oxidierten Substrat Wasser entsteht. Ein typischer Vertreter der Oxidasen ist das letzte Glied der Atmungskette, die *Cytochrom-Oxidase*, deren funktionelle Gruppe das Cytochrom a_3 ist und die darüber hinaus Kupfer enthält. Andere Oxidasen sind die Monoaminooxidase (s. S. 270) sowie die Uricase (s. S. 191).
Ebenfalls zu den Sauerstoff-abhängigen Oxidoreduktasen gehören die *aeroben Dehydrogenasen*. Auch durch sie wird Substratwasserstoff letztendlich unter Wasserbildung auf Sauerstoff übertragen. Im Gegensatz zu den Oxidasen benötigen sie jedoch einen spezifischen Akzeptor als Wasserstoffüberträger. Im allgemeinen ist das Wasserstoff-übertragende Coenzym ein Flavin, also entweder *FAD* oder *FMN*. Aerobe Dehydrogenasen, zu denen die *Aminooxidasen*, die *Xanthinoxidase* sowie die *Aldehydoxidase* gehören, enthalten darüber hinaus meist Nichthämeisen und Molybdän.

Eine von den bis jetzt genannten Enzymen deutlich abgegrenzte Gruppe von Oxidoreduktasen sind die *anaeroben Dehydrogenasen*, welche prinzipiell Substratwasserstoff oder wenigstens die zugehörigen Elektronen auf bestimmte Akzeptoren übertragen. Derartige Wasserstoff- bzw. Elektronenakzeptoren sind das *Nikotinamid-Adenin-Dinucleotid* (NAD bzw. $NADP^+$), *Flavin-Adenin-Dinucleotid* (FAD) bzw. *Flavinmononucleotid* (FMN) und die Hämgruppen der Cytochrome b, c und a, welch letztere allerdings nur zum Elektronentransport geeignet sind.
Anaerobe Dehydrogenasen sind im Stoffwechsel weit verbreitet und finden sich in den verschiedensten Kompartimenten der Zelle. Im Cytosol kom-

men die NAD-abhängigen Dehydrogenasen zur Substratdehydrierung sowie die meist NADP-abhängigen Dehydrogenasen für reduktive Biosynthesen vor. Mitochondrien enthalten NAD- und Flavin-abhängige Dehydrogenasen des Citratcyclus und der Fettsäureoxidation, daneben die Oxidoreduktasen der Atmungskette. (Über den Mechanismus der Nikotinamid- bzw. Flavin-katalysierten Wasserstoffübertragungen s. S. 232, 233).

Eine letzte Gruppe von Oxidoreduktasen sind die am H_2O_2 beteiligten *Hydroperoxidasen*. Man unterscheidet *Peroxidasen* und die *Katalase*. Die ersteren sind zur Dehydrierung von verschiedensten Substraten imstande, wobei H_2O_2 als Akzeptor der Reduktionsäquivalente dient. Die *Katalase* zeigt insofern eine im Vergleich zu den Peroxidasen höhere Substratspezifität, als das *oxidierte Substrat* ein weiteres *H_2O_2*-Molekül ist, welches zu molekularem Sauerstoff oxidiert wird. Sowohl die Peroxidasen als auch die Katalase enthalten als funktionelle Gruppen das *Hämeisen*.

6 Der Abbau von Fett

Klassifizierung der Fette

Mit der Sammelbezeichnung „*Lipide*" faßt man eine Gruppe von chemisch sehr heterogenen Verbindungen zusammen, die sich im wesentlichen durch die Eigenschaft auszeichnen, nicht oder nur sehr schwer löslich in Wasser, dagegen gut löslich in organischen Lösungsmitteln wie Äther, Chloroform oder Chloroform-Methanol-Gemischen zu sein. Tabelle 6-1 gibt eine Übersicht über die wichtigen Lipidklassen. Generell kann man zwischen *nicht verseifbaren* und *verseifbaren Lipiden* unterscheiden. Nicht verseifbare Lipide sind entweder *Fettsäuren* bzw. deren Derivate oder *Isoprenderivate*. Unter *Fettsäuren* versteht man ganz allgemein Verbindungen der Struktur $C_nH_{2n+1}COOH$. Neben der Essigsäure, der Propionsäure und der Buttersäure (n = 1, 2, 3), die vor allen Dingen als Zwischenprodukte des Intermediärstoffwechsels Bedeutung haben, kommen im tierischen Organismus als Bestandteile vieler Lipide Fettsäuren mit 16, 18 und mehr C-Atomen vor. Häufig finden sich auch *einfach ungesättigte Fettsäuren* der Summenformel $C_nH_{2n-1}COOH$. Am häufigsten sind hier die *Palmitoleinsäure* (n = 15) sowie die *Ölsäure* (n = 17). Zu den *mehrfach ungesättigten* Fettsäuren gehören die *essentiellen Fettsäuren* (s. S. 228) sowie deren Abkömmlinge, die *Prostaglandine* (s. S. 289). Alle anderen nicht verseifbaren Lipide leiten sich vom *Isopren* ab, das auch als 2-Methyl-1,3-Butadien bezeichnet wird

$$H_2C = \underset{\underset{CH_3}{|}}{C} - CH = CH_2$$

Steroide, also *Cholesterin* und seine Abkömmlinge, die *Steroidhormone*, die *D-Vitamine* sowie die *Gallensäuren* sind Kondensationsprodukte aus sechs Isoprenresten. Isoprenderivate sind auch die *Carotinoide*, die die Lieferanten des *Retinols* (Vitamin A, s. S. 240) sind. Aus noch wesentlich mehr Isoprenresten setzen sich die *Polyprenole* zusammen, deren bekanntester Vertreter, der Kautschuk, aus Tausenden von Isopreneinheiten zusammengesetzt ist. Für den tierischen Organismus wichtige Polyprenole sind die *Vitamine der K-Gruppe* (Vitamin K1, Phyllochinon, s. S. 244), die *Ubichi-*

Tabelle 6-1. Klassifizierung der Lipide

Fettsäuren und Derivate	Nicht verseifbare Lipide			Verseifbare (zusammengesetzte) Lipide			
	Isoprenderivate			Acylreste	verestert mit	weitere Komponenten	Bezeichnung
	Terpene	Steroide					
Gesättigte Fettsäuren	Retinol	Cholesterin		1	langkettigen Alkoholen	—	Wachse
Ungesättigte Fettsäuren	Phyllochinone	Steroidhormone		1–3	Glycerin	—	Acylglycerine
Essentielle Fettsäuren	Tocopherol	D-Vitamine		1–2	Glycerin-3-phosphat	Serin, Äthanolamin, Cholin, Inositol	Phosphoglyceride
Prostaglandine	Dolichol	Gallensäuren		1	Sphingosin	Phosphorylcholin, Galaktose, Oligosaccharide	Sphingolipide
				1	Cholesterin	—	Cholesterinester

none als Bestandteile der Atmungskette (s. S. 88), die *Tocochinone* als Vitamin E sowie schließlich die für die Glykoprotein-Biosynthese benötigten *Dolichole* mit 17–22 Isoprenresten.

Verseifbare (zusammengesetzte) *Lipide* enthalten immer ein bis drei Fettsäurereste (Acylreste), die mit verschiedenen *Alkoholen* verestert sein können. Bei den *Wachsen* handelt es sich um Ester langkettiger Fettsäuren mit einwertigen, langkettigen Alkoholen. Als Depotfett des tierischen

Organismus haben die Acylglycerine größte Bedeutung. Bei ihnen ist der Alkohol *Glycerin* mit Fettsäuren verestert. Am häufigsten sind die *Triacylglycerine* oder *Neutralfette*. Nur in geringen Mengen und als Zwischenprodukte des Triacylglycerin-Stoffwechsels kommen die *Monoacyl-* und *Diacylglycerine* vor, bei denen zwei oder eine der Hydroxylgruppen des Glycerins unverestert bleiben.

Die *Phosphoglyceride* enthalten als Alkohol das *Glycerin-3-Phosphat*. Die beiden noch vorhandenen Hydroxylgruppen des Glycerins sind mit langkettigen Fettsäuren verestert. Meist sind Phosphoglyceride Diester der Phosphorsäure und enthalten als weitere Komponenten *Cholin, Serin, Äthanolamin* oder *Inositol*, welche mit dem Glycerin-3-Phosphat verestert sind. Auf diese Weise entstehen das Phosphatidylcholin, -serin, -äthanolamin bzw. -Inositol (s. S. 165f.).

Einen ganz anderen Alkohol, nämlich das Sphingosin (s. S. 166), enthalten die sogenannten *Sphingolipide*. An eine der beiden Hydroxylgruppen des Sphingosins ist jeweils ein Acylrest, meist handelt es sich um langkettige, ungesättigte Fettsäuren, geknüpft. Die zweite Hydroxylgruppe ist entweder mit *Phosphorylcholin* oder mit *Galactose* bzw. *Oligosacchariden* verknüpft, so daß Sphingomyelin (s. S. 161), Cerebroside (s. S. 161) bzw. Ganglioside (s. S. 161) entstehen.

Zur Gruppe der verseifbaren Lipide gehören formal noch die *Cholesterinester*. Hier ist die Hydroxylgruppe des Cholesterins esterartig mit einer langkettigen Fettsäure verknüpft.

Der Abbau der Triacylglycerine

Abbildung 6-1 zeigt die allgemeine Struktur eines *Triacylglycerins*. Triacylglycerine sind wichtige Nahrungsbestandteile und stellen darüber hinaus über 90% der Masse des sogenannten Depotfettes dar. Triacylglycerine sind die *energiedichtesten* Nahrungs- bzw. Speicherstoffe des Organismus. Wäh-

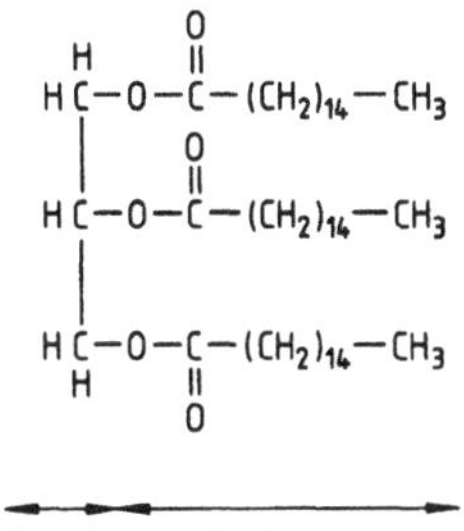

Abb. 6-1. Tripalmitin als Beispiel für ein Triacylglycerin   Glycerin   Acylrest

rend die Verbrennung von je einem Gramm Protein bzw. Kohlenhydraten 18,6 kJ bzw. 17,5 kJ liefert, entstehen bei der Verbrennung von 1 g Triacylglycerinen jedoch 39,6 kJ.

Außer als Energiespeicher dienen die Acylglycerine der *Wärmeisolierung* (subkutanes Fettgewebe) oder als *Druckpolster* (Nierenlager, Fußsohle, Orbita).

Im Organismus eines gesunden Erwachsenen können etwa 10000–12000 g Fett gespeichert werden. Dies entspricht einer Energiemenge von über 470000 kJ, die z. B. bei chronischem Hungerzustand den Energiebedarf des Organismus für mehrere Wochen decken könnten.

Abbildung 6-2 stellt die einzelnen Reaktionen dar, die zur *hydrolytischen* Aufspaltung von Triacylglycerinen in die zugrunde liegenden Bestandteile, nämlich *Fettsäuren* und *Glycerin* notwendig sind. Die hierfür verantwortlichen Enzyme gehören in die Klasse der *Lipasen*. Derartige Lipasen finden sich in allen zur Triacylglycerinspeicherung fähigen Geweben des Organismus, in besonders hoher Aktivität jedoch im *Fettgewebe*. Für die auch als Lipolyse bezeichnete Hydrolyse der Triacylglycerine geschwindigkeitsbestimmend ist die durch die sogenannte *Triacylglycerinlipase* katalysierte Abspaltung der ersten Fettsäure, wobei ein *Diacylglycerin* entsteht. Im Fettgewebe sowie wahrscheinlich auch in der Leber ist die Triacylglycerinlipase ein *interkonvertierbares* Enzym (s. S. 51). Phosphorylierung des Enzyms durch eine Cyclo-AMP-abhängige *Proteinkinase* führt zur *Aktivierung*, Dephosphorylierung durch eine entsprechende Phosphoproteinphosphatase zur *Inaktivierung* des Enzyms. Von wesentlich höherer Aktivität sind die *Di-* und *Monoacylglycerinlipasen*, die die weitere Aufspaltung des Diacylglycerins katalysieren, so daß schließlich Glycerin und nichtveresterte Fettsäuren die Endprodukte der Lipolyse sind.

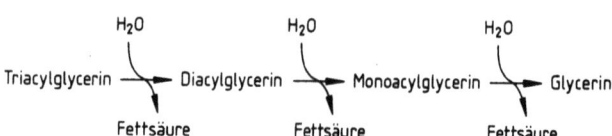

Abb. 6-2. Spaltung von Triacylglycerinen durch successiven Angriff von Lipasen

Die für die Fettverdauung (s. S. 254) verantwortliche *Pankreaslipase* wird nicht durch Interkonvertierung reguliert und katalysiert die Fettspaltung im wesentlichen bis auf die Stufe von Monoacylglycerin und Fettsäuren.

Eine ganz andere Aufgabe kommt der in vielen Geweben sowie am Kapillarendothel lokalisierbaren *Lipoproteinlipase* zu, deren Aufgabe die Spaltung der über den Blutweg angelieferten Lipoproteine (vor allem

VLDL und Chylomikronen) ist, womit die Aufnahme der in dieser Form im Blut transportierten Triacylglycerine in die entsprechenden Zellen ermöglicht wird. Über die Regulation der Lipolyse in Fettgewebe und Leber s. Kap. 20.

Die β-Oxidation der Fettsäuren

Die Aktivierung von Fettsäuren zu Acyl-CoA

Fettsäuren sind chemisch gesehen relativ reaktionsträge Verbindungen, da sie über eine mehr oder weniger lange Alkankette und als einzige funktionelle Gruppe über eine Carboxylgruppe verfügen. Sie müssen infolgedessen vor ihrem Eintritt in den Stoffwechsel aktiviert werden. Hierzu ist die Bildung eines *Thioesters* von *Coenzym A* (s. S. 235) und der *Carboxylgruppe* der Fettsäure notwendig. Abbildung 6-3 zeigt die einzelnen Stufen dieser „Aktivierung", die von einer *Thiokinase* katalysiert wird. Zunächst reagiert die Fettsäure so mit ATP, daß die γ- und β-Phosphatgruppe des ATP als *Pyrophosphat* abgespalten wird und sich ein *gemischtes Carbonsäure-Phosphorsäureanhydrid* in Form des *Acyladenylates* ausbildet. Wie andere Anhydride gehört auch das Acyladenylat in die Gruppe der *energiereichen Bindungen*. Die in allen Geweben des tierischen Organismus in hoher Aktivität vorkommende Pyrophosphatase spaltet das als Reaktionsprodukt entstehende Pyrophosphat in zwei anorganische Phosphate und sorgt damit für eine Verschiebung des Reaktionsgleichgewichtes auf die Seite der Synthese des Acyladenylates. In der zweiten Stufe der Reaktion wird die Carbonsäure-Phosphorsäureanhydrid-Bindung mit Coenzym A *thiolytisch* gespalten, so daß als Reaktionsprodukte der Thioester *Acyl-CoA* sowie *AMP* entstehen. Da auch die Thioester zur Gruppe der energiereichen Verbindungen (s. S. 86) gehören, erfolgt dieser Teilschritt der Fettsäureaktivierung ohne wesentliche Änderung der freien Energie.

Die Bedeutung des Carnitins für den Transport von Acylresten in den mitochondrialen Innenräumen

Die Enzyme des Fettsäureabbaus finden sich ausschließlich im *mitochondrialen Innenraum*. Das für den Fettsäureabbau notwendige Acyl-CoA wird jedoch nahezu ausschließlich im *cytosolischen Raum* erzeugt. Die hierfür notwendigen Fettsäuren entstammen entweder der zelleigenen Lipolyse oder werden aus dem extrazellulären Raum aufgenommen. Coenzym A und erst recht die acylierte Form des Coenzym A, das Acyl-CoA, sind jedoch

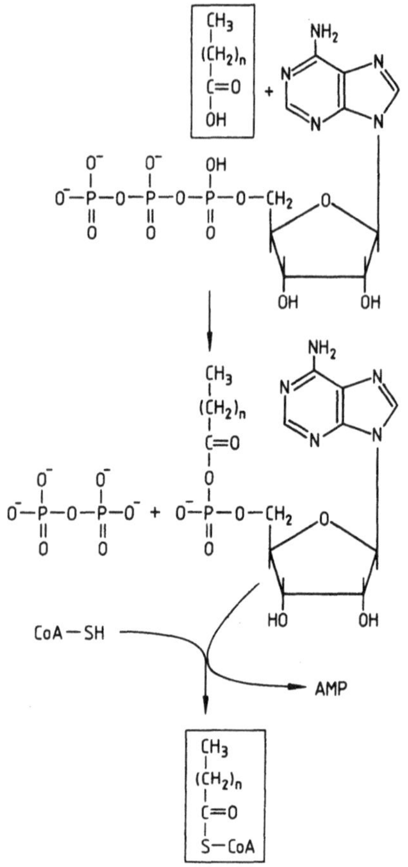

Fettsäure + ATP ⇌ Acyladenylat + Pyrophosphat
Acyladenylat + CoA–SH ⇌ Acyl–CoA + AMP
Pyrophosphat + H₂O ⟶ 2 P$_i$

Fettsäure + ATP + CoA–SH + H₂O ⟶ Acyl–CoA + AMP + 2 P$_i$

Abb. 6-3. Aktivierung von Fettsäuren zu Acyl-CoA

wie andere Nucleotide, nicht imstande, die mitochondriale Innenmembran zu passieren und auf diese Weise in den mitochondrialen Innenraum zu gelangen.

Für den Transport der Acylreste ist das in Abb. 6-4 dargestellte Transportsystem notwendig, bei dem *Carnitin* (3-Hydroxy-4-Trimethylammonium-Butyrat) als Träger des Acylrestes dient. Dabei erfolgt eine *Umesterung* der Thioesterbindung des Acyl-CoA zum *Acyl-Carnitin,* einem O-Ester der

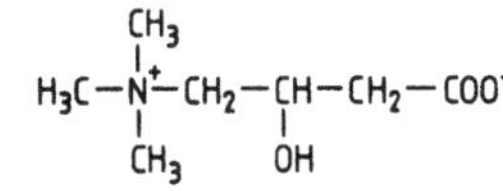

Abb. 6-4. Carnitin $\quad H_3C-\overset{\overset{\displaystyle CH_3}{|}}{\underset{\underset{\displaystyle CH_3}{|}}{N^+}}-CH_2-\underset{\underset{\displaystyle OH}{|}}{CH}-CH_2-COO^-$

Carboxylgruppe der Fettsäure mit der 3-Hydroxy-Gruppe des Carnitins. Das hierfür verantwortliche Enzym ist eine *Carnitin-Acyl-Transferase*. In Form des Acyl-Carnitins können Acyl-Reste leicht die mitochondriale Innenmembran passieren, auf der Innenseite erfolgt der rückläufige Prozeß, das heißt, die Übernahme des Acylrestes vom Acyl-Carnitin auf Coenzym A, wodurch Acyl-CoA und freies Carnitin entstehen. Das letztere steht einem erneuten Transportcyclus zur Verfügung.

Carnitin kommt in praktisch allen Zellen des tierischen Organismus vor. In besonders hoher Konzentration (0,1 % des Trockengewichtes) findet es sich in der *Muskelzelle* (wo es bereits 1905 entdeckt wurde), die ja über eine beträchtliche Kapazität zur β-Oxidation der Fettsäuren verfügt.

Die Einzelreaktionen der β-Oxidation der Fettsäuren

Die Einzelreaktionen der β-Oxidation der Fettsäuren sind in Abb. 6-5 zusammengestellt. Dabei wird *Acyl-CoA* zunächst durch eine FAD-abhängige *Acyl-CoA-Dehydrogenase* oxidiert, so daß eine Doppelbindung zwischen den C-Atomen 2 und 3 des Acylrestes, ein Δ^2-*trans-Enoyl-CoA* und $FADH_2$ entstehen. In der nächsten Reaktion wird durch die *Enoyl-CoA-Hydratase* Wasser an die Doppelbindung angelagert, so daß das *L-3-Hydroxyacyl-CoA* entsteht. Dieses wird in der zweiten, diesmal NAD^+-abhängigen Reaktion oxidiert, wobei *3-Ketoacyl-CoA* gebildet wird. Der letzte Schritt der β-Oxidation besteht in der *thiolytischen Spaltung* des 3-Ketoacyl-CoA mit Coenzym A, so daß *Acetyl-CoA* und ein um zwei C-Atome verkürzter *Acyl-Rest* entstehen. Dieser kann erneut den Cyclus der β-Oxidation beschreiten, wodurch geradzahlige Fettsäuren vollständig in Acetyl-CoA zerlegt werden können.

Fettsäuren mit einer ungeraden Zahl von C-Atomen werden grundsätzlich mit denselben Enzymen und nach demselben Mechanismus abgebaut. Es ist klar ersichtlich, daß als letztes Bruchstück statt Acetyl-CoA ein *Propionyl-CoA* ($CH_3-CH_2-CO-SCoA$) entsteht. Abbildung 6-6 zeigt die einzelnen Schritte der Einschleusung von Propionyl-CoA in den Stoffwechsel. Dazu wird zunächst Propionyl-CoA durch eine Biotin-abhängige Carboxylierung (s. S. 233) zum *Methylmalonyl-CoA* carboxyliert. In einer Vitamin B_{12}-abhängigen Reaktion erfolgt nun eine Umlagerung des C-Atoms des Methylmalonyl-CoA, welches den Thioester mit dem Coenzym A trägt.

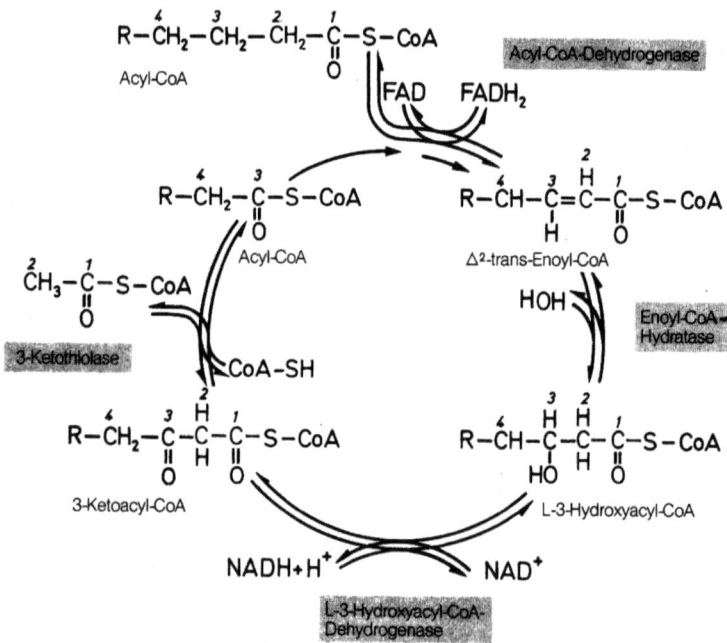

Abb. 6-5. Der Abbau geradzahliger Fettsäuren durch β-Oxidation (Einzelheiten im Text)

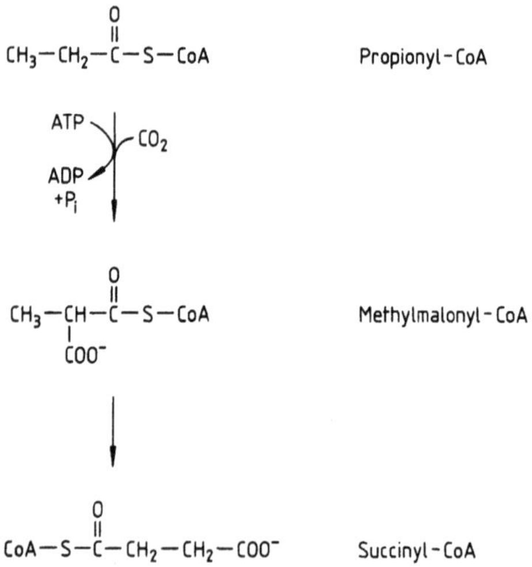

$$CH_3-CH_2-\overset{O}{\underset{\|}{C}}-S-CoA \quad \text{Propionyl-CoA}$$

ATP → CO$_2$
ADP + P$_i$

$$CH_3-\underset{COO^-}{\overset{|}{CH}}-\overset{O}{\underset{\|}{C}}-S-CoA \quad \text{Methylmalonyl-CoA}$$

$$CoA-S-\overset{O}{\underset{\|}{C}}-CH_2-CH_2-COO^- \quad \text{Succinyl-CoA}$$

Abb. 6-6. Der Stoffwechsel des Propionyl-CoA

Das Produkt dieser Umlagerung ist *Succinyl-CoA,* welches als Zwischenprodukt des Citratcyclus (s. S. 74f.) ohne Schwierigkeiten zu Ende oxidiert werden kann. Da ungeradzahlige Fettsäuren insgesamt relativ selten sind, spielt jedoch dieser Aspekt der β-Oxidation eine relativ geringfügige Rolle.

Wesentlich wichtiger ist der Abbau der *ungesättigten Fettsäuren.* Die Coenzym-A-Thioester einfach und mehrfach ungesättigter Fettsäuren werden ebenfalls durch die Enzyme der β-Oxidation abgebaut, bis in Abhängigkeit von der Position der Doppelbindung ein Δ^3-*cis*- bzw. Δ^2-*cis-Enoyl-CoA* entsteht (Abb. 6-7).

Δ^3-*cis-Enoyl-CoA* wird durch eine entsprechende *Isomerase* in Δ^2-*trans-enoyl-CoA* umgewandelt. Damit ist ein normales Zwischenprodukt der β-Oxidation der Fettsäuren entstanden, welches zu L-β-Hydroxy-Acyl-CoA

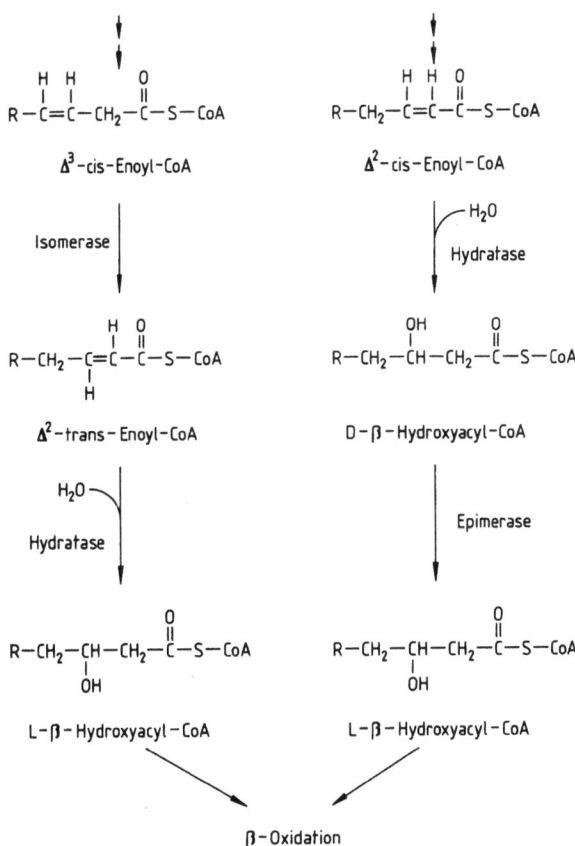

Abb. 6-7. Prinzipien des Abbaus ungesättigter Fettsäuren (Einzelheiten im Text)

hydratisiert und danach weiter oxidiert werden kann. Δ^2-cis-Enoyl-CoA wird zunächst wie das normale Zwischenprodukt der β-Oxidation, das Δ^2-trans-Enoyl-CoA hydratisiert. Dabei entsteht jedoch das *D-β-Hydroxy-Acyl-CoA*, welches durch eine Epimerase in das normale Zwischenprodukt der β-Oxidation, das *L-β-Hydroxyacyl-CoA* umgewandelt werden muß.

Die Bilanz der β-Oxidation

Die Bilanz der β-Oxidation der Fettsäuren soll am Beispiel der Oxidation von *Palmitinsäure* besprochen werden. Für die Aktivierung dieser Fettsäure zum entsprechenden Acyl-CoA, dem Palmityl-CoA, werden zwei energiereiche Bindungen benötigt. Die vollständige Oxidation des Palmityl-CoA zu insgesamt 8 Acetyl-CoA erfordert das *siebenmalige* Durchlaufen des Oxidationscyclus der β-Oxidation. Die Summengleichung hierfür lautet:

Palmityl-CoA + 7 FAD + 7 NAD^+ + 7 H_2O + 7 CoASH →
8 Acetyl-CoA + 7 FADH2 + 7 NADH +7H^+.

Da bei der Reoxidation von NADH bzw. FADH in der Atmungskette (s. S. 91) drei bzw. zwei ATP gebildet werden (P/O-Quotient 3 bzw. 2), so läßt sich bis auf die Stufe des Acetyl-CoA ein Energiegewinn von insgesamt *35 ATP* errechnen. Berücksichtigt man zusätzlich die vollständige Oxidation von Acetyl-CoA zu CO_2 und Wasser im Citratcyclus, bei der pro Acetyl-CoA 12 ATP entstehen, so kommt insgesamt eine Energieausbeute von *131 ATP* zusammen. Subtrahiert man davon die zwei für die Fettsäureaktivierung benötigten energiereichen Bindungen, so beträgt der Nettogewinn 129 ATP pro Palmitinsäure, was unter Standardbedingungen einem Wirkungsgrad von etwa 40% entspricht.

Stoffwechsel der Ketonkörper

Biosynthese

Bereits im letzten Jahrhundert wurde entdeckt, daß bei Diabetes mellitus *Aceton* sowie die beiden aus 4 C-Atomen bestehenden Säuren *Acetessigsäure* und *β-Hydroxybuttersäure* (s. Abb. 6-8) in großen Mengen ausgeschieden werden. Man erkannte, daß sie dann auch in hohen Konzentrationen im Blut vorkommen und für die bei Diabetes mellitus häufig zu beobachtende *Acidose* verantwortlich sind. Heute weiß man, daß Acetacetat und β-Hydroxybutyrat auch unter normalen Bedingungen im Stoffwechsel entstehen und daß ihre Biosynthese einen physiologisch sinnvollen Umweg des Fettstoffwechsels darstellt.

Die einzelnen Schritte der Biosynthese der Ketonkörper Acetacetat und β-Hydroxybutyrat sind in Abb. 6-8 dargestellt. Sie finden in dem mitochondrialen Innenraum statt. Die Biosynthese des Acetacetat geht von Acetyl-CoA aus. Unter Einwirkung der *β-Ketothiolase* (s. β-Oxidation) kondensieren zwei Acetyl-CoA zu *Acetacetyl-CoA*. Der nächste Schritt ist nicht, wie man eigentlich erwarten würde, eine hydrolytische Abspaltung des Coenzym A, sondern besteht in der Anlagerung eines weiteren Acetyl-CoA, so daß *β-Hydroxy-β-Methyl-Glutaryl-CoA (HMG-CoA)* entsteht. Durch die

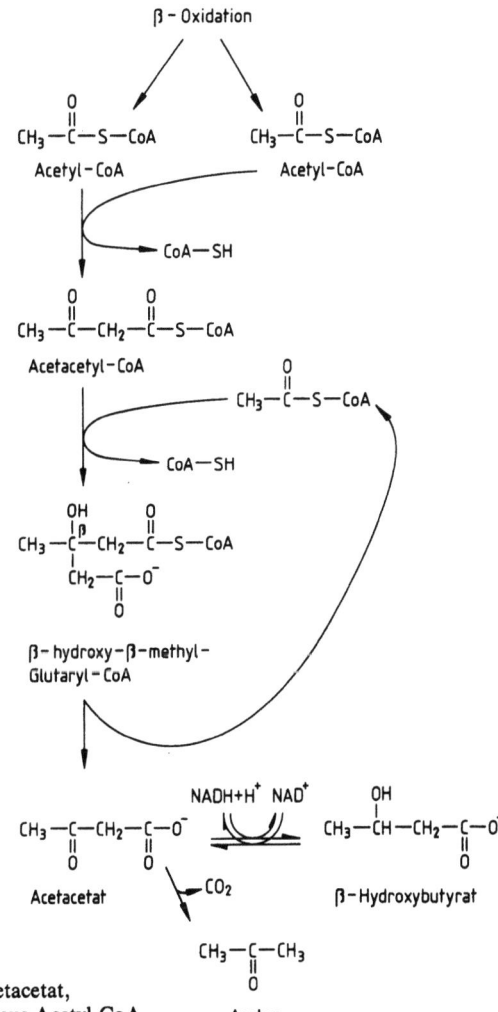

Abb. 6-8. Entstehung von Acetacetat, β-Hydroxybutyrat und Aceton aus Acetyl-CoA

HMG-CoA-Lyase wird aus dieser Verbindung ein Acetyl-CoA abgespalten, wobei *Acetacetat* entsteht. Entsprechend dem Redoxzustand der Zelle kann Acetacetat durch die *β-Hydroxybutyrat-Dehydrogenase* in *β-Hydroxybutyrat* umgewandelt werden. Durch spontane Decarboxylierung entsteht darüber hinaus aus Acetacetat *Aceton*.
Die genannten Reaktionen finden in hoher Aktivität ausschließlich in der Leberzelle statt, womit die Leber zum einzigen Organ der Ketonkörperbiosynthese wird. Für die Cholesterinbiosynthese (s. S. 167) ist das HMG-CoA ein wichtiges Zwischenprodukt. Es entsteht jedoch in diesem Fall im cytoplasmatischen Raum, wobei analoge Reaktionen beschritten werden.

Verwertung

Die Reaktionen der Ketonkörperverwertung finden nicht in der Leber, sondern überwiegend in den *extrahepatischen Geweben* wie Muskulatur, Herzmuskel, Fettgewebe, Nieren sowie unter bestimmten Umständen (s. S. 335) im *Zentralnervensystem* statt. Hierzu wird β-Hydroxybutyrat zunächst zu *Acetacetat* oxidiert, wobei wiederum die β-Hydroxybutyrat-Dehydrogenase eingeschaltet ist. Zur weiteren Verstoffwechselung muß Acetacetat in den entsprechenden Coenzym A-Thioester umgewandelt werden. Dies geschieht nicht durch eine ATP-abhängige Aktivierung, wie sie bei den Fettsäuren gefunden wird. Als *Donor* des Coenzym A dient vielmehr *Succinyl-CoA*. Durch eine entsprechende *Thiotransferase* wird Coenzym A von Succinyl-CoA auf Acetacetat übertragen, so daß Acetacetyl-CoA und Succinat entstehen. Acetacetyl-CoA ist ein normales Zwischenprodukt der β-Oxidation der Fettsäuren und kann infolgedessen leicht weiter abgebaut werden (s. S. 105). Die Einzelreaktionen des Ketonkörperabbaus sind in Abb. 6-9 zusammengestellt.
Über Regulation und biologische Bedeutung des Stoffwechsels der Ketonkörper s. S. 138f.

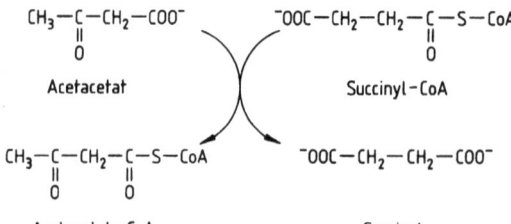

Abb. 6-9. Aktivierung von Acetacetat

7 Abbau der Aminosäuren I: Stoffwechsel der Aminogruppe

Die Aminosäuren, deren Struktur bereits in Kap. 2 besprochen wurde, sind für den Organismus von besonderer Bedeutung. Die zwanzig *proteinogenen Aminosäuren* dienen dem Aufbau sämtlicher Proteine des Organismus. Während des Proteinabbaues, der Proteolyse, entstehen zunächst wiederum Aminosäuren, welche im Stoffwechsel verwertet werden müssen. Hier haben die Aminosäuren die wesentliche Aufgabe, in Zeiten des Kohlenhydratmangels als Substrate für die *Glucoseneubildung* (Gluconeogenese (s. S. 146)) zu dienen. Darüber hinaus wirken Aminosäuren als Donatoren von Aminogruppen bzw. N-Atomen für die Biosynthese anderer, stickstoffhaltiger Verbindungen.

Der tägliche Umsatz an Aminosäuren ist beachtlich. Die durchschnittliche tägliche Proteinzufuhr beträgt bei ausgeglichener Ernährung in unseren Breiten etwa 90 g. Nahrungsproteine werden in den Darmabschnitten in die einzelnen Aminosäuren zerlegt (s. S. 253), resorbiert und mischen sich mit der Gesamtmenge an freien Aminosäuren des Organismus, die etwa 70 g beträgt. Die tägliche Rate von Proteinbiosynthese liegt bei etwa 300 g, befindet sich ein Organismus im Stoffwechselgleichgewicht, wird eine entsprechende Menge an Protein auch abgebaut. Nur ein kleiner Teil der in Form von Protein zugeführten Aminosäuren wird als Aminosäuren in Stuhl oder Urin ausgeschieden. Die mengenmäßig wichtigste stickstoffhaltige Verbindung im Urin ist der *Harnstoff*, der als Vehikel für die Aminogruppen der Aminosäuren dient, deren Kohlenstoff dann letztendlich im Citratcyclus zu CO_2 abgebaut wird.

Der Besitz der Aminogruppe am α-C-Atom ist für die Gruppe der Aminosäuren typisch, bedingt jedoch eine Reihe von Besonderheiten des Aminosäurestoffwechsels. Zu ihnen gehört die Möglichkeit, durch *Transaminierung* den Aminostickstoff von einer Aminosäure auf eine α-Ketosäure zu übertragen, wobei eine neue Aminosäure entsteht. Das Kohlenstoffskelett der Aminosäuren kann im allgemeinen erst nach Entfernung der Aminogruppe im Stoffwechsel weiter verarbeitet werden. Infolgedessen wird der Aminostickstoff der verschiedenen Aminosäuren in der Aminosäure *Glutamat* gesammelt, von der aus er durch oxidative Desaminierung als Ammoniak freigesetzt werden kann. Da Ammoniak eine hochgiftige Verbindung ist, verfügt der Organismus darüber hinaus über die Möglichkeit, ihn in

Form von *Harnstoff* zu fixieren und damit zu entgiften. Ammoniak kann weiter in der Säureamidgruppierung des *Asparagins* sowie des *Glutamins* fixiert werden.

Die Übertragung von Aminogruppen durch Transaminierung

Die allgemeine Gleichung von Transaminierungs-Reaktionen lautet:

$$R_1-\underset{\underset{NH_3}{|+}}{CH}-COO^- + R_2-\underset{\underset{O}{\|}}{C}-COO^- \rightleftharpoons R_1-\underset{\underset{O}{\|}}{C}-COO^- + R_2-\underset{\underset{NH_3}{|+}}{CH}-COO^-$$

Aminosäure 1 + α-Ketosäure 2 ⇌ α-Ketosäure 1 + Aminosäure 2

Im Prinzip wird also die Aminogruppe einer Aminosäure auf eine passende α-Ketosäure übertragen, wodurch eine neue Aminosäure sowie das α-Ketosäure-Analoge der ersten Aminosäure entstehen.

Das Coenzym für alle Transaminierungen ist das Pyridoxalphosphat, welches aus dem Vitamin Pyridoxin (Vitamin B_6, s. S. 235) entsteht. Abbildung 7-1 stellt den molekularen Mechanismus der Pyridoxalphosphat-katalysierten Transaminierungen dar. Zunächst bildet sich zwischen der Aminogruppe einer Aminosäure und der Carbonylgruppe des Pyridoxalphospha-

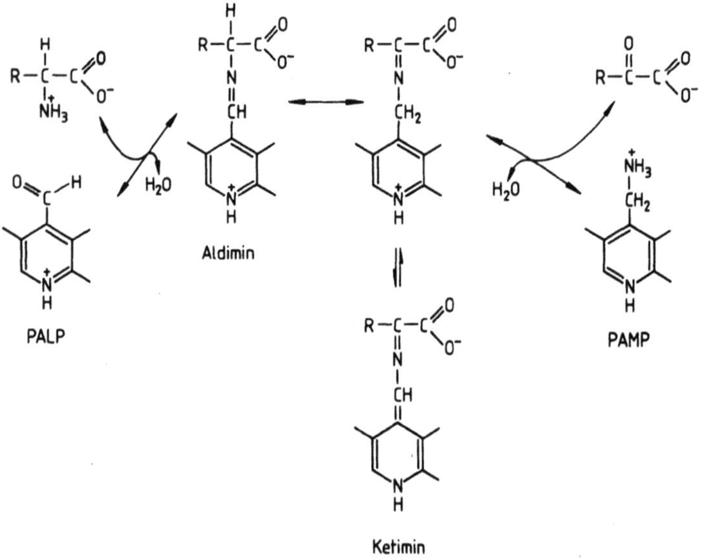

Abb. 7-1. Die Rolle von Pyridoxalphosphat bei Transaminierungen (Einzelheiten im Text)

tes eine *Schiffsche Base (Aldimin)* aus. Hierdurch werden die verschiedenen Bindungen am α-C-Atom der Aminosäure labilisiert. Unterstützt wird diese Labilisierung durch den positiv geladenen Stickstoff im Pyridinring des Pyridoxalphosphates. Durch entsprechende Elektronenverschiebung entsteht ein *Ketimin* als tautomere Form der Schiffschen Base. Diese wird zur α-*Ketosäure* und *Pyridoxaminphosphat* hydrolysiert. Damit ist der erste Teil der Transaminierungsreaktion abgeschlossen. Eine Aminosäure ist in die entsprechende α-Ketosäure umgewandelt (oxidiert) worden, wobei die dabei frei gewordene Aminogruppe auf dem (jetzt reduzierten) Coenzym sitzt. Der zweite Teil der Transaminierungsreaktionen beginnt mit der Anlagerung einer entsprechenden α-Ketosäure an das Pyridoxaminphosphat. Die dabei entstehende Schiffsche Base macht nun in umgekehrter Richtung die oben geschilderten Tautomerisierungen durch, so daß als Endprodukt eine *neue Aminosäure* entsteht und das Coenzym wieder als *Pyridoxalphosphat* vorliegt und somit einem weiteren Transaminierungscyclus zur Verfügung steht.

Abbildung 7-2 zeigt die Verknüpfung der verschiedenen Aminosäuren durch Transaminasen. Mindestens 12 der im Stoffwechsel umgesetzten Aminosäuren können durch entsprechende Transaminasen ihre Amino-

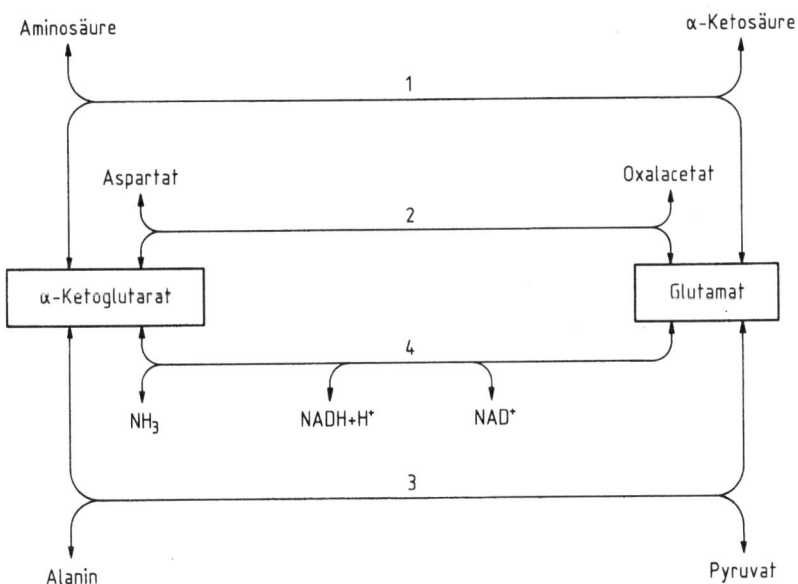

Abb. 7-2. Die zentrale Rolle von α-Ketoglutarat und Glutamat im Stoffwechsel der Aminosäuren. *1*, Transaminasen verschiedener Spezifität; *2*, Glutamat Oxalacetat-Transaminase; *3*, Glutamat Pyruvat-Transaminase; *4*, Glutamatdehydrogenase

gruppen auf α-Ketosäuren übertragen. Im allgemeinen zeigen die hierfür notwendigen Transaminasen eine hohe Spezifität für α-Ketoglutarat als Aminogruppendonator, aus welchem bei der Transaminierung damit die Aminosäure *Glutamat* entsteht. Diese spielt damit eine zentrale Rolle im Stoffwechsel der Aminosäuren. Von besonderer Bedeutung sind zwei Transaminasen, die in besonders hoher Aktivität in der Leber, daneben auch im Muskel und im Gehirn vorkommen. Es handelt sich um die *Glutamat-Oxalacetat-Transaminase* (Aspartat-Transaminase) sowie die *Glutamat-Pyruvat-Transaminase* (Alanin-Transaminase):

Aspartat + α-Ketoglutarat ⇌ Oxalacetat + Glutamat
Alanin + α-Ketoglutarat ⇌ Pyruvat + Glutamat

Die *Glutamat-Pyruvat-Transaminase* verbindet den Stoffwechsel der als wichtigster Aminogruppen-Transporteur dienenden Aminosäure *Alanin* mit dem *Citratcyclus*. Durch die *Glutamat Oxalacetat-Transaminase* kann unter anderem *Aspartat* gebildet werden, das als Aminogruppendonator für eine Reihe von Biosynthesen verwendet wird (s. S. 119). Beide Transaminasen haben beträchtliche Bedeutung in der praktischen Medizin, da sie bei Schädigungen von Leber bzw. Myokard aus dem geschädigten Gewebe ins Blut austreten und dort zu diagnostischen Zwecken nachgewiesen werden können (s. S. 314).

Die Gleichgewichtskonstante der verschiedenen Transaminasen liegt nahe bei 1. Dies bedeutet, daß Transaminierungsreaktionen nicht nur der Übertragung von Aminogruppen auf α-Ketoglutarat beim Abbau der verschiedenen Aminosäuren dienen, sondern auch in umgekehrter Richtung die verschiedensten Aminosäuren aus ihren α-Ketoanalogen durch Übertragung einer Aminogruppe des Glutamates entstehen können. Transaminasen dienen damit nicht nur dem *Abbau,* sondern auch der *Biosynthese* von Aminosäuren.

Der Stoffwechsel des Ammoniaks

Entstehung von Ammoniak im Organismus

Die Ammoniakkonzentration im menschlichen Blut ist mit etwa 0,06 mmol/l relativ gering. Berücksichtigt man jedoch, daß im Urin normalerweise pro 24 Stunden 30–50 mmol Ammoniak ausgeschieden werden und darüber hinaus ein beträchtlicher Teil des ausgeschiedenen Harnstoff-Stickstoffs (300–600 mmol Harnstoff pro 24 Std.) durch Fixierung von Ammoniak entstanden ist, so wird klar, daß die Ammoniakfreisetzung im Organismus beträchtlich sein muß. Ammoniak kann im Organismus durch folgende Reaktionen entstehen:

Die reversible oxidative Desaminierung von Glutamat. Diese Reaktion ist in Abb. 7-3 dargestellt. Zunächst kommt es zur *Oxidation* der *Aminogruppe* des Glutamates, wobei als Zwischenprodukt das *α-Iminoglutarat* entsteht, welches hydrolytisch zu *α-Ketoglutarat* und *Ammoniak* gespalten wird. Unter Standardbedingungen liegt das Gleichgewicht der Reaktion auf der Seite der Glutamatbildung, womit die Ammoniakfixierung begünstigt würde. Unter den in der Zelle jedoch vorliegenden Konzentrationsverhältnissen ist es eher wahrscheinlich, daß die Richtung der Reaktion von der Ammoniakkonzentration abhängt.

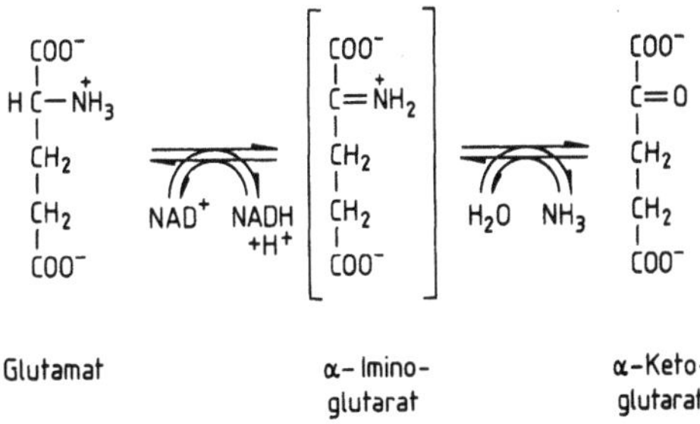

Abb. 7-3.
Die Glutamatdehydrogenase

Für den Aminosäurestoffwechsel ist die durch die Glutamatdehydrogenase gegebene zweite Verknüpfung von Glutamat und α-Ketoglutarat von besonderer Bedeutung (s. Abb. 7-2). Die Aminogruppen der verschiedensten Aminosäuren sammeln sich über Transaminasen im Glutamat und können von ihm aus unter entsprechenden Bedingungen in Form von *Ammoniak* freigesetzt werden. Umgekehrt kann bei ausreichend hohen Ammoniakkonzentrationen und entsprechenden Stoffwechselbedingungen durch Umkehr der Glutamatdehydrogenase-Reaktion α-Ketoglutarat *reduktiv* mit *Ammoniak* aminiert werden, so daß Glutamat entsteht, welches über die entsprechenden Transaminasen seine Aminogruppe zur Biosynthese von Aminosäuren zur Verfügung stellen kann. Dies betrifft allerdings nur die nicht essentiellen Aminosäuren. Essentielle Aminosäuren (s. S. 122), deren Kohlenstoffskelett vom Organismus nicht synthetisiert werden kann, müssen mit der Nahrung zugeführt werden.

Nicht oxidative Desaminierung. Bei den Aminosäuren Serin, Cystein, Threonin, Methionin und Histidin wird während des Abbaus die Aminogruppe nicht oxidativ als Ammoniak freigesetzt (s. Kap. 8, Stoffwechsel der jeweiligen Aminosäuren).

Ammoniakfreisetzung im Purin- und Pyrimidin-Stoffwechsel. Nucleoside, Nucleotide und Polynucleotide enthalten als Bauteile Purin- bzw. Pyrimidinbasen (s. S. 182), die Stickstoff enthalten. Beim unvollständigen Abbau der Purinbasen auf die Stufe der Harnsäure sowie beim Pyrimidinabbau entsteht Ammoniak (s. S. 190, 191). Eine Sonderstellung hierbei nimmt der sogenannte *Purinnucleotid-Cyclus* ein, der sich aus dem Zusammenspiel der Enzyme *Adenylosuccinatsynthetase, Adenylosuccinase* sowie *Adenylatdesaminase* ergibt:

Inosinmonophosphat + Aspartat + GTP
$\rightarrow$ Adenylosuccinat + GDP + P_i (1)

Adenylosuccinat $\rightarrow$ Adenosinmonophosphat + Fumarat (2)

Adenosinmonophosphat + H_2O $\rightarrow$ Inosinmonophosphat + NH_3 (3)

Aspartat + GTP + H_2O $\rightarrow$ Fumarat + NH_3 + GDP + P_i (4)

Fumarat + H_2O $\rightarrow$ Malat (5)

Malat + NAD^+ $\rightarrow$ Oxalacetat + NADH + H^+ (6)

Aspartat + GTP + 2 H_2O + NAD^+ $\longrightarrow$
Oxalacetat + NH_3 + NADH + H^+ + GDP + P_i (7)

1 = Adenylosuccinat-Synthetase
2 = Adenylosuccinase
3 = Adenosindesaminase
5 = Fumarase
6 = Malatdehydrogenase

Über die Reaktionen 1 und 2 wird die Aminogruppe des Aspartates unter Verbrauch von GTP auf Inosinmonophosphat (s. S. 186) übertragen, so daß Adenosinmonophosphat (s. S. 186) entsteht. Durch die hydrolytische Reaktion der Gleichung 3 wird diese Aminogruppe in Form von Ammoniak abgespalten, so daß Inosinmonophosphat rückgebildet wird. Faßt man die Gleichungen 1–3 zusammen, so ergibt sich eine GTP-abhängige *Desaminierung* von *Aspartat,* wobei Ammoniak und Fumarat entstehen. Über die zum Citratcyclus gehörenden Reaktionen 5 und 6 wird Fumarat zu Oxalacetat hydratisiert und oxidiert, so daß als Summengleichung die Gleichung 7 entstehen, die formal der Glutamatdehydrogenase-Reaktion entspricht: Statt der Aminosäure Glutamat wird die Aminosäure Aspartat oxidativ desaminiert. Der Unterschied besteht darin, daß durch die gleichzeitig erfolgende Spaltung von GTP zu GDP und P_i das Gleichgewicht der Reaktion auf die rechte Seite geschoben wird. Die Purinnucleotide Inosinmonophosphat und Adenosinmonophosphat treten nur als Zwischenprodukte während des Transports der Aminogruppe auf. Interessanterweise ist die Aktivität der Adenosindesaminase (Gleichung 3) in denjenigen Geweben am höchsten, die sich durch eine besonders niedrige Glutamatdehydrogenase-Aktivität auszeichnen (z. B. Muskel). Man kann annehmen, daß der Purinnucleotid-Cyclus in diesen Geweben die Rolle der Glutamatdehydrogenase übernimmt.

Aminosäureoxidasen. Die D- und L-Aminosäureoxidasen gehören zur Gruppe der *aeroben Dehydrogenasen* (s. S. 97). Als Träger der bei der oxidativen Desaminierung freiwerdenden Reduktionsäquivalente dient im Falle der D-Aminosäureoxidasen das *FAD,* im Fall der L-Aminosäureoxidasen das *FMN.* Der Wasserstoffakzeptor ist molekularer Sauerstoff, wobei H_2O_2 gebildet wird. Die quantitative Bedeutung der Aminosäureoxidasen für die Ammoniakbildung und den Aminosäurestoffwechsel ist nicht bekannt.

Die Umwandlung von Ammoniak zu Harnstoff: Der Harnstoffcyclus

Angesichts der Giftigkeit des Ammoniaks ist es für den Säugetierorganismus von großer Bedeutung, daß er eine spezifische enzymatische Ausstat-

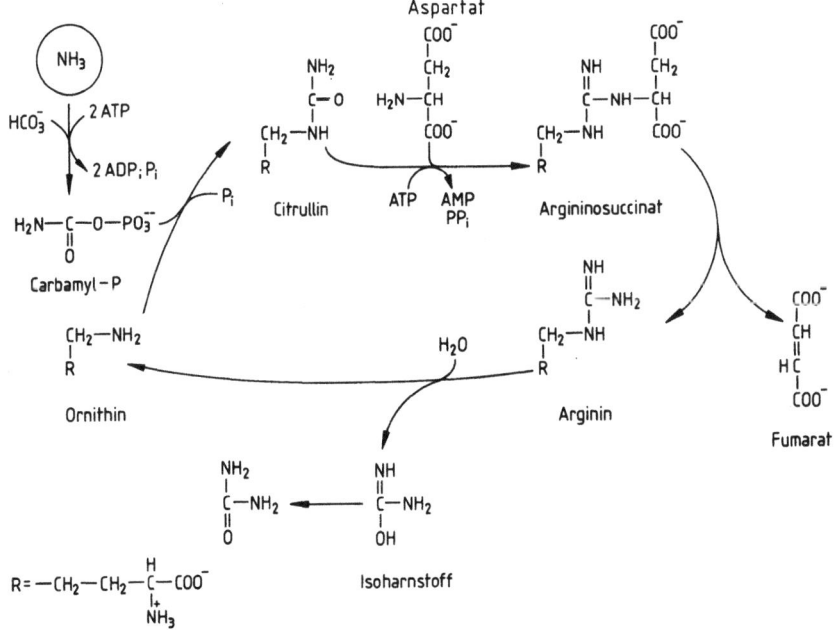

Abb. 7-4. Die Reaktionen des Harnstoffcyclus (Einzelheiten im Text)

tung zur Entgiftung dieser Verbindung besitzt. Die Zellen der Leber sind nämlich imstande, zwei Moleküle Ammoniak in Form des *Harnstoffs* zu fixieren, damit zu entgiften und über die Nieren ausscheidungsfähig zu machen. Abbildung 7-4 stellt die Einzelreaktionen des Harnstoffcyclus dar.

Zunächst wird durch die *Carbamylphosphat-Synthetase* aus CO_2 und Ammoniak sowie unter Verbrauch von zwei ATP das *Carbamylphosphat*, also das Phosphorsäureanhydrid der Carbaminsäure, gebildet. Es enthält bereits einen Stickstoff sowie den Kohlenstoff des Harnstoffes. Die Vervollständigung des Harnstoffmoleküls geschieht nun in einem cyclischen Kreisprozeß, wobei als Trägermolekül (analog der Funktion des Oxalacetates im Citratcyclus) die aus 5 C-Atomen bestehende Aminosäure *Ornithin* dient. Mit Hilfe des Enzyms *Ornithin-Transcarbamylase* wird Carbamylphosphat auf die δ-Aminogruppe des Ornithins übertragen, so daß *Citrullin* entsteht.

Die beiden ersten Reaktionen des Harnstoffcyclus sind in dem mitochondrialen Matrixraum lokalisiert. Die weiteren Reaktionen des Harnstoffcyclus finden im cytosolischen Raum statt, so daß zunächst Citrullin unter Vermittlung eines Trägerproteins ins Cytosol geschafft wird. Die Anheftung des zweiten Stickstoffs erfolgt nun in einer ATP-abhängigen Reaktion unter Katalyse des Enzyms *Argininosuccinat-Synthetase*. Die Reaktion besteht in der Addition der Aminosäure Aspartat an Citrullin, so daß als Kondensationsprodukt *Argininosuccinat* mit einer Guanidino-Gruppierung entsteht. Das Gleichgewicht dieser Reaktion wird durch Spaltung von ATP zu AMP und Pyrophosphat auf die Seite der Kondensation verschoben. Durch Abspaltung von *Fumarat* aus *Argininosuccinat* entsteht unter Katalyse des Enzyms *Argininosuccinase* die Aminosäure *Arginin*. Damit stellt der Harnstoffcyclus übrigens auch den Biosyntheseweg für diese Aminosäure dar. In der Leber findet sich in hoher Aktivität das Enzym *Arginase*. Es spaltet hydrolytisch die Guanidinogruppe des Arginins ab. Dabei entsteht zunächst *Isoharnstoff*, der sich spontan zu Harnstoff tautomerisiert. Außerdem wird das Trägermolekül Ornithin wieder rückgebildet, so daß es dem Cyclus erneut zur Verfügung steht.

Der Energieverbrauch für die Harnstoff-Biosynthese ist beachtlich. Insgesamt werden pro mol Harnstoff 3 mol ATP, jedoch 4 mol energiereiche Verbindungen benötigt (die Argininosuccinat-Synthetase-Reaktion führt zur Spaltung von ATP zu AMP und Pyrophosphat, wobei das letztere durch Pyrophosphatasen nochmals in zwei anorganische Phosphate zerlegt wird). Vom normalen Erwachsenen werden pro Tag 0,5–1 mol Harnstoff entsprechend einer Menge von 30–60 g synthetisiert. Damit gehört die Harnstoffbiosynthese mengenmäßig zu den wichtigsten Syntheseleistungen des Organismus.

Ammoniak und die Biosynthese N-haltiger Verbindungen

Vom Organismus werden eine ganze Reihe stickstoffhaltiger Verbindungen synthetisiert, deren Kohlenstoffskelett sich nicht von Aminosäuren ableitet. Zu ihnen gehören beispielsweise Purine und Pyrimidine sowie die Amino-

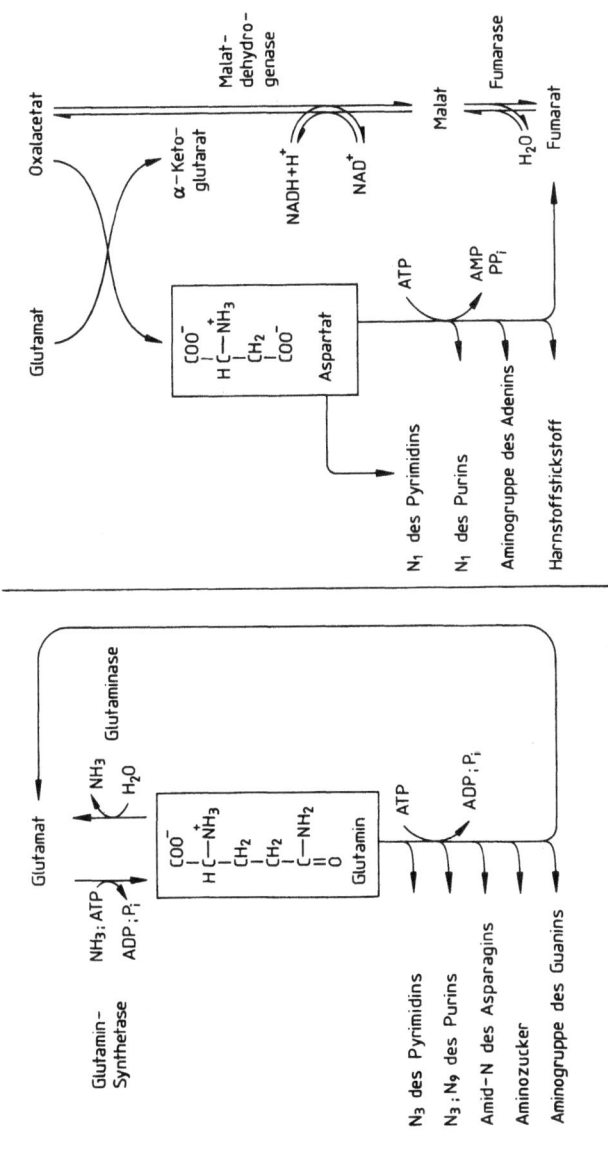

Abb. 7-5. Die Rolle von Glutamin und Aspartat als Stickstoffdonatoren für Biosynthesen

zucker. Zur Einführung der in den jeweiligen Verbindungen vorkommenden N-Atome dienen im wesentlichen die Aminosäuren Aspartat und Glutamin. Abbildung 7-5 skizziert die Entstehung beider Aminosäuren sowie ihre Rolle bei der Biosynthese stickstoffhaltiger Verbindungen. Dabei treten eine Reihe von Analogien auf. Ausgangspunkt für die Synthese beider Aminosäuren ist das *Glutamat,* das durch Ammoniakfixierung aus α-Ketoglutarat entstehen kann. In einer ATP-abhängigen Reaktion wird der Amid-N des *Glutamins* erneut unter Verwendung von Ammoniak eingeführt. Eine spezielle *Glutaminase* katalysiert die Rückreaktion, d. h. die hydrolytische Abspaltung des Amid-N des Glutamins. Glutamat entsteht auch, wenn der Amidstickstoff des Glutamins zur Biosynthese stickstoffhaltiger Verbindungen benutzt wird, wobei meist die hierfür benötigte Energie durch die Spaltung von ATP zu ADP und anorganischem Phosphat bereitgestellt werden muß. Das Kohlenstoffskelett des Glutamats dient also in Form des Glutamins lediglich als Träger eines Stickstoffes, der für die Biosynthese von *Purinen* und *Pyrimidinen* sowie der *Aminozucker* und des *Asparagins* benutzt wird.

Auch das *Aspartat* entsteht aus Glutamat. Allerdings ist hierfür lediglich die reversibel arbeitende *Glutamat-Oxalacetat-Transaminase* notwendig. Die Aminogruppe des Aspartates dient als Lieferant der N-Atome 1 des Pyrimidin- bzw. Purinskelettes, der Aminogruppe des Adenins sowie eines der beiN-Atome des Harnstoffes. Bei den drei letztgenannten Reaktionen ist der zugrundeliegende Mechanismus identisch. Es entsteht durch kovalente Verknüpfung der Aminogruppe des Aspartates mit einer $-C=O-$ Gruppierung des Akzeptormoleküls ein Zwischenprodukt, aus dem Fumarat abgespalten wird. Die Einzelheiten dieses Mechanismus sind bereits bei der Biosynthese des Harnstoffes beschrieben worden (s. auch S. 117, S. 186). Fumarat kann durch die entsprechenden Reaktionen des Citratcyclus zu Malat hydratisiert und danach zu Oxalacetat oxidiert werden, so daß ähnlich wie im Falle des Glutamins die C-Bilanz ausgeglichen bleibt.

Transport von Aminogruppen im Blut

Die Leber ist das einzige Organ, das in nennenswertem Umfang zur Biosynthese des Harnstoffs und damit zur Eliminierung von Ammoniak sowie der überschüssigen Aminogruppen von abgebauten Aminosäuren imstande ist. Unter bestimmten Stoffwechselbedingungen, z. B. im Hunger (s. S. 145) findet jedoch in den extrahepatischen Geweben, besonders in der Skelettmuskulatur, eine beachtliche *Proteolyse* sowie damit einhergehend eine Steigerung des Aminosäureabbaues statt. Die dabei freiwerdenden Aminogruppen müssen über den Blutweg zur Leber geschafft und dort für die *Harnstoffbiosynthese* verwendet werden. Ein Transport in Form von Ammoniak verbietet sich wegen der Giftigkeit dieser Verbindung. Der Transport geschieht vielmehr in Form der beiden Aminosäuren *Alanin* und *Glutamin*, die sich auch im Blut in wesentlich höheren Konzentrationen finden als ihrer mittleren Häufigkeit in den extrahepatischen Proteinen entspricht. In Abb. 7-6 sind die zugehörigen Stoffwechselcyclen dargestellt. Durch Transaminierung mit Glutamat als Aminogruppendonor entsteht in den extrahepatischen Geweben aus Pyruvat die Aminosäure Alanin. Auf dem Blutweg wird diese zur Leber transportiert, dort erneut zu Pyruvat transaminiert, wobei sich die Aminogruppe nun auf dem Glutamat findet, welches sie über die in Abb. 7-4 geschilderten Wege in den Harnstoffcyclus einbringen kann. Glutamin kann über die Glutaminsynthetase-Reaktion durch ATP-abhängige Fixierung von Ammoniak im Glutamat entstehen. Von den *extrahepatischen Geweben* gelangt es über den Blutweg ebenfalls zur *Leber* und wird dort durch die *Glutaminase* gespalten. Der dabei freiwerdende Ammoniak kann z. B. für die zum Harnstoffcyclus gehörige *Carbamylphosphatsynthese* verwendet werden.

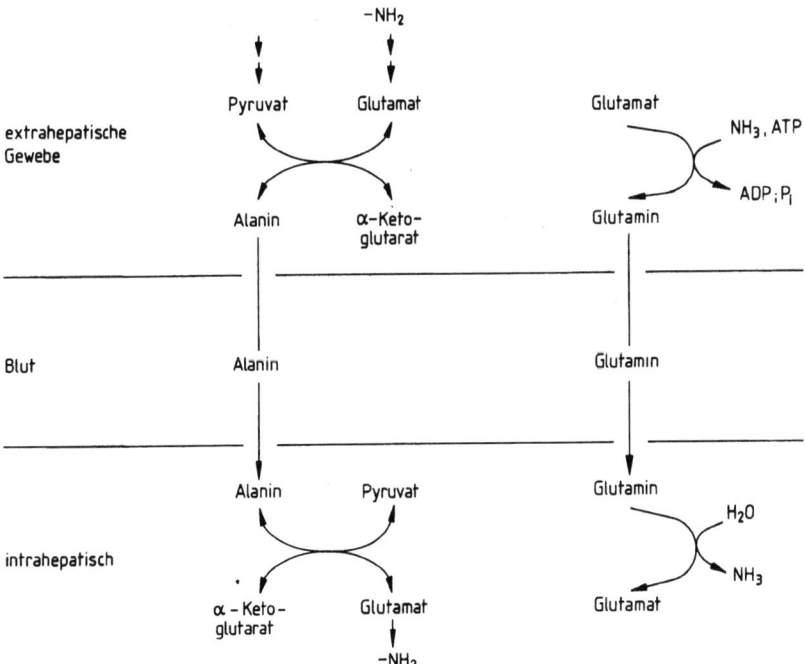

Abb. 7-6. Alanin und Glutamin als N-Transporteure zwischen extrahepatischen Geweben und der Leber

8 Abbau der Aminosäuren II: Schicksal des C-Skeletts der Aminosäuren

Im vorangegangenen Kapitel wurde die Dynamik des Aminosäurestoffwechsels anhand des Umsatzes der Aminogruppe von Aminosäuren diskutiert. Es ist klar, daß der beachtliche Umsatz von Aminosäuren im Organismus sich nicht nur im Stoffwechsel der Aminogruppe, sondern auch in demjenigen des C-Skelettes der Aminosäuren widerspiegelt. Von ihrem Verhalten im Stoffwechsel kann man grundsätzlich zwischen *essentiellen* und *nichtessentiellen* Aminosäuren unterscheiden. *Essentielle* Aminosäuren zeichnen sich dadurch aus, daß infolge des Fehlens entsprechender enzymatischer Systeme der tierische Organismus nicht imstande ist, das ihnen zugrunde liegende C-Skelett zu synthetisieren. Sie stellen somit essentielle, d. h. durch keine andere Verbindung zu ersetzende Nahrungsbestandteile dar, da im Gegensatz zum tierischen Organismus Pflanzen und Mikroorganismen sehr wohl zur Biosynthese der essentiellen Aminosäuren imstande sind. Für den menschlichen Organismus essentiell sind die Aminosäuren *Lysin, Methionin, Threonin, Isoleucin, Valin, Leucin, Phenylalanin und Tryptophan*. Da die Synthesekapazität des menschlichen Organismus für zwei weitere Aminosäuren, nämlich *Arginin* und *Histidin*, begrenzt ist, können diese in Zeiten gesteigerter Proteinbiosynthese (Wachstumsphase, Schwangerschaft) essentiell werden.

Der Abbau von Aminosäuren dient nicht nur der Energieerzeugung, sondern ist mit einer Reihe wichtiger Biosynthesen verknüpft. So entstehen durch Pyridoxalphosphat abhängige Decarboxylierung vieler Aminosäuren nach folgender Gleichung

$$R - \underset{\underset{COO^-}{|}}{\overset{\overset{H}{|}}{C}} - NH_3 \xrightarrow{[PALP]} R - CH_2 - NH_2 + CO_2$$

die entsprechenden *Amine*. Eine Reihe dieser Amine zeichnen sich durch hohe biologische Wirksamkeit aus und dienen als Hormone, Gewebshormone bzw. Transmittersubstanzen (s. Tabelle 8-1). Auch beim eigentlichen Abbau von Aminosäuren entstehen Zwischenprodukte, welche für Biosynthesen wichtig sind. Wie der Tabelle 8-2 zu entnehmen ist, entstehen beim Abbau der meisten Aminosäuren Verbindungen, die zur Biosynthese von

Tabelle 8-1. Wichtige Amine

Aminosäure	Amin	Bedeutung
Serin	Äthanolamin	Phosphatidyläthanolamin (s. S. 165)
Histidin	Histamin	Gewebshormon (s. S. 287)
3,4-Dihydroxy-phenylalanin	Dopamin	Vorstufe der Catecholamin-Transmitter (s. S. 268)
5-Hydroxy-tryptophan	5-Hydroxy-tryptamin (Serotonin)	Gewebshormon (s. S. 287)
Glutamat	γ-Amino-butyrat	Transmitter (s. S. 336)

Tabelle 8-2. Übersicht über glucogene und ketogene Aminosäuren

Aminosäure	glucogenes Abbauprodukt	ketogenes Abbauprodukt
Alanin	Pyruvat	—
Asparagin, Aspartat	Oxalacetat	—
Glutamin, Glutamat	α-Ketoglutarat	—
Prolin, Histidin	α-Ketoglutarat	—
Glycin, Serin, Cystein	Pyruvat	—
Methionin, Threonin, Valin	Succinyl-CoA	
Isoleucin	Succinyl-CoA	Acetyl-CoA
Phenylalanin (Tyrosin)	Fumarat	Acetacetat
Tryptophan	Alanin	Acetyl-CoA
Leucin	—	Acetyl-CoA, Acetacetat
Lysin	—	Acetyl-CoA

Glucose verwendet werden können. Man spricht in diesem Fall von *glucogenen Aminosäuren*. Die Aminosäuren *Lysin, Isoleucin, Valin, Phenylalanin* und *Tryptophan* liefern darüber hinaus Abbauprodukte in Form von *Acetyl-CoA* bzw. *Acetacetat* und werden infolgedessen auch als *ketogen* bezeichnet. Beim Abbau der Aminosäure *Phenylalanin* entsteht die Aminosäure *Tyrosin*, beim *Methioninabbau* das *Cystein*. Von besonderer Bedeutung ist schließlich die Tatsache, daß beim Abbau von *Methionin, Tryptophan, Histidin, Serin, Threonin* und *Glycin 1-Kohlenstoff-Reste* entstehen, die auf *Tetrahydrofolsäure* übertragen und von dort für eine Reihe von Biosynthesen verwendet werden (s. S. 134).

Der Abbau des Kohlenstoffskeletts einzelner Aminosäuren

Beziehungen des Aminosäureabbaus zum Citratcyclus

Ähnlich wie beim Abbau von Kohlenhydraten und Fetten münden auch die Abbaureaktionen von Aminosäuren meist in den Citratcyclus (Tabelle 8-2). Im Verlauf des Abbaus von *Leucin, Isoleucin, Lysin, Phenylalanin, Tyrosin* und *Tryptophan* entstehen *Acetyl-CoA* bzw. *Acetacetyl-CoA*. Beide Verbindungen sind Vorläufer der Ketonkörper. Werden derartige Aminosäuren also in großem Umfang abgebaut, kann daraus eine gesteigerte Acetacetat-Biosynthese entstehen. Alle anderen Aminosäuren liefern Zwischenprodukte des Citratcyclus, speziell α-*Ketoglutarat, Succinyl-CoA, Fumarat* und *Oxalacetat*. *Alanin, Glycin, Cystein* und *Serin* können schließlich zu *Pyruvat* umgewandelt werden. Pyruvat sowie die genannten Zwischenprodukte des Citratcyclus können durch entsprechende Reaktionen in *Oxalacetat* umgewandelt und dieses nach Decarboxylierung und Phosphorylierung zu *Phosphoenolpyruvat* für die Glucosesynthese verwendet werden. Die Stoffwechselbedeutung dieser sogenannten *glucogenen Aminosäuren* ist beachtlich. So werden nach 24stündigem Hunger täglich etwa 75 g Muskelprotein abgebaut und größtenteils in Glucose umgewandelt. Nach 5–6wöchigem Hunger sinkt die Glucoseproduktion aus Aminosäuren etwas ab, so daß nur noch 20 g Muskelprotein eingeschmolzen werden müssen (s. auch S. 145).

Grundzüge des Abbaus der verzweigtkettigen Aminosäuren. Am Beispiel der verzweigtkettigen Aminosäuren lassen sich besonders gut die Prinzipien aufzeigen, nach denen der Organismus den Abbau der meisten Aminosäuren versucht (Abb. 8-1). Zunächst werden Aminosäuren durch *Transaminierungen* mit Hilfe entsprechender Transaminasen an die zugehörigen α-*Ketosäuren* umgewandelt. Diese durchlaufen eine *oxidative Decarboxylierung*, wobei die um ein C-Atom verkürzten *CoA-Derivate* entstehen. Die Carboxylgruppe dieser CoA-Derivate entspricht dem ursprünglichen α-C-Atom der Aminosäuren, der Rest des Moleküls der ursprünglichen Aminosäureseitenkette. Soweit diese Ähnlichkeit mit (auch verzweigten) Fettsäuren hat, wird nun der Abbau nach dem Muster der *β-Oxidation* versucht. Im Fall des Isoleucinabbaus läßt sich dieses Prinzip besonders gut demonstrieren. Durch Transaminierung entsteht aus Isoleucin das α-*Keto-β-Methyl-Valerianat*. Dieses wird durch dehydrierende Decarboxylierung zu α-*Methylbutyryl-CoA* umgewandelt. Durch eine FAD-abhängige Dehydrierung entsteht α-*Methylcrotonyl-CoA*. An dieses wird Wasser angelagert und erneut dehydriert, so daß α-*Methyl-Acetacetyl-CoA* entsteht. Durch eine Thiolase kann dies in *Acetyl-CoA* und *Propionyl-CoA* gespalten werden. Acetyl-CoA wird im Citratcyclus oxidiert oder zu Acetacetat umgewandelt,

Propionyl-CoA carboxyliert und nach Vitamin B_{12}-abhängiger Umlagerung als *Succinyl-CoA* in den Citratcyclus eingeschleust, von wo aus es unter anderem für die Glucosebiosynthese dienen kann (s. S. 146).

In sehr ähnlicher Weise verläuft die Oxidation der anderen verzweigtkettigen Aminosäuren nämlich des *Valins* und des *Leucins*. So entsteht aus Valin *Succinyl-CoA* und aus Leucin *Acetyl-CoA* und *Acetacetat*.

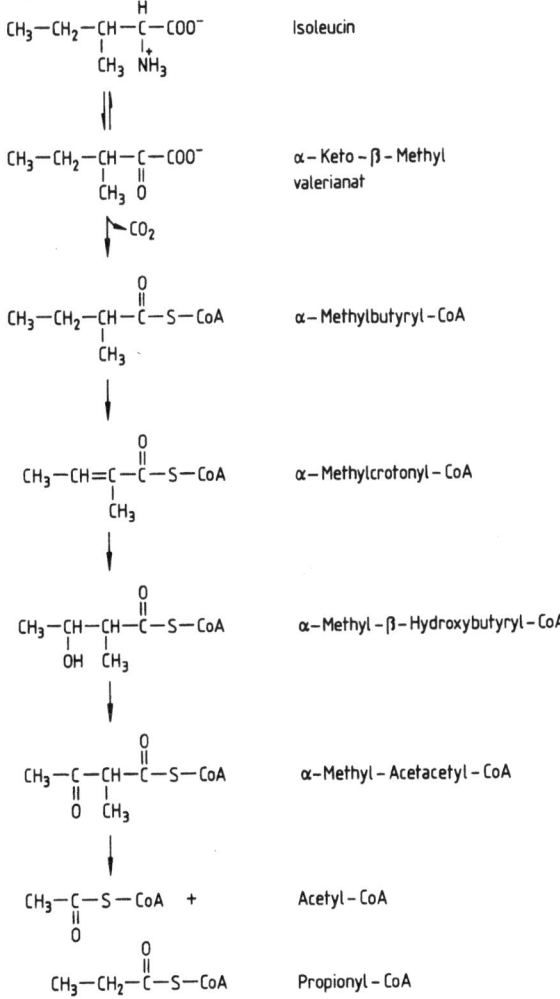

Abb. 8-1. Prinzipien des Abbaus verzweigtkettiger Aminosäuren am Beispiel des Isoleucinabbaus. Die nach Transaminierung entstehende α-Ketosäure wird oxidativ decarboxyliert und der dabei entstandene Thioester durch β-Oxidation abgebaut

Aminosäuren, deren Abbau α-Ketoglutarat liefert. α-Ketoglutarat steht an einer besonders wichtigen Verknüpfungsstelle des Aminosäure-Stoffwechsels mit dem Citratcyclus. Es kann aus Glutamat einerseits durch eine Reihe von Transaminierungs-Reaktionen (s. S. 113) oder aber durch oxidative Desaminierung (s. S. 115) gebildet werden. *Glutamin* wird unter der Einwirkung der Glutaminase zu Glutamat und NH_4^+ gespalten. Darüber hinaus sammelt sich im Glutamat der beim Abbau der Aminosäuren *Prolin* und *Arginin* sowie des *Histidins* entstehende Kohlenstoff (Abb. 8-2). Von besonderer Bedeutung ist das beim Histidinabbau auftretende Zwischenprodukt *N-Formiminoglutamat*, welches seine Formiminogruppe auf *Tetrahydrofolat* übertragen kann und damit einen wichtigen 1-Kohlenstoff-Rest liefert (s. S. 132).

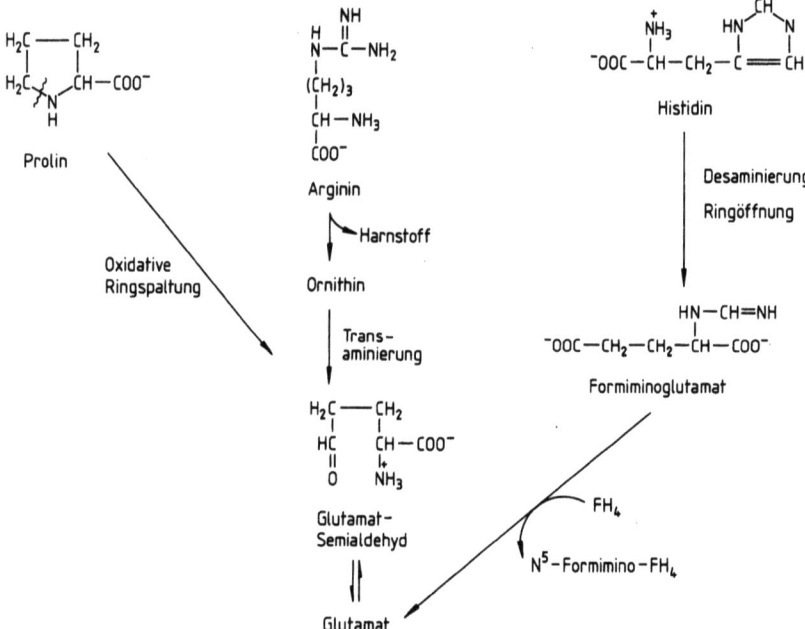

Abb. 8-2. Prinzip des Abbaus von Prolin, Arginin und Histidin

Aminosäuren, deren Abbau Succinyl-CoA liefert. Im Succinyl-CoA sammelt sich der beim Abbau der Aminosäuren *Isoleucin, Valin, Threonin* und *Methionin* entstehende Kohlenstoff. Ein gemeinsames Zwischenprodukt im Abbau dieser vier Aminosäuren ist das *Methylmalonyl-CoA*. Während der Abbau des Valins direkt zum *Methylmalonyl-CoA* führt, liefern Threonin,

Isoleucin und Methionin zunächst *Propionyl-CoA,* das mit Hilfe der auf Seite 105 geschilderten Mechanismen unter Zuhilfenahme der Coenzyme Biotin und Cobalamin in Succinyl-CoA umgewandelt werden muß. (Über den Stoffwechsel des Methionin s. auch S. 132.)

Aminosäuren, deren Abbau Fumarat bzw. Oxalacetat liefert. Mit diesen beiden Zwischenprodukten des Citratcyclus stehen eine Reihe *glucogener Aminosäuren* in Beziehung. *Aspartat* kann mit Hilfe der *Glutamat-Oxalacetat-Transaminase* in *Oxalacetat* umgewandelt werden. Eine Alternative hierzu ist die Übertragung der Aminogruppe des Aspartates auf −CO-Gruppierungen, wobei *Fumarat* entsteht, welches zu Oxalacetat hydratisiert und oxidiert werden muß. Ein Beispiel hierfür ist die Bildung von *Arginin* aus *Citrullin* im Harnstoffcyclus (s. S. 117). *Asparagin* als das Säureamid des Aspartates wird durch die *Asparaginase* zu *Aspartat* und *Ammoniak* hydrolisiert.

Der Abbau der Aminosäuren *Tyrosin* und *Phenylalanin* führt zu den Verbindungen *Fumarat* und *Acetacetat.* Es handelt sich hier um Aminosäuren, die sowohl gluco- als auch ketogen sind. Wegen der besonderen medizinischen Bedeutung ihres Abbaus wird dieser gesondert besprochen (s. unten).

Aminosäuren, deren Abbau Pyruvat liefert. Zu den pyruvatliefernden Aminosäuren gehören im wesentlichen das *Serin,* das *Cystein,* das *Alanin* und das *Glycin.* Der Abbau von Serin und Cystein ist außerordentlich ähnlich. Beide Aminosäuren unterliegen zunächst einer pyridoxalphosphatabhängigen α-, β-Eliminierung, wobei im Fall des Serins H_2O, im Fall des Cystein H_2S sowie *Aminoacrylat* entstehen. Das letztere wird durch Verschiebung der Doppelbindung zum *Iminoacrylat* umgelagert, welches hydrolytisch zu *Pyruvat* und NH_3 gespalten wird. *Alanin* kann über die *Glutamat-Pyruvat-Transaminase* zu *Pyruvat* transaminiert werden. Die nur aus zwei C-Atomen bestehende Aminosäure Glycin wird schließlich mit Hilfe von N^5-N^{10}-*Methylen-Tetrahydrofolat* um einen Kohlenstoff verlängert, so daß *Serin* entsteht, welches über die einzelnen Schritte des Serinabbaus zu Pyruvat umgewandelt werden kann (Abb. 8-3).

Der Abbau der aromatischen Aminosäuren Phenylalanin und Tyrosin. Der Abbau der aromatischen Aminosäuren *Phenylalanin* und *Tyrosin* stehen in engem Zusammenhang. Dieser beruht darauf, daß unter normalen Bedingungen kein spezifischer Abbauweg für das Phenylalanin existiert, sondern daß dieses erst nach Umwandlung zu Tyrosin abgebaut werden kann. Bei dieser Umwandlung muß Phenylalanin in p-Stellung zur Seitenkette des Phenylrestes hydroxyliert werden. Das hierfür verantwortliche Enzym ist

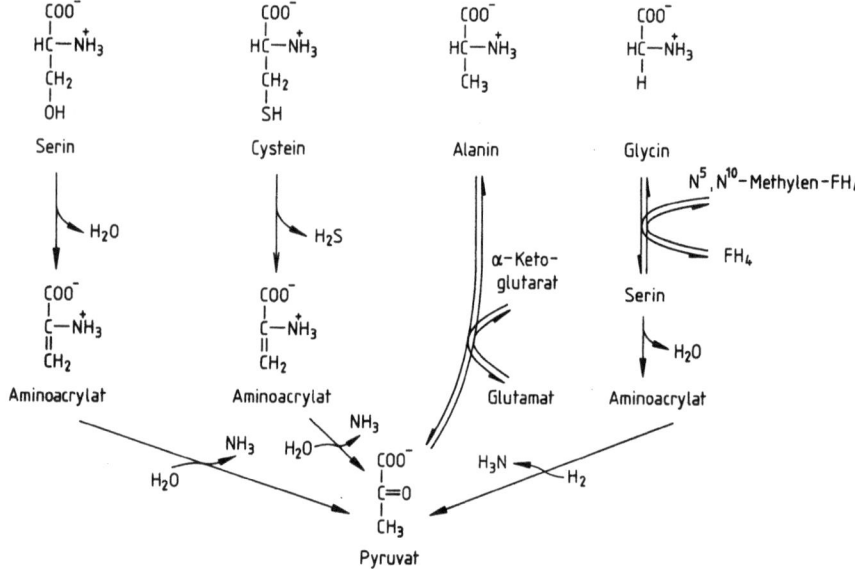

Abb. 8-3. Abbau von Serin, Cystein, Alanin und Glycin

eine als *Phenylalanin-Hydroxylase* bezeichnete *Monooxigenase*. Ihr Reaktionsmechanismus entspricht dem auf S. 96 allgemein für Monooxigenasen geschilderten. Lieferant der benötigten Reduktionsäquivalente ist das *Tetrahydrobiopterin*, welches in einer NADPH-abhängigen Reaktion aus *Dihydrobiopterin* entsteht (Abb. 8-4). Für die Reaktion ist molekularer Sauerstoff notwendig.

Abbildung 8-4 zeigt die Einzelheiten des Tyrosin-Abbaus. Dieser wird durch eine *Transaminierung* eingeleitet (Tyrosintransaminase), wobei *p-Hydroxyphenylpyruvat* entsteht. Dieses wird erneut durch eine Monooxigenase, die *p-Hydroxyphenylpyruvat-Hydroxylase* hydroxyliert. Bei dieser sehr komplizierten Reaktion kommt es außerdem zur *Decarboxylierung* und Wanderung der Seitenkette, so daß schließlich die *Homogentisinsäure* entsteht. Durch eine Dioxigenase-Reaktion wird der sechsgliedrige Ring des Homogentisates gespalten, es entsteht *Maleylacetacetat*. Nach Isomerisierung dieser Verbindung zu *Fumarylacetacetat* muß dieses lediglich durch eine entsprechende Hydrolase gespalten werden, wobei *Acetacetat* und *Fumarat* entstehen.

Die beiden aromatischen Aminosäuren Phenylalanin und Tyrosin haben erhebliche Stoffwechselbedeutung. So ist Phenylalanin die direkte Vorstufe des Tyrosins, das aus diesem Grund nicht zu den essentiellen Aminosäuren gezählt wird. Tyrosin seinerseits dient als Vorstufe für eine Reihe wichtiger

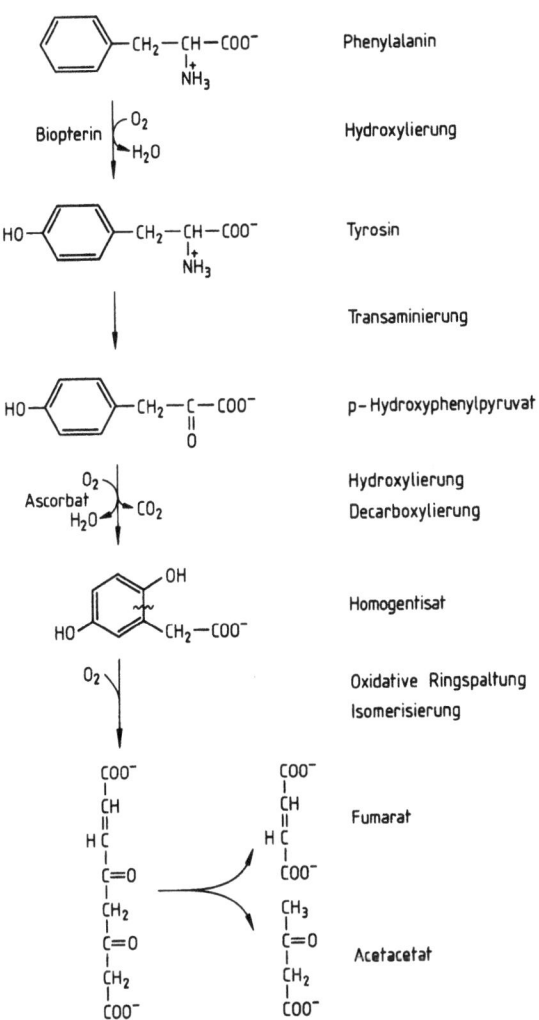

Abb. 8-4. Der Abbau von Phenylalanin zu Fumarat und Acetacetat. Man beachte, daß während des Phenylalaninabbaus die proteinogene Aminosäure Tyrosin entsteht

Verbindungen, welche in Abb. 8-5 zusammengestellt sind. Durch Verknüpfung eines Tyrosinmoleküls mit dem hydroxylierten aromatischen Ring eines weiteren Tyrosins entstehen unter gleichzeitiger Einführung von Jod die Schilddrüsenhormone *Thyroxin (T_4)* und *Trijodthyronin (T_3)*. Tyrosin kann am aromatischen Ring ein zweites Mal hydroxyliert und danach decarboxyliert werden, so daß *Dopamin* (Dihydroxyphenylamin) entsteht, welches im Zentralnervensystem eine Rolle als Transmitter (dopaminerge

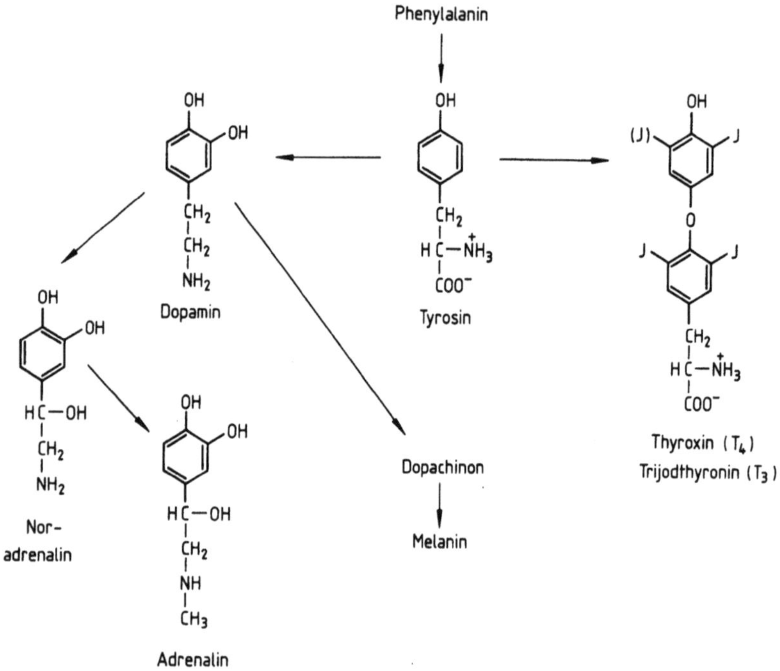

Abb. 8-5. Wichtige biologisch aktive Verbindungen, die aus Tyrosin synthetisiert werden

Neurone) hat. Dopamin ist darüber hinaus der Ausgangspunkt für die Biosynthese von *Noradrenalin* und *Adrenalin* (s. auch Seite 268). Schließlich entsteht aus Tyrosin über die Zwischenstufe Dopamin das *Dopachinon*, das zum dunklen Hautfarbstoff *Melanin* polymerisiert.

Die Phenylketonurie als Beispiel für angeborene Enzymdefekte. Speziell im Bereich des Abbaus essentieller Aminosäuren treten eine Reihe von Erkrankungen auf, die auf einem durch eine *Mutation* entstandenen *hereditären Enzymdefekt* beruhen. Im allgemeinen kommt es durch den Defekt eines für den Abbau der betreffenden Aminosäure wichtigen Enzyms zu einer Anhäufung von Zwischenprodukten des Abbaues oberhalb des Defektortes, die dann über andere, sonst vom Organismus nicht benutzte Stoffwechselwege ab- und umgebaut werden. Dabei entstehen möglicherweise toxische Zwischenprodukte, welche für die Symptomatik der Erkrankung verantwortlich gemacht werden können.

Der häufigste Enzymdefekt im Bereich des Aminosäure-Stoffwechsels (in der Bundesrepublik Deutschland eine Erkrankung auf 10 000 Neugeborene, Häufigkeit der nicht erkrankten Heterocygoten 1:50) ist die *Phenylketon-*

urie. Die Erkrankung beruht darauf, daß infolge des Fehlens der *Phenylalaninhydroxylase* in der Leber Phenylalanin nicht mehr in Tyrosin überführt werden kann, sondern sich in den verschiedensten Geweben sowie im Blut anhäuft. Der Phenylalaninabbau weicht auf andere Stoffwechselwege aus (Abb. 8-6). Durch Transaminierung kommt es zur Bildung der α-Ketosäure *Phenylpyruvat*, die der Erkrankung ihren Namen gegeben hat. Phenylpyruvat kann zu *Phenyllactat* reduziert oder zu *Phenylacetyl-CoA* oxidiert werden. Die letztere Verbindung findet sich in einer Reihe weiterer Abbauprodukte wie *Phenylacetat* und *Phenylacetylglutamin*. Eine weitere Folge des Enzymdefektes ist die Tatsache, daß die Aminosäure Tyrosin nun essentiell geworden ist.

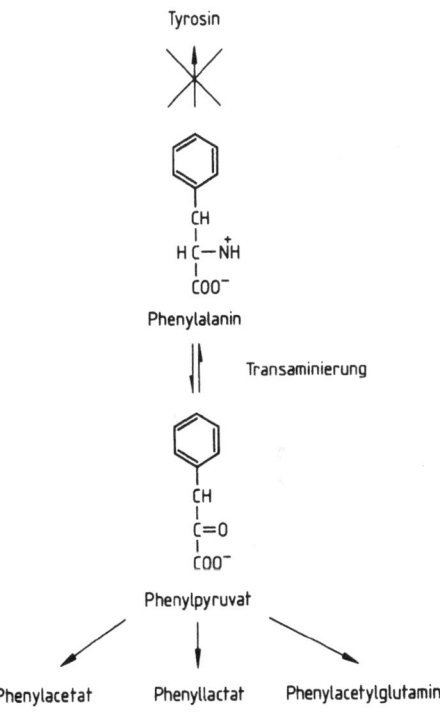

Abb. 8-6. Bei der Phenylketonurie entstehende toxische Abbauprodukte des Phenylalanin

Die bei dem fehlerhaften Abbau des Phenylalanins auftretenden Zwischenprodukte sind toxische Verbindungen, die speziell die *Myelinbildung* in den *Oligodendrocyten* beeinträchtigen. Mit diesem Befund wird eines der wichtigsten Symptome der Phenylketonurie, nämlich die defekte geistige Entwicklung der Betroffenen, erklärt.

Die einzig mögliche Therapie der Erkrankung besteht in der Zufuhr einer phenylalaninarmen Kost, so daß die Konzentrationen der beim Phenylalaninabbau entstehenden toxischen Metabolite möglichst gering bleiben. Eine derartige Diät gewährleistet eine normale geistige Entwicklung, vorausgesetzt, daß sie zum frühestmöglichen Zeitpunkt, nämlich ganz kurz nach der Geburt einsetzt. Aus diesem Grund wird allgemein in der Bundesrepublik durch entsprechende Suchteste bei allen Neugeborenen nach Phenylketonurie gesucht.

Aminosäuren und der Stoffwechsel von 1-Kohlenstoffresten

Der Abbau einer Reihe von Aminosäuren steht in enger Beziehung zum Stoffwechsel der sogenannten 1-Kohlenstoffreste, die im Organismus für eine Vielzahl von Biosynthesen von großer Bedeutung sind.
Abbildung 8-7 zeigt den Stoffwechsel der Aminosäure *Methionin*. Im Verlauf ihres Abbaus kondensiert diese mit ATP, wobei unter Abspaltung von Phosphat und Pyrophosphat das *S-Adenosylmethionin* entsteht. Hierdurch wird die S-Methylgruppierung besonders reaktiv und kann für eine Reihe von Biosynthesen benutzt werden. Hierzu gehört die Methylierung von *Histidinresten* in Proteinen sowie bestimmter Basen in der *DNA*. S-Adenosylmethionin-abhängige Methylierungen gehören darüber hinaus zur Biosynthese des *Kreatins* (s. S. 331), des *Adrenalins* (s. S. 268) sowie des *Cholins*. Das nach Abspaltung der Methylgruppe entstehende *S-Adenosylhomocystein* wird zu Adenosin und *Homocystein* gespalten. Im weiteren Verlauf des Abbaus überträgt Homocystein seine SH-Gruppe auf *Serin*, so daß *Cystein* und *Homoserin* entstehen, welch letzteres zu *Propionyl-CoA* abgebaut wird. Eine Alternative ist die Remethylierung zu Methionin (s. unten).
Wie aus Abb. 8-8 hervorgeht, liefern auch andere Aminosäuren *1-Kohlenstoffreste*, wobei allerdings als Überträger die *Tetrahydrofolsäure (FH 4)* (s. S. 236) dient. Die beim Histidin-Abbau entstehende *Formimino-Gruppierung* wird unter Bildung von *Formimino-FH 4* auf Tetrahydrofolat übertragen. Durch *Desaminierung* entsteht hieraus das N_5,N_{10}-*Methenyl-FH 4*. Dies kann zweimal reduziert werden, so daß N_5,N_{10}-*Methylen-FH 4* und N_5-*Methyl-FH 4* entstehen. Die wichtigste Quelle von folatgebundenen 1-Kohlenstoffresten ist sicher die *Hydroxymethylgruppe* des *Serins*, die zur Bildung von N_5,N_{10}-*Methylen-FH 4* führt. Aus *Methenyl-FH 4* entstehen die C-Atome 2 und 8 des *Purinkernes*, aus *Methylen-FH 4* die Methylgruppen des *Thymins* sowie des *Hydroxymethylcytosins*. Die Methylgruppe des Methyl-FH 4 wird ausschließlich zur Biosynthese von *Methionin* aus Homocystein benutzt und dient auf diese Weise einer ganzen Reihe von Methylierungsreaktionen (s. Abb. 8-7).

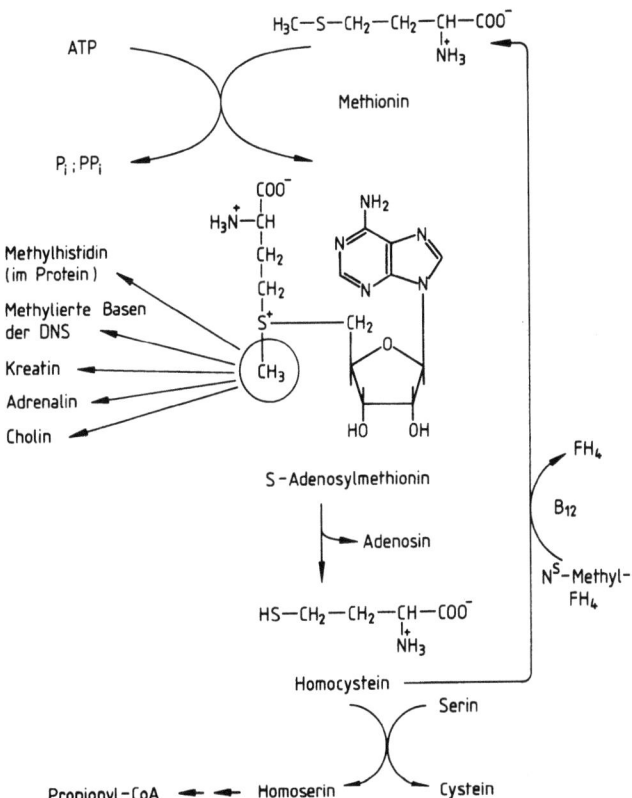

Abb. 8-7. Stoffwechsel der Aminosäure Methionin. Durch Reaktion mit ATP entsteht S-Adenosylmethionin, das als Methyldonator für eine Reihe von Biosynthesen dient. Nach Demethylierung entstandenes Homocystein kann entweder in einer Vitamin B_{12}-abhängigen Reaktion mit Methyl-Tetrahydrofolat remethyliert werden, oder seine SH-Gruppe unter Cysteinbildung auf Serin übertragen. Das dabei entstehende Homoserin wird zu Propionyl-CoA abgebaut

Stoffwechsel einzelner Aminosäuren

Stoffwechsel von Prolin und Hydroxyprolin. Abbildung 8-2 zeigt die Stoffwechselwege des *Prolins* und *Hydroxyprolins*. Der Abbau von Prolin beginnt mit einer NAD-abhängigen Oxidation des Stickstoffs, wonach die entstehende Doppelbindung hydrolytisch unter Bildung von Glutamat-γ-Semialdehyd gespalten wird. Dieser wird zu Glutamat oxidiert. Die einzelnen Schritte der Prolinbiosynthese ähneln dem Abbau. Allerdings ist beispielsweise für die Bildung des Glutamat-γ-Semialdehyds die Bildung eines Phosphorsäureanhydrids mit der Carboxylgruppe notwendig.

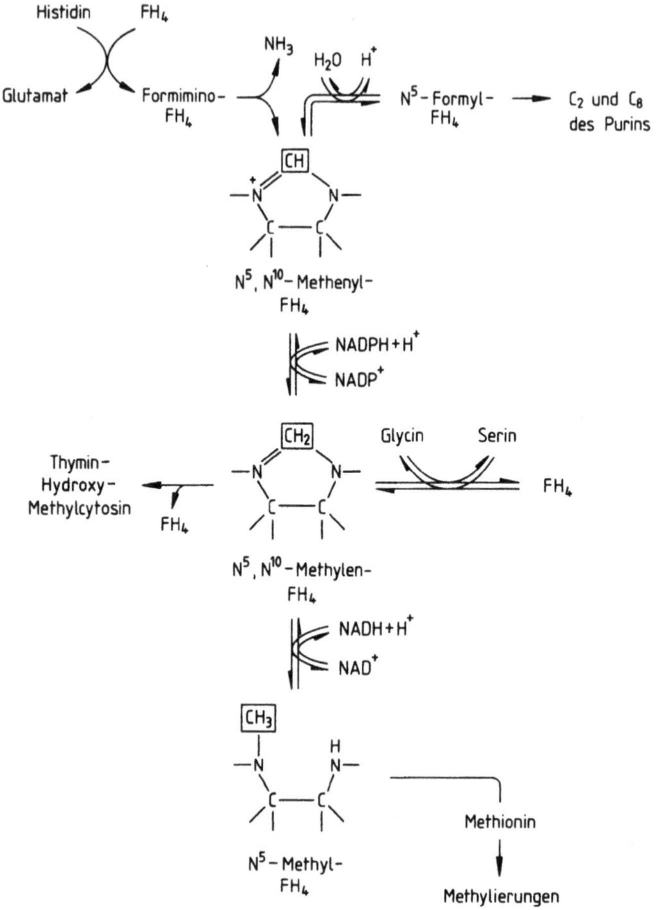

Abb. 8-8. Die Rolle von Tetrahydrofolat bei der Übertragung von 1-Kohlenstoffresten (Einzelheiten s. Text; die vollständige Struktur der Folsäure s. S. 236)

Die Aminosäure Prolin bzw. ihr Derivat Hydroxyprolin gehört zu den häufigsten Aminosäuren im *Collagen* und *Elastin* (bis 25% der Aminosäuren). Die Hydroxylierung des Prolins erfolgt dabei ausschließlich nach dessen Einbau in den Peptidverband durch eine *mischfunktionelle Oxigenase*. Diese benötigt molekularen Sauerstoff, Schwermetallionen und Ascorbinsäure als Donor der Reduktionsäquivalente. Freies Hydroxyprolin entsteht ausschließlich beim *Abbau* hydroxyprolinhaltiger Proteine. Es kann vom Organismus nicht weiter verstoffwechselt werden, sondern wird mit dem Urin ausgeschieden. Infolgedessen erlaubt die Höhe der Hydroxyprolin-Ausscheidung Rückschlüsse auf den Umsatz des Bindegewebes.

Stoffwechsel des Histidins. Abbildung 8-2 zeigt den Histidinstoffwechsel. Durch die *Histidase* wird zunächst die Aminogruppe am α-C-Atom als Ammoniak abgespalten. Das dabei entstehende *Imidazolacrylat* wird zum *Imidazolonpropionat* hydratisiert. Nun kann die hydrolytische Spaltung des Imidazolonringes erfolgen, es entsteht das *Formiminoglutamat*, welches nach Übertragung der Formiminogruppe auf Tetrahydrofolat (s. S. 236) in Glutamat übergeht.

Durch S-Adenosylmethionin-abhängige Methylierung können *Histidinreste* von Proteinen *methyliert* werden. Dies trifft in besonderem Umfang für die Muskelproteine *Actin* und *Myosin* zu. Ähnlich wie im Fall des Hydroxyprolin kann beim Abbau von Muskelprotein entstehendes *Methylhistidin* nicht weiter abgebaut werden, sondern wird im Urin ausgeschieden, so daß es dort als Indikator über den Proteinstoffwechsel der Muskulatur dienen kann.

Der Abbau der Aminosäure Tryptophan. Die wichtigsten Schritte im Abbau der Aminosäure Tryptophan sind in Abb. 8-9 dargestellt. Zunächst kommt es durch eine *Dioxigenase* zur Spaltung des Fünferringes und Abspaltung von *Ameisensäure*. Das dabei entstehende *Kynurenin* wird durch eine *Monooxigenase* in Position 3 hydroxyliert und danach von der Seitenkette des Kynurenins ein Alanin abgespalten, so daß *3-Hydroxyanthranilsäure* entsteht. Diese wird oxidativ durch eine *Dioxigenase* gespalten, das entstehende *Acroleyl-β-Aminofumarat* wird decarboxyliert und oxidativ desaminiert, so daß nach erneuter Oxidation α-*Ketoadipinsäure* entsteht. Diese α-Ketodicarbonsäure wird durch dehydrierende Decarboxylierung in *Glutaryl-Coenzym A* umgewandelt. Es wird oxidiert, decarboxyliert, hydratisiert und erneut oxidiert, so daß schließlich *Acetacetyl-CoA* entsteht.

Das beim Tryptophan-Abbau entstehende *Acroleyl-β-Aminofumarat* ist Ausgangspunkt für die Biosynthese von *Nikotinsäure-Mononucleotid*. Unter Wasserabspaltung entsteht aus Acroleyl-β-Aminofumarat die Chinolinsäure (Abb. 8-9), die unter Anlagerung von Phosphoribosylpyrophosphat (s. S. 184) und Decarboxylierung in *Nikotinsäuremononucleotid* übergeht. Damit ist der Organismus imstande, das Vitamin Nikotinsäure auch beim Tryptophan-Abbau zu synthetisieren. Allerdings werden 3,7 mmol Nahrungstryptophan benötigt, um nur 0,1 mmol Nikotinsäure zu ersetzen. Unter den üblichen Ernährungsbedingungen reicht damit die Tryptophan-Zufuhr mit der Nahrung nicht aus, um einen Nikotinsäure-Mangel zu verhindern.

Der Stoffwechsel der schwefelhaltigen Aminosäuren und die Biosynthese schwefelhaltiger Verbindungen. Abbildung 8-7 zeigt die engen Stoffwechselbeziehungen der beiden schwefelhaltigen Aminosäuren *Methionin* und

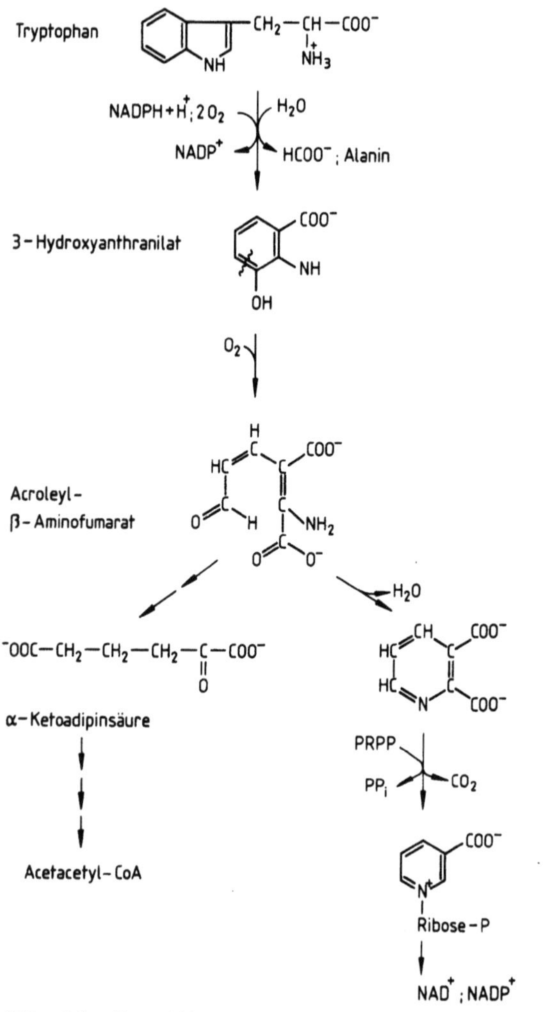

Abb. 8-9. Der Abbau des Tryptophans. Aus dem mit zweimaliger Ringspaltung entstehenden Acroleyl-β-Aminofumarat entsteht entweder Acetacetyl-CoA oder die Chinolinsäure, die decarboxyliert und phosphoribosyliert wird, so daß Nikotinsäuremononucleotid entsteht. Dieses kann für die NAD-Biosynthese verwendet werden

Cystein. Die Aminosäure Methionin dient nach Aktivierung zu S-Adenosyl-Methionin als Donor von Methylgruppen für eine Reihe von Reaktionen (s. S. 132). Nach Abspaltung des Adenosinrestes entsteht aus ihr die Aminosäure *Homocystein.* In einem cyclischen Prozeß erfolgt die Remethylierung zu Methionin. Diese Reaktion, die nur in Anwesenheit von Methyl-

Cobalamin (Vitamin B_{12}) erfolgt, benötigt N^5-Methyl-Tetrahydrofolsäure als Donator der Methylgruppe. Eine Alternative ist der Austausch der SH-Gruppe des Homocysteins gegen die OH-Gruppe des Serins. Dabei entsteht die Aminosäure *Cystein* sowie das *Homoserin*, welches zu *Propionyl-CoA* abgebaut werden kann. Cystein wird zu Pyruvat abgebaut, wozu im Prinzip zwei Stoffwechselwege zur Verfügung stehen. Durch α-β-Elimination entsteht unter Abspaltung von H_2S *Aminoacrylat*, das hydrolytisch unter Freisetzung Ammoniak zu Pyruvat abgebaut wird. Eine andere Möglichkeit ist die Transaminierung des Cysteins zu *Mercaptopyruvat*, wonach die Mercapto-Gruppierung unter *Thiosulfat*-Bildung auf Sulfid übertragen wird und Pyruvat entsteht. Aus H_2S bzw. $S_2O_3^{2-}$ kann Sulfat entstehen.

Durch Oxidation der SH-Gruppe des Cysteins zur Sulfonat-Gruppe entsteht nach Decarboxylierung das *Taurin*

$H_2N-CH_2-CH_2-SO_3^-$

Kopplungen an Taurin dienen der Verbesserung der Ausscheidungsfähigkeit der verschiedensten Verbindungen. Das bekannteste Beispiel ist die Taurocholsäure (s. S. 169).

Ein Teil des beim Cysteinabbau entstehenden Sulfates wird als anorganischer Schwefel im Urin ausgeschieden. Daneben kann Sulfat nach Aktivierung zum Phosphoadenosylphosphosulfat (Abb. 8-10) für *Sulfatierungs-Reaktionen* verwendet werden. So werden beispielsweise eine Reihe körpereigener und körperfremder Substanzen durch PAPS-abhängige Sulfatierungen ausscheidungsfähig genannt. PAPS dient darüber hinaus zur Biosynthese sulfatierter Verbindungen, wie beispielsweise der *Glykosaminoglykane* sowie der *sulfatierten Cerebroside*.

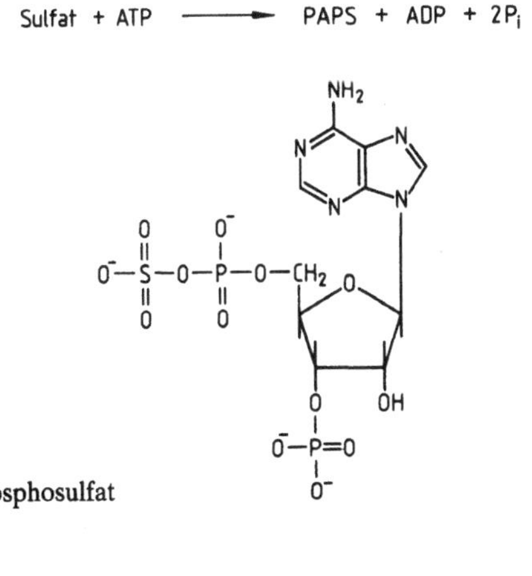

Sulfat + ATP ⟶ PAPS + ADP + $2P_i$

Abb. 8-10. 3'-Phospho-Adenosin-5'-Phosphosulfat

9 Stoffwechsel des Organismus bei Nahrungsmangel: Wechselbeziehungen des Kohlenhydrat-, Fett- und Proteinstoffwechsels

Bei Überschuß an Nahrungsmitteln ist der tierische Organismus imstande, diese in großem Umfang in Form von *Glykogen, Triacylglycerinen* und wenigstens teilweise als *Protein* intrazellulär zu speichern (Tabelle 9-1).

Tabelle 9-1. Substratspeicherung bei normalgewichtigen und fettsüchtigen Menschen (nach Cahill aus Löffler G., Petrides P., Weiß L., Harper H., Physiologische Chemie, 2. Auflage. Berlin, Heidelberg, New York: Springer 1979)

	Normalgewichtig		Fettsüchtig	
	Menge (g)	Brennwert (kJ)	Menge (g)	Brennwert (kJ)
Triacylglycerine (Fettgewebe)	15 000	590 000	bis 80 000	3 160 000
Glykogen (Muskel, Leber)	400	7 000	400	7 000
Protein (Muskel)	6 000	101 000	8 000	134 000

Diese Fähigkeit zur Substratspeicherung erhöht die Überlebenschancen tierischer Organismen beträchtlich, da sie wenigstens über Zeiträume bis zu einigen Wochen eine weitgehende Unabhängigkeit von kontinuierlicher Nahrungszufuhr gewährleistet. In diesem Fall wird die Energiegewinnung aus den Bestandteilen der Nahrung durch den Abbau und die Oxidation der intrazellulär gespeicherten Substrate ersetzt. Allerdings muß hierbei der Tatsache Rechnung getragen werden, daß die verschiedenen Gewebe des Organismus in verschiedenem Umfang zur Ausnützung von Kohlenhydraten, Fetten bzw. Proteinen für die Deckung des Energiebedarfs imstande sind. So verfügen die *Erythrocyten* und die Zellen des *Nierenmarkes* von vornherein nicht über die enzymatische Ausstattung zur Oxidation von Fettsäuren. Sie sind auf Energiegewinnung durch Glykolyse angewiesen. Etwas ähnliches gilt für das *Nervengewebe*. Unter normalen Umständen deckt es seinen Energiebedarf ausschließlich durch die Oxidation von

Glucose. Es ist nicht imstande, Fettsäuren abzubauen, erlangt jedoch nach langdauernden Hungerperioden wenigstens die Fähigkeit zur Energiegewinnung aus den Ketonkörpern.

Abbildung 9-1 zeigt die nach 24stündigem Hunger im menschlichen Organismus gefundenen Substratflüsse. Die Hauptenergiequelle stellen offensichtlich die *Acylglycerine* des *Fettgewebes* dar. Auf 24 Stunden bezogen liefert es 160 g Triacylglycerine, die zu drei Vierteln in den extrahepatischen Geweben wie Herzmuskel, Nieren, Skelettmuskulatur usw. zu CO_2 und H_2O abgebaut werden. Das letzte Viertel gelangt in die Leber. Von der Leber nicht zur Deckung des Energiebedarfs benötigte Fettsäuren werden dort in *Ketonkörper* umgewandelt, an das Blut abgegeben und ebenfalls von extrahepatischen Geweben oxidiert. Insgesamt liefert der Abbau von Triacylglycerinen aus dem Fettgewebe unter diesen Stoffwechselbedingungen etwa 83% des Energieumsatzes von 7500 kJ (1800 kcal). Für die auf Glucosezufuhr angewiesenen Gewebe werden im Hungerzustand von der Leber 180 g Glucose/24 Std. abgegeben. Diese Glucose entsteht durch Abbau des lebereigenen *Glykogens* sowie durch *Glucoseneusynthese (Gluconeogenese,* s. S. 146) aus den durch Abbau von 75 g Muskelprotein entstehenden *Aminosäuren*. Etwa 140 g Glucose werden vom *Nervensystem* zur Deckung des Energiebedarfs benötigt und zu CO_2 und Wasser oxidiert. Der Rest von 40 g wird vor allem in *Erythrocyten* und dem *Nierenmark* glykolytisch zerlegt und das dabei entstehende *Lactat* auf dem Blutweg zur

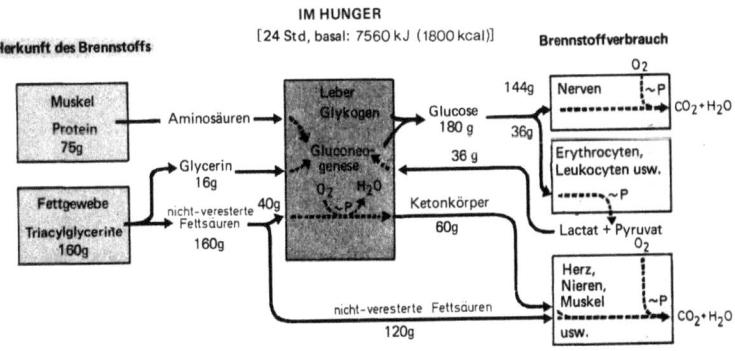

Abb. 9-1. Substratumsatz beim stoffwechselgesunden Menschen nach 24stündigem Fasten. Muskulatur und Fettgewebe liefern in Form von Aminosäuren, Glycerin und nichtveresterten Fettsäuren Substrate zur Deckung des Energiebedarfs von Nerven, Erythrocyten, Leucocyten, Herzmuskel, Nieren und Skelettmuskulatur (nach Cahill aus Löffler G., Petrides P., Weiß L., Harper H., Physiologische Chemie, 2. Auflage. Berlin, Heidelberg, New York: Springer 1979)

Leber gebracht, wo es ebenfalls als Substrat für die Glucoseneusynthese dient.

Dauert der Hungerzustand länger an, so gewinnt das *Zentralnervensystem* die Fähigkeit, *Ketonkörper* zur Deckung des Energiebedarfs oxidieren zu können. Damit verringert sich der Glucosebedarf des Zentralnervensystems auf etwa 40 g/24 Std. Da bei langdauerndem Hunger die Glykogenvorräte auf sehr niedrige Spiegel abgesunken sind, muß die gesamte dann vom Zentralnervensystem benötigte Glucosemenge durch *Glucosesynthese* in Leber und Nieren bereitgestellt werden. Das Substrat hierfür liefern neben dem bei der Lipolyse im Fettgewebe entstehenden *Glycerin* die aus dem täglichen Abbau von 20 g Muskelprotein entstehenden *Aminosäuren*.

Aus diesen am fastenden Menschen durch direkte Messungen gewonnenen Daten wird klar, daß beim Hunger die Hauptenergielieferanten die *Triacylglycerine* des Fettgewebes, das *Glykogen* der Leber sowie das *Protein* der Muskulatur ist. Diese drei Organe stellen den gesamten Energiebedarf des Organismus sicher. Ein kompliziertes System der Wechselwirkungen zwischen Fett-, Kohlenhydrat- und Proteinstoffwechsel sorgt dafür, daß die Mobilisierung der entsprechenden Substrate genau dem Bedarf der verschiedenen Organe und Gewebe des Organismus entspricht. Die hierzu notwendige Regulation erfolgt sowohl auf der Ebene der intrazellulären Wechselwirkungen zwischen einzelnen Stoffwechselwegen wie auch übergeordnet durch die verschiedenen, den Hungerstoffwechsel regulierenden Hormone (s. S. 263f.).

Der Lipidstoffwechsel im Hunger

Das primäre Ereignis beim Einsetzen des Hungerstoffwechsels ist ein leichtes Absinken der Glucosekonzentration im Blut sowie damit verbunden eine Abnahme der Insulinsekretion mit Überwiegen *Insulin-antagonistischer Hormone* (s. S. 267). Diese Konstellation führt am Fettgewebe (s. S. 324) zu einer raschen Zunahme der *Lipolysegeschwindigkeit,* wobei nichtveresterte *Fettsäuren* und *Glycerin* entstehen. Beide Verbindungen werden ans Blut abgegeben. Glycerin ist gut wasserlöslich, die schwer wasserlöslichen Fettsäuren bedienen sich des Serumalbumins als Transportvehikel. Die Fettsäurekonzentration steigt im Hunger auf etwa das Dreifache des Normalwertes an.

In den extrahepatischen Geweben und der Leber besteht eine Proportionalität zwischen der Geschwindigkeit der Fettsäureaufnahme und ihrer Plasmakonzentration. In der Skelettmuskulatur, dem Herzmuskel sowie den Nieren werden die aufgenommenen Fettsäuren zum größten Teil durch *β-Oxidation* oxidiert und das dabei entstehende Acetyl-CoA im *Citratcyclus* zu CO_2 und Wasser umgewandelt. Aufgrund des erhöhten Stoffdurchsatzes durch die genannten Stoffwechselwege ändern sich die Konzentrationen einiger wichtiger Zwischenprodukte. So kommt es beispielsweise zu einer Konzentrationszunahme an *Acetyl-CoA* und *Citrat*, was wichtige Konsequenzen für den Glucoseumsatz hat (s. unten).

In den genannten Geweben entspricht die Fähigkeit zur Fettsäureaufnahme und β-Oxidation der Kapazität des Citratcyclus zum endgültigen Abbau der entstehenden Acetyl-Einheiten. In der *Leber* liegen dagegen die Verhältnisse anders. Auch hier werden Fettsäuren konzentrationsabhängig aus dem Blut aufgenommen und durch β-Oxidation oxidiert. Schon die dabei in Form von NADH und $FADH_2$ anfallenden Reduktionsäquivalente können nur langsam reoxidiert werden, so daß es zu einer Verschiebung der Verhältnisse von $NADH/NAD^+$ und $FADH_2/FAD$ kommt. Das Überwiegen reduzierter Wasserstoff-übertragender Coenzyme bewirkt eine *Verlangsamung* der Umsatzgeschwindigkeit im *Citratcyclus*, was eine Behinderung der Oxidation von Acetylresten zur Folge hat. Dies führt zu einer markanten Zunahme der Acetyl-CoA-Konzentration in der Leberzelle. Sie wird durch einen für die Leber spezifischen Stoffwechselweg abgebaut, nämlich die *Biosynthese* von *Acetacetat* als dem ersten Produkt bei der Ketonkörperbiosynthese (s. S. 108).

Durch die Bildung von *Acetacetat* und *β-Hydroxybutyrat* leistet die Leber einen wichtigen Beitrag zur Energieversorgung des Organismus. 30–40% der im Fettgewebe freigesetzten Fettsäuren werden in der Leber in Ketonkörper umgewandelt. Steigt die Geschwindigkeit der β-Oxidation infolge steigenden Fettsäureangebotes an, so nimmt die Reduktion von Acetacetat zu β-Hydroxybutyrat einen immer größeren Umfang an, d. h. der Quotient β-Hydroxybutyrat/Acetacetat nimmt zu. Der biologische Vorteil dieser Reduktion besteht darin, daß NADH, welches nicht mehr in der Atmungskette reoxidiert werden kann, auf diese Weise im β-Hydroxybutyrat fixiert wird.

Die Geschwindigkeit der Ketonkörperbiosynthese ist beträchtlich. Mit 30–40% der insgesamt freigesetzten Fettsäuren erreicht sie in der menschlichen Leber bei kürzer- bzw. längerfristigem Hunger Werte von 50–60 g/ 24 Std.

Ketonkörper können in vielen extrahepatischen Geweben, vor allem in dem *Skelettmuskel*, dem *Herzmuskel* und den *Nieren* zur Deckung des Energiebedarfs oxidiert werden. Der in der Leber in Form des *β-Hydroxybutyrat* fixierte überschüssige NADH-Wasserstoff wird dabei durch die vor der Acetacetat-Aktivierung notwendige Oxidation von β-Hydroxybutyrat zu *Acetacetat* umgekehrt. Das dabei gebildete NADH dient in den extrahepatischen Geweben als weiteres Substrat zur Deckung des Energiebedarfs (s. S. 87). Auch das *Zentralnervensystem,* das zunächst auf die alleinige

Oxidation von Glucose zur Deckung des Energiebedarfs eingestellt ist, gewinnt nach längerem Hungern die Fähigkeit zur *Ketonkörperoxidation* und deckt dann damit einen beträchtlichen Anteil seines Energieverbrauches. Offensichtlich werden die für die Ketonkörperoxidation notwendigen Enzyme durch ihr eigenes Substrat induziert.

Der Kohlenhydratstoffwechsel im Hunger

Die meisten Gewebe des tierischen Organismus haben keinerlei Probleme, zur Deckung ihres Energiebedarfes statt Glucose unveresterte Fettsäuren zu verwenden. Dies trifft besonders für mengenmäßig so wichtige Organe wie die Skelettmuskulatur, die Leber, die Nieren oder den Herzmuskel zu. Auf der anderen Seite gibt es jedoch eine Reihe von Zellen, die aufgrund ihrer spezifischen enzymatischen Ausstattung nicht oder nur nach längerer Adaptation zur Oxidation von Lipiden oder deren Umwandlungsprodukten imstande sind. Die Erythrocyten und das Nierenmark betreiben aufgrund ihrer spezifischen Ausrüstung ausschließlich die Glykolyse zu Lactat zur Deckung ihres Energiebedarfs. Auch das Nervensystem gewinnt unter den normalen Bedingungen seine Energie ausschließlich durch oxidativen Abbau von Glucose. Erst nach *langdauerndem Hunger* gewinnt es die Fähigkeit zur Ketonkörperoxidation und wird damit wenigstens teilweise von einer permanenten Glucosezufuhr unabhängig.

Das eigentlich für den Hungerzustand typische Problem des tierischen Organismus ist daher die Notwendigkeit, während kürzerer und erst recht längerer Hungerperioden *Glucose* in entsprechendem Umfang zur Deckung des Energiebedarfs der drei genannten Gewebe bereitzustellen.

Zunächst einmal wird hierzu auf die *Glykogenvorräte* zurückgegriffen. Mengenmäßig kommt hierfür nur das Leber- bzw. Muskelglykogen in Frage. Nach vollständiger Auffüllung der Glykogenspeicher durch eine kohlenhydratreiche Mahlzeit kann die Konzentration des *Leberglykogens* maximal 100 mg/g, diejenige des *Muskelglykogens* maximal 10 mg/g erreichen. Damit lassen sich in der menschlichen Leber maximal 150 g, in der Skelettmuskulatur maximal 250 g, alles zusammen 400 g Glykogen vom menschlichen Organismus speichern. Allerdings ist bei dieser Kalkulation zu berücksichtigen, daß akut zur Aufrechterhaltung der Blutglucosekonzentration nur das *Leberglykogen* brauchbar ist. Die Leber ist nämlich das einzige Gewebe, das über ausreichende Aktivitäten des Enzyms *Glucose-6-Phosphatase* verfügt, das Glucose-6-Phosphat in Glucose umwandelt, das dann von der Leber abgegeben werden kann. In der Skelettmuskulatur fehlt die Glucose-6-Phosphatase, hier wird Glykogen im wesentlichen zur Deckung des Energiebedarfs der Muskelzelle abgebaut, zu einem beträchtlichen Teil jedoch allerdings nur bis auf die Stufe des *Lactats*. Dieses kann von der Muskulatur abgegeben, von der Leber wieder aufgenommen und für die Glucoseneusynthese (s. u.) verwendet werden. Berücksichtigt man die Tatsache, daß während kürzerer Hungerperioden (einige Tage) die Glucoseproduktion der menschlichen Leber etwa 180 g/24 Std., nach mehrwöchigem Hunger immer noch 80 g/24 Std. beträgt, so wird klar, daß auf die Dauer Glykogen nur einen geringen Beitrag zur Aufrechterhaltung normaler Blutglucosekonzentrationen leisten kann.

Von wesentlich größerer Bedeutung hierfür ist die Glucoseneusynthese aus Nicht-Kohlenhydratvorstufen, die *Gluconeogenese* (s. S. 146). Wichtige Substrate für diese Syntheseleistung sind das von den verschiedensten Geweben abgegebene *Lactat,* das während der Lipolyse vom Fettgewebe freigesetzte *Glycerin* sowie die *glucogenen Aminosäuren*. So dienen zur Deckung des Glucosebedarfs bei kurzfristigem Hunger etwa 16 g Glycerin aus dem Fettgewebe sowie die bei der Proteolyse von 75 g Muskelprotein entstehenden Aminosäuren. Während die Glycerinfreisetzungsrate auch bei langdauernden Hungerperioden in etwa konstant bleibt (wenigstens solange, bis alles Fettgewebe aufgebraucht ist) nimmt die Proteolyserate der Muskulatur deutlich ab und liegt nach etwa sechswöchigem Hunger bei 20 g/ 24 Std. Diese Reduzierung der für die Glucoseproduktion notwendigen Proteolyse wird dadurch ermöglicht, daß das Zentralnervensystem zu diesem Zeitpunkt die Fähigkeit erlangt hat, alternativ zur Glucose *Ketonkörper* zu oxidieren.

Die in Abb. 9-2 dargestellten Regulationsvorgänge stellen sicher, daß bei steigendem *Fettsäureangebot* in den extrahepatischen Geweben und der Leber entsprechend weniger Glucose zur Deckung des Energiebedarfs herangezogen wird, obwohl die Glucosekonzentration in der extrazellulären Flüssigkeit sich nicht wesentlich verringert. Von den *extrahepatischen Geweben* werden *Fettsäuren* konzentrationsabhängig aufgenommen und rasch aktiviert sowie der β-Oxidation unterzogen. Die dabei in vermehrtem Umfang gebildeten Acetylreste gelangen in den Citratcyclus, wodurch es nicht nur zu einer Konzentrationszunahme von *Acetyl-CoA,* sondern auch von *Citrat* kommt. Beide Metabolite der Fettsäureoxidation wirken als allosterische Effektoren auf Schlüsselenzyme des Glucosestoffwechsels. So hemmt *Acetyl-CoA* im Sinne einer Endprodukthemmung die *Pyruvatdehydrogenase. Citrat* ist zusätzlich ein wirksamer allosterischer Hemmstoff der *Phosphofructokinase*. Beide Effektoren bewirken damit eine Verlangsamung der Glykolyse mit einem Anstau der Glykolysezwischenprodukte oberhalb des Fructose-1,6-Bisphosphats. Das dadurch in erhöhter Konzentration vorliegende *Glucose-6-Phosphat* hemmt schließlich die *Hexokinase,* so daß Glucose gar nicht mehr phosphoryliert, sondern für den Bedarf der obligaten Glucoseverwerter gespart wird.

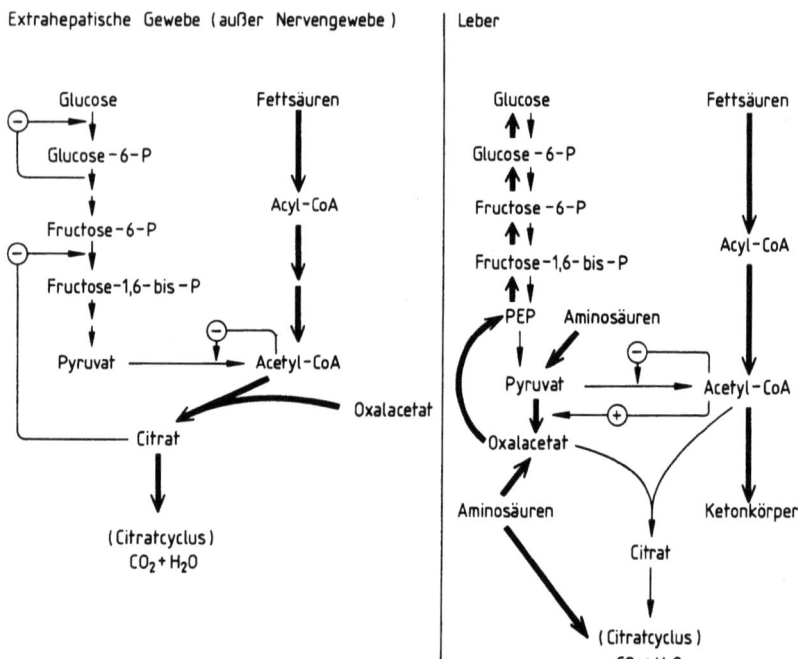

Abb. 9-2. Wechselbeziehungen zwischen Kohlenhydrat- und Fettstoffwechsel bei Hunger. In den extrahepatischen Geweben stellen Fettsäuren das wesentliche Substrat zur Deckung des Energiebedarfes. Eine Glucoseeinsparung ergibt sich dadurch, daß die beim Fettsäureabbau sich anhäufenden Metabolite Acetyl-CoA und Citrat die Pyruvatdehydrogenase bzw. die Phosphofructokinase als allosterische Effektoren hemmen. Dadurch sich anhäufendes Glucose-6-Phosphat ist darüber hinaus ein allosterischer Inhibitor der Hexokinase. In der Leber erfolgt eine Oxidation der Fettsäuren zu Acetyl-CoA und daraus eine vermehrte Ketonkörperbiosynthese. Acetyl-CoA ist auch hier ein negativer allosterischer Effektor der Pyruvatdehydrogenase, stimuliert jedoch die Aktivität der Pyruvat-Carboxylase, so daß vermehrt gebildetes Oxalacetat für die Gluconeogenese verwendet werden kann

Auch in der Leber kommt es zur konzentrationsabhängigen Aufnahme und Oxidation von Fettsäuren mit Anhäufung von Acetyl-CoA. Typischerweise ist hier jedoch die gesteigerte β-Oxidation mit einer deutlichen Verlangsamung des Citratcyclus vergesellschaftet. Der Grund hierfür liegt offensichtlich darin, daß bereits durch die β-Oxidation mehr reduzierte Coenzyme anfallen als durch die Atmungskette reoxidiert werden können, so daß der Citratcyclus infolge eines Mangels an NAD^+ und FAD zum Erliegen kommt. Als einzige Alternative bleibt dem Acetyl-CoA der Ausweg in die *Ketonkörperbiosynthese.* Ähnlich wie in den extrahepatischen Geweben führt ein Anstieg der Acetyl-CoA-Konzentration in der Leber zu einer Hemmung der *Pyruvatdehydrogenase*. Gleichzeitig kommt es jedoch zu einer allosterischen Aktivierung der *Pyruvatcarboxylase*, welche die ATP-abhängige Bildung von Oxalacetat aus Pyruvat katalysiert, wie sie in der folgenden Gleichung dargestellt ist:

$$\text{Pyruvat} + CO_2 + \text{ATP} \to \text{Oxalacetat} + \text{ADP} + P_i$$

Für den Substratdurchlauf durch den Citratcyclus hat diese vermehrte Bildung von Oxalacetat wegen des Mangels an oxidierten Wasserstoff-übertragenden Coenzymen keinerlei Bedeutung. Oxalacetat, das auch aus glucogenen Aminosäuren entstehen kann (s. S. 122) dient aber als Substrat der Phosphoenolpyruvatbildung und öffnet damit den Weg zur *Glucoseneusynthese*. Damit sind wir bei einer für die Leber spezifischen Beziehung zwischen Kohlenhydrat- und Fettstoffwechsel: Gesteigerter Abbau von Fettsäuren führt zu einer Stimulierung der Gluconeogenese, eine für die Tolerierung längerer Hungerperioden äußerst sinnvolle Konstellation. Über die hormonelle Regulation des Kohlenhydrat- und Fettstoffwechsels im Hunger s. S. 263f.

Der Proteinstoffwechsel im Hunger

Die aus der *Proteolyse* im wesentlichen des Muskelproteins entstehenden *glucogenen Aminosäuren* sind wichtige Substrate für die im Hungerzustand notwendige Glucoseneusynthese. Dabei sind für den Organismus zwei Gesichtspunkte von großer Bedeutung: Einmal muß die Geschwindigkeit der Proteolyse genau dem jeweiligen Glucosebedarf angepaßt sein und zum anderen sollte die Proteolyse in einer gewissen „hierarchischen Ordnung" erfolgen, d. h. zunächst die am leichtesten entbehrlichen Proteine verwendet werden. Über die genaue Regulation dieser Mechanismen ist noch wenig bekannt. Man weiß lediglich, daß die in der Nebennierenrinde synthetisierten Steroidhormone mit *glucocorticoider Wirkung* hierbei eine essentielle Rolle spielen. *Cortisol* als Hauptvertreter dieser Gruppe führt auf noch unbekannten Mechanismen an extrahepatischen Geweben, vor allem an der Skelettmuskulatur sowie dem lymphatischen Gewebe, zu einer mit starken Gewebsverlusten einhergehenden *Proteolyse*. Die dabei freigesetzten Aminosäuren dienen nur zum Teil der Deckung des Energiebedarfs der Muskulatur selber. In großem Umfang werden sie ans Blut abgegeben und an die Leber transportiert, wo sie für die *Glucoseneusynthese* verwendet werden. Auch hier spielen Glucocorticoidhormone eine wichtige Rolle. In der Leber stimulieren sie die Biosynthese der *Schlüsselenzyme* des Aminosäurestoffwechsels sowie der Gluconeogenese. Es handelt sich vor allem um gewisse *Transaminasen* sowie die *Pyruvatcarboxylase, Phosphoenolpyruvat-Carboxykinase, Fructose-1-6-Bisphosphatase* sowie *Glucose-6-Phosphatase* (s. S. 147). Für die Glucoseneusynthese steht theoretisch das Protein aus 20–25 kg Muskulatur, also 6–8 kg Protein zur Verfügung. Dabei ist jedoch zu beachten, daß dieses Protein nicht wie die anderen Speichervorräte des Organismus nahezu vollständig aufgebraucht werden kann. Es stellt in großem Umfang sogenanntes Strukturprotein dar und wird darüber hinaus für essentielle Vorgänge (Enzymkatalyse, Muskelkontraktion) benötigt. Man kann im allgemeinen davon ausgehen, daß durch einen Verlust von 30–50% des Körperproteins zum Tod führende Schädigungen des Organismus eintreten.

Untersucht man während Fastenperioden die Aminosäurekonzentration im muskulär venösen Blut, so findet sich im allgemeinen eine Erhöhung der Konzentration nahezu sämtlicher Aminosäuren. Die Aminosäuren *Alanin* und *Glutamin* steigen jedoch viel mehr an, als nach ihrer relativen Häufigkeit in den Proteinen der Muskelzelle zu erwarten wäre. Der Grund hierfür liegt in den in Abb. 7-6 dargestellten Verhältnissen. Beide Aminosäuren dienen nämlich als Transporteure von *Aminogruppen,* die während des Aminosäureabbaus in der Muskelzelle selbst entstehen und in Form von Ammoniak toxisch wirken würden. So entsteht das überproportional gebildete Alanin durch Transaminierung von Pyruvat, das Glutamin durch ATP-abhängige Amidierung von Glutamat (Glutaminsynthetase). Beide Aminosäuren gelangen an die Leber, wo durch Umkehr dieser Prozesse (Transaminierung; Desaminierung von Glutamin zu Glutamat unter Freisetzung von Ammoniak) die Rückreaktionen beschritten werden. Das dabei freigesetzte Pyruvat bzw. Glutamat dient als Substrate für die Glucoseneusynthese (Gluconeogenese).

Die Gluconeogenese

Abbildung 9-3 zeigt die Einzelreaktionen der Glucosesynthese oder Gluconeogenese. Prinzipiell werden für diese Reaktion dieselben enzymatischen Schritte wie für die Glykolyse, jedoch in umgekehrter Richtung benutzt. Drei Reaktionen der Glykolyse stellen aber für die „Aufwärtsreaktion" eine unüberwindliche thermodynamische Barriere dar. Es handelt sich um die *Pyruvatkinase,* die Phosphofructokinase sowie die *Hexokinase* bzw. *Glucokinase.* Das Gleichgewicht der genannten Reaktionen liegt weit auf der für die Glykolyse benötigten Seite, so daß die Benutzung dieser Enzyme für die Synthesereaktion von vornherein ausscheidet.

Die Pyruvatkinase-Reaktion muß unter erheblichem Aufwand durch folgende Reaktionen umgangen werden:

Pyruvat + ATP + CO$_2$ → Oxalacetat + ADP + P;
Oxalacetat + GTP ⇌ Phosphoenolpyruvat + GDP + CO$_2$

In der ersten durch die *Pyruvatcarboxylase* katalysierten Reaktion wird unter Verbrauch von ATP in einer biotinabhängigen Reaktion (s. S. 233) Pyruvat unter Bildung von *Oxalacetat* carboxyliert. Die Abspaltung dieser Carboxylgruppe in der nun folgenden *Phosphoenolpyruvat-Carboxykinase*-Reaktion ermöglicht die unter *GTP-Verbrauch* erfolgende Synthese von *Phosphoenolpyruvat* aus Oxalacetat. Damit ist für die Umgehung der Pyruvatkinase-Reaktion der Verbrauch von 2 energiereichen Bindungen notwendig.

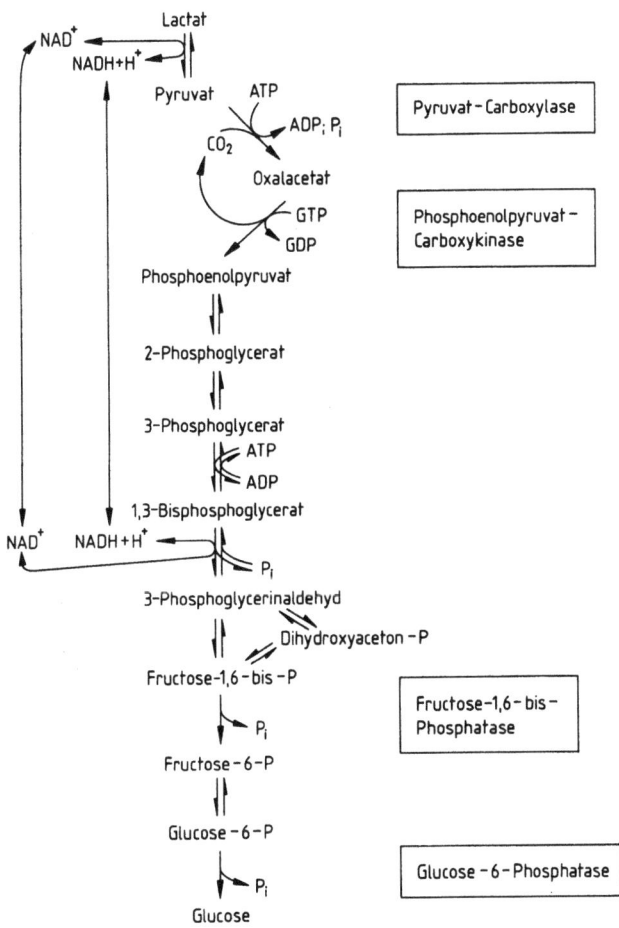

Abb. 9-3. Die Einzelreaktionen der Gluconeogenese (Einzelheiten s. Text)

Bis zur Phosphofructokinase-Reaktion sind die nun folgenden Reaktionen der Glucosesynthese identisch mit den entsprechenden Reaktionen der Glykolyse, nur daß sie in umgekehrter Richtung verlaufen. Da die Phosphofructokinase unter physiologischen Bedingungen praktisch irreversibel ist, erfolgt die Bildung von *Fructose-6-Phosphat* aus Fructose-1,6-Bisphosphat unter Einwirkung der *Fructose-Bisphosphatase* als einfache Dephosphorylierung:

$$\text{Fructose-1,6-Bisphosphat} + H_2O \rightarrow \text{Fructose-6-Phosphat} + P_i$$

Das gleiche gilt für die letzte, praktisch irreversible Reaktion der Glykolyse, die *Hexo- (bzw. Gluco-)Kinase,* die durch die *Glucose-6-Phosphatase* umgangen wird:

$$\text{Glucose-6-Phosphat} + H_2O \rightarrow \text{Glucose} + P_i$$

Die Kapazität der verschiedenen Gewebe zur Gluconeogenese ist sehr unterschiedlich. Während sich in Muskulatur und Fettgewebe nur äußerst geringe Mengen der Gluconeogenese-Enzyme nachweisen lassen, ist deren Aktivität in den *Nieren* und vor allem der *Leber* beträchtlich, so daß diese beiden Gewebe für nahezu 100% der Glucoseneusynthese verantwortlich sind. Beim Menschen liegt ihre Gesamtkapazität bei maximal 180–200 g Glucose/24 Std.

10 Substratspeicherung: Biosynthese von Glykogen und Triacylglycerinen

Die Speicherung von Kohlenhydraten

Bei ausgeglichener Ernährung tragen Kohlenhydrate zu mehr als 50% zur Deckung des Energiebedarfs des Organismus bei. Darüber hinaus können sie als Bausteine für die Biosynthese der meisten anderen körpereigenen Verbindungen dienen. So können aus Nahrungskohlenhydraten nicht nur die komplexen Kohlenhydratseitenketten von Glykoproteinen sowie Glykosaminoglykane synthetisiert werden. Aufgrund der Tatsache, daß Glucose letztendlich zu Acetyl-CoA abgebaut werden kann, kann sie den Kohlenstoff für die Biosynthese aller der Verbindungen liefern, die sich von der aktivierten Essigsäure ableiten. Hierzu gehören Fettsäuren und Steroide, daneben eine Reihe von nichtessentiellen Aminosäuren, Purin- und Pyrimidinnucleotide usw.

Angesichts dieser allgemeinen Bedeutung der Kohlenhydrate ist es nicht verwunderlich, daß dem Organismus Mechanismen zur Verfügung stehen, die bei einem Überangebot an Kohlenhydraten ihre Speicherung in Form eines Polymeren, des Glykogens, erlauben.

Die Einzelreaktionen der Glykogenbiosynthese

Die Einzelreaktionen der Glykogenbiosynthese nehmen von der *Glucose* bzw. dem *Glucose-6-Phosphat* ihren Ausgang (Abb. 10-1). Glucose wird dabei zunächst mit Hilfe der ATP-abhängigen *Hexokinase* bzw. im Fall der Leber durch die *Glucokinase* zu Glucose-6-Phosphat phosphoryliert. Durch die Aktivität der *Phosphoglucomutase* erfolgt im nächsten Schritt eine Umlagerung des Phosphatrestes, so daß *Glucose-1-Phosphat* entsteht. Wie bei nahezu allen Biosynthesen im Bereich des Kohlenhydratstoffwechsels muß auch dieses Hexosephosphat in eine aktive Form überführt werden, damit es der *Glykogenbiosynthese* dienen kann. Hierzu reagiert es mit *Uridintriphosphat* (UTP, s. S. 188). Unter Pyrophosphat-Abspaltung erfolgt dabei die Knüpfung einer Phosphorsäureanhydrid-Bindung zwischen dem Glucose-1-Phosphat und dem α-Phosphat des UTP, wobei *Uridindiphosphat-Glucose* als nucleotidaktivierter Zucker entsteht. Durch

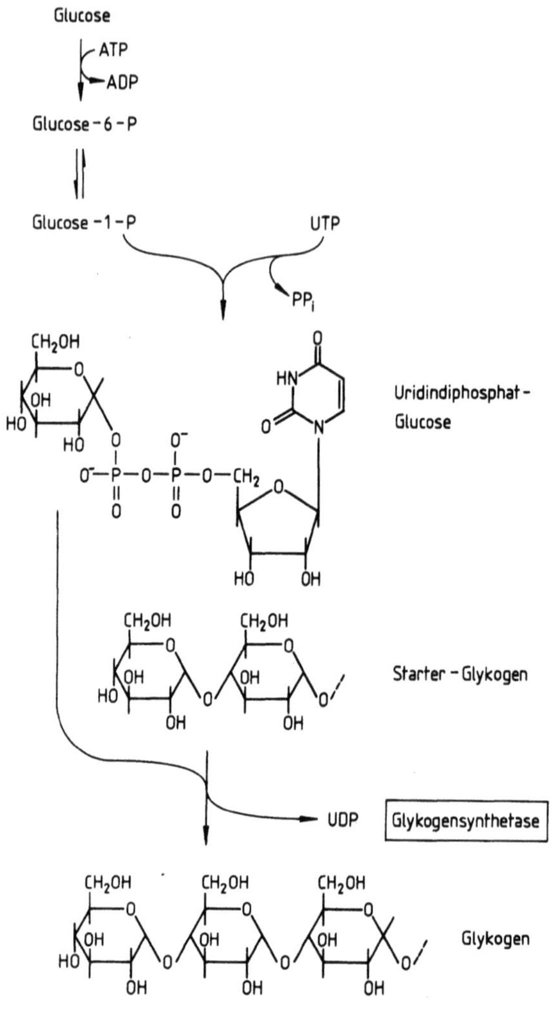

Abb. 10-1. Einzelreaktionen der Glykogenbiosynthese aus Glucose

die Tatsache, daß das gleichzeitig gebildete Pyrophosphat durch die in hoher Aktivität in jedem Gewebe vorkommenden *Pyrophosphatasen* hydrolytisch gespalten wird, ermöglicht sich eine Verlagerung des Gleichgewichts dieser Reaktion ganz auf die Seite der UDP-Glucosesynthese. Unter Abspaltung von UDP erfolgt nun eine Übertragung des Glucoserestes der UDP-Glucose auf das nichtreduzierende Ende eines „Starter"-Glykogens, wobei eine *1,4-glykosidische* Bindung zwischen dem C-Atom 1 des neu hinzugekommenen Glucoserestes und der Hydroxylgruppe des C-Atoms 4

des letzten Glykosylrestes des „Starter"-Glykogens entsteht. Das hierfür verantwortliche Enzym ist die *Glykogensynthetase.*
Auf diese Weise entstehen lange unverzweigte Glykogenketten, deren Glucosereste durch 1,4-glykosidische Bindungen verknüpft sind. Für die Einbringung der für das Glykogen typischen *Verzweigungsstellen* mit 1,6-glykosidischen Bindungen wird ein weiteres Enzym benötigt, das als *Amylo-1,4-1,6-Transglucosylase* oder *„Branching-enzyme"* bezeichnet wird. Wenn die unverzweigte Glykogenkette eine Länge von mindestens 6–11 Glucosylresten erreicht hat, überträgt dieses Enzym einen aus wenigstens 6 Glucosylresten bestehenden Teil der Kette unter Bildung einer 1,6-glykosidischen Bindung auf eine benachbarte Glykogenkette, wodurch die Verzweigungsstellen entstehen.

Die Regulation der Glykogenbiosynthese

Die für die Glykogenbiosynthese geschilderten Reaktionen sind einschließlich der Bildung von UDP-Glucose nicht nur für die Glykogenbiosynthese, sondern auch für eine ganze Reihe weiterer Biosynthesen des Kohlenhydratstoffwechsels typisch (s. S. 171). Es erscheint daher sehr sinnvoll, daß die Regulation der Glykogenbiosynthese am enzymatischen Schritt oberhalb der UDP-Glucosebildung ansetzt.

Die Glykogensynthetase gehört zur Gruppe der interkonvertierbaren Enzyme (Abb. 10-2). Sie kommt in einer *nichtphosphorylierten aktiven* und einer *phosphorylierten inaktiven* Form vor. Da die phosphorylierte, inaktive

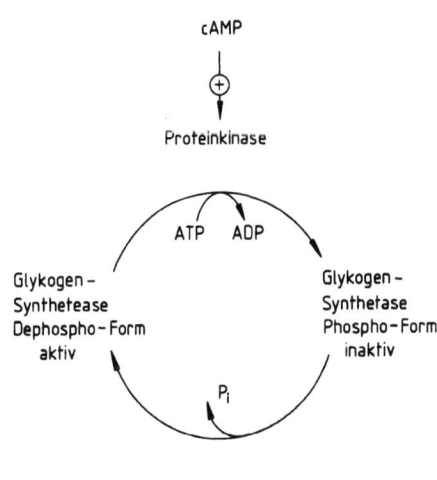

Abb. 10-2. Die Regulation der Glykogensynthetase durch Phosphorylierung und Dephosphorylierung

Form durch große Mengen an Glucose-6-Phosphat allosterisch aktiviert werden kann, wird diese Spezies des Enzyms auch als die *D-Form* (Glucose-6-Phosphate-Dependent) bezeichnet, wohingegen für die aktive Form auch die Benennung *I-Form* vorkommt, da das Enzym nicht durch Glucose-6-Phosphat aktiviert werden kann (Glucose-6-Phosphate-Independent). Abbildung 10-2 zeigt den Mechanismus der Aktivierung bzw. Inaktivierung der Glykogensynthetase. Analog den Mechanismen bei der Regulation des Glykogenabbaus steht auch der Glykogenaufbau unter hormoneller Kontrolle. Durch die Assoziation von *Glucagon* bzw. *Katecholaminen* (Leber) oder *Katecholaminen* allein (Muskulatur) mit entsprechenden Rezeptoren auf der Plasmamembran kommt es zu einer Aktivierung des membranständigen *Adenylatcyclasesystems* (s. S. 257) mit einer Zunahme des 3′,5′-cyclo-AMP(cAMP)-Gehalts der Zelle. cAMP aktiviert die *cAMP-abhängige Proteinkinase*. Dieses Enzym hat eine relativ breite Substratspezifität. So kann es z. B. die *Phosphorylasekinase* phosphorylieren und aktivieren (s. S. 66). Im Rahmen der Enzyme der Glykogenbiosynthese phosphoryliert es die *Glykogensynthetase* und führt das Enzym damit von der aktiven in die *inaktive* Form über. Die *Dephosphorylierung* und damit *Aktivierung* der Glykogensynthetase erfolgt über eine spezifische *Phosphoproteinphosphatase*. Über die Regulation dieses Enzyms ist noch relativ wenig bekannt. Es soll bei Erhöhung der intrazellulären Glucosekonzentration in einen aktiven Zustand übergehen.

Abbildung 10-3 faßt die bis heute bekannten Daten über die *hormonelle Regulation* des Glykogenstoffwechsels noch einmal zusammen. Eine zentrale Bedeutung kommt hierbei dem cAMP zu, welches durch die membranständige *Adenylatcyclase* gebildet wird, deren Aktivität durch die Katecholamine Adrenalin und Noradrenalin sowie in der Leber durch Glucagon gesteigert wird. cAMP führt zu einer Aktivierung der cAMP-abhängigen *Proteinkinase,* welche sowohl die *Glykogensynthetase* als auch die *Phosphorylase-Kinase* phosphoryliert. Das erstere Enzym wird dadurch inaktiviert, das letztere aktiviert. Da die aktive *Phosphorylase-Kinase* die Glykogenphosphorylase phosphoryliert und damit ebenfalls aktiviert, ist letztendlich ein und derselbe Effektor, nämlich das *cAMP,* für eine *Abschaltung der Glykogensynthese* und eine *Stimulierung des Glykogenabbaues* verantwortlich. Jede Situation, die zu einer Abnahme des cAMP-Spiegels im Gewebe führt (hoher Insulinspiegel, niedrige Spiegel von Katecholaminen bzw. Glucagon), fördert demgegenüber die Biosynthese des Glykogens und hemmt dessen Abbau.

Glykogen kommt in nahezu allen Geweben und Zellen des Organismus vor. Für die Stoffwechselbilanz des Körpers sind jedoch die Glykogenvorräte in Leber und Muskulatur von besonderer Bedeutung. Dabei hat die Leber die höchste Speicherkapazität für Glykogen, da sich in ihr bis zu 10 g/100 g

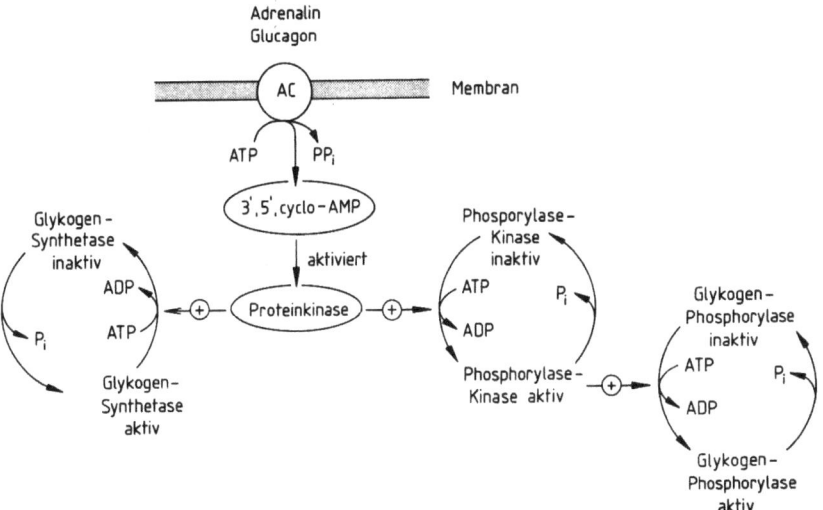

Abb. 10-3. Cyclo-AMP als second messenger für die Regulation von Glykogensynthese und -abbau. *AC*, Adenylatcyclase

Leber finden, dies allerdings nur bei extremer Kohlenhydratfütterung. Demgegenüber ist die Kapazität des Muskelgewebes zur Glykogenspeicherung vergleichsweise gering, da nicht mehr als etwa 1 bis 1,5 g Glykogen/ 100 g Muskulatur gefunden werden. Angesichts der großen Masse ist die insgesamt in der Muskulatur gespeicherte Glykogenmenge jedoch beträchtlich. Zusammen stehen dem Organismus in Form des Leber- und Muskelglykogens etwa 450 g Speicherkohlenhydrate zur Verfügung. Diese Menge deckt rein rechnerisch den Kohlenhydratbedarf des Organismus für etwa 36 Stunden.

Die Speicherung von Triacylglycerinen

Anders als beim Glykogen ist die Kapazität des Organismus zur Fettspeicherung nach oben hin nahezu unbegrenzt. Der Grund hierfür liegt darin, daß für Triacylglycerine ein besonderes Speichergewebe, das *Fettgewebe*, vorkommt, dessen Anteil an der Gesamtkörpermasse einer großen Streuung unterliegt und das darüber hinaus in Abhängigkeit von der Nahrungszufuhr enorm zunehmen kann. So enthält beispielsweise der Organismus eines normalgewichtigen 70 kg schweren Erwachsenen etwa 10–15 kg Fettgewebe, dessen Triacylglycerine rechnerisch die Deckung des Energiebedarfs für einen Zeitraum von 50–60 Tagen ermöglichen würden. In Fällen pathologischer Fettsucht kann jedoch die Masse des Fettgewebes auf 50 kg und mehr ansteigen, so daß dann der Energievorrat für nahezu ein Jahr im Organismus gespeichert werden kann[1].

Neben dem Fettgewebe werden Triacylglycerine vor vielen Geweben synthetisiert und in beschränktem Umfang auch gespeichert. Bemerkenswert ist die Kapazität der *Leber* zur Triacylglycerin-Biosynthese (s. S. 317). Auch in der *Skelettmuskulatur* werden, besonders bei trainierten Personen, beachtliche Mengen an Triacylglycerinen gespeichert (s. S. 332).

Die Einzelreaktionen der Triacylglycerin-Biosynthese

Formal entstehen Triacylglycerine durch *Veresterung* der drei Hydroxylgruppen des *Glycerins* mit je einer *Carboxylgruppe* einer *Fettsäure*. Unter den in der Zelle herrschenden Bedingungen müssen hierzu sowohl der Glycerinanteil als auch der Fettsäureanteil der Triacylglycerine aktiviert werden. So muß Glycerin als *α-Glycerophosphat* vorliegen, welches entweder durch NADH-abhängige Reduktion von Dihydroxyacetonphosphat oder im Fall der Leber, der Nieren, der Darmmucosa sowie der lactierenden Milchdrüse durch direkte *Phosphorylierung* von *Glycerin* mit Hilfe des Enzyms Glycerokinase gewonnen werden kann:

Dihydroxyacetonphosphat + NADH + H$^+$ ⇌ α-Glycerophosphat + NAD$^+$
Glycerin + ATP → α-Glycerophosphat + ADP

Die für die Triacylglycerin-Biosynthese benötigten Fettsäuren müssen in Form ihrer *Coenzym-A-Thioester* vorliegen (Bildung von Acyl-CoA, s. S. 103).

Die einzelnen Schritte der Triacylglycerin-Biosynthese sind in Abb. 10-4 zusammengestellt. Zunächst reagieren unter Katalyse des Enzyms *Acyl-CoA-Glycerin-3-Phosphat-Acyl-Transferase* zwei Moleküle Acyl-CoA mit α-Glycerophosphat, wobei dieses zweifach acyliert wird und eine sogenannte *Phosphatid-Säure* entsteht. Aus ihr wird durch eine *Phosphatase* ein *α,β-Diacylglycerin* gebildet, welches mit einem dritten Acyl-CoA reagiert, so daß *Triacylglycerin* entsteht.

---

[1] Da im Fettgewebe im wesentlichen nur Triacylglycerine, jedoch nicht essentielle Nahrungsbestandteile wie Mineralien, Vitamine, essentielle Aminosäuren u. a. gespeichert werden, bedeutet dies nicht, daß man bei entsprechendem Übergewicht bis zu einem Jahr völlig auf Nahrung verzichten kann

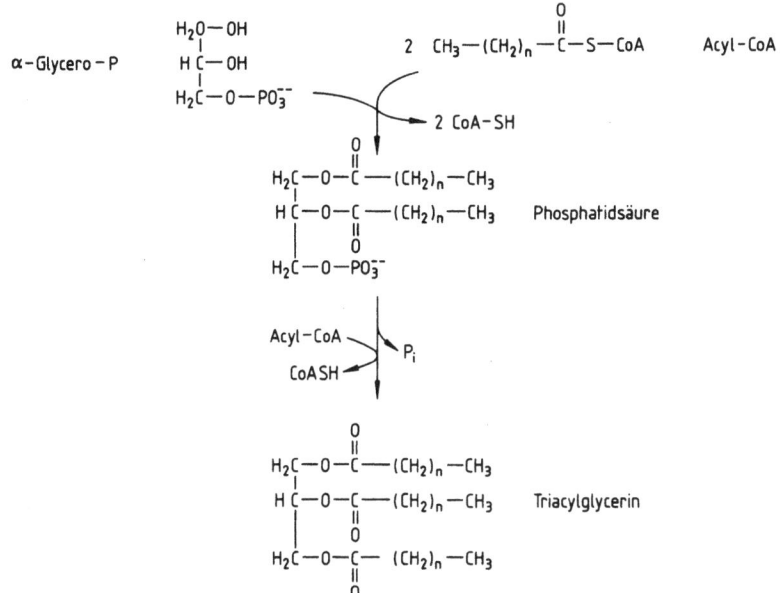

Abb. 10-4. Biosynthese von Triacylglycerinen

Die Biosynthese der Fettsäuren

In den meisten Zellen werden überwiegend Fettsäuren mit einer geraden Anzahl von C-Atomen synthetisiert, was auf ihre Herkunft aus Acetyl-CoA schließen läßt. Zunächst wurde angenommen, daß die Fettsäurebiosynthese eine einfache Umkehr der β-Oxidation der Fettsäuren darstellt (s. S. 105). Bei näherer Untersuchung zeigte sich jedoch, daß die Fettsäurebiosynthese nicht in den Mitochondrien, sondern im *Cytosol* an einem *Multienzymkomplex* stattfindet, daß sie prinzipiell CO_2 benötigt und daß als Lieferant der benötigten Reduktionsäquivalente *NADPH* Verwendung findet. Darüber hinaus konnte gezeigt werden, daß für die Kondensation der Acetyl-Reste an die wachsende Fettsäurekette nicht Acetyl-CoA, sondern das aus 3 C-Atomen bestehende *Malonyl-CoA* benutzt wird.

Carboxylierung von Acetyl-CoA zu Malonyl-CoA. Das für die Kondensationsreaktion benötigte *Malonyl-Coenzym A* entsteht durch *Carboxylierung* von Acetyl-CoA durch die *Acetyl-CoA-Carboxylase*. Es handelt sich um ein Biotinenzym, die Carboxylierung verläuft unter Verbrauch von ATP:

$$\text{Acetyl-CoA} + CO_2 + \text{ATP} \xrightarrow{\text{Biotin}} \text{Malonyl-CoA} + \text{ADP} + P_i$$

Die Fettsäuresynthetase. Abbildung 10-5 zeigt die Einzelreaktionen der Biosynthese langkettiger geradzahliger Fettsäuren aus Acetyl-CoA. Sämtliche Reaktionen laufen an einem Multienzymkomplex, der *Fettsäuresynthetase* ab. Diese verfügt über zwei für die Katalyse essentielle *SH-Gruppierungen*, die als *periphere* bzw. *zentrale SH-Gruppe* bezeichnet werden. Die periphere SH-Gruppe gehört zu einem Cysteinylrest, die zentrale zu dem auch im Coenzym A (s. S. 235) vorkommenden *4'-Phosphopantethein*-Rest, der an einen Serinrest der Fettsäuresynthetase geknüpft ist. Die Biosynthese startet mit der Übertragung des Acetylrestes eines *Acetyl-CoA* auf die zentrale SH-Gruppe der Fettsäuresynthetase. In der zweiten Reaktion wird der Acetylrest auf die periphere SH-Gruppe gebracht. Die damit wieder freiwerdende zentrale SH-Gruppe übernimmt nun einen Malonylrest vom *Malonyl-CoA*. Unter *Decarboxylierung* kondensieren der Acetylrest der peripheren und der Malonylrest der zentralen SH-Gruppe, so daß an dieser ein *Acetacetylrest* entsteht. Dieser wird mit NADPH zum *3-Hydroxybutyryl (3 Hydroxyacyl-)*Rest reduziert und danach zum *Crotonyl-(2-Enoyl-)*Rest dehydratisiert. In einer zweiten Reduktion entsteht nun hieraus ein aus vier C-Atomen bestehender gesättigter Acylrest. Der nächste Reaktionscyclus wird damit eingeleitet, daß dieser auf die periphere

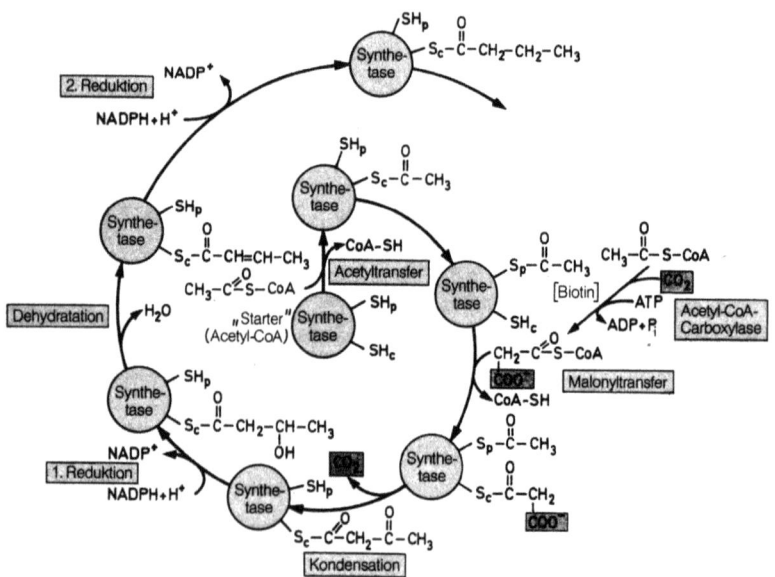

Abb. 10-5. Einzelreaktionen der Biosynthese langkettiger geradzahliger Fettsäuren aus Acetyl-CoA (Einzelheiten im Text)

SH-Gruppe übertragen wird, womit die zentrale SH-Gruppe für die Aufnahme eines weiteren Malonylrestes frei wird.
Derartige Cyclen wiederholen sich, bis die Kettenlänge der Fettsäure auf 16–18 C-Atome (Palmitin- bzw. Stearinsäure) angewachsen ist. Die Summengleichung für die Biosynthese des Palmitates beträgt demnach

$$CH_3-CO-S-CoA + 7\ HOOC-CH_2-CO-SCoA + 14\ NADPH + 14\ H^+$$
$$\rightarrow CH_3-(CH_2)_{14}-COOH + 7\ CO_2 + 6\ H_2O + 8\ CoA-SH + 14\ NADP^+$$

Die Regulation der Fettsäure- und Triacylglycerinbiosynthese

Eine entscheidende Größe für das Ausmaß der Fettsäurebiosynthese ist die Verfügbarkeit von *Acetyl-CoA*. Damit wird das Ausmaß der Fettsäurebiosynthese wesentlich durch Acetyl-CoA-liefernde Reaktionen reguliert. Dies tritt besonders deutlich in der *Leber* und im *Fettgewebe* zutage, wo ein beträchtlicher Teil des Acetyl-CoA unter Katalyse der *Pyruvatdehydrogenase* durch dehydrierende Decarboxylierung von *Pyruvat* entsteht (s. S. 75). Beide Gewebe sind in besonderem Umfang zur Fettsäurebiosynthese aus Kohlenhydraten befähigt. Eine entscheidende Rolle hierbei spielt *Insulin*. Es beschleunigt den Glucosetransport in die Fettzelle, wodurch es zu einem gesteigerten Glucoseabbau in der Glykolyse und einem vermehrten Pyruvatangebot kommt. Darüber hinaus wird sowohl in der Leber als auch im Fettgewebe unter dem Einfluß von Insulin die Pyruvatdehydrogenase von ihrer inaktiven phosphorylierten in die *aktive dephosphorylierte* Form überführt. Besteht dagegen ein Glucosemangel oder fehlt Insulin (Diabetes mellitus), so nimmt der Anteil der aktiven Pyruvatdehydrogenase rasch auf sehr niedrige Werte ab, was mit einer deutlichen Verminderung der Acetyl-CoA-Bildung aus Kohlenhydraten gleichzusetzen ist.
Die Bildung von Acetyl-CoA für die Fettsäurebiosynthese durch Einschaltung der Pyruvatdehydrogenase-Reaktion ist allerdings mit einem Transportproblem verbunden. Die Pyruvatdehydrogenase ist *intramitochondrial* lokalisiert, das von ihr gebildete Acetyl-CoA kann jedoch die mitochondriale Innenmembran nicht passieren und gelangt auf diese Weise nicht direkt in das Cytosol als dem Ort der Fettsäurebiosynthese. Um diese Schwierigkeit zu umgehen, entsteht durch Kondensation mit *Oxalacetat* aus Acetyl-CoA *Citrat,* welches über ein entsprechendes Anionentransportsystem in der inneren Membran leicht in den *cytosolischen Raum* transportiert werden kann. Dort erfolgt eine ATP-abhängige Spaltung von Citrat zu *Acetyl-CoA* und Oxalacetat, welche formal einer Umkehr der Citratsynthase entspricht (ATP-Citratlyase).
Das für die eigentliche Fettsäurebiosynthese geschwindigkeitsbestimmende Enzym ist die *Acetyl-CoA-Carboxylase*. Dieses Enzym wird außerordent-

lich wirksam durch *langkettiges Acyl-CoA gehemmt.* Wenn also Acyl-CoA sich anstaut, da es nicht weiter verstoffwechselt werden kann, kommt es zu einer Hemmung der Neusynthese von Fettsäuren. Derartige Zustände sind vor allem eine erhöhte Aufnahme *nicht veresterter Fettsäuren* bei gesteigertem extrazellulärem Fettsäureangebot bzw. eine *Steigerung der Lipolyse.* Die Tatsache, daß die Fettsäurebiosynthese bei hoher Fettzufuhr, bei Hunger sowie beim Diabetes mellitus darnieder liegt, erklärt sich durch die Hemmung der Acetyl-CoA-Carboxylase durch Acyl-CoA.

Bei hohem Kohlenhydratangebot und entsprechend erhöhten Insulinspiegeln kommt es dagegen wahrscheinlich durch eine Steigerung der Veresterungsgeschwindigkeit zu einer Abnahme der *Acyl-CoA-Konzentration* und damit zu einer Aktivitätssteigerung der Acetyl-CoA-Carboxylase. Ebenfalls zu einer Aktivierung der Acetyl-CoA-Carboxylase führt eine Konzentrationszunahme von *Citrat.* Es stabilisiert die biologisch aktive polymere Form der Acetyl-CoA-Carboxylase.

Darüber hinaus kommt die Acetyl-CoA-Carboxylase ähnlich wie die Pyruvatdehydrogenase in einer *aktiven dephosphorylierten* und einer inaktiven phosphorylierten Form vor. Welche Prozesse für die Überführung des Enzyms von der einen in die andere Form verantwortlich sind, ist im einzelnen noch nicht bekannt. Über die Regulation der Einzelenzyme der *Lipogenese* ist noch relativ wenig bekannt. Sie sind alle fest an die Membranen des *endoplasmatischen Retikulums* gebunden und infolgedessen noch relativ schlecht charakterisiert. Aus einer großen Reihe von Untersuchungen weiß man, daß die Geschwindigkeit der Triacylglycerin-Biosynthese besonders des Fettgewebes unter der Einwirkung von *Insulin* drastisch zunimmt. Dieser Effekt beruht wesentlich, wenn nicht ausschließlich, auf den spezifischen Stoffwechselwirkungen des Insulins: Vermehrter Glucosetransport, Steigerung des Glucosedurchsatzes durch Glykolyse und Pentosephosphatcyclus, vermehrte Bereitstellung von α-Glycerophosphat und Acetyl-CoA für die Veresterung von Acyl-CoA bzw. die Fettsäurebiosynthese.

Eine große Rolle für die Art der Triacylglycerinbiosynthese spielt auch die Nahrungszusammensetzung. Ist sie eher kohlenhydratreich und fettarm, so erfolgt der größte Teil der Triacylglycerinbiosynthese aus Kohlenhydraten, die den Kohlenstoff sowohl für den Glycerin- als auch für den Fettsäureanteil der Triacylglycerine liefern. Nimmt der Fettgehalt der Nahrung zu, so wird die Triacylglycerinbiosynthese aus α-Glycerophosphat (aus Kohlenhydraten) und Fettsäuren, welche den Nahrungsfetten entstammen, immer wichtiger.

11 Membranstruktur mit Biosynthese von Membranlipiden

Der Aufbau biologischer Membranen

Abbildung 1-1 zeigt den Aufbau einer eukaryoten Zelle. Im Gegensatz zu prokaryoten Zellen fällt auf, daß eukaryote Zellen nicht nur über eine Plasmamembran als Abgrenzung zum extrazellulären Raum, sondern darüber hinaus über eine Vielzahl kompliziert aufgebauter intrazellulärer Membranen und Membransysteme verfügen. Diese ermöglichen den Aufbau der verschiedenartigsten, voneinander getrennten Reaktionsräume im Inneren der Zelle und sind eine Voraussetzung für die Höherorganisation eukaryoter Zellen im Vergleich zu Prokaryonten.

Die *Plasmamembran*, die die Zelle gegenüber ihrer Umgebung, dem extrazellulären Raum abgrenzt, dient darüber hinaus der Steuerung des Stofftransportes zwischen innen und außen sowie vielfältigen Nachrichtenübermittlungen. Der die genetische Information tragende Zellkern wird von der *Kernmembran* umhüllt, die zum Teil in Verbindung mit den schlauchähnlichen membranösen Gebilden des *endoplasmatischen Reticulums* steht. Dieses kommt in zwei voneinander unterscheidbaren Formen vor. Ist es mit Ribosomen besetzt, wird es als *rauhes endoplasmatisches Reticulum*, sonst als *glattes endoplasmatisches Reticulum* bezeichnet. Ein weiteres membranöses Gebilde in der Zelle ist der sogenannte *Golgi-Apparat*, der besonders für die Biosynthese von Glykoproteinen benötigt wird. Weitere wichtige, von einer Membran umhüllte intrazelluläre Organellen sind die *Mitochondrien* sowie die *Lysosomen*.

Wie der Tabelle 11-1 zu entnehmen ist, bestehen die Membranen der tierischen Zelle ganz überwiegend aus *Lipiden* und *Proteinen*, daneben finden sich noch in geringerer Konzentration *Oligosaccharide* und *Polysaccharide*. Das Verhältnis von Protein zu Lipid wechselt von Membrantyp zu Membrantyp und läßt gewisse Rückschlüsse auf die biologische Funktion der jeweiligen Membran zu. In der Plasmamembran sind etwa 50% der Gesamtmasse Proteine, in mitochondrialen Membranen sowie den Membranen des Golgi-Apparates kann der Proteinanteil bis auf 80–90% ansteigen.

Man weiß heute, daß das Grundgerüst der Membranen aller eukaryoter Zellen aus Lipiden besteht, die in einer Lipiddoppelschicht angeordnet sind

Tabelle 11-1. Zusammensetzung zellulärer Membranen (nach Chapman, D., in Jamieson G. A., and Robinson, P. M., Hrsg.: Mammalian Cell Membranes, Vol. 1, Butterworths, London, 1976)

Membran	Protein %	Lipid %	Kohlenhydrat %	Protein/Lipid
Myelin	18	79	3	0.23
Plasmamembran				
Leber	46	54	2–4	0.85
Erythrocyt	49	43	8	1.1
Sarcoplasmatisches Reticulum	67	33	—	2.0
Innere Mitochondrienmembran	76	24	—	3.2

(s. Abb. 1-2). Sie stellt eine außerordentlich wirksame Barriere zwischen zwei voneinander getrennten wäßrigen Phasen dar, im Fall der Plasmamembran eben dem extra- und intrazellulären Raum. Die in Membranen vorkommenden Lipide sind im wesentlichen sogeannte *polare* bzw. *amphiphile Lipide,* die *Phosphoglyceride* und *Sphingolipide.* Daneben finden sich, in einigen Membranen in beträchtlichen Anteilen, *Cholesterin* sowie *Cholesterinester.*
In Abb. 11-1 ist der jeweilige prinzipielle Aufbau der in Membranen vorkommenden Lipide dargestellt. Das Rückgrat aller *Phosphoglyceride* ist der dreiwertige Alkohol *Glycerin,* dessen drei Hydroxylgruppen im allgemeinen verestert sind. Zwei von ihnen tragen je eine langkettige, häufig ungesättigte *Fettsäure,* die dritte *Phosphorsäure.* Dieser Phosphorsäurerest ist seinerseits wieder mit einem *Alkohol* verestert, liegt also als *Diester* vor. In dieser Position vorkommende Alkohole sind die Aminosäure *Serin,* ihr Decarboxylierungsprodukt *Äthanolamin* bzw. das *Cholin,* bei dem der Stickstoff des Äthanolamins mit drei Methylgruppen substituiert ist. Es handelt sich in diesem Falle um die Phosphoglyceride *Phosphatidylserin, Phosphatidyläthanolamin* bzw. *Phosphatidylcholin.* Das letztere wurde früher als *Lecithin* bezeichnet. Außer den genannten stickstoffhaltigen Alkoholen findet sich darüber hinaus ein Phosphoglycerid, das die cyclische Polyhydroxyverbindung *Inositol* enthält und demnach als *Phosphatidylinositol* bezeichnet wird.
Im Gegensatz zu den Phosphoglyceriden ist das Skelett der *Sphingolipide* das *Sphingosin,* welches durch Kondensation von Serin und Palmityl-CoA entsteht. Das einfachste Sphingolipid, das *Ceramid,* entsteht durch Verknüpfung der Aminogruppe des Sphingosins mit einer Fettsäure in Säureamidbindung. Durch Substitution der endständigen Hydroxylgruppe des

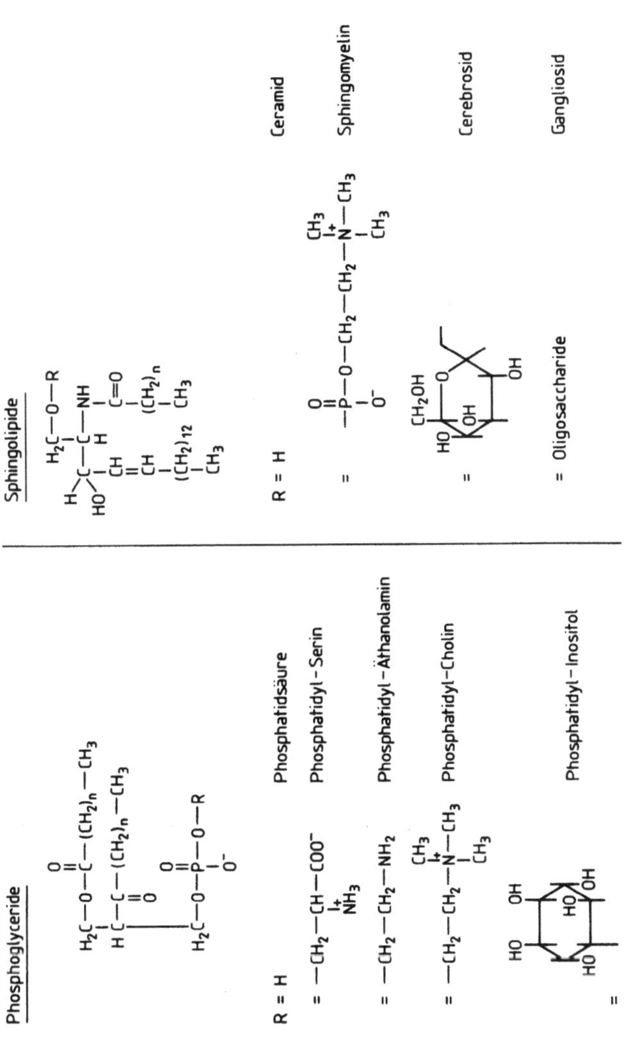

Abb. 11-1. Struktur von Phosphoglyceriden und Sphingolipiden

Sphingosins mit *Phosphorylcholin* bzw. *Galaktose* entsteht *Sphingomyelin* bzw. *Cerebrosid*. Statt Galaktose können auch teilweise sulfatierte *Oligosaccharide* als Substituenten dieser Hydroxylgruppe vorkommen, wodurch *Ganglioside* entstehen.

Alle tierischen Membranen mit Ausnahme der inneren Mitochondrienmembran enthalten *Cholesterin*. Es verfügt über eine Hydroxylgruppe am C-Atom 3, welche mit einer Fettsäure verestert sein kann, so daß dann *Cholesterinester* entstehen (Abb. 11-6).

Bei den *Phosphogyceriden* und *Sphingolipiden* handelt es sich um Verbindungen mit ausgeprägt *amphiphilem* Charakter. Die langen Alkanketten der Fettsäurereste sind stark *lipophil*, während die aus Phosphorsäure und einem weiteren Alkohol gebildeten „Kopfgruppen" dieser Lipide stark polare und damit *hydrophile* Verbindungen darstellen. Aufgrund hydrophober Wechselwirkungen ordnen sich die genannten Verbindungen in wäßrigem Medium zu ganz definierten Strukturen (Abb. 11-2). In Abhängigkeit von ihrer jeweiligen Konzentration bilden sie *Micellen* (s. S. 255) bzw. *Lipiddoppelschichten,* aus denen unter bestimmten Bedingungen Vesikel, die *Liposomen,* entstehen können. Allen tierischen Membranen liegt als Grundstruktur die *Lipiddoppelschicht* zugrunde. Sie entsteht dadurch, daß sich die apolaren hydrophoben Alkanketten der Phosphoglyceride und Sphingolipide gegeneinander orientieren, während die polaren hydrophilen Kopfgruppen sich in Richtung der wäßrigen Umgebung ausrichten. Diese Ausrichtung ist der thermodynamisch günstigste Zustand von amphiphilen Lipiden in wäßrigem Medium und bildet sich infolgedessen ohne weitere Maßnahmen von selbst dann aus, wenn derartige Lipide bei Temperaturen im Bereich der Körpertemperatur ins Wasser eingebracht werden.

Die wichtigsten Eigenschaften derartiger Lipiddoppelschichten sind ohne weiteres vorherzusagen. Da sie in ihrem inneren Teil über eine Lipidphase verfügen, die unter physiologischen Temperaturen flüssig ist und in der sich neben den Alkanketten der Fettsäuren auch Cholesterinmoleküle befinden, ist leicht vorstellbar, daß sie den Durchtritt polarer Verbindungen (Saccharide, hydrophile Aminosäuren, phosphorylierte Metabolite des Intermediärstoffwechsels usw.) sowie von Ionen verhindern. In diesem Sinne stellen Membranen perfekte Barrieren zwischen außen und innen dar. Anders ist es dagegen mit lipophilen Verbindungen. Diese haben natürlich die Tendenz, sich in der Lipidphase der Membran zu lösen und sind infolgedessen imstande, die Eigenschaften von biologischen Membranen zu ändern. In diesem Zusammenhang ist es interessant, daß es sich bei vielen Arzneimitteln um ausgesprochen lipophile Verbindungen handelt.

Selbstverständlich ist eine wichtige Voraussetzung für das optimale Funktionieren von Zellen und intrazellulären Organellen die Möglichkeit, mit Hilfe von Lipiddoppelschichten den Innen- und Außenraum voneinander abzugrenzen. Auf der anderen Seite ist natürlich zur Erhaltung der Funktionsfähigkeit ein gezielter *Stoffaustausch* zwischen beiden Räumen eine unabdingbare Voraussetzung. Dieser Stoffaustausch durch biologische

Abb. 11-2. Möglichkeiten der Anordnung von amphiphilen Lipiden in Grenzschichten ▶ **(a)** und in Wasser **(b–d).** Die gezackten Teile der Phospholipidmoleküle stellen die durch die Alkanketten der Fettsäuren gegebenen hydrophoben Bezirke dar

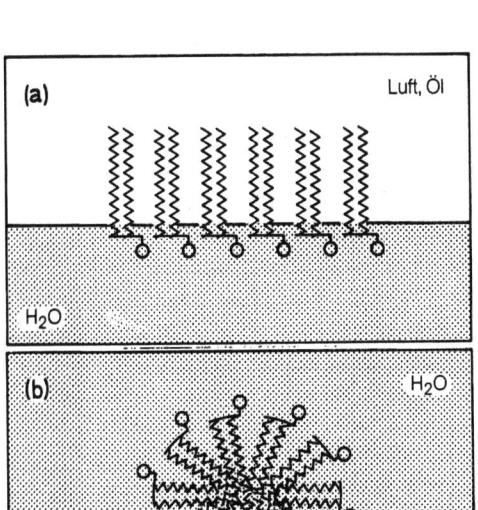

Monomolekulare Schicht

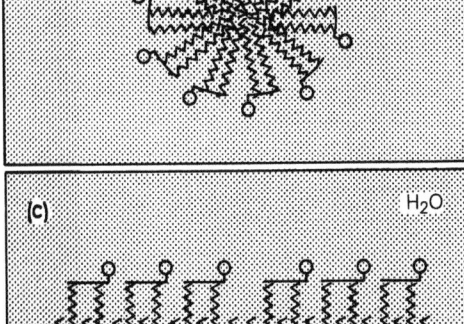

Micelle

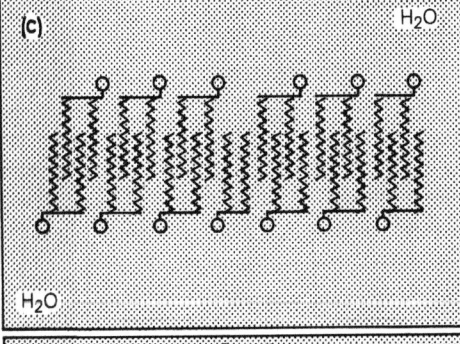

Doppelschicht

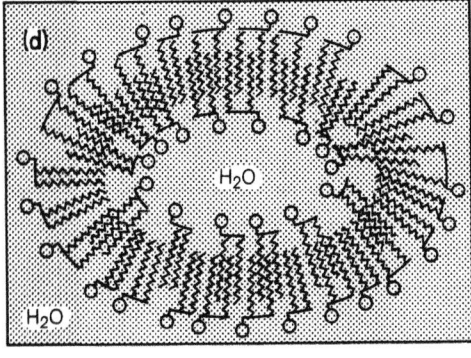

Liposom

Membranen verläuft unter Einschaltung von *Proteinen* als Katalysatoren. Ähnlich wie bei den enzymkatalysierten Reaktionen ist damit bei proteinkatalysierten Transportvorgängen jenes hohe Maß an Spezifität gewährleistet, das sich aus der ungeheuren Variabilität der Proteinstrukturen ergibt. Weitere sich an Zellmembranen abspielende proteinvermittelte Vorgänge sind die Phänomene der *Zell-Zell-Wechselwirkungen,* der Erkennung von *Informationsüberträgern,* also von *Hormonen* (s. S. 257f.) durch geeignete Rezeptoren, der Regulation des *Zellwachstums* und der *Zelldifferenzierung*. Nach dem heute allgemein akzeptierten Modell über den Aufbau der Zellmembran (s. Abb. 1-2) „schwimmen" die für die genannten Vorgänge verantwortlichen Membranproteine in der Lipidmatrix der Zellmembran. Sie können dabei durch die ganze Membran reichen (integrale Membranproteine) oder sich nur in eine Hälfte der Doppelschicht einlagern. In aller Regel handelt es sich bei Membranproteinen um *Glykoproteine,* die zum Teil kompliziert aufgebaute Kohlenhydratseitenketten tragen, die für ihre Funktion essentiell sind.

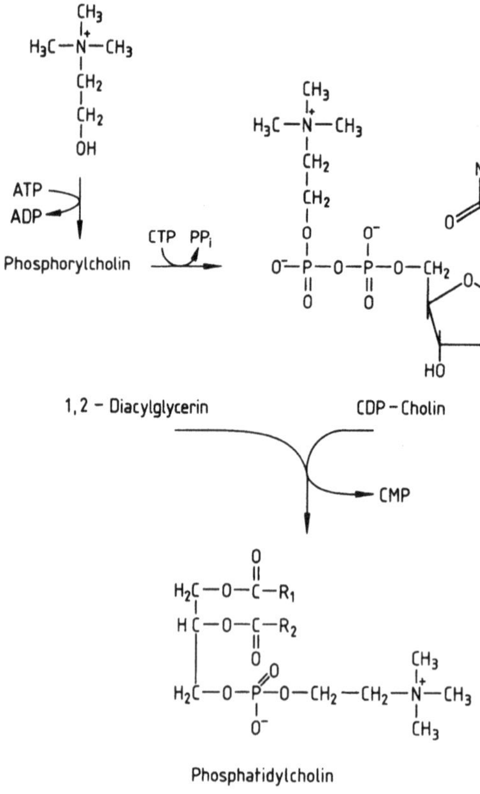

Abb. 11-3. Die Biosynthese von Phosphatidylcholin

Der Stoffwechsel der Phosphoglyceride

Biosynthese. Abbildung 11-3 zeigt die Einzelreaktionen der Biosynthese von *Phosphatidylcholin*. Hierbei wird zunächst analog zu den schon bei der Biosynthese der Triacylglycerine besprochenen Vorgängen ein *1,2-Diacylglycerin* aus α-Glycerophosphat und 2 Acyl-CoA synthetisiert. Dieses reagiert mit einem „aktivierten" Cholin, dem *Cytidindiphosphat-Cholin*. Zu seiner Biosynthese sind zwei Reaktionen notwendig: Die ATP-abhängige Phosphorylierung von Cholin zu *Phosphorylcholin*, welches in der zweiten Reaktion unter Pyrophosphat-Abspaltung mit CTP reagiert. Diese Aktivierung des Cholins verläuft vollkommen analog zur Aktivierung der Glucose zu *Uridindiphosphatglucose* bei der Glykogenbiosynthese. Cytidindiphosphat-Cholin reagiert unter CMP-Abspaltung mit 1,2-Diacylglycerin, wobei *Phosphatidylcholin* entsteht.

In einer vollkommen analogen Reaktionsreihe wird auch Phosphatidyläthanolamin synthetisiert. Über die in Abb. 11-4 dargestellten Austauschreaktionen können darüber hinaus die einzelnen N-haltigen Phosphoglyceride ineinander umgewandelt werden.

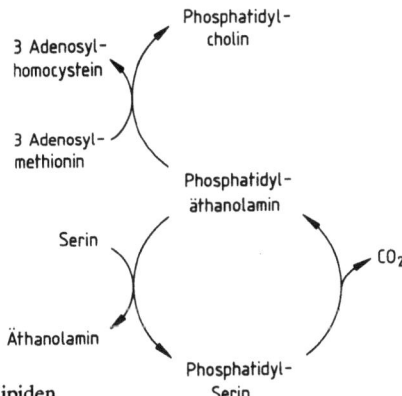

Abb. 11-4. Umwandlungen von Phospholipiden

Im Prinzip ist auch eine Reaktionsfolge unter Aktivierung des Diacylglycerins vorstellbar. In der Tat erfolgt auf diese Weise die Biosynthese von *Phosphatidylinositol*. Hier wird zunächst aus α-Glycerophosphat und 2 Acyl-CoA Phosphatidsäure synthetisiert, welche mit CTP unter Pyrophosphatabspaltung zu *CDP-Diacylglycerin* aktiviert wird. Wiederum unter CMP-Abspaltung reagiert es mit Inositol, wobei *Phosphatidylinositol* entsteht.

Abbau. Der Abbau von Phosphoglyceriden wird durch die Wirkung einer Reihe relativ spezifischer Enzyme, der *Phospholipasen,* eingeleitet. Die *Phospholipase A* spaltet spezifisch einen der beiden Fettsäurereste hydrolytisch ab, wobei die entsprechenden Lysophosphoglyceride entstehen. *Phospholipasen* des Typs *C* spalten die Esterbindung zwischen Glycerin und entsprechend substituiertem Phosphat, während die *Phospholipasen* der D-Gruppe die Esterbindung zwischen Phosphat und dem entsprechenden Alkohol angreifen. Für den Abbau der durch die verschiedenen Phospholipasen entstehenden Phosphoglyceridbruchstücke stehen weitere Enzyme zur Verfügung, so daß schließlich eine Spaltung in die zugrunde liegenden Bauteile möglich ist.

Die genannten Phospholipasen sind zunächst für den Abbau von Membranmaterial notwendig. Sie finden sich infolgedessen beispielsweise in den Verdauungssekreten des Magen-Darm-Traktes, daneben auch in einer Reihe von tierischen Giften. So ist das Gift verschiedener Schlangen (Kobra, Klapperschlange) sowie von Bienen besonders reich an Phospholipasen des Typs A, die in der Blutbahn rasch zu einer Lyse der Erythrocytenmembran führen. Untersuchungen der letzten Jahre haben aber ergeben, daß die verschiedenen Phosphoglyceride der zellulären Membranen sich in einem raschen Umsatz befinden, der häufig von der jeweiligen zellulären Aktivität abhängig ist. Dementsprechend haben sich in jeder Zelle Phospholipasen, besonders des *Typs A* und des *Typs C* nachweisen lassen, die die Möglichkeit zu schnellen Änderungen der Membranarchitektur gewährleisten.

Stoffwechsel der Sphingolipide

Biosynthese. Abbildung 11-5 stellt die Biosynthese der *Sphingolipide* dar. Sie beginnt mit der Pyridoxalphosphat-abhängigen Kondensation von *Palmityl-CoA* und *Serin,* wobei über eine Reihe von Zwischenprodukten *Sphingosin* entsteht. Dieses wird an der Aminogruppe zu *Ceramid* acyliert, anschließend werden an die terminale OH-Gruppe die verschiedenen für die Sphingolipide typischen Substituenten geheftet: Cholin für *Sphingomyelin,* Galactose für die *Cerebroside,* die darüber hinaus unter Bildung von *Sulfatiden* sulfatiert werden können. Durch Anheftung spezifischer Oligosaccharide entstehen schließlich die *Ganglioside,* die im Zentralnervensystem in besonders hoher Konzentration vorkommen (s. S. 161).

Abbau. Ähnlich wie Phosphoglyceride werden auch Sphingolipide in den zellulären Membranen relativ rasch umgesetzt. Für ihren Abbau sind eine Reihe *lysosomaler Hydrolasen* verantwortlich. Die Kohlenhydratseiten-

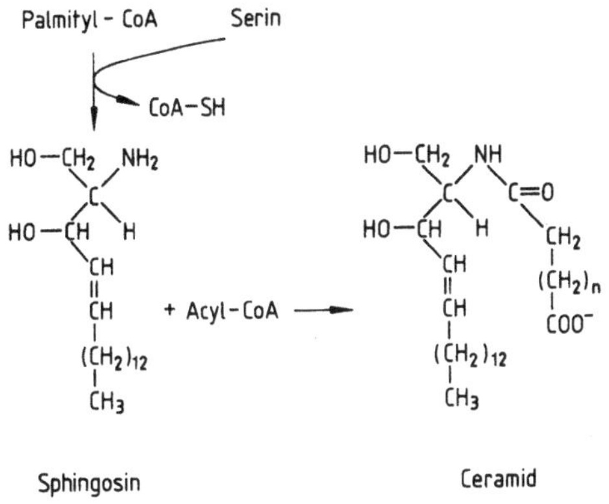

Abb. 11-5. Biosynthese von Sphingosin und Ceramid

kette wird durch spezifische *Glykosidasen* (Galactosidasen, Glucosidasen, Hexosaminidasen usw.) abgespalten, beim Sphingomyelin wird der Abbau durch hydrolytische Abspaltung von Phosphorylcholin durch eine *Sphingomyelinase* eingeleitet.

Als seltene genetische Defekte kommen sogenannte *Lipidspeicherkrankheiten* vor, die durch das Fehlen bzw. durch Strukturdefekte derartiger lysosomaler Hydrolasen gekennzeichnet sind (Tabelle 11-2). Es ist verständlich, daß das oberhalb des Defektes liegende Sphingolipid sich in den Zellen in hoher Konzentration anhäuft und für entsprechende Funktionsausfälle verantwortlich ist. In der Regel handelt es sich um Erkrankungen, die schon im Kindesalter auftreten und häufig in kurzer Zeit zum Tod führen.

Tabelle 11-2. Übersicht über Lipidspeicherkrankheiten

Bezeichnung	Enzymdefekt
Morbus Niemann-Pieck	Sphingomyelinase
„ Gaucher	β-Glucosidase
„ Tay-Sachs	Hexosaminidase
Gangliosidose	β-Galactosidase
Metachromatische Leukodystrophie	Sulfatidase

Der Stoffwechsel des Cholesterins

Biosynthese. Cholesterin ist ein Nahrungsbestandteil. Allerdings kann die bei ausgeglichener Ernährung täglich zugeführte Menge nicht für den täglichen Bedarf von ca. 1 g Cholesterin beim Menschen aufkommen, so daß auch eine de Novo-Synthese dieses wichtigen Steroides notwendig ist. Es findet sich als essentieller Bauteil aller zellulärer Membranen mit Ausnahme der mitochondrialen Innenmembran, ist daneben auch das Ausgangsprodukt für die Biosynthese der verschiedenen Steroidhormone sowie der für die Fettresorption (s. S. 254) unentbehrlichen Gallensäuren.

Schon in den vierziger Jahren dieses Jahrhunderts wurde entdeckt, daß das komplette Ringsystem des Cholesterins aus Acetylresten synthetisiert werden kann.

Entscheidend für die Aufklärung der komplizierten Cholesterinbiosynthese war die Erkenntnis, daß diese mit der Biosynthese des sogenannten aktiven Isoprens aus 3 Acetyl-CoA eingeleitet wird (Abb. 11-6; a, b). Die ersten

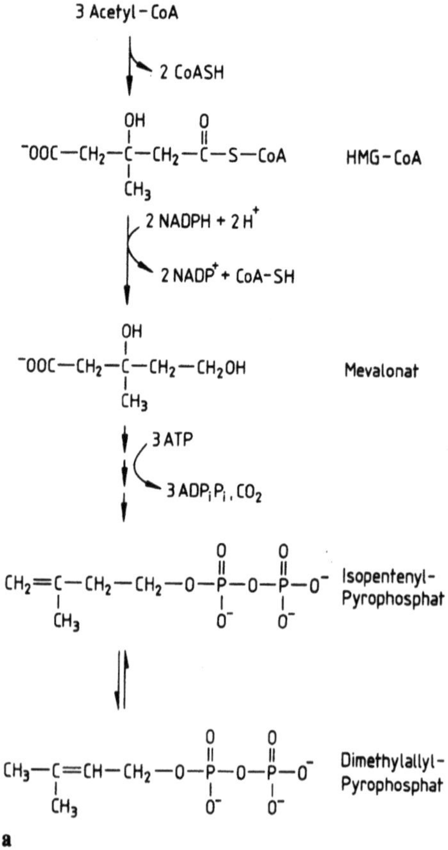

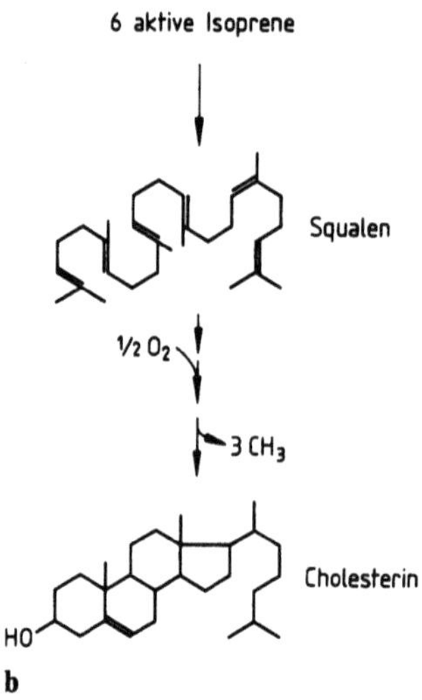

Abb. 11-6 a, b. Biosynthese des Cholesterins. **a** Vom Acetyl-CoA zum aktiven Isopren (Isopentenyl-Pyrophosphat und Dimethylallyl-Pyrophosphat). **b** Vom aktiven Isopren zum Cholesterin

Schritte dieser Biosynthese sind mit den ersten Reaktionen der Acetacetatbiosynthese (s. S. 108) identisch, nur spielen sie sich im cytosolischen statt im mitochondrialen Raum ab. Durch Kondensation von Acetacetyl-CoA mit Acetyl-CoA entsteht β-Hydroxy-β-Methylglutaryl-CoA (HMG-CoA). Am HMG-CoA erfolgt die Abspaltung des Coenzym A sowie die zweimalige Reduktion der dabei freiwerdenden Carboxylgruppe zur Alkoholfunktion, so daß *Mevalonsäure* entsteht. Das hierfür verantwortliche Enzym, die *HMG-CoA-Reduktase*, ist für die Cholesterinbiosynthese geschwindigkeitsbestimmend. Mevalonsäure erhält unter Verbrauch von 2 ATP einen Pyrophosphatrest am C-Atom 5. Durch weitere ATP-abhängige Phosphorylierung der Hydroxylgruppe am C-Atom 3 entsteht ein labiles Zwischenprodukt, das sich spontan unter CO_2- und Phosphatabgabe in *Isopentenylpyrophosphat* umlagert. Eine *Isomerase* katalysiert die Umlagerung von Isopentenylpyrophosphat zu *Dimethylallylpyrophosphat*, womit die beiden isomeren Formen des aktiven Isoprens synthetisiert sind. In einer komplizierten Reaktionsfolge kondensieren insgesamt 6 aktive Isoprenreste (2 Dimethylallylpyrophosphat, 4 Isopentenylpyrophosphat) unter Bildung des aus 30 C-Atomen bestehenden *Squalens,* in dem bereits deutlich die Struktur des Cholesterins zu erkennen ist. Durch entsprechende Umlagerung der Doppelbindungen, Oxidation, dreimalige Demethylierung und Verschiebung der Doppelbindung im Ring B entsteht aus Squalen schließlich das *Cholesterin* mit seinen 27 C-Atomen.

Abbau. Der tierische Organismus verfügt nicht über die zum vollständigen Abbau des Cholesterinskelettes notwendige enzymatische Ausstattung. Aus diesem Grund wird ein Teil des täglich ausgeschiedenen Cholesterins in Form von freiem Cholesterin über die Galle abgegeben. Auf das Gewicht der Gallenflüssigkeit bezogen, bestehen etwa 0,26% der Galle aus Cholesterin. In dieser Konzentration ist Cholesterin in wäßrigen Medien nicht mehr löslich und würde ausfallen, wenn es nicht mit Hilfe von *Gallensäuren* in micellarer Lösung gehalten würde. Die Tatsache, daß 80% aller Gallensteine cholesterinreich und 50% sogar reine Cholesterinsteine sind, zeigt, daß mit dieser Ausscheidungsrate eine obere biologische Grenze erreicht ist.

Keinen Abbau, aber eine wichtige Modifikation des Kohlenstoffskeletts des Cholesterins, stellt die Synthese von *Gallensäuren* und ihren Konjugaten aus Cholesterin dar, die den Hauptstoffwechsel des Cholesterins bildet (Abb. 11-7). Alle Gallensäuren zeichnen sich dadurch aus, daß die C-Atome 25, 26 und 27 oxidativ abgespalten werden, so daß an der Position 24 eine Carboxylgruppe entsteht, die in Amidbindung mit *Taurin* (Taurocholsäure) bzw. *Glycin* (Glykocholsäure) verknüpft sein kann. Darüber hinaus werden die C-Atome 12 und 7 *hydroxyliert.*

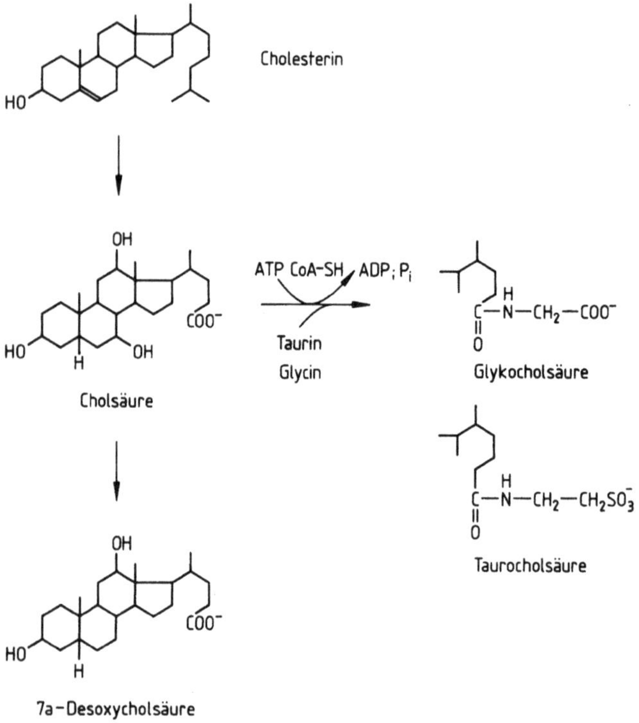

Abb. 11-7. Umwandlung von Cholesterin zu Gallensäuren

Durch diese Umwandlung erhält das Sterangerüst des Cholesterins wesentlich hydrophilere Eigenschaften. Gallensäuren werden in beträchtlichem Umfang durch die Leber über die Gallenflüssigkeit in den Darm abgegeben. Da sie in wäßriger Lösung leicht *Micellen* bilden, dienen sie im Darm als *Lösungsvermittler* für die mit der Nahrung aufgenommenen Fette und ermöglichen so die Fettresorption (s. S. 254). In dieser Funktion wird ein beträchtlicher Teil der von der Galle abgegebenen Gallensäuren in den unteren Abschnitten des Dünndarms *resorbiert*, gelangt wieder an die Leber und wird erneut über die Galle ausgeschieden (*enterohepatischer Kreislauf* der Gallensäure, s. S. 323). Die in die tieferen Darmabschnitte gelangten Gallensäuren werden dort bakteriell zersetzt und mit dem Stuhl ausgeschieden.

12 Biosynthese von Zuckern und Zuckerderivaten

Prinzip der Verwendung nukleotidaktivierter Zucker für Kohlenhydratbiosynthesen

Glucose ist ein wichtiges Substrat zur Deckung des Energiebedarfs verschiedener Gewebe. Es ist infolgedessen klar, daß der Organismus auch die Fähigkeit zur Neusynthese dieses Zuckers aus Nichtkohlenhydrat-Vorstufen besitzen muß (s. S. 146). Darüber hinaus kommen vor allem in den Glykoproteinen und Proteoglykanen des Organismus eine ganze Reihe verschiedener anderer Monosaccharide als essentielle Bauteile vor. Im wesentlichen handelt es sich um *Galactose, Mannose, Fucose,* die verschiedenen *Aminozucker* sowie einige *Uronsäuren*. All diesen Zuckern bzw. Zuckerderivaten ist gemeinsam, daß sie aus Glucose synthetisiert werden müssen. Ähnlich wie bei den Stoffwechselreaktionen von Nichtkohlenhydraten ist eine vorherige *Aktivierung* notwendig, damit die entsprechenden Zuckersynthesen erfolgen können. Diese Aktivierung erfolgt grundsätzlich nach Bildung des *Monosaccharid-1-Phosphates* mit einem *Nucleosidtriphosphat* nach folgenden Gleichungen:

Monosaccharid + ATP → Monosaccharid-1-Phosphat + ADP
Monosaccharid-1-Phosphat + Nucleosidtriphosphat →
Nucleosiddiphosphat-Monosaccharid + Pyrophosphat

Beispielhaft für einen derartigen Mechanismus sind die zuckeraktivierenden Reaktionen der *Glykogenbiosynthese* (s. S. 149). Hier wird zunächst Gucose ATP abhängig zu Glucose-6-Phosphat aktiviert und danach zu *Glucose-1-Phosphat* umgelagert. Im zweiten Schritt erfolgt nun die Reaktion von Glucose-1-Phosphat mit dem Nucleosidtriphosphat *UTP*, wobei unter Pyrophosphatabspaltung *Uridindiphosphatglucose* als Nucleosiddiphosphat-Monosaccharid entsteht. Erst nach dieser Aktivierung kann Glucose zur Kettenverlängerung des Glykogenmoleküls verwendet werden. Weitere Reaktionen, die auf diese Weise aktivierte Monosaccharide eingehen können, sind Oxidationen, Reduktionen sowie Epimerisierungen. In der tierischen Zelle ist das bevorzugte Nucleosidtriphosphat das UTP. Daneben finden das GTP im *Mannosestoffwechsel* sowie das CTP im *Acetylneuraminsäurestoffwechsel* Verwendung.

Der Stoffwechsel der Glucuronsäure

Die Biosynthese von UDP-Glucuronat

Unter *Uronsäuren* versteht man Verbindungen, die nach der Oxidation der Hydroxymethylgruppe am C-Atom 6 von Monosacchariden entstehen. Die wichtigste im tierischen Organismus vorkommende Uronsäure ist die *Glucuronsäure,* deren Biosynthese in Abb. 12-1 dargestellt ist. Zunächst erfolgt die bekannte Aktivierung zu *Uridindiphosphatglucose.* Erst auf

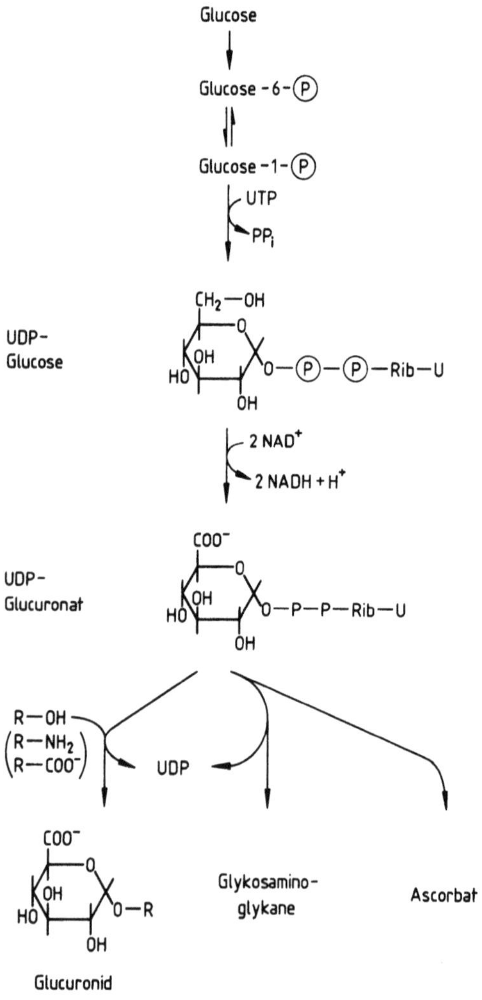

Abb. 12-1. Bildung von UDP-Glucuronat und Glucuroniden aus Glucose

dieser Stufe kann die *zweimalige* Oxidation am C-Atom 6 unter Bildung einer Carboxylgruppe erfolgen. Das Oxidationsmittel ist dabei *NAD$^+$*.

Stoffwechsel des UDP-Glucuronates

Eine große Zahl körpereigener und körperfremder Verbindungen wird durch Kopplung an Glucuronsäure wasserlöslich und damit besser ausscheidungsfähig gemacht. Nach dem in Abb. 12-1 gezeigten Schema reagieren Alkohole, primäre Amine sowie auch Verbindungen mit Carboxylgruppen mit UDP-Glucuronat, wobei die entsprechenden *Glucuronide* und UDP entstehen. Im allgemeinen erfolgt die Knüpfung der glykosidischen Bindung in β-Stellung. Die für die einzelnen Reaktionen verantwortlichen *UDP-Glucuronat-Transferasen* zeigen eine breite Substratspezifität und kommen in besonders hoher Aktivität in der Leber vor.
UDP-Glucuronat ist darüber hinaus ein Substrat für die Biosynthese verschiedener *Glykosaminoglykane* (s. S. 178). Außerdem entstehen aus ihm durch Inversion an den C-Atomen 4 bzw. 5 *UDP-Galacturonat* bzw. *UDP-Iduronat,* die ebenfalls in Glykoproteine bzw. Glykosaminoglykane eingebaut werden.
Durch Spaltung von UDP Glucuronat oder von Glucuroniden entsteht freie *Glucuronsäure*. Sie stellt den Ausgangspunkt für die Biosynthese von *Ascorbinsäure* dar, die in allen tierischen Spezies mit Ausnahme von Primaten und Meerschweinchen erfolgen kann. Für letztere ist Ascorbinsäure ein Vitamin (s. S. 239). Darüber hinaus kann aus Glucuronsäure *Xylulose* entstehen, die phosphoryliert und damit in den *Pentosephosphatcyclus* eingeschleust werden kann.

Biosynthese der in Glykoproteinen und Glykosaminoglykanen vorkommenden Zucker

Abbildung 12-2 zeigt die einzelnen Schritte der Biosynthese der wichtigsten Monosaccharide. Geht man von *Glucose-6-Phosphat* aus, so besteht zunächst die bekannte Möglichkeit der Bildung von *UDP-Glucose*. Sie ist der Ausgangspunkt zur Oxidation am C-Atom 6 unter Bildung von *Glucuron-* und *Iduronsäure*. Darüber hinaus katalysiert eine *Epimerase* die sterische Umkehr am C-Atom 4 der UDP-Glucose, so daß *UDP-Galactose* entsteht.
Die in Glykoproteinen in beträchtlichem Umfang vorkommenden Zucker *Mannose* und *Fucose* unterscheiden sich von der Glucose durch ihre sterische Konfiguration am C-Atom 2. Die Biosynthese der Mannose wird

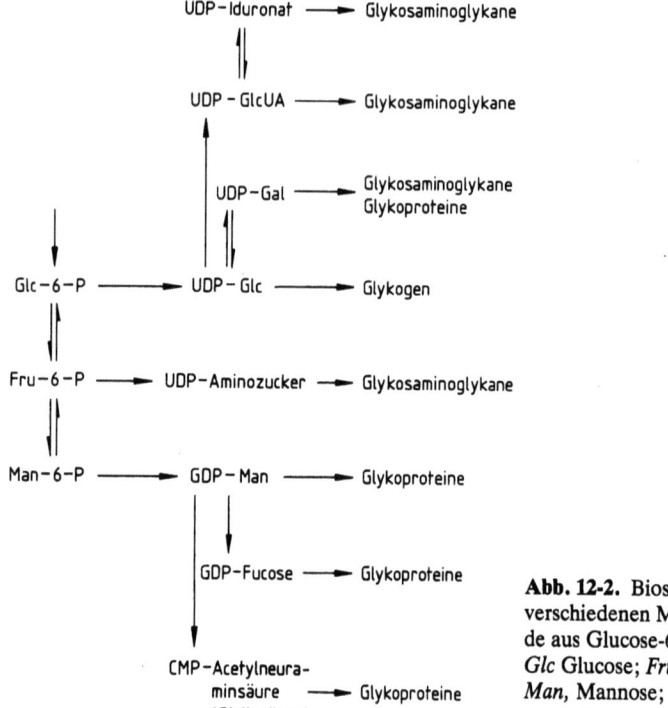

Abb. 12-2. Biosynthese der verschiedenen Monosaccharide aus Glucose-6-Phosphat. *Glc* Glucose; *Fru*, Fructose; *Man*, Mannose; *GlcUA*, Glucuronat

infolgedessen durch Isomerisierung von Glucose-6-Phosphat zu *Fructose-6-Phosphat* eingeleitet. Eine zweite Isomerase wandelt nun Fructose-6-Phosphat in *Mannose-6-Phosphat* um. Dieser Zucker muß nun für die Glykoproteinbiosynthese aktiviert werden. Die Reaktionsfolge entspricht dabei genau derjenigen bei der Glucoseaktivierung: Umlagerung der Phosphatgruppe auf die Position 1, so daß *Mannose-1-Phosphat* entsteht mit anschließender Aktivierung zum Nucleosiddiphosphat-Zucker. Der einzige Unterschied zur Glucose besteht darin, daß die Aktivierung des Mannose-1-Phosphates nicht mit UTP, sondern mit GTP erfolgt, so daß der zugehörige aktivierte Zucker die *GDP-Mannose* ist. Sie wird in verschiedene Glykoproteine eingebaut und stellt darüber hinaus den Ausgangspunkt für die Biosynthese der *Fucose* dar, die sich von der Mannose dadurch unterscheidet, daß die Hydroxymethylgruppe am C-Atom 6 zur Methylgruppe reduziert ist.

Sowohl in Glykoproteinen wie auch in Glykosaminoglykanen kommen häufig *Aminozucker* vor, wobei die Aminogruppe in der Regel am C-Atom 2 sitzt. Ausgehend vom Glucose-6-Phosphat wird ihre Biosynthese zunächst mit einer Isomerisierung zum *Fructose-6-Phosphat* eingeleitet. Dieses übernimmt den *Amidstickstoff* des *Glutamins*, so daß *Glucosamin-6-Phosphat* und Glutamat entstehen. Ein Teil der Aminozucker liegt in N-acetylierter Form vor, wobei der Lieferant der Acetylgruppe das *Acetyl-CoA* ist. Die Aktivierung von Aminozuckern für die Biosynthese erfolgt nun wieder nach dem bekannten Schema: Verschiebung der Phosphatgruppe auf die Position 1, Reaktion mit UTP, so daß letztendlich *UDP-Glucosamin* bzw. *UDP-N-Acetylglucosamin* entstehen. Das letztere ist darüber hinaus das Substrat für die Biosynthese der *N-Acetylneuraminsäure* (Sialinsäure) (Abb. 12-3), die häufig als terminale Gruppe der Kohlenhydratseitenketten von Glykoproteinen auftritt. Hierzu wird UDP-N-Acetylglucosamin unter UDP-Abspaltung in *N-Acetyl-Mannosamin* epimerisiert und danach ATP-abhängig an Position 6 phosphoryliert. *N-Acetyl-Mannosamin-6-Phosphat* lagert Phosphoenolpyruvat an, wobei *N-Acetyl-Neuraminat-9-Phosphat* entsteht. Die Aktivierung dieses Zuckerderivates für die Glykoproteinbiosynthese erfolgt ebenfalls mit einem Nucleosidtriphosphat, diesmal aber mit dem CTP.

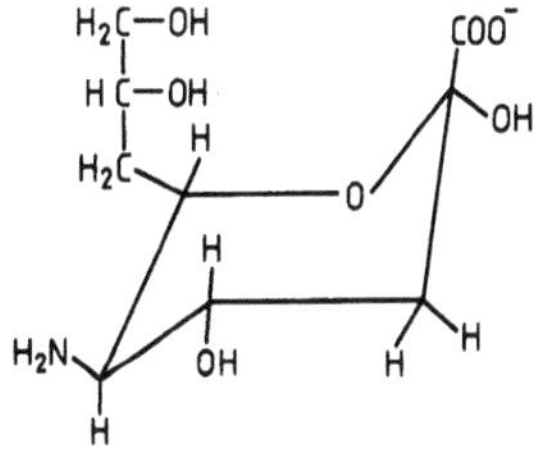

Abb. 12-3. Neuraminsäure

Biosynthese von Polysacchariden

Im Gegensatz zur Biosynthese von Nucleinsäuren oder Proteinen werden die in Glykoproteinen bzw. Proteoglykanen (s. u.) vorkommenden Oligo- und Polysaccharide nicht an einer Matrize synthetisiert. Für jeden anzuheftenden Zucker ist vielmehr ein spezifisches Enzym notwendig, so daß die Biosynthese einer derartigen Verbindung als „konzertierte Aktion" mehrerer Enzyme aufgefaßt werden muß, wie sie in schematischer Form in Abb. 12-4 dargestellt ist. Als Akzeptoren dienen im allgemeinen *Asparagin-, Serin-, Threonin-* oder *Hydroxylysin-*Seitenketten von Proteinen oder Peptiden. An sie werden sequentiell die einzelnen Zucker in Nucleosiddiphosphat-aktivierter Form geheftet. Die beteiligten einzelnen Enzyme zeigen eine hohe Spezifität, da sie nicht nur den aktivierten Zucker, sondern auch die wachsende Saccharidkette als Substrat erkennen müssen.

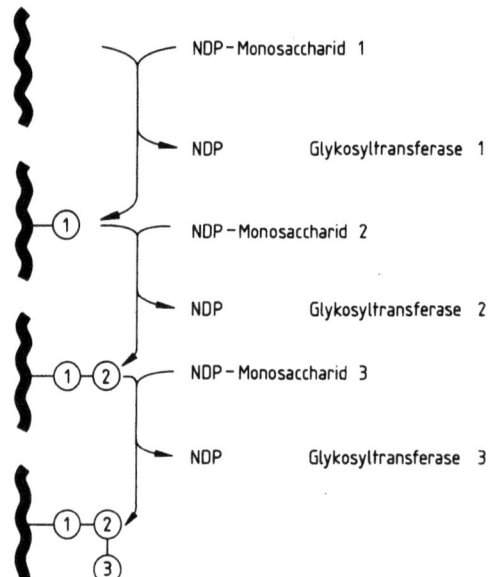

Abb. 12-4. Prinzip der Biosynthese des Kohlenhydratanteils von Glykoproteinen. Für jeden angehefteten Zucker ist eine eigene Glykosyltransferase notwendig, wobei das Monosaccharid jeweils als Nucleosiddiphosphat-aktivierter Zucker vorliegen muß. *NDP*, Nucleosiddiphosphat

Die Heteroglykane

Anders als Glykogen oder Stärke sind Heteroglykane Oligo- bzw. Polysaccharide, die sich nicht aus identischen, sondern aus mehreren verschiedenen Monosaccharidbausteinen zusammensetzen. In ihnen kommen die oben genannten einfachen Monosaccharide, daneben auch Aminozucker und Uronsäuren vor. Häufig handelt es sich um verzweigte Moleküle. Nach der heute geltenden Nomenklatur werden Heteroglykane in die verschiedenen in Tabelle 12-1 dargestellten Gruppen eingeteilt.

Glykoproteine. Glykoproteine sind Proteine, die Kohlenhydratseitenketten der verschiedensten Länge tragen. Diese Seitenketten, die über glykosidische Bindungen über die Hydroxylgruppen von *Serin* bzw. *Threonin* oder die Amidgruppierung von *Asparagin* mit dem Protein verknüpft sind, variieren in ihrer Größe von einzelnen Monosacchariden über Disaccharide bis zu Polysacchariden. /

Tabelle 12-1. Nomenklatur der Heteroglykane

Bezeichnung	Saccharid	Nichtkohlenhydrat	Funktion
Glykoproteine	Oligosaccharide aus 2–20 verschiedenen Monosacchariden	Verschiedenste Proteine	Vielseitig, vom Protein abhängig
Proteoglykane	Glykosaminoglykane mit sich wiederholenden Disacchariden; Molekulargewicht $2 \cdot 10^3 - 3 \cdot 10^6$	Einfach aufgebaute Proteinskelette („core protein")	Bildung der extrazellulären Matrix
Peptidoglykane	Disaccharid aus N-Acetyl-glucosamin und N-Acetylmuraminsäure	Peptide aus 4–5 Aminosäuren	Bildung der bakteriellen Zellwand

Sehr wahrscheinlich sind Glykoproteine sehr viel häufiger als nichtkohlenhydratsubstituierte Proteine. Von den über 60 aus dem menschlichen Plasma isolierten Proteinen sind nur *Albumin* und *Präalbumin* keine Glykoproteine. Von ihrer Funktion her können Glykoproteine *Strukturproteine* wie das *Collagen, Enzyme* wie *Ribonuclease, Acetylcholinesterase, Transportproteine* (Transferin), *Peptidhormone* (Gonadotropine) oder *Immunglobuline* sein. Der Kohlenhydratgehalt verschiedener Glykoproteine variiert beträchtlich. Bei Immunglobulinen beträgt er beispielsweise um die 10%, bei Blutgruppensubstanzen nahe an die 90%.
Abbildung 12-5 zeigt beispielhaft einige Strukturmerkmale von Glykoproteinen. Über eine N-glykosidische Bindung mit einem *Asparaginylrest* des zugrunde liegenden Peptides sind N-acetylierte Aminozucker verknüpft, die die innerste Region der Kohlenhydratseitenkette bilden. Häufig folgen darauf *Mannosereste*, gelegentlich kommt es zu Verzweigungen der Kohlenhydratkette. Der 6-Methylzucker *Fucose* sowie *N-Acetylneuraminsäure* finden sich immer an der Peripherie der Kohlenhydratketten. Der zweitletzte Zucker ist hierbei immer *Galactose*. Die biologische Aktivität der Glykoproteine wird, soweit man bis heute weiß, immer von der Natur des *Proteinanteils* bestimmt. Die Kohlenhydratseitenketten übernehmen verschiedene andere Funktionen. Im einfachsten Fall vermitteln sie *physikalisch-chemische Eigenschaften*, so z.B. die hohe Viskosität des Mucins. Bei den im Blutplasma vorkommenden Glykoproteinen wird durch den Kohlenhydratanteil die *Halbwertszeit* bestimmt. Entfernt man ihn nämlich experimentell, so werden die verbleibenden „nackten" Proteine rasch von der Leber aufgenommen und abgebaut. Die negative Oberflächenladung

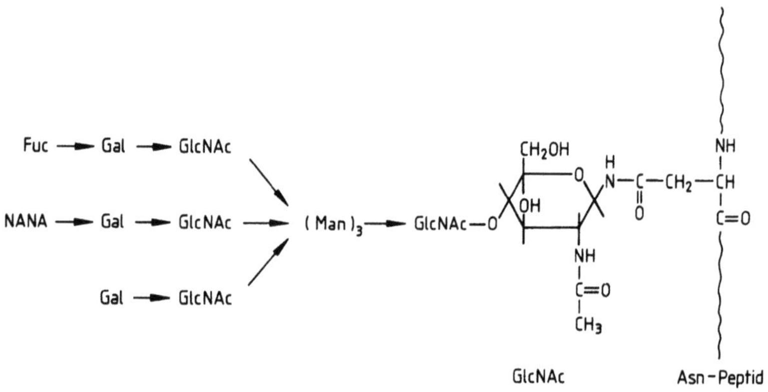

```
Fuc ⟶ Gal ⟶ GlcNAc  ╲
                      ╲
NANA ⟶ Gal ⟶ GlcNAc ⟶ (Man)₃ ⟶ GlcNAc—O
                      ╱
Gal ⟶ GlcNAc  ╱
```

Abb. 12-5. Bauplan eines typischen in Glykoproteinen vorkommenden Oligosaccharides. Die Verknüpfung des Oligosaccharides mit dem Peptid wird durch eine N-glykosidische Bindung zwischen N-Acetylglucosamin und einem Asparaginylrest des Peptides geknüpft

von Membranen wird zu einem großen Teil durch das Vorkommen von *N-Acetylneuraminsäure* als terminalem Zuckerderivat auf Membranglykoproteinen vermittelt. Sehr viele Rezeptoren für körpereigene Verbindungen sind Glykoproteine. So konnte in allerletzter Zeit gezeigt werden, daß auch der Rezeptor für das Pankreashormon Insulin ein *Glykoprotein* ist (s. S. 267). Membranglykoproteine scheinen darüber hinaus essentiell an zellbiologischen Phänomenen wie *Zelladhaesion, Kontakthemmung* des Zellwachstums und *maligner Transformation* beteiligt zu sein.

Proteoglykane. Prinzipiell bestehen auch *Proteoglykane* aus Peptiden, die Kohlenhydratseitenketten tragen. Im Gegensatz zu Glykoproteinen ist jedoch das Peptidskelett der Proteoglykane relativ einfach aufgebaut und trägt außerordentlich lange lineare Polysaccharidketten, die sich zum größten Teil aus *repetetiven identischen Disaccharideinheiten* zusammensetzen. Diese Seitenketten werden auch als *Glykosaminoglykane* bezeichnet, da eines der Monosaccharide der zugrundeliegenden Disaccharideinheiten immer ein *Hexosamin* bzw. dessen *N-acetyliertes* Derivat ist. Der zweite Zucker ist stickstofffrei, liegt jedoch meist in Form einer *Uronsäure* vor. Viele Glykosaminoglykane tragen darüber hinaus *Sulfatgruppen,* die über Esterbindungen mit den Hydroxylgruppen der Monosaccharide verknüpft sind. Tabelle 12-2 gibt eine Übersicht über die wichtigsten Glykosaminoglykane und ihre Bauteile. Die *Hyaluronsäure,* von der eine Bindung an Protein nicht sicher nachgewiesen ist, hat das größte Molekulargewicht. Das ihr zugrundeliegende Disaccharid besteht aus *N-Acetylglucosamin* und *Glucuronsäure,* die in β-glykosidischer Bindung miteinander verknüpft

Tabelle 12-2. Disaccharide der Glykosaminoglykane

	Molekular-gewicht	Hexosen	Stellung des Sulfats	Bindung	Vorkommen
Hyaluronsäure[a]	$1-3 \cdot 10^6$	N-Acetylglucosamin, Glucuronsäure	—	β(1–4) β(1–3)	Synovialflüssig-keit, Glaskörper, Nabelschnur
Chondroitin-4-sulfat (Chondroitinsulfat A)	$2-5 \cdot 10^4$	N-Acetylgalaktosamin, Glucuronsäure	4	β(1–4) β(1–3)	Knorpel, Aorta
Chondroitin-6-sulfat (Chondroitinsulfat C)	$2-5 \cdot 10^4$	N-Acetylgalaktosamin, Glucuronsäure	6	β(1–4) β(1–3)	Herzklappen
Dermatansulfat (Chondroitinsulfat B)	$2-5 \cdot 10^4$	N-Acetylgalaktosamin, Iduronsäure oder Glucuronsäure	4	β(1–4) α(1–3)[b] β(1–3)	Haut, Blutgefäße, Herzklappen
Heparin	$1-3 \cdot 10^4$	Glucosamin, Glucuronsäure oder Iduronsäure	3, 6, N	α(1–4) β(1–4) α(1–4)[b]	Lunge, Mast-zellen
Heparansulfat (Heparitinsulfat)	$2-10 \cdot 10^3$	Glucosamin oder N-Acetylglucosamin, Glucuronsäure oder Iduronsäure	N ?, 3, 6 2	α(1–4) β(1–4) α(1–4)[b]	Blutgefäße, Zell-oberfläche
Keratansulfat	$5-20 \cdot 10^3$	N-Acetylglucosamin, Galaktose	6 6	β(1–3) β(1–4)	Cornea, Nucleus pulposus, Knorpel

[a] Eine Bindung von Hyaluronsäure an Protein ist nicht sicher nachgewiesen
[b] Diese glykosidische Bindung der *L*-Iduronsäure entspricht sterisch der β-glykosidischen Bindung der *D*-Glucuronsäure, wird jedoch wegen der *L*-Konfiguration der Iduronsäure als α-glykosidisch bezeichnet

sind. Sulfat kommt in der Hyaluronsäure nicht vor (Abb. 12-6). Hyaluron-säure ist ein wichtiger Bestandteil des Bindegewebs, der Synovialflüssigkeit, des Glaskörpers des Auges sowie der Nabelschnur. Im Knorpel, im Bindegewebe, in der Haut und in der Hornhaut kommen die verschiedenen *Chondroitinsulfate* vor, die aus *N-Acetylgalactosamin* und *Glucuronsäure*

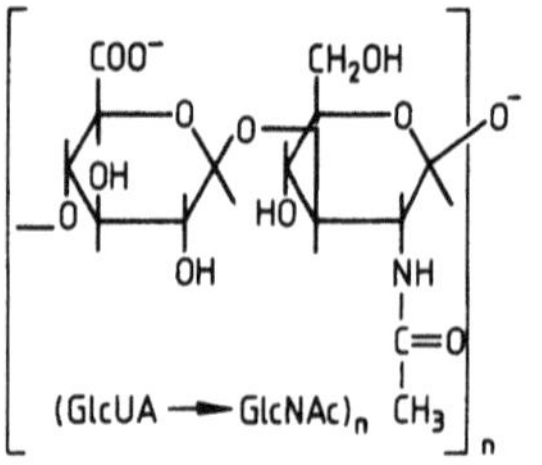

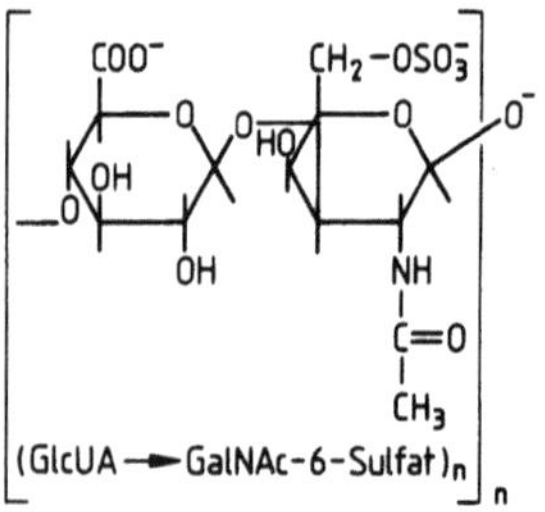

Abb. 12-6. Repetitive Disaccharide, die in Hyaluronsäure bzw. Chondroitin-6-Sulfat vorkommen

bestehen und sich in der Stellung des Sulfats unterscheiden, welches die Hydroxylgruppen 4 bzw. 6 des Aminozuckers besetzt (Abb. 12-5). *Heparin* bzw. *Heparansulfat* enthalten *Glucosamin* und *Glucuronsäure* und sind verschieden stark sulfatiert. Das einzige Glykosaminoglykan ohne Uronsäure ist das *Keratansulfat*, dessen Disaccharideinheit aus *N-Acetylglucosamin* und *Galactose* besteht. Beide Zucker können in Stellung 6 sulfatiert sein.

Im Gegensatz zu den Glykoproteinen ist für die Funktion von *Proteoglykanen* die Kohlenhydratseitenkette entscheidend. Sie sind weit verbreitet, kommen jedoch im wesentlichen extrazellulär vor, wo sie die sogenannte *Grundsubstanz* bilden. Infolge der Häufungen von negativen Ladungen wirken Proteoglykane als *Polyanionen*. Sie sind imstande, Kationen wie Calcium reversibel zu binden. Darüber hinaus können sie große Mengen Wasser anlagern. Proteoglykane assoziieren sich zu geordneten Strukturen und bilden Komplexe mit collagenen Fasern (s. S. 340).

13 Der Stoffwechsel von Nucleotiden

Die Nucleinsäuren als eigene Substanzklasse wurden bereits in der zweiten Hälfte des letzten Jahrhunderts von Friedrich Miescher entdeckt. Die Aufklärung ihrer Funktion als Träger der genetischen Information sowie ihres Bauplanes gelang dagegen erst nahezu 100 Jahre später. Dabei zeigte sich, daß Nucleinsäuren außerordentlich lange fadenförmige und stets unverzweigte Moleküle sind, die ebenso wie Polysaccharide und Proteine aus monomeren Bauteilen zusammengesetzt sind. Diese monomeren Bauteile, die wichtige Funktionen im Stoffwechsel haben, werden als Mononucleotide, Nucleinsäuren dementsprechend auch als Polynucleotide bezeichnet.

Die Mononucleotide

Aufbau von Mononucleotiden

Allen Mononucleotiden liegt ein gemeinsames Bauprinzip zugrunde. Sie bestehen aus einer heterocyclischen Base, welche N-glykosidisch mit einer Pentose verbunden ist. Diese Pentose kann entweder die D-Ribose oder die D-2-Desoxiribose sein. Eine Verbindung dieser Art wird als Nucleosid bezeichnet. Trägt sie eine oder mehrere Phosphatgruppen in Esterbindung am C-Atom 5, so spricht man von einem Nucleotid (Abb. 13-1). Abbildung 13-2 zeigt die verschiedenen am Aufbau von Nucleotiden beteiligten

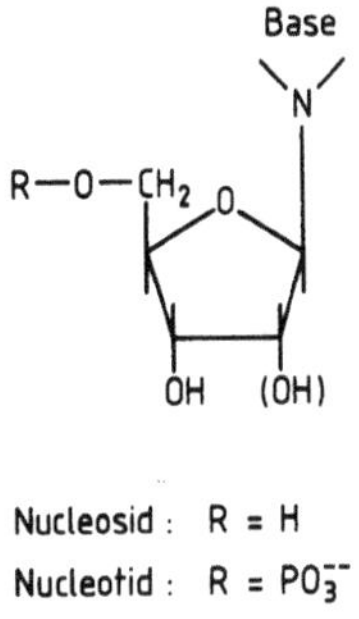

Abb. 13-1. Bauplan eines Nucleosides bzw. Nucleotides

Nucleosid : R = H
Nucleotid : R = PO_3^-

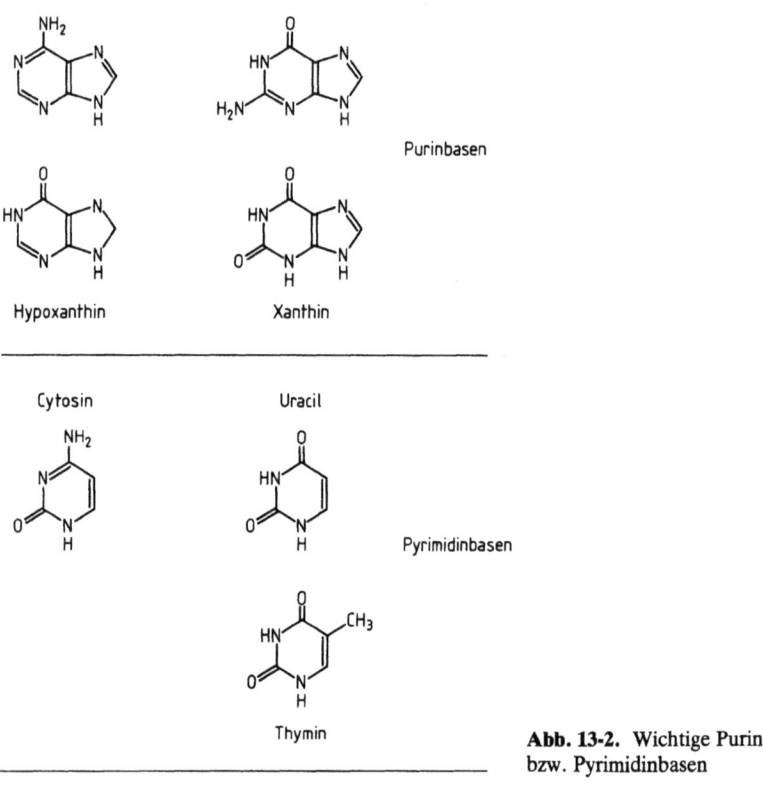

Abb. 13-2. Wichtige Purin- bzw. Pyrimidinbasen

Tabelle 13-1. Nomenklatur von Nucleosiden und Nucleotiden am Beispiel der Ribonucleoside (-nucleotide)

Base	Nucleosid	Abkürzung	Nucleotid	Abkürzung
Adenin	Adenosin	A	Adenosinmonophosphat	AMP
Guanin	Guanosin	G	Guanosinmonophosphat	GMP
Hypoxanthin	Inosin	I	Inosinmonophosphat	IMP
Cytosin	Cytidin	C	Cytidinmonophosphat	CMP
Thymin	Thymidin	T	Thymidinmonophosphat[a]	TMP
Uracil	Uridin	U	Uridinmonophosphat	UMP

[a] Handelt es sich um Nucleoside (Nucleotide), die statt Ribose desoxy-Ribose enthalten, so wird vor die jeweiligen Abkürzungen ein d- geschrieben (z. B. dAMP für desoxy-Adenosinmonophosphat). Eine Ausnahme macht das Thymidin, das nur als Desoxyribonucleotid vorkommt, weswegen das d weggelassen werden kann

heterocyclischen Basen. Es handelt sich um die *Purinbasen Adenin* und *Guanin* sowie um deren Desaminierungsprodukte *Hypoxanthin* bzw. *Xanthin*. Die häufigsten *Pyrimidinbasen* sind das *Cytosin*, das *Thymin* und das *Uracil*.

Tabelle 13-1 faßt die Trivialnamen der wichtigsten Nucleoside und Nucleotide sowie deren Abkürzungen zusammen.

Funktion von Mononucleotiden

Mononucleotide dienen nicht nur als Bauteile für die Biosynthese der Nucleinsäuren (s. S. 191), sondern übernehmen selbst eine Reihe wichtiger Funktionen in der Zelle.

Am bedeutsamsten ist wohl, daß alle Ribonucleotide in Pyrophosphatbindung weitere Phosphate anlagern können. Da dann ein oder zwei *Phosphorsäureanhydridbindungen* vorliegen, handelt es sich um Verbindungen mit einem *hohen Gruppenübertragungspotential*, sogenannte *energiereiche Verbindungen*.

Die wichtigste von ihnen ist das in Abb. 13-3 dargestellte Adenosin-5'-Triphosphat, auch als ATP abgekürzt (über die Bedeutung des ATP bei der Energiekonservierung s. S. 85). Analoge Nucleosiddi- und -triphosphate gibt es von *Inosin, Guanin, Uracil* und *Cytosin*.

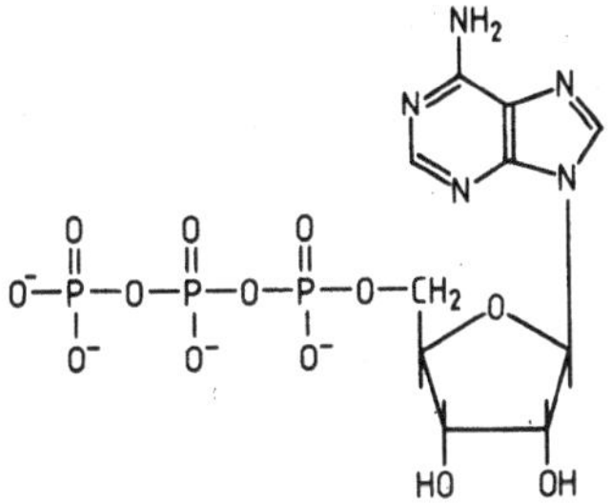

Abb. 13-3. Adenosin-5'-Triphosphat (ATP)

Aus Nucleosidmonophosphaten können durch entsprechende Kinasen Nucleosiddi- und Nucleosidtriphosphate gebildet werden. Die zugrunde liegenden Reaktionen sind:

NMP + ATP ⇌ NDP + ADP
NDP + ATP ⇌ NTP + ADP
N = Nucleosid

Das für die erste Reaktion verantwortliche Enzym ist die *Nucleosidmonophosphatkinase*, die zweite Reaktion wird durch die *Nucleosiddiphosphatkinase* katalysiert.

Mononucleotide können auch als Phosphorsäurediester in Form von *Nucleosidcyclophosphat* vorliegen. Abbildung 13-4 zeigt als Beispiel das *3', 5'-Cyclo-Adenosin-Monophosphat* (cAMP). Wie man sieht, liegt dem cAMP ein Phosphorsäurediester zwischen den C-Atomen 5' und 3' der Ribose eines Adeninnucleotides zugrunde. Eine ganz analoge Verbindung des Guaninmononucleotides existiert in Form des *3',5'-Cyclo Guanosin-Monophosphat* (cGMP). Beide Verbindungen spielen als intrazelluläre Informationsvermittler hormoneller Wirkungen eine bedeutende Rolle (s. S. 257).

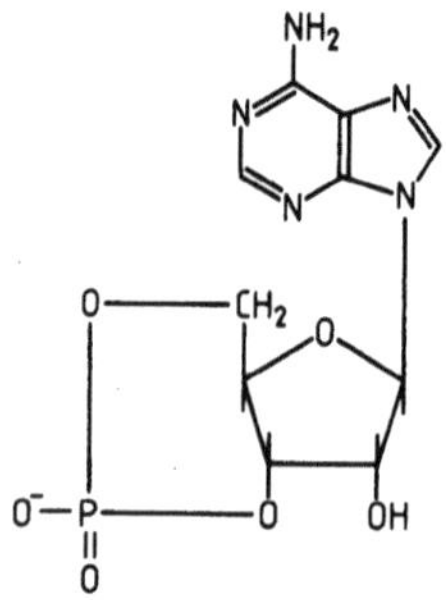

Abb. 13-4. 3',5'-Cyclo-Adenosinmonophosphat (cAMP)

Über die genannten Funktionen hinaus wirken Mononucleotide als Bauteile *gruppenübertragender Coenzyme* (s. S. 33). Außerdem dienen sie der Aktivierung verschiedener Vorstufen zur Einleitung von Biosynthesen. Als Beispiele hierfür sei die *Nucleosid-Diphosphat-aktivierten Zucker* sowie die *Nucleosiddiphosphat-aktivierten Zwischenprodukte* bei der *Lipidbiosynthese* genannt (s. S. 165, bzw. S. 171).

Der Stoffwechsel von Purinen und Pyrimidinen

Biosynthese der Purine

Abbildung 13-5 zeigt die durch eine Serie eleganter Isotopenversuche entdeckte Herkunft der einzelnen C- bzw. N-Atome des Purinkernes. Trotz dieser Erkenntnisse blieb der genaue Mechanismus der Purinbiosynthese unverständlich, bis klar wurde, daß Purine in Form des zugehörigen *Nucleotides* synthetisiert werden. Der Ausgangspunkt für diese Biosynthese ist das aus Ribose-5-Phosphat entstehende *5-Phosphoribosyl-1-Pyrophosphat*. Es enthält in Form des Ribose-5-Phosphates bereits die für ein Ribonucleotid typische Struktur. Aus dem Amidstickstoff des Glutamins,

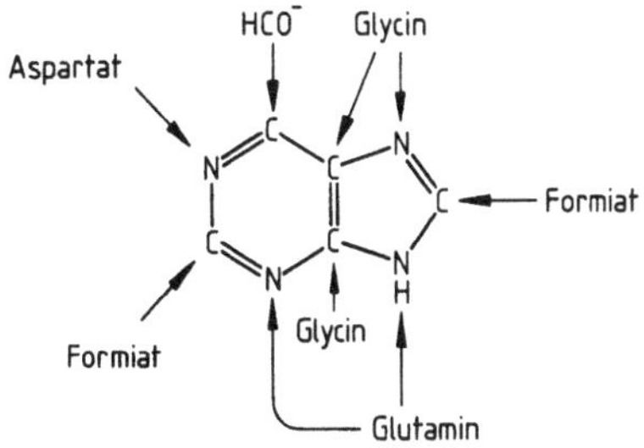

Abb. 13-5. Herkunft der C- und N-Atome des Purinkernes

der Aminosäure Glycin, einem Formylkohlenstoff des N^{10}-Formyl-Tetrahydrofolates sowie einem weiteren Amidstickstoff des Glutamins wird zunächst der 5-Ring des Purinkernes mit den Atomen 4, 5, 7, 8, 9 sowie das N-Atom 3 des 6-Ringes gebildet. Nach Anlagerung von CO_2, dem Aminostickstoff des Aspartates und erneuter Formylierung mit N^{10}-Formyltetrahydrofolat entsteht unter Wasserabspaltung das *Inosin-Monophosphat,* die allen Purinnucleotiden zugrundeliegende Verbindung (Abb. 13-6).

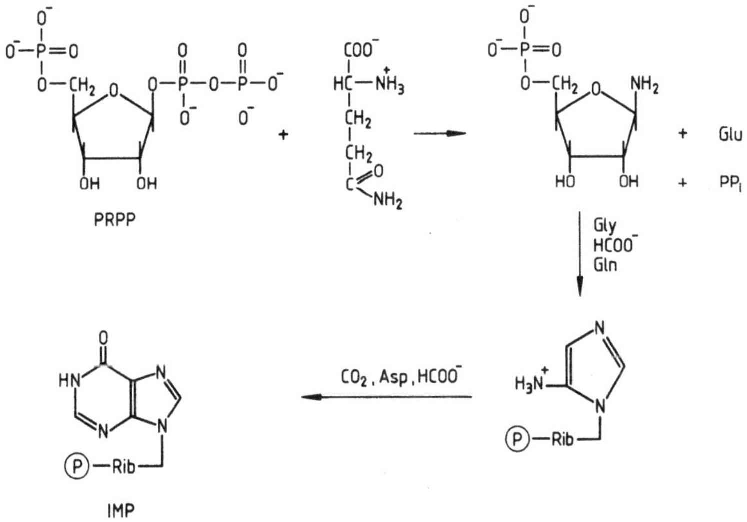

Abb. 13-6. Prinzip der Biosynthese von Inosinmonophosphat (IMP). PRPP = 5-Phosphoribosyl-1-Pyrophosphat

Abbildung 13-7 zeigt die Synthese von AMP bzw. GMP aus IMP. Die Einführung der *Aminogruppe* des AMP benötigt *Aspartat,* der Reaktionsmechanismus entspricht dem der Argininbiosynthese während des Harn-

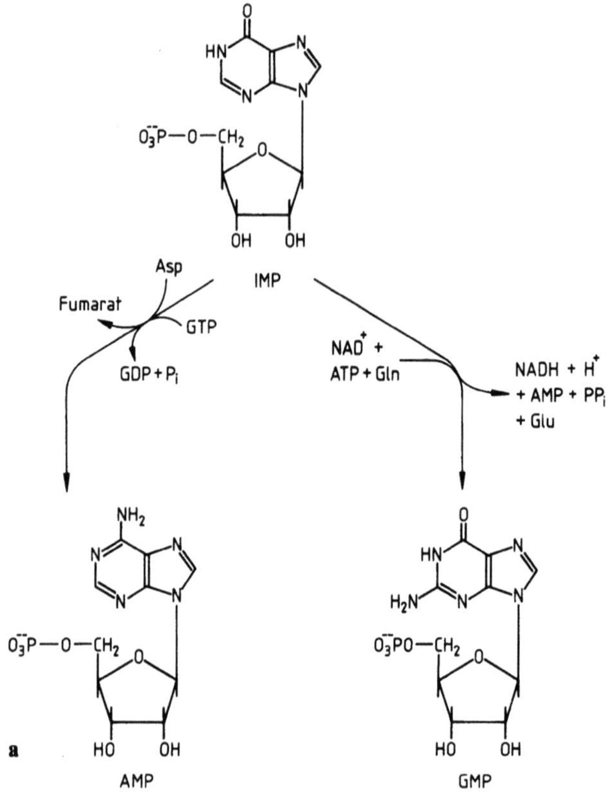

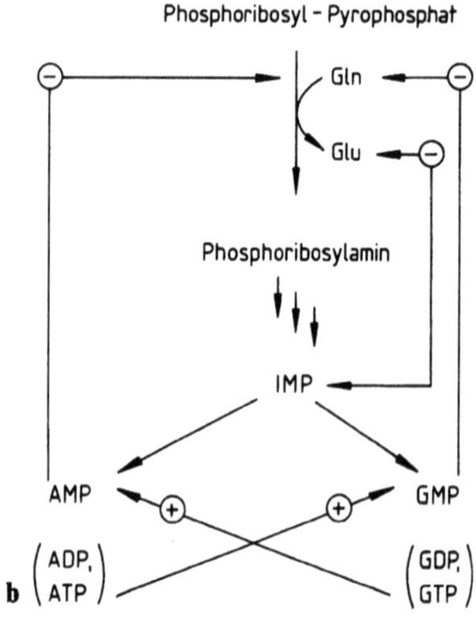

Abb. 13-7a, b. Bildung von AMP und GMP aus IMP. **a** Einzelreaktionen der Biosynthese, **b** Regulation der Biosynthese (Einzelheiten s. Text)

stoffcyclus. Zur Synthese von GMP erfolgt zunächst eine NAD-abhängige Oxidation am C-Atom 2. Diese Oxogruppe nimmt danach in einer ATP-abhängigen Reaktion den *Amidstickstoff* des *Glutamins* auf.

Abbildung 13-7 faßt außerdem die bekannten Daten über die Regulation der Purinbiosynthese zusammen. Das geschwindigkeitsbestimmende und regulierte Enzym der Purinbiosynthese ist die *Phosphoribosylpyrophosphat-Aminotransferase*. Es katalysiert den ersten Schritt der Purinbiosynthese, nämlich die glutaminabhängige Bildung von 5-Phosphoribosylamin. Die Endprodukte der Biosynthese, nämlich die Adenin- bzw. Guaninnucleotide wirken als negative allosterische Effektoren. Dasselbe trifft für das IMP zu. Zusätzlich ist ATP ein positiver Effektor der Guaninnucleotidsynthese, GTP ein solcher der Adeninnucleotidbiosynthese.

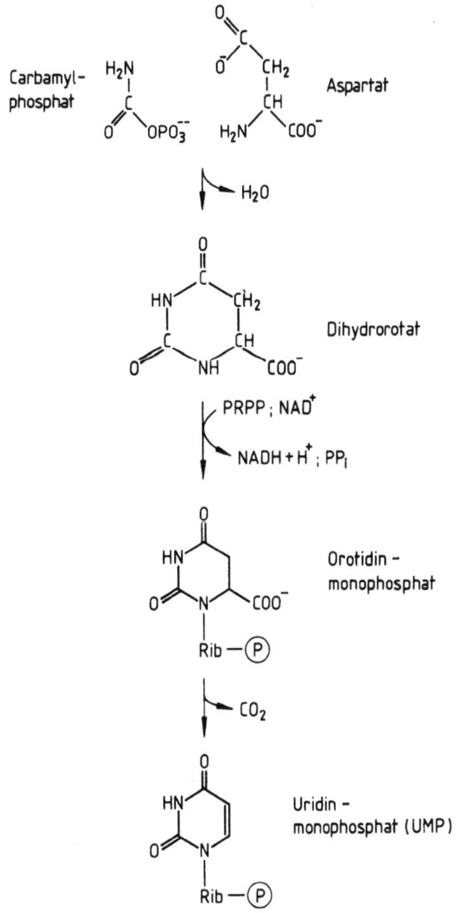

Abb. 13-8. Die Reaktionen der Pyrimidinbiosynthese

Die Pyrimidinbiosynthese

Abbildung 13-8 faßt die wichtigsten Reaktionen bei der Biosynthese der *Pyrimidine* zusammen. Im Gegensatz zu derjenigen der Purine erfolgen die Schritte der Synthese ohne Knüpfung an Ribosephosphat. Ausgangspunkt für die Biosynthese ist *Carbamylphosphat*, das durch eine *Carbamylphosphatsynthetase* gebildet wird, die sich von dem für die Harnstoffbiosynthese verantwortlichen Enzym der Leber dadurch unterscheidet, daß sie cytosolisch lokalisiert ist und als Substrat nicht freien Ammoniak, sondern den Amidstickstoff des Glutamins verwendet. Carbamylphosphat reagiert im nächsten Schritt mit Aspartat, wobei unter Phosphatabspaltung *Carbamylaspartat* entsteht, das im nächsten Schritt zu *Dihydroorotsäure* kondensiert. In ihr ist bereits die Struktur der Pyrimidinbasen vorgegeben. Nach Oxidation zur *Orotsäure* wird Phosphoribosylpyrophosphat angelagert, wodurch das Nucleotid *Orotidin-5-Phosphat* (OMP) entsteht. Nach Abspaltung der Carboxylgruppe kommt man schließlich zum *Uridin-5'-Monophosphat*, dem UMP.

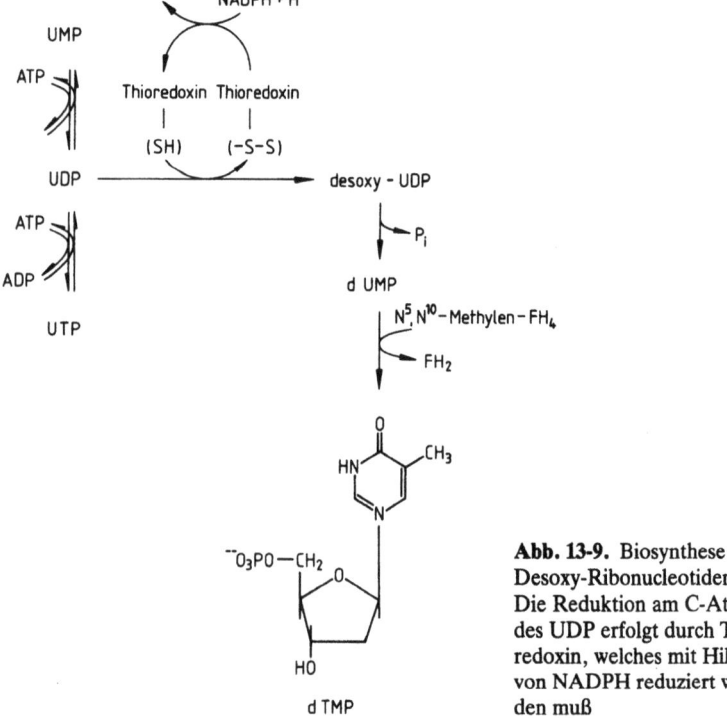

Abb. 13-9. Biosynthese von Desoxy-Ribonucleotiden. Die Reduktion am C-Atom 2' des UDP erfolgt durch Thioredoxin, welches mit Hilfe von NADPH reduziert werden muß

UTP stellt den Ausgangspunkt für die Glutaminabhängige Biosynthese von CTP dar.

Die Pyrimidinbiosynthese wird auf der Stufe des die Synthese einleitenden Enzyms, der *Carbamylphosphatsynthetase* reguliert. Das Endprodukt der Synthesekette, nämlich das *UTP,* wirkt als allosterischer Inhibitor, *Phosphoribosylpyrophosphat* dagegen als positiver Effektor. Darüber hinaus hemmt UMP die OMP-Decarboxylierung.

Die Biosynthese von Desoxiribonucleotiden

Die Biosynthese der Desoxiribonucleotide entspricht formal einer Reduktion am C-Atom 2 der Ribose (Abb. 13-9). Das Reduktionsmittel ist ein als *Thioredoxin* bezeichnetes Protein, welches hierfür 2 SH-Gruppen zur Verfügung stellt. Bei der unter Wasserabspaltung erfolgenden Reduktion der OH-Gruppe am C-Atom 2 der Ribose entsteht aus den beiden SH-Gruppen eine Disulfidgruppierung. Diese wird durch *NADPH* wieder zu 2 SH-Gruppen reduziert (Thioredoxinreduktase). Auf diese Weise können alle fünf für die DNS-Biosynthese (s. S. 199) benötigten Desoxiribonucleotide gebildet werden. Zu beachten ist, daß die Synthese von *Thyminnucleotiden* durch Übertragung einer *CH_3-Gruppe* aus *Methylen-Tetrahydrofolat* auf Desoxyuridinmonophosphat erfolgt.

Die Wiederverwertung von Purin- und Pyrimidinbasen

Die Biosynthese von Purin- und Pyrimidinnucleotiden ist ein relativ energieaufwendiger Prozeß. Es erstaunt infolgedessen nicht, daß Mechanismen zur Reutilisierung von freien Purin- bzw. Pyrimidinbasen bestehen. Wie in Abb. 13-10 am Beispiel von Purinen dargestellt, können durch intrazellulären Abbau von Nucleinsäuren entstandene oder durch enterale Resorption aufgenommene Purinbasen unter Katalyse entsprechender Enzyme unter

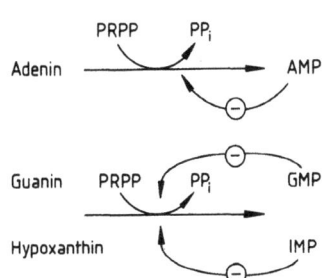

Abb. 13-10. Reaktionen zur Wiederverwendung von Adenin, Guanin und Hypoxanthin für die Synthese von Purinnucleotiden

Pyrophosphatabspaltung mit Phosphoribosylpyrophosphat reagieren, wobei *Adenin-* bzw. *Guaninnucleotide* entstehen. Die verantwortlichen Enzyme sind die *Adeninphosphoribosyltransferase* bzw. die *Hypoxanthin-Guanin-Phosphoribosyltransferase*. Die Bedeutung dieser Purin-Reutilisierung geht aus der Tatsache hervor, daß sich bei einem genetischen Defekt an einem der beiden Enzyme ein schweres relativ frühzeitig zu schweren geistigen Störungen sowie zum Tod führendes Krankheitsbild einstellt (Lesh-Nyhan-Syndrom).

Obwohl die Vorgänge im einzelnen nicht so genau untersucht sind, darf als sicher gelten, daß ähnliche Reutilisierungsmechanismen auch für den Umsatz der Pyrimidinbasen verantwortlich sind.

Der Abbau der Purinbasen

Abbildung 13-11 stellt das Prinzip des Abbaus der Purinbasen dar. Durch Abspaltung von Ribosephosphat sowie Desaminierung entsteht aus Adenosin und Inosin das *Hypoxanthin*, aus Guanosin das *Xanthin*. Beide Verbindungen sind Substrat der *Xanthinoxidase*, die sie in Harnsäure überführt.

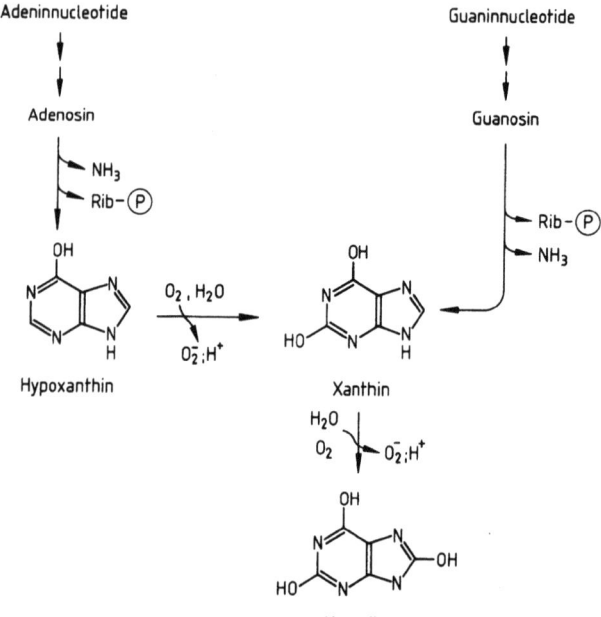

Abb. 13-11. Harnsäure als Endprodukt des Abbaus von Purinnucleotiden

Dabei entsteht das Superoxidradikal O_2^-, welches durch die Superoxiddismutase zu H_2O_2 umgewandelt wird.
Harnsäure ist bei Primaten, Vögeln und einigen Reptilien das Endprodukt des Purinabbaus, sie ist schwer wasserlöslich, so daß ihr Transport im Blut und ihre Ausscheidung durch die Nieren dem Organismus unter Umständen Schwierigkeiten machen können. Es kommt in diesem Fall zu einer Erhöhung der Harnsäurekonzentration im Blut sowie in den extrazellulären Flüssigkeiten, welche eine als *Gicht* bezeichnete Ablagerung von Harnsäure an den verschiedensten Stellen des Körpers zur Folge hat. Die Ursache dieser zur Gicht führenden Erhöhung der Harnsäurekonzentration im Blut beruht in etwa 70–80% der Fälle auf einer *Hemmung der renalen Harnsäureausscheidung*. 20% der Gichtfälle beruhen auf einer *Aktivitätszunahme* der Phosphoribosylpyrophosphatsynthase oder der Glutamin-Phosphoribosylpyrophosphat-Amidotransferase. Gelegentlich wurde auch eine Aktivitätserhöhung der Xanthinoxidase für das Auftreten gewisser Gichtformen verantwortlich gemacht. Sind die für die Reutilisierung von Purinbasen (s. S. 189) benötigten Enzyme durch einen genetischen Defekt ausgefallen, so kommt es zu einem Minderverbrauch an Phosphoribosylpyrophosphat, dessen Konzentration infolgedessen ansteigt. Da Phosphoribosylpyrophosphat ein positiver Effektor der Phosphoribosylamin-Bildung ist, steigt die de Novo-Synthese von Purinnucleotiden so stark an, daß es zu einer sehr schweren Gicht kommt.

Abbau der Pyrimidine

Der Pyrimidinabbau ist in Abb. 13-12 am Beispiel des *Uracils* dargestellt. Nach Reduktion der Doppelbindung im Ring kommt es zur Ringspaltung, wobei *Ureidopropionat* entsteht, das unter Abspaltung von CO_2 und Ammoniak in β-Alanin übergeht, welches zu Ammoniak CO_2 und Essigsäure zerlegt werden kann. Der Abbau der anderen Pyrimidinbasen erfolgt in analoger Weise.

Nucleinsäuren (Polynucleotide)

Primärstruktur der Nucleinsäuren

Als Nucleinsäuren bezeichnet man meist sehr lange, immer unverzweigte kettenförmige Moleküle, die aus Mononucleotiden bestehen, welche untereinander mit Phosphodiesterbindungen verknüpft sind. Abbildung 13-13 stellt einen Ausschnitt aus einem *Ribonucleinsäuremolekül* (RNS) dar.

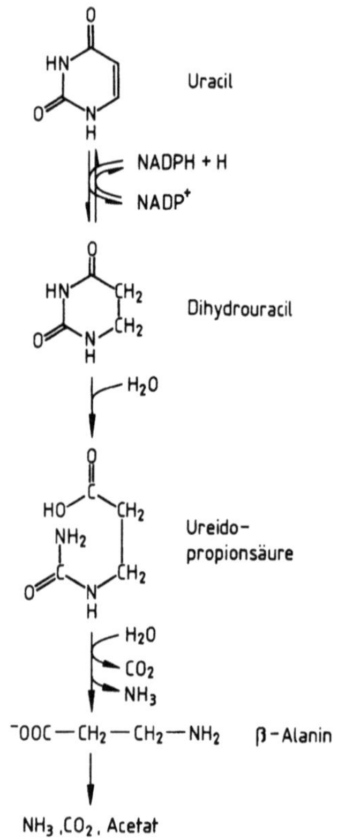

Abb. 13-12. Der Abbau von Uracil als Beispiel für den Pyrimidinabbau

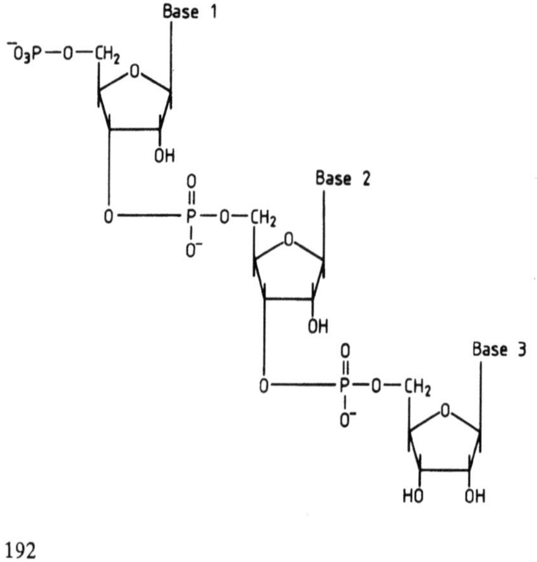

Abb. 13-13. Prinzip des Aufbaus der Ribonucleinsäure (RNS)

Verknüpft sind Nucleotide mit den 4 Basen Guanin, Cytosin, Adenin und Uracil. Das Rückgrat des Polynucleotides besteht aus den Ribosemolekülen, die in Form eines Diesters Phosphorsäure zwischen dem C-Atom 3 der einen und dem C-Atom 5 der nächsten Ribose tragen. Jede Ribose trägt darüber hinaus am C-Atom 1 in N-glykosidischer Bindung die ihr zugehörige Base. Ähnlich wie Proteine haben auch Nucleinsäuren zwei verschiedene Enden. Nach Konvention wird das 5'-Phosphatende der Kette links, dagegen das 3'-OH-Ende rechts geschrieben.

Neben der Ribonucleinsäure findet sich in beträchtlicher Menge auch die *Desoxyribonucleinsäure* (DNS). Sie unterscheidet sich von der RNS zunächst dadurch, daß der das Rückgrat bildende Zucker die 2-Desoxyribose ist. Darüber hinaus unterscheidet sich die Basenzusammensetzung von DNS und RNS (Tabelle 13-2).

Tabelle 13-2. Bestandteile von DNS und RNS

Pentose	*2-Desoxy-D-ribose*	*D-Ribose*
Purinbasen	Adenin	Adenin
	Guanin	Guanin
Pyrimidinbasen	Cytosin	Cytosin
	Thymin	*Uracil*

Konformation der Nucleinsäuren

Die Aufdeckung der DNS-Konformation gehört zu den bedeutendsten biochemischen Entdeckungen nach dem zweiten Weltkrieg. Sie gelang den Engländern James Watson und Francis Crick. Aufgrund der Tatsache, daß in der DNS Adenin und Thymin sowie Guanin und Cytosin immer im molaren Verhältnis von 1 vorkommen, machten sie die Annahme, daß zwischen den beiden Paaren sich leicht Wasserstoffbrücken ausbilden (komplementäre Basen). Unter Einbeziehung von röntgenstrukturanalytischen Untersuchungen kamen sie zu der Annahme, daß die DNS in Form einer *Doppelhelix* vorliegen muß (Abb. 13-14). Diese Doppelhelix besteht aus 2 *antiparallel* verlaufenden Polynucleotidketten, die außen die durch Phosphodiesterbindungen verknüpften hydrophilen Zuckerreste und innen die hydrophoben Purin- und Pyrimidinbasen tragen. Die Doppelhelix hat einen Durchmesser von 2 nm. Pro Wendelgang mit einer Strecke von ca. 3 nm finden sich 10 Basenpaare.

DNS bildet außerordentlich lange fadenförmige Moleküle mit Molekulargewichten bis zu 10^9. Bei Erwärmung auf 70–80° kommt es zu einer

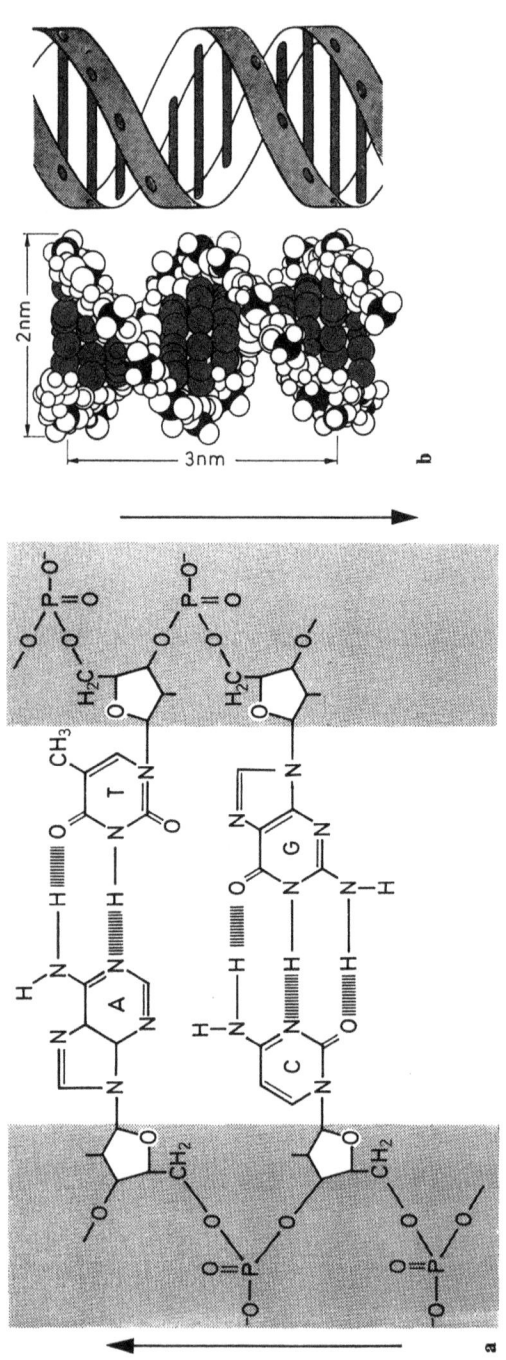

Abb. 13-14a, b. Der Aufbau der Desoxyribonucleinsäure (DNS). **a** Ausbildung von Wasserstoffbrücken zwischen Adenin und Thymin bzw. Cytosin und Guanin. **b** Struktur der DNS-Doppelhelix schematisch und im Atommodell

derartigen Lockerung der Wasserstoffbrückenbindungen, daß die DNS-Doppelhelix in die Einzelstränge zerfällt *(DNS-Denaturierung)*. Durch sehr lange Abkühlung kann unter günstigen Bedingungen eine erneute Zusammenlagerung zur Doppelhelix erreicht werden, die natürlich bei rascher Abkühlung unterbleibt (*Renaturierung* der DNS).

Das oben geschilderte Verfahren der langsamen Erwärmung und anschließender Abkühlung kann auch dazu verwendet werden, DNS-RNS-Hybride herzustellen. Besitzen nämlich ein DNS- und RNS-Strang über einen längeren Bereich komplementäre Basensequenzen, so kann sich während der Abkühlungsphase eine DNS-RNS-Doppelhelix ausbilden.

Prokaryote Zellen verfügen im allgemeinen über eine ringförmige DNS, die als stark gefaltete Gebilde im Cytoplasma liegt. Bei Eukaryoten findet sich nahezu die gesamte DNS im *Zellkern*, darüber hinaus enthalten eukaryote Zellen im Vergleich zu prokaryoten bis zu 20000mal mehr DNS. Im Zellkern befindet sich die DNS in enger funktioneller Beziehung zu basischen Proteinen, den *Histonen*. Diese basischen Proteine bilden oktamere Komplexe, um die sich der DNS-Faden spiralenförmig windet. Der DNS-Histonkomplex wird auch als *Chromatin* bezeichnet.

Im allgemeinen übertrifft die RNS-Menge die DNS-Menge beträchtlich. Tabelle 13-3 gibt eine Zusammenstellung der verschiedenen RNS-Spezies, die sich sowohl in pro- als auch in eukaryoten Zellen, wenn auch mit unterschiedlicher Basensequenz nachweisen lassen. Nach ihrer Funktion und Struktur lassen sich die im allgemeinen einsträngigen RNS-Spezies in 3 Klassen einteilen. Die *Boten-RNS (mRNS)* dient als Matrize für die Proteinbiosynthese (s. S. 207); ihre Länge wird von dem Protein bestimmt, für das sie codiert, das Molekulargewicht der Boten-RNS kann bis zu einer Million betragen. Eine ähnliche Größe hat die *ribosomale RNS*, die als

Tabelle 13-3. Klassifizierung der RNS aus *Escherichia coli*

Bezeichnung	Sedimentationskoeffizient	Molekulargewicht	Nucleotidreste	Struktur	Funktion
Boten-RNS (mRNS)	6 S–25 S	25000–1000000	75–3000	Einzelstrang	Matrize bei der Proteinbiosynthese
Transfer-RNS (tRNS, lösliche RNS, sRNS)	~ 4 S	23000–30000	75–90	Kleeblatt	Bindung von Aminosäuren
Ribosomale RNS (rRNS)	5 S 16 S 23 S	35000 550000 1100000	~ 100 ~ 1500 ~ 3100	Einzelstrang	Strukturbestandteil der Ribosomen

Strukturbestandteil der Ribosomen dient. Wesentlich kleiner ist die Transfer-RNS *(tRNS)*, die Aminosäuren bindet und auf diese Weise zur Proteinbiosynthese „aktiviert". Wie aus Abb. 13-15 zu entnehmen ist, verfügt ein einsträngiges RNS-Molekül häufig über eine größere Zahl von komplementären Basensequenzen, so daß sich intramolekular Doppelstränge ausbilden, die RNS-Molekülen eine Stäbchenform verleihen. Besonders gut wird dies am Beispiel der ribosomalen RNS sowie vor allem der Transfer-RNS deutlich.

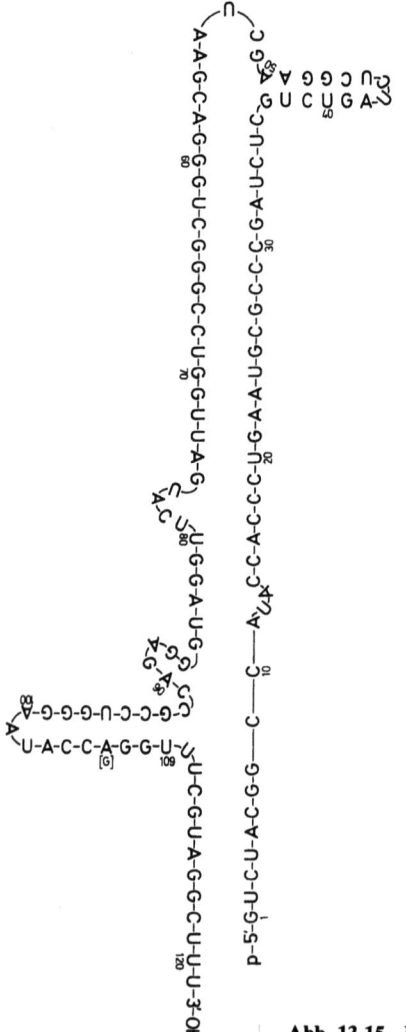

Abb. 13-15. Basensequenz der 5 S-rRNS des Menschen

14 Der Stoffwechsel der Nucleinsäuren

Bedeutung von Nucleinsäuren als Informationsträger

Eine der für die Entwicklung der Biochemie und Zellbiologie bedeutsamsten Entdeckung war der Befund, daß in den langen Kettenmolekülen der DNS die für die Synthese der Proteinmoleküle einer Zelle notwendige Information gespeichert ist. Dies beinhaltet nicht nur die Information über die Sequenz der Aminosäuren in einem gegebenen Protein, sondern auch eine Vielzahl von Verfahrensvorschriften, welche erst die Regulation des Prozesses der Proteinbiosynthese ermöglichen. Dabei wurde schon sehr früh eine Gesetzmäßigkeit aufgedeckt, die zunächst als das sogenannte *„zentrale Dogma"* der Molekularbiologie bezeichnet wurde. Das zentrale Dogma geht davon aus, daß der gesamte Bauplan einer Zelle in der DNS niedergelegt ist. Bei jeder Teilung der Zelle muß dieser Bauplan eine *identische Reduplikation* erfahren, ein Vorgang, der als *Replikation* bezeichnet wird. Für die Biosynthese eines spezifischen Proteins wird natürlich nur der entsprechende Teil der DNS benötigt. Dieser wird in Form eines *RNS-Stranges* von der DNS abkopiert, was als *Transkription* bezeichnet wird. Die auf dem RNS-Faden liegende Information gelangt an den Ort der *Proteinbiosynthese* und wird dort in die Aminosäuresequenz eines spezifischen Proteins übersetzt *(Translation)*. Das zentrale Dogma der Molekularbiologie postulierte zunächst sehr strikt, daß der Weg der Informationsübertragung quasi eine Einbahnstraße darstellt, d. h. immer nur von der *DNS* über *RNS* zum *Protein* und nie in der umgekehrten Richtung erfolgt. Man kennt zwar heute einige Ausnahmen von dieser Regel (s. reverse Transkriptase), im Prinzip ist ihre Richtigkeit jedoch erwiesen.

Auf welche Weise wird nun auf der DNS die Information für die Biosynthese von Proteinen gespeichert? Zur Beantwortung dieser Frage muß man von der Tatsache ausgehen, daß alle Proteine aus 20 Grundbausteinen, den *proteinogenen Aminosäuren,* bestehen. Auf den DNS-Fadenmolekülen muß infolgedessen die Information für die Art und die Sequenz der Aminosäuren spezifischer Proteine festgelegt werden. Das Rückgrat des DNS-Fadens, die monotone Sequenz von Desoxyribose und Phosphat, kommt für diese Aufgabe nicht in Frage. Die Information ist vielmehr in der *Sequenz* der einzelnen Basen eines DNS-Fadens zu suchen. Diese vier

Basen sind das *Adenin, Thymin, Guanin* und *Cytosin*. Es läßt sich leicht errechnen, wieviele Basen für die Bestimmung einer Aminosäure benötigt werden, wenn man von einem Alphabet aus den Buchstaben A, T, G und C ausgeht. Bestünde die für eine Aminosäure verantwortliche Sequenz aus 2 Basen, so könnten lediglich 4^2, das heißt 16 Worte geschrieben werden. Da dies offensichtlich nicht ausreicht, muß man von einer für eine Aminosäure verantwortlichen Informationseinheit, einem Codon von 3 Basen ausgehen. Diese Schreibweise läßt allerdings Platz für 4^3, d.h. 64 Worte. Da nur 20 Aminosäuren definiert werden müssen, bezeichnen verschiedene Codons je eine Aminosäure (s. S. 208). Dieses Phänomen wird auch als *Degeneration* des Codes bezeichnet.

Die Sequenz der Basentripletts oder Codons auf einem DNS-Faden codiert also für die Aminosäuresequenz eines bestimmten Proteins. Den für ein Protein verantwortlichen Abschnitt des DNS-Fadens bezeichnet man auch

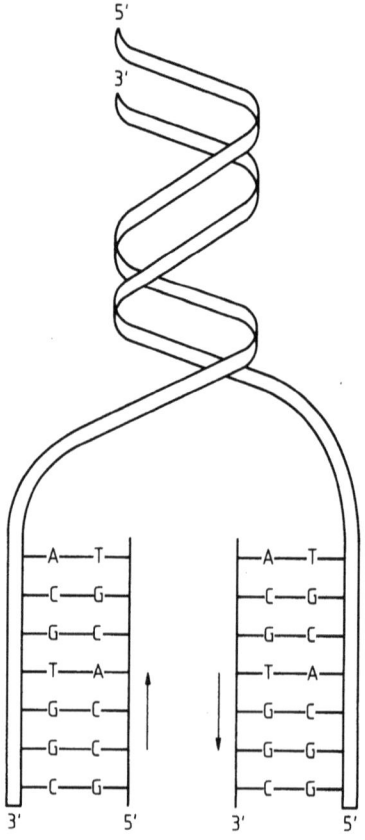

Abb. 14-1. Prinzip der semikonservativen Replikation der DNS

als *Gen*. Bei vielen Mikroorganismen haben sich in der Tat bereits die Gene für die verschiedensten Enzyme und Proteine auf dem DNS-Faden lokalisieren lassen, was die Möglichkeit zur Aufstellung von sogenannten *Genkartierungen* gegeben hat. Bei eukaryoten und besonders bei tierischen Zellen liegen die Verhältnisse offensichtlich wesentlich komplizierter. So kann die Information für die Biosynthese wichtiger Proteine in voneinander räumlich getrennten Abschnitten auf dem DNS-Faden lokalisiert sein.

Die Replikation

Zu jeder Zellteilung gehört die identische Reduplikation der in der DNS niedergelegten Information. Der Mechanismus dieses Vorganges ist in Abb. 14-1 dargestellt. Es handelt sich um eine sogenannte *semikonservative Replikation*. Der als Doppelhelix vorliegende DNS-Faden wird an der sogenannten *Replikationsgabel* entwunden. Komplementär zu der Basensequenz jedes Einzelstranges lagern sich die als Ausgangsmaterial benötigten *Basen* in Form ihrer Triphosphate an und werden durch entsprechende enzymatische Aktivitäten miteinander verknüpft, so daß je ein neuer Strang entsteht. Die neu replizierte DNS enthält also je einen *alten (parentalen)* und einen *neuen Strang*.

Das wichtigste Enzym für die Synthese dieses neuen Strangs ist die *DNS-abhängige DNS-Polymerase III*, deren Mechanismus in Abb. 14-2 dargestellt ist. DNS-abhängige DNS-Polymerase greift grundsätzlich am *3'-OH-Ende* eines *DNS-Stranges* an, benötigt also einen sogenannten „*Primer*". Die terminale 3'-OH-Gruppe der DNS-Kette greift *nucleophil* am α-Phosphatatom des einzubauenden Desoxyribonucleotidtriphosphates an. Die bei der Spaltung der Phosphorsäureanhydridbindung zwischen dem α- und β-Phosphat des Desoxyribonucleotids freiwerdende Energie dient dazu, die Reaktion in Richtung der Biosynthese zu treiben. Außerdem wird das bei der Reaktion freigesetzte *Pyrophosphat* durch entsprechende *Pyrophosphatasen* gespalten. Die Sequenz der neu gebildeten DNS-Kette wird durch die Sequenz der parentalen Kette vorgegeben. Dies ergibt sich aus den Regeln der *Basenkomplementierung* (s. S. 193): Die zu *Adenin* komplementäre Base ist *Thymin,* die zu *Guanin* komplementäre das *Cytosin* und umgekehrt.

Der Vorgang der DNS-Replikation wird dadurch kompliziert, daß die DNS-Polymerase III immer eine schon vorhandene DNS-Kette benötigt, an die neue Nucleosidphosphate ankondensiert werden können. Da darüber hinaus die DNS-Einzelstränge der parentalen Doppelhelix antiparallel verlaufen und eine Kettenverlängerung nur am 3'-OH-Ende möglich ist, muß an der Replikationsgabel die Neusynthese in verschiedener Richtung

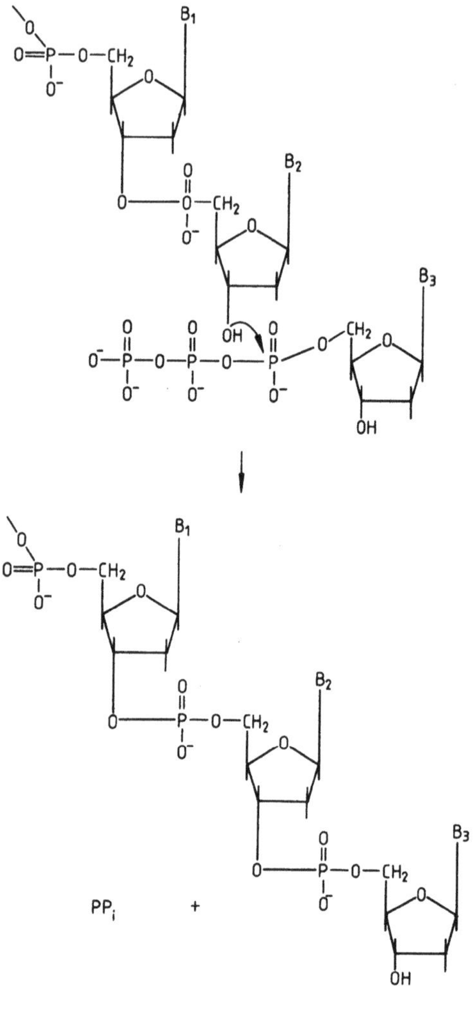

Abb. 14-2. Mechanismus der Kettenverlängerung von DNS am 3'-OH-Ende. Die neu anzuknüpfende Base muß als Nucleosidtriphosphat vorliegen

erfolgen. Schließlich hat sich gezeigt, daß die DNS-Polymerase III nur relativ kurze DNS-Bruchstücke aus etwa 100 Basenpaaren in einem Stück synthetisiert.

Abbildung 14-3 zeigt die prinzipiellen Vorstellungen über den Mechanismus der DNS-Replikation, die auf den Arbeiten des Japaners Okazaki basieren. Der Vorgang beginnt zunächst mit der Entwindung des parentalen DNS-Doppelstranges. Da für die Aktivität der DNS-abhängigen DNS-Polymerase III ein DNS-Primer notwendig wäre, kommt dieses Enzym für den Start der semikonservativen Replikation offensichtlich nicht in Frage. Der Repli-

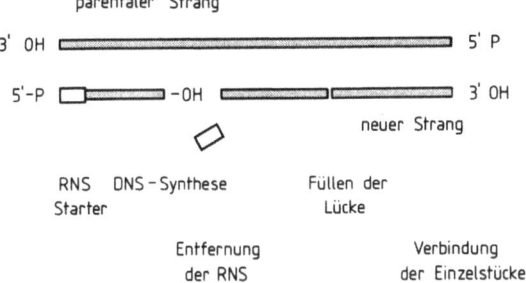

Abb. 14-3. Prinzip der Biosynthese eines neuen DNS-Stranges, wobei ein parentaler DNS-Strang als Matrize dient. Die Biosynthese startet mit der Synthese eines kurzen RNS-Stückes, an das der DNS-Polymerase III ein DNS-Stück ansynthetisiert wird. Später wird der RNS-Starter herausgeschnitten, die Lücke mit der DNS-Polymerase I entsprechend der Information auf dem parentalen Strang gefüllt und die entstehenden Bruchstücke (Okazaki-Fragmente) mit DNS-Ligase verknüpft

kationsvorgang beginnt vielmehr mit einer *DNS-abhängigen RNS-Polymerase* (s. S. 202). Dieses Enzym kann komplementär zu einer DNS-Matrize ein aus etwa 10 Basen bestehendes RNS-Stück synthetisieren, an dessen freies 3'-OH-Ende nun durch die *DNS-abhängige DNS-Polymerase* etwa 100 Basen, wiederum komplementär zur Sequenz des parentalen Stranges ankondensiert werden. Danach fällt die DNS-abhängige DNS-Polymerase ab und sucht sich ein neues RNS-Stück mit einem freien 3'-OH-Ende. Im weiteren Verlauf der Replikation wird durch eine *Exonuclease* die RNS-Sequenz aus dem neuen Strang herausgeschnitten. Durch eine *DNS-abhängige DNS-Polymerase* etwas anderer Spezifität *(Polymerase I)* wird die entstandene Lücke aufgefüllt und die am Schluß noch verbleibende Lücke zwischen dem 3'-OH-Ende des einen und dem unmittelbar daran anschließenden 5'-Phosphatende des nächsten DNS-Stückes mit Hilfe einer *DNS-Ligase* geschlossen.

Die Transkription

Mechanismus der Transkription

Während bei der für die Zellteilung notwendigen Replikation die gesamte Information auf der DNS einer Zelle genau kopiert werden muß, ist es für den Start der Biosynthese eines bestimmten Proteins nur notwendig, den hierfür codierenden Teil des DNS-Fadens aufzufinden und von ihm eine entsprechende Kopie in Form eines *RNS-Stückes* zu fertigen. Derartige die Information für ein Proteinmolekül enthaltende RNS-Stücke werden auch als *Boten-RNS (messenger-RNS, mRNS)* bezeichnet. Auch dieser Vorgang erfolgt unter Katalyse einer entsprechenden Polymerase, der *DNS-abhängigen RNS-Polymerase*. Der prinzipielle Mechanismus der Kettenverlängerung entspricht demjenigen der DNS-abhängigen DNS-Polymerasen, d. h. es liegt der nucleophile Angriff einer Hydroxylgruppe der Ribose am α-Phosphatatom eines Nucleosid-Triphosphates zugrunde. Abbildung 14-4 zeigt den bei Prokaryoten aufgefundenen Mechanismus der Transkription bestimmter DNS-Areale durch *DNS-abhängige RNS-Polymerasen*. Das Enzym besteht aus *vier Untereinheiten,* die als α, β, β' und γ bezeichnet werden. Die Transkription beginnt damit, daß es zu einer *lokalen Denaturierung* des DNS-Doppelstranges kommt. An diese Stelle wird als *Tetrameres* die RNS-Polymerase gebunden. Danach erfolgt die Anlagerung einer weiteren Untereinheit des Enzyms, des sogenannten σ-Faktors, der erst den jetzt aktiven RNS-Polymerasekomplex in Stande setzt, auf dem *codogenen DNS-Einzelstrang* die *Initiationsstelle* für den Beginn der Transkription zu finden. *Initiationsstellen* bestehen aus unmittelbar vor den Strukturgenen liegenden aus etwa 10 Basen bestehenden pyrimidinreichen Arealen auf dem codogenen Strang. Das erste von der DNS abhängigen RNS-Polymerase angelagerte Nucleotid ist in aller Regel ein GTP, an das komplementär zu der Basensequenz des codogenen Stranges die weiteren Nucleotide kondensiert werden. Der σ-Faktor ist hierfür nicht mehr notwendig und dissoziiert vom Enzymkomplex ab. Für das Auffinden der Terminationsstelle auf dem codogenen Strang sind weitere Proteinfaktoren notwendig, die als Rho (ϱ) oder Tau (τ) bezeichnet werden.

Die *RNS-Polymerasen* eukaryoter Zellen sind wesentlich komplizierter aufgebaut als diejenigen von Prokaryoten. Sie bestehen im allgemeinen aus 5–7 Untereinheiten und kommen als drei verschiedene Typen a, b oder c vor. Interessanterweise wird der Typ b durch *Amanitin*, eine der Giftkomponenten des Knollenblätterpilzes, gehemmt. Dies erklärt die fatalen Folgen einer Knollenblätterpilzvergiftung.

Im allgemeinen sind die Syntheseprodukte der DNS-abhängigen RNS-Polymerase noch nicht funktionsfähig. Die einzelnen RNS-Spezies (messenger-RNS, ribosomale RNS und Transfer-RNS) erfahren *posttranskriptionale Modifikationen*. Diese können in der Anheftung von *Kopfgruppen* bestehen, die häufig methylierte Basen tragen. Die ribosomale RNS wird als großes Molekül synthetisiert, aus dem durch entsprechende Endonucleasen die einzelnen ribosomalen RNS-Spezies entstehen. Auch die Transfer-RNS wird teilweise durch Kettenverkürzung, teilweise durch Basenmethylierung entsprechend modifiziert.

Abb. 14-4. Prinzip der RNS-Biosynthese bei Prokaryoten durch die DNS-abhängige ▶ RNS-Polymerase (Einzelheiten s. Text)

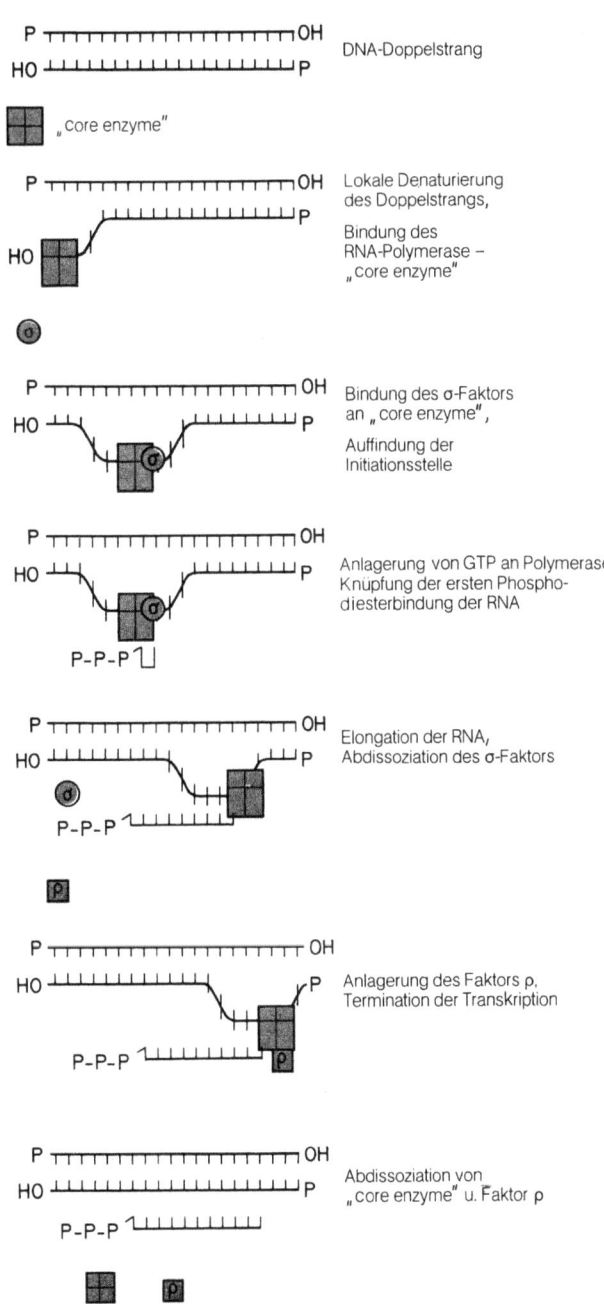

Regulation der Transkription

Die Verhältnisse bei Prokaryoten: Das Operonmodell. Viele Zellen zeigen eine erstaunliche Fähigkeit, ihren Enzymbestand an geänderte Umweltbedingungen anzupassen. Dies trifft besonders für *prokaryote Mikroorganismen* zu, die zur Deckung ihres Substratbedarfes die verschiedensten Kohlenstoffverbindungen benutzen können.

Ein unter diesem Gesichtspunkt besonders gut untersuchter Organismus ist das Darmbakterium E. coli. Wird es in einem Medium gezogen, das als Kohlenstoffquelle das Disaccharid Lactose enthält, so finden sich in E. coli-Zellen hohe Aktivitäten der für die Lactosespaltung verantwortlichen β-*Galactosidase*. Wächst E. coli dagegen auf anderen Kohlenstoffquellen, so sind die Aktivitäten dieses Enzyms außerordentlich niedrig. Interessant ist, daß E. coli beim Wechsel des Nährmediums von einem lactosefreien in ein lactosehaltiges Medium innerhalb weniger Minuten mit der β-Galactosidasesynthese beginnt. Gleichzeitig werden zwei weitere für den Lactoseabbau benötigte Enzyme, die α-Galactosidpermease und eine Transacetylase vermehrt gebildet. Den Mechanismus dieses als *Enzyminduktion* bezeichneten Prozesses haben Jacob und Monod durch das von ihnen vorgeschlagene und inzwischen bewiesene *Operonmodell* erklärt, das zum mindesten für Prokaryoten erwiesenermaßen Gültigkeit hat. Wie aus Abb. 14-5 hervorgeht, postuliert das Modell eine Strukturierung des DNS in sogenannte *Strukturgene,* die für die Bildung der mRNA verantwortlich sind und *Operatorgene,* die die Transkription von Strukturgenen kontrollieren. Unmittelbar vor den Strukturgenen liegt zunächst ein *Operatorgen* mit einem *Promotorgen,* welches die *Erkennungsregion* für die Bindung der *DNS-abhängigen RNS-Polymerase* darstellt. Die Einheit aus Promotorgen, Operatorgen und Strukturgen wird auch als *Operon* bezeichnet (für den Lactosestoffwechsel als *Lac-Operon*). Nach der Bindung der DNS-

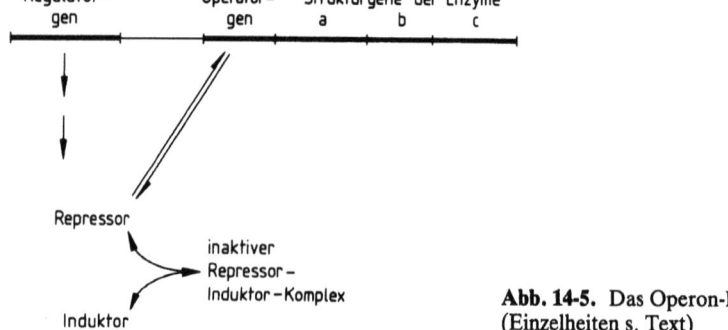

Abb. 14-5. Das Operon-Modell (Einzelheiten s. Text)

abhängigen RNS-Polymerase am *Promotorgen* kann dieses nur dann mit der Transkription der Strukturgene beginnen, wenn das *Operatorgen* frei liegt. In Abwesenheit von Lactose als Kohlenstoffquelle ist das Operatorgen jedoch durch ein *Repressorprotein* belegt und versperrt auf diese Weise der RNS-Polymerase den Weg zu den Strukturgenen. Das Repressorprotein ist ein Tetrameres mit einem Molekulargewicht von 160000. Der DNS-Abschnitt, der für seine Biosynthese codiert, wird als *Regulatorgen* bezeichnet und kann auf einer ganz anderen Stelle des Genoms liegen wie das Lacoperon. Die Freilegung des Operatorgens wird durch *Lactose* bewirkt, die in diesem Fall als *Induktor* wirkt. Sie bindet allosterisch an das Repressorprotein, wodurch dessen Konformation geändert wird, so daß es nicht mehr mit dem Operatorgen in Wechselwirkung treten kann und dieses den Weg für die RNS-Polymerase frei macht.

Die Verhältnisse bei Eukaryoten. Es ist noch nicht erwiesen, inwieweit das Operonmodell auch auf die Verhältnisse bei Eukaryoten übertragen werden kann. Das rasche Umstellen von einer Kohlenstoffquelle auf die andere zur Deckung des Energiebedarfes wird besonders für tierische Zellen von weniger großer Bedeutung sein, da viele Mechanismen dafür sorgen, daß das „innere Milieu", d. h. die Zusammensetzung der extrazellulären Flüssigkeit, in engen Grenzen konstant gehalten wird. Immerhin sind große Änderungen des Substratumsatzes beispielsweise beim Übergang von Nahrungsangebot zu Hunger die Regel. Hierbei können eine Reihe von *Enzyminduktionen* beobachtet werden, die besonders die Enzyme des Aminosäurestoffwechsels (Transaminasen) sowie der Gluconeogenese betreffen. Derartige Enzyminduktionen stehen unter hormoneller Kontrolle, wobei besonders die *Steroidhormone* der Nebennierenrinde wichtig sind (s. S. 281). Tatsächlich steht es durchaus mit experimentellen Untersuchungen in Einklang, daß Steroidhormone die Rolle von Induktoren übernehmen können. So nimmt jedenfalls nach Behandlung mit Glucocorticoiden (s. S. 281) in der Leberzelle die Menge an mRNS für verschiedene Transaminasen um ein Vielfaches zu. Über diese Regulation auf der Stufe der Transkription hinaus erscheint jedoch bei eukaryoten Zellen eine Regulation auf der Stufe der *Translation* notwendig. Dies ergibt sich daraus, daß die Halbwertszeit von mRNS bei Säugetieren um das zehn- bis tausendfache länger ist als bei Prokaryoten. Das Funktionieren des Operonmodells setzt natürlich eine kurze Halbwertszeit der mRNS voraus, da die Blockade eines Operons sinnlos wäre, wenn die vor der Hemmung gebildete mRNS eine lange Lebensdauer besäße (über die Regulation der Proteinbiosynthese auf der Ebene der Translation s. S. 216).

Hemmstoffe der Nucleinsäurebiosynthese

Eine Reihe von Verbindungen hemmt die Nucleinsäurebiosynthese, genauer die *Replikation* bzw. *Transkription* der DNS. Ein Teil dieser Verbindungen kann wirkungsvoll bei der Behandlung von Infektionserkrankungen bzw. bei der Tumortherapie eingesetzt werden. Die wichtigsten derartigen Hemmstoffe sind in Tabelle 14-1 zusammengefaßt.

Tabelle 14-1. Hemmstoffe der Replikation und der Transkription

Bezeichnung	Mechanismus
Amanitin (aus Knollenblätterpilz)	Hemmung der RNS-Polymerase B von Eukaryoten
Rifampicin	Hemmung der RNS-Polymerase von Prokaryoten
Mitomycin	Hemmung der Replikation durch Quervernetzung der DNS von Pro- und Eukaryoten
Actinomycin D	Hemmung der Transkription bei Pro- und Eukaryoten

Der enzymatische Abbau der Nucleinsäuren

Enzyme, die zum Abbau von Nucleinsäuren benötigt werden, werden als *Nucleasen* bezeichnet. Generell handelt es sich um *Phosphodiesterasen,* welche die Bindung zwischen den Nucleotiden aufspalten. *Exonucleasen* spalten die Nucleinsäurekette von außen, *Endonucleasen* greifen innen an. Von ihrer Substratspezifität her kann darüber hinaus zwischen *Ribonucleasen* und *Desoxyribonucleasen* unterschieden werden.
Die unter der Einwirkung von Nucleasen gebildeten Oligonucleotide werden durch *Oligonucleotid-Phosphodiesterasen* bis zu *Mononucleotiden* aufgespalten. Der weitere Abbau besteht in der Bildung von *Nucleosiden* aus Nucleotiden sowie schließlich der Bildung der freien Basen sowie von Ribose bzw. Desoxyribose. Über die Basenwiederverwertung s. S. 189.

15 Die Proteinbiosynthese

Das Prinzip der Proteinbiosynthese: Translation der in der DNS gespeicherten Information

Das prinzipielle Problem der Proteinbiosynthese besteht bei allen Lebewesen darin, die in Form einer Basensequenz in der DNS bzw. RNS niedergelegte Information in eine Sequenz von Aminosäuren im Peptidverband eines Proteins zu übersetzen (Translation). Dieser Vorgang des *Übersetzens* unterscheidet sich prinzipiell von den im letzten Kapitel besprochenen Prozessen der Replikation und Transkription. Bei beiden Vorgängen handelte es sich ja nur darum, von einer Nucleinsäurekette unter Beibehaltung der prinzipiellen Eigenschaften der verwendeten „Sprache" eine Kopie zu erstellen. Die Voraussetzung für das Erstellen derartiger Kopien ist die *Komplementarität* der vier verwendeten Basen (s. S. 193).

Die mRNS als Matrize für die Proteinbiosynthese

Wie ausführlich im vorangehenden Kapitel besprochen, werden die einzelnen Strukturgene der DNS durch die DNS-abhängige RNS-Polymerase als *mRNS* kopiert. In dieser einsträngigen RNS ist demnach, allerdings unter Beibehaltung des „Basenalphabetes" infolge der Basenkomplementarität, in codierter Form die Aminosäuresequenz der dem jeweiligen Gen entsprechenden Proteine enthalten. Abbildung 15-1 zeigt die prinzipiellen Strukturmerkmale, die auf der mRNS gefunden wurden. Am 5′-Phosphatende finden sich häufig Kopfgruppen aus 7-Methylguanosin, N_6-Methyladenosin und Nucleotiden mit methylierter Ribose. Man nimmt an, daß diese Gruppierungen für die Bindung der mRNS an das *Ribosom* (s. u.) notwendig sind. Eine Sequenz aus den drei Basen AUG markiert den *Startpunkt* für das Transkript des Strukturgenes. Hier beginnt also die eigentliche Codierung der Aminosäuresequenz des jeweiligen Proteins. Je nach der Größe des Proteins erfolgt nun ein aus etwa 300–3000 Basen bestehendes Stück, das in etwa Proteinen mit Molekulargewichten zwischen 10000 und 100000 entspricht. Den Stopp der eigentlichen Struktursequenz bildet eines der drei *Stoppcodons* UAG, UAA oder UGA. Anschließend an das Stoppcodon

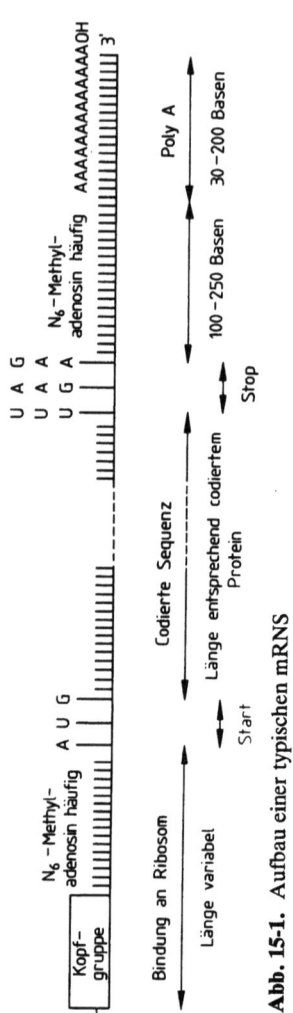

Abb. 15-1. Aufbau einer typischen mRNS

kommt eine aus 100–250 Basen bestehende Sequenz, in dem die Basen N_6-Methyladenosin häufig sind. Bei vielen, aber nicht allen mRNA-Molekülen schließt sich daran noch eine aus 30–200 Basen bestehende Poly A-Sequenz an, die posttranskriptional an die mRNS angefügt wurde und über deren biologische Bedeutung noch nichts Sicheres bekannt ist.

Die Entschlüsselung des genetischen Codes gehört zu den großen Leistungen der Molekularbiologie. Sie war erst möglich, als man gelernt hatte, in einem zellfreien System die für die Proteinbiosynthese benötigten Faktoren in

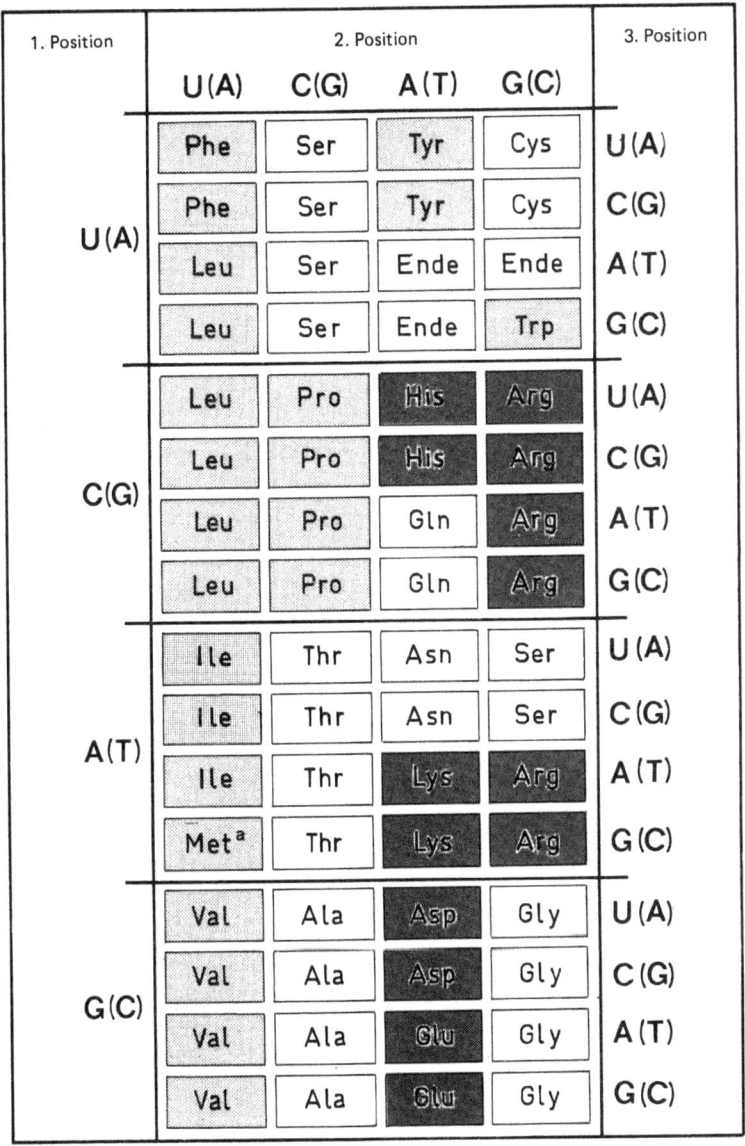

Abb. 15-2. Der genetische Code für die Aminosäuren. Ende bezeichnet die Stoppcodons. Das Codon für die Aminosäure Methionin dient bei Prokaryoten als Startcodon. Die in Klammern gesetzten Buchstaben geben die komplementären Basen auf der DNS wieder

funktionsfähiger Form zu erhalten (s. u.). Damit bestand die Möglichkeit, chemisch synthetisierte und damit in ihrer Sequenz genau festgelegte mRNS als Matrize anzubieten. Man brauchte danach nur noch die Sequenz der synthetisierten Proteine zu ermitteln und gelangte so zu dem in Abb. 15-2 dargestellten genetischen Code. Er zeichnet sich durch folgende Eigenschaften aus:

1. Die für eine Aminosäure codierende Einheit, das *Codon*, besteht aus *3 Basen*.
2. Bei einem Dreiercodon können aus den vier Buchstaben, nämlich den Basen Adenin, Uracil, Cytosin und Guanin $4^3 = 64$ Worte geschrieben werden. Da alle möglichen 64 Worte im Code auch vorkommen, jedoch nur 20 Aminosäuren für die Proteinbiosynthese verwendet werden, codieren mehrere Codons für die gleiche Aminosäure. Man bezeichnet dies als *Degeneration* des Codes.
3. Alle bisher untersuchten Lebewesen verwenden denselben Code, was als *Universalität* des Codes bezeichnet wird. Offensichtlich hat der Code keine Veränderungen im Lauf der Evolution erfahren.
4. Die Aminosäuresequenz des Proteins ist als lineare Sequenz von Codons, beginnend mit dem Codon für die N-terminale Aminosäure, auf der mRNS vorhanden. Dabei treten keine Überlappungen von Codons auf, desgleichen fehlen auch Abstände zwischen den einzelnen Codons. Dies wird als *Colinearität* von mRNS und Protein bezeichnet.

Aminoacyl-tRNS: Der Schlüssel für die Translation von Basensequenz in Aminosäuresequenz

Die tRNS dient als Trägermolekül oder Adapter, der sowohl mit der mRNS als auch mit Aminosäuren in Wechselwirkung treten kann. Der prinzipielle Aufbau der tRNS ist in Abb. 15-3 dargestellt. Das aus etwa 75–90 Basen zusammengesetzte einzelsträngige Polynucleotid verfügt über eine große Anzahl komplementärer Sequenzen, so daß es sich zu einem stäbchen- oder kleeblattförmigen Gebilde zusammenlagert. An einem Ende des Stäbchens befindet sich das 3'−OH-Ende, das bei allen tRNS-Molekülen aus der Basensequenz C−C−A besteht. Ziemlich genau am gegenüberliegenden Ende des stäbchenförmigen Gebildes befindet sich das sogenannte *Anticodon*. Es enthält eine Basensequenz, die genau komplementär zu einem der 61 für Aminosäuren codierenden Basentripletts auf der mRNS ist. Weitere spezifische Arme oder Schleifen des tRNS-Moleküls dienen offensichtlich der korrekten Bindung am Ribosom oder der Erkennung durch die *Aminoacyl-tRNS-Synthetasen*.

Durch die Wirkung dieser Enzyme werden die einzelnen tRNS-Moleküle mit den jeweiligen, zum Anticodon (bzw. Codon) passenden Aminosäuren

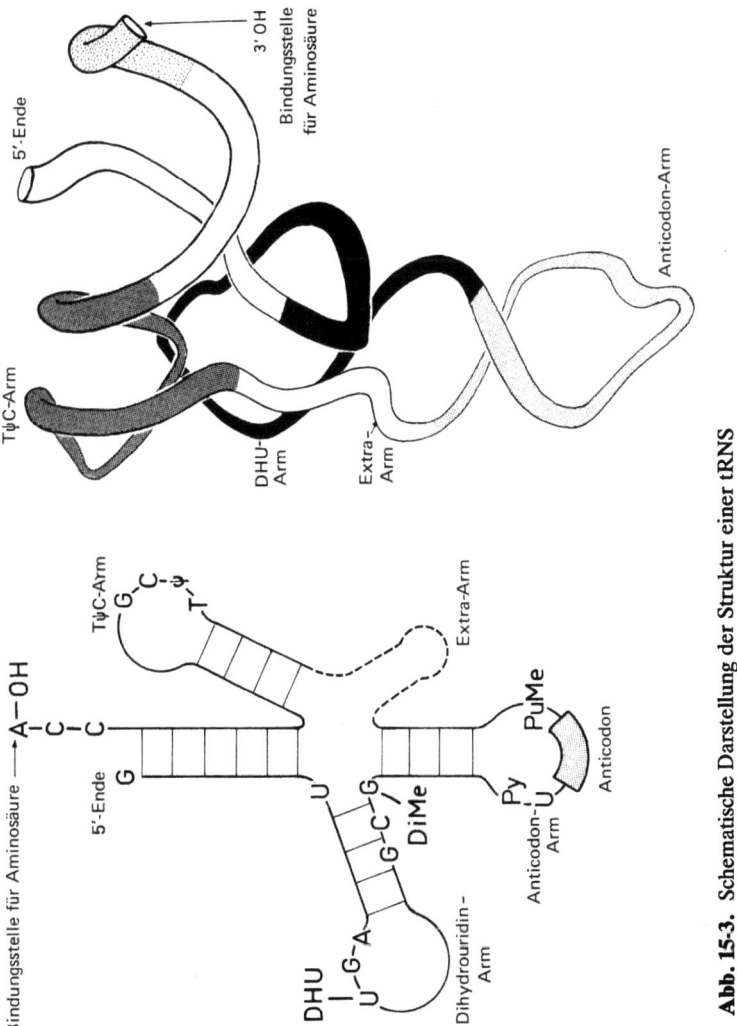

Abb. 15-3. Schematische Darstellung der Struktur einer tRNS

beladen und erlangen so ihre eigentliche Funktionsfähigkeit. Abbildung 15-4 zeigt den Vorgang der Aminoacylierung von tRNS in seinen Einzelschritten. Zunächst erfolgt dabei eine *Aminosäureaktivierung* an der Carboxylgruppe, die der ersten Teilreaktion bei der Fettsäurereaktivierung (s. S. 103) entspricht: Die Carboxylgruppe von Aminosäuren reagiert unter Pyrophosphatabspaltung mit ATP, wobei *Aminoacyladenylat* entsteht. Als energiereiche Gruppierung findet sich hier eine Anhydridbindung zwischen

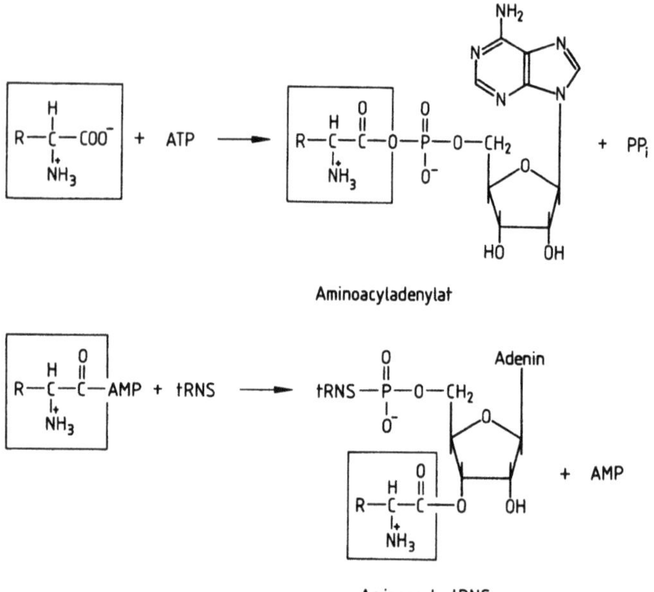

Abb. 15-4. Bildung von Aminoacyl-tRNS. Bei allen Aminoacyl-tRNS-Molekülen erfolgt die Verknüpfung der Aminosäure durch Veresterung mit der OH-Gruppe des C-Atom 3' eines terminalen Adenosinrestes der tRNS

der Carboxylgruppe und dem α-Phosphat des AMP. Diese Bindung wird im zweiten Teilschritt der Reaktion durch das 3'−OH-Ende der tRNS angegriffen, so daß unter AMP-Abspaltung die fertige *Aminoacyl-tRNS* entsteht.

Da für die weiteren Schritte der Proteinbiosynthese (s. u.) zwar sehr wohl die Basensequenz am Anticodonarm, nicht mehr jedoch die an die tRNS geheftete Aminosäure eine Rolle spielen, ist es für die Zuverlässigkeit der Proteinbiosynthese unerläßlich, daß Aminoacyl-tRNS-Synthetasen mit großer Genauigkeit arbeiten. Sie zeigen hohe Spezifität bezüglich der jeweils zusammengehörigen Aminosäuren und tRNS-Moleküle. Unter den intrazellulär herrschenden Bedingungen tritt lediglich ein Fehler pro 10 000 Aminoacylierungen auf.

Die Ribosomen

Die korrekte Translation der Information der mRNS in eine Proteinbiosynthese erfordert eine Reihe komplizierter Einzelschritte, die mit hoher

Zuverlässigkeit durchgeführt werden müssen. Es nimmt infolgedessen nicht wunder, daß hierfür ein komplex aufgebautes Organell vorhanden ist, das sich bei Pro- und Eukaryoten im Cytosol befindet und als *Ribosom* bezeichnet wird.

Abbildung 15-5 zeigt den Aufbau von Ribosomen. Es handelt sich um Assoziate von *RNS* und *Proteinen* von annähernd kugeliger Gestalt. Die Ribosomen von Eukaryoten haben einen Durchmesser von etwa 24 nm und lassen sich in eine große (L-) sowie eine kleine (S-) der Einheit zerlegen. In der großen Untereinheit befinden sich drei verschiedene RNS-Moleküle sowie 40 Proteine, in der kleinen ein RNS-Molekül sowie 30 Proteine. Die Ribosomen von Prokaryoten sind grundsätzlich ähnlich, aber kleiner aufgebaut. Ihr Durchmesser beträgt 18 nm, sie enthalten etwas weniger RNS und weniger Proteine.

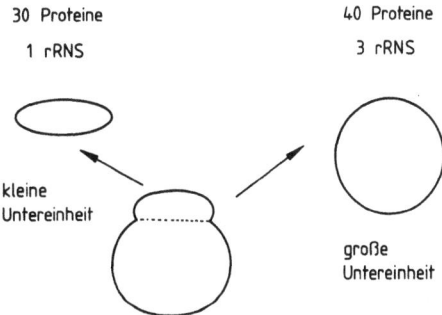

Abb. 15-5. Aufbau der Ribosomen eukaryoter Zellen aus einer kleinen und einer großen Untereinheit

Bei Prokaryoten liegen die Ribosomen frei im Cytosol, bei Eukaryoten sind sie dagegen wenigstens teilweise an die Membranen des endoplasmatischen Reticulums gebunden und bilden so das sogenannte *rauhe endoplasmatische Reticulum* (RER). Über die Bedeutung dieser Bindungen an Membranen s. S. 217.

Die ribosomale Proteinbiosynthese

Zu Beginn der Proteinbiosynthese (Abb. 15-6) liegen die ribosomalen Untereinheiten noch getrennt vor. Die mRNS bindet zunächst wahrscheinlich unter Mitwirkung der Kopfgruppe (s. Abb. 15-1) an die kleine Untereinheit des Ribosoms. Die kleine Untereinheit wandert auf der mRNS bis zum *Startcodon AUG*, das für die Aminosäure *Methionin* codiert. Der eigentliche *Initiationskomplex* bildet sich unter Anlagerung von GTP

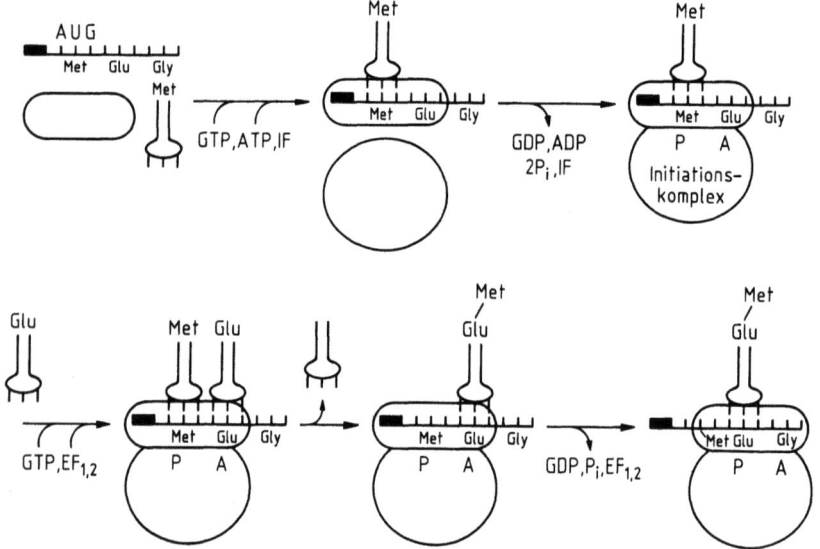

Abb. 15-6. Mechanismus der ribosomalen Proteinbiosynthese (Einzelheiten s. Text). P, Peptidylstelle; A, Aminoacylstelle

und Verbrauch von ATP durch Bindung der *Methionyl-tRNS*, deren Anticodon komplementär zur Sequenz AUG der mRNS ist. Zusätzlich werden noch Initiationsfaktoren benötigt. Im nächsten Schritt erfolgt unter Spaltung von GTP zu GDP und anorganischem Phosphat die Anlagerung der großen ribosomalen Untereinheit, gleichzeitig werden die Initiationsfaktoren abgegeben. In dem nun vollständigen Ribosom unterscheidet man auf der großen Untereinheit eine *Peptidylstelle* (P-Stelle, diese ist jetzt mit Methionyl-tRNS besetzt und trägt später die Peptidyl-tRNS) und eine *Aminoacylstelle* (A-Stelle), welche die jeweils neu einzubauende Aminoacyl-tRNS bindet. Für die *Elongation* der Kette wird entsprechend der Basenkomplementarität zwischen dem folgenden Codon auf der mRNS und der dazu passenden Aminoacyl-tRNS die nächstfolgende aktivierte Aminosäure auf die *Aminoacyl-Stelle* des Ribosoms angelagert. Hierfür ist ein *Elongationsfaktor 1* notwendig. Durch das Enzym *Peptidyltransferase*, welches ein Bestandteil der großen ribosomalen Untereinheit ist, wird die Peptidbindung zwischen der Aminogruppe der Aminoacyl-tRNS und der Carboxylgruppe der Methionyl-tRNS bzw. Peptidyl-tRNS geknüpft. Die jetzt unbeladene tRNS für Methionin fällt vom Ribosom ab. Im nächsten Schritt sorgt der *Elongationsfaktor 2* für die Translokation der entstandenen Peptidyl-tRNS und der mRNS von der A-Stelle zur P-Stelle des Ribosoms.

Auch dieser Schritt geht unter Verbrauch von GTP vonstatten. Der dabei entstehende *Elongationskomplex* verfügt nun wieder über eine freie A-Stelle, auf der die nächstfolgende Aminoacyl-tRNS angelagert und so ein neuer Verlängerungscyclus eingeleitet werden kann.

Schritt für Schritt „rutscht" nun das Ribosom in Richtung auf das 3′–OH-Ende auf der mRNS entlang, bis es auf ein Terminationscodon (z. B. UAA) stößt. Die Beendigung der Kettenbiosynthese wird durch die Bindung eines *Terminationsfaktors* an das Terminationscodon eingeleitet, wozu wiederum GTP gespalten wird. Dadurch wird die Peptidyltransferase aktiviert und die Peptidkette an der P-Stelle hydrolytisch von der tRNS abgespalten. Danach werden mRNS und tRNS freigesetzt und das Ribosom zerfällt in seine beiden Untereinheiten. Prinzipiell läuft die Proteinbiosynthese bei *Prokaryoten* in ähnlicher Weise ab wie die oben geschilderten Vorgänge bei Eukaryoten. In einigen wesentlichen Punkten ergeben sich jedoch Unterschiede, die zum Teil therapeutisch genützt werden können. Bei Prokaryoten finden infolge Fehlens einer intrazellulären Kompartimentierung Transkription und Translation im Cytosol statt. Infolgedessen können Ribosomen bereits während des Transkriptionsvorganges an die naszierende mRNS-Kette binden und mit der Proteinbiosynthese beginnen. Dies mag die außerordentlich hohe Syntheseleistung prokaryoter Organismen erklären (unter optimalen Bedingungen teilt sich eine E. coli-Zelle etwa alle 20 Minuten). Im Gegensatz dazu sind Transkription und Translation bei Eukaryoten räumlich voneinander getrennt, der erstere Vorgang findet im Kern, der zweite im Cytosol bzw. an den Membranen des rauhen endoplasmatischen Reticulums statt. Bei *Eukaryoten* ist die Startaminosäure immer das *Methionin*, bei *Prokaryoten* dessen formyliertes Produkt, das *N-Formyl-Methionin*. Für die Therapie von Infektionskrankheiten schließlich ist von großer Bedeutung, daß eine Reihe von wirksamen Antibiotika Hemmstoffe der Translation bei Prokaryoten sind, während sie die Proteinbiosynthese bei Eukaryoten relativ wenig beeinflussen. Eine Reihe derartiger Antibiotika sind in Tabelle 15-1 zusammengestellt. In diesem Zusammenhang ist erwähnenswert, daß die *Mitochondrien* aller eukaryoten Zellen über eine eigene DNS und über eigene Ribosomen und damit eine eigene Proteinbiosynthese verfügen. Damit sind Mitochondrien imstande, einen wenn auch nicht sehr großen Teil ihrer Proteine selbst zu synthetisieren. Interessanterweise ist die mitochondriale Proteinbiosynthese durch dieselben Hemmstoffe zu blockieren, die auf die Proteinbiosynthese von Prokaryoten einwirken. Diese Beobachtung ist unter anderem eine Stütze für die Vorstellung, daß es sich bei Mitochondrien ursprünglich um prokaryote Mikroorganismen handelte, die als Symbionten von den eukaryoten Zellen aufgenommen wurden, da nur sie über die enzymatische Ausstattung zum aeroben, oxidativen Stoffwechsel verfügten.

Tabelle 15-1. Hemmstoffe der Translation

Hemmstoff	Mechanismus
Streptomycin	Bindung an große ribosomale Untereinheit bei Prokaryoten. Konformationsänderung des Ribosoms
Tetracycline	Hemmung der Bindung von Aminoacyl-tRNS an Akzeptorstelle bei Prokaryoten
Chloramphenicol	Hemmung der Peptidyltransferase von Prokaryoten
Puromycin	Kettenabbruch bei Pro- und Eukaryoten
Cycloheximid	Hemmung der Translocase bei Eukaryoten

Bei *Prokaryoten* wird die Geschwindigkeit der Proteinbiosynthese im wesentlichen über die *Transkription* reguliert, wie aus dem auf S. 204 geschilderten Operonmodell ersichtlich ist. Eine Voraussetzung für das Funktionieren des Operonmodells ist natürlich die bei Prokaryoten gegebene *kurze Halbwertszeit* der mRNS, die im Bereich weniger Minuten liegt. Ein Argument, das gegen die Bedeutung des Operonmodells für die Regulation der Proteinbiosynthese bei *Eukaryoten* spricht, ist, daß hier die Halbwertszeiten der mRNS bis zu einigen 100 Stunden betragen. Eine Änderung der Transkriptionsrate würde daher nur sehr verzögert zu einer entsprechenden Änderung der Proteinbiosynthese führen. Die Vermutung liegt daher nahe, daß hier auch eine Regulation auf der Stufe der Translation stattfindet. Aus diesem Grund sind sogenannte *Regulatorgene* postuliert worden, deren Genprodukt (entweder als mRNS oder nach entsprechender Translation als Protein) die mRNS von Strukturgenen blockieren oder einem beschleunigten Abbau zuführen und auf diese Weise die Synthese spezifischer Proteine hemmen. *Hormone,* wie beispielsweise die *Steroidhormone* der Nebennierenrinde, könnten mit dem Genprodukt des Regulatorgens in Wechselwirkung treten und so die Translation entsprechender Strukturgene freigeben. Diese Vorstellungen sind zwar sehr attraktiv, bleiben jedoch mangels sicherer experimenteller Daten bis jetzt im Bereich des Spekulativen.

Posttranslationale Modifikation von Proteinen

Sehr häufig muß das am Ribosom entstandene Translationsprodukt noch eine Reihe von *Modifikationsschritten* über sich ergehen lassen, bis es dem fertigen funktionsfähigen Protein entspricht. Hierzu gehört natürlich die

Faltung zur entsprechenden *dreidimensionalen Struktur* mit Ausbildung der Sekundär- und Tertiärstrukturen als zugrundeliegenden Bauteilen. Die Faltung beginnt zwar schon während der Synthese des Peptidstranges, kann jedoch erst nach dessen Vollendung endgültig abgeschlossen werden. Zu dieser Ausbildung der dreidimensionalen Struktur gehört auch die *Oxidation von SH-Gruppen* der entsprechenden Cysteinylreste zu Disulfidgruppierungen. Die Seitenketten verschiedener Aminosäuren können durch *Phosphorylierung, Methylierung* oder *Hydroxylierung* entsprechend verändert werden. Da viele Proteine nicht mit der dem Startcodon AUG entsprechenden Aminosäure Methionin anfangen, muß darüber hinaus angenommen werden, daß diese durch entsprechende Hydrolasen abgespalten wird.

Viele Peptidhormone, sezernierte Proteine und Membranproteine werden als wesentlich größeres, in der Regel biologisch inaktives Peptid synthetisiert. Sie tragen, meist am N-Terminus, eine als *Signalpeptid* bezeichnete Sequenz, die abgespalten werden muß, um dem Peptid seine biologische Aktivität zu verleihen. In der Regel erfolgt die Abspaltung dieser „Präsequenz" intrazellulär, wahrscheinlich im *Golgi-Apparat*. Auf diese Weise wird aus Präproinsulin das Proinsulin (s. S. 263), aus Präglucagon Glucagon (s. S. 267) usw. Die Präsequenz dient allem Anschein nach als genetisch fixierter Marker, der angibt, ob ein synthetisiertes Peptid im Cytosol bleiben soll oder aus der Zelle ausgeschleust bzw. in Membranen eingebaut wird. Man nimmt an, daß die Präsequenz die wachsende Peptidkette in den Membranen des endoplasmatischen Reticulums verankert und so dem für Sekretproteine oder integrale Membranproteine typischen intrazellulären Weg zuführt.

Für die Gruppe der *Verdauungsenzyme* bietet die Biosynthese als höhermolekulare, aber inaktive Vorstufe den Vorteil, daß sie ihre Aktivität nicht intrazellulär entfalten können. Sie werden nämlich erst extrazellulär im Darmlumen durch entsprechende proteolytische Prozesse in die endgültige aktive Form gebracht (s. S. 252).

Da eine große Zahl von Proteinen als Glykoproteine vorliegt, gehört schließlich die Anheftung der entsprechenden Oligosaccharidseitenketten zu einer wesentlichen posttranslationalen Modifikation. Sie erfolgt im allgemeinen am endoplasmatischen Reticulum oder im Golgi-Apparat (s. S. 6).

Veränderungen des genetischen Materials

Die Erhaltung einer Spezies mit all ihren spezifischen Eigenschaften über viele Vermehrungscyclen beruht auf der Tatsache, daß die oben geschilderten Prozesse der Transkription und Replikation sowie der Translation mit höchster Genauigkeit ablaufen. Man muß sich dabei allerdings immer vor Augen halten, daß eine absolute Fehlerfreiheit jede Evolution des Lebendigen auf unserem Planeten verhindert hätte. Das Leben hat in diesem Punkt gleichsam auf einem schmalen Grat zu balancieren. Zu häufige Änderungen des genetischen Materials würden die Erhaltung der Arten ernsthaft gefährden, zu seltene Änderungen ihre Entwicklung verhindern. Nach der heute allgemein akzeptierten Darwinschen Evolutionstheorie besteht die Entwicklung der Arten darin, daß durch Änderungen von Umweltbedingungen ein *Selektionsdruck* entsteht, der Individuen mit Eigenschaften, die den geänderten Umweltbedingungen entsprechen, bei der Fortpflanzung bevorzugt. Dabei werden Eigenschaften nach den klassischen genetischen Regeln vererbt. Da bei jeder sexuellen Fortpflanzung sich das genetische Material der beiden Eltern mischt, entstehen auf diese Weise neue, genetisch fixierte Eigenschaften[1].

Während derartige Änderungen des genetischen Materials bei Organismen mit sexueller Fortpflanzung kein Problem sind, waren entsprechende Vorgänge bei Mikroorganismen, die sich nur durch Teilung fortpflanzen, sehr schwer vorstellbar, obwohl kein Zweifel an der Tatsache besteht, daß gerade sie sich besonders effektiv an geänderte Umweltbedingungen anpassen können (z. B. durch Entwicklung von Resistenzfaktoren gegen Antibiotika). In den letzten Jahren konnten einige Mechanismen entdeckt werden, die auch *Prokaryonten* einen vollständigen oder teilweisen Austausch von genetischem Material erlauben. So sind viele Bakterien zur *Konjugation* fähig. Hierunter versteht man die Übertragung von bakterieller DNS von einer Donor- auf eine Akzeptorzelle, wobei während des Konjugationsvorgangs eine Verbindung zwischen den Bakterienzellen durch sogenannte *Pili* auftritt. Unter bestimmten Umständen sind Bakterien imstande, lösliche DNA aufzunehmen. Dieser Vorgang wird als *Transformation* bezeichnet (dieser Begriff darf nicht mit dem in der Tumorvirologie verwendeten Terminus Transformation verwechselt werden, der dort die Umwandlung einer normalen Zelle in eine Tumorzelle beschreibt). Schließlich können

---

1 Daß für die Ausbildung neuer Eigenschaften bei hohem Selektionsdruck nur kurze Zeiträume notwendig sind, läßt sich an den Birkenspannern in den englischen Kohlerevieren gut nachweisen. Wie aus zahlreichen Dokumenten hervorgeht, waren diese vor Beginn der Industrialisierung überwiegend weiß, d. h., sie entsprachen in ihrem Phänotyp den bei uns in ländlichen Gegenden üblichen Birkenspannern. Mit Beginn der massiven Luftverschmutzung durch die Kohleförderung wurde die weiße Farbe zu einer nachteiligen Eigenschaft, da sie sich besonders gut vom dunklen Untergrund abhebt. Bereits gegen Ende des letzten Jahrhunderts hatten die Birkenspanner in den Kohlerevieren infolgedessen ihren Phänotyp geändert, sie waren nunmehr nahezu vollständig schwarz geworden

Bakterienzellen neue DNS auch durch sogenannte *Transduktion* aufnehmen. Bei der Infektion einer Bakterienzelle mit einem Virus kann ein Teil des Wirtsgenoms in die Virus-DNS eingebaut und danach in den durch Replikation entstehenden neuen Viren entsprechend multipliziert werden. Wenn diese weitere Wirtszellen infizieren, erfolgt damit eine Übertragung des Genoms der ursprünglichen Wirtszelle in neue Bakterien.

Veränderungen des genetischen Materials durch Mutationen

Unter *Mutationen* versteht man sprunghaft auftretende Änderungen des genetischen Materials, die sich auf Änderungen der DNS zurückführen lassen. Gelegentlich lassen sich derartige Mutationen schon mikroskopisch an einer geänderten Chromosomenstruktur erkennen und werden dann als *Chromosomenmutationen* bezeichnet. Häufiger handelt es sich jedoch um lokal sehr begrenzte Änderungen der Basensequenz auf dem DNS-Faden, die infolgedessen als *Punktmutationen* bezeichnet werden.

Es gibt verschiedene Möglichkeiten derartiger Punktmutationen. Kommt es zum Austausch einer Purin-(Pyrimidin-)Base gegen eine andere, so spricht man von *Transition*. Sie bewirkt also den Austausch eines AT-Paares gegen ein CG-Paar oder umgekehrt. Wird dagegen eine Pyrimidin- gegen eine Purinbase ausgetauscht, so spricht man von *Transversion* (z.B. Austausch eines AT-Paares gegen ein TA-Paar). Der vollständige Verlust eines Basenpaares wird als *Deletion,* der Einschub eines neuen Basenpaares als *Insertion* bezeichnet. Deletionen und Insertionen sind besonders folgenschwere Mutationen, da sie sowohl bei anschließender Replikation als auch Transkription zu einer *Verschiebung des Leserahmens* führen, was den Informationsgehalt der DNS nach der Mutation vollständig verändert. Derartige Mutationen werden auch als *Rasterschubmutationen* bezeichnet.

Über die Entstehung der sogenannten Spontanmutationen ist wenig bekannt. Ein Teil von ihnen entsteht durch *fehlerhafte Replikation,* daneben kommen Umlagerung der normalen Ketoformen von Basen in die tautomeren Enolformen in Frage. Zahlreiche Verbindungen führen zu *chemischen Veränderungen* der Basen und erzeugen auf diese Weise Mutationen. Zu ihnen gehört *salpetrige Säure,* die C zu U bzw. A zu Hypoxanthin desaminiert. *Alkylierende Substanzen* führen zu Basenmethylierungen, *Acridinfarbstoffe* zwängen sich zwischen zwei Basen und führen zur Deletion bzw. zur Insertion eines Basenpaares. Zahlreiche Nahrungsmittelzusätze, Kosmetika, Medikamente oder Rückstände von Pesticiden können Mutationen auslösen und erfordern infolge der immer weiteren Verbreitung dieser Verbindungen in ihrer Anwendung eine besonders strenge Überwachung. Mutationen können schließlich physikalisch ausgelöst werden: *UV-Bestrah-*

lung führt zu Thymindimerisierung (Abb. 15-7), durch *Röntgenstrahlen* können in der Zelle Radikale entstehen, die die verschiedensten Schädigungen am DNS-Strang hervorrufen.

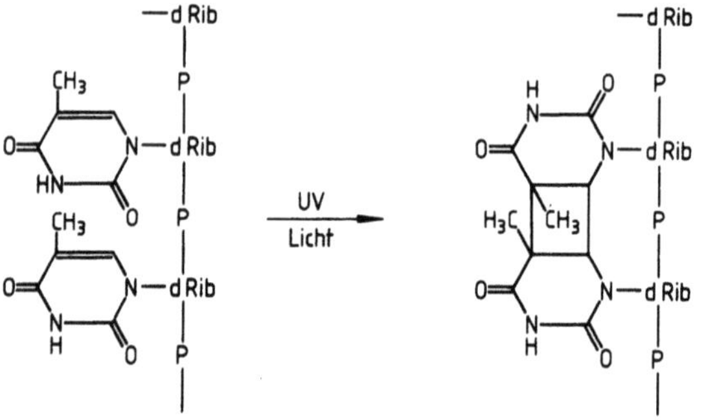

Abb. 15-7. Thymindimerisierung der DNS durch ultraviolettes Licht

Mit den heute zur Verfügung stehenden Mitteln können Mutationen in aller Regel nur an Funktionsänderungen des Genproduktes erkannt werden. Aus diesem Grunde gibt es keine Angaben über die tatsächliche Mutationshäufigkeit, sondern allenfalls solche über die Häufigkeit von genetisch determinierten Änderungen der Struktur und/oder Funktion eines Proteins.

Mit großer Wahrscheinlichkeit ist die Mutationshäufigkeit größer als die Häufigkeit des Auftretens geänderter Genprodukte. Hierfür gibt es verschiedene Gründe. Der wichtigste ist offensichtlich die *Degeneration* des genetischen Codes. So läßt sich leicht ausrechnen, daß etwa 20–25% der möglichen Basenveränderungen aus diesem Grund nicht zu einer Änderung der Aminosäuresequenz des betreffenden Proteins führen. Hierzu kommt, daß auch bei Mutationen mit geänderter Aminosäurezusammensetzung eines Proteins im allgemeinen nur dann Störungen der Proteinfunktion auftreten, wenn die neu eingebrachte Aminosäure neue Eigenschaften des Proteins bewirkt. Dies tritt beispielsweise dann auf, wenn Aminosäureaustausche an den aktiven Bezirken eines Proteins stattfinden oder wenn hydrophile Aminosäuren gegen hydrophobe und umgekehrt ausgetauscht werden.

Um den Organismus vor eventuellen Schädigungen durch Mutationen zu schützen, verfügen die Zellen darüber hinaus über sogenannte *DNS-Reparaturenzyme*. Betrifft eine Mutation nur einen Strang des DNS-Doppelstranges, ohne die korrekte Basensequenz des Partnerstrangs zu ändern (z.B. bei Thymindimerisierungen), so ist ein Reparaturenzymkomplex imstande, die fehlerhafte Basensequenz des einen Stranges zu erkennen und durch entsprechende *Nucleasen* herauszuschneiden. Eine spezifische *DNS-Polymerase* fügt nun entsprechend der Basensequenz des nicht betroffenen Stranges die richtigen Basen anstelle des ausgeschnittenen Stückes ein, wobei zur endgültigen Schließung der Lücke noch eine *DNS-Ligase* benötigt wird. Beim sogenannten *Xeroderma pigmentosum* findet sich eine deutlich gesteigerte Empfindlichkeit der Haut gegenüber ultravioletter Bestrahlung mit vermehrter Tendenz zur Bildung von Hautkarzinomen. Der zugrundeliegende Defekt betrifft das oben geschilderte Reparaturenzym, wodurch die Zellen der Haut nicht mehr imstande sind, die durch UV-Bestrahlung ausgelöste Thymindimerisierung zu eliminieren.

Änderungen des genetischen Materials durch Viren

Eine Reihe von Viren besitzen die Fähigkeit, in pflanzlichen und tierischen Zellen *Tumoren* auszulösen (Tumorviren). Das klassische Beispiel hierfür ist ein durch einen Virus ausgelöstes *Sarkom* (bösartiger Bindegewebstumor) bei Hühnern, das nach seinem Entdecker als *Rous-Sarkom* bezeichnet wird. Auch bei Säugetieren können bösartige Geschwülste durch Viren erzeugt werden.
Derartige *onkogene Viren* können DNS- bzw. RNS-Viren sein. Bei den DNS-Viren nimmt man an, daß die Virus-DNS, ähnlich wie bei der Infektion von Bakterien mit Bakteriophagen, durch einen noch unbekannten Mechanismus in das *Wirtsgenom* eingebracht wird und sich mit diesem vermehrt. Damit werden der Wirtszelle *neue Eigenschaften* verliehen, wozu beispielsweise das Fehlen der Kontakthemmung und geänderte Oberflächeneigenschaften gehören.
Bei den *onkogenen RNS-Viren* (Oncorna-Viren) liegt ein anderer Mechanismus vor. Sie verfügen über eine sogenannte *reverse Transcriptase,* also eine RNS-abhängige DNS-Polymerase. Diese übersetzt das als einsträngige RNS vorliegende Virusgenom in einen *DNS-Strang,* der in das Wirtsgenom eingebracht und dort weiter repliziert wird.
Welche Bedeutung Viren für die Krebsentstehung beim Menschen haben, ist noch nicht sicher bekannt.

16 Ernährung, Verdauung und Resorption

Die Energiebilanz des menschlichen Organismus

Bei ausgeglichener Ernährung bleibt das Körpergewicht des gesunden ausgewachsenen Menschen konstant. Er nimmt also genau soviel Nahrungsstoffe auf, wie zur Deckung seines Energiebedarfes notwendig sind. Untersucht man die dabei entstehenden Ausscheidungsprodukte, so sind dies vor allem CO_2, *Wasser* und *Harnstoff*. Diese Verbindungen entstehen auch, wenn die wichtigsten Nahrungsbestandteile, nämlich *Kohlenhydrate, Fette* und *Proteine* in einer Kalorimeterbombe mit Sauerstoff verbrannt werden. Eine Ausnahme hiervon macht lediglich der beim Abbau von Proteinen und Aminosäuren anfallende Ammoniak, der im tierischen Organismus in Form des Harnstoffs ausgeschieden wird, in der Kalorimeterbombe jedoch zu Salpetersäure oxidiert wird.

Aus den oben genannten Tatsachen kann folgendes geschlossen werden:
1. Da im Stoffwechsel von *Kohlenhydraten, Fetten* und *Proteinen* dieselben Endprodukte entstehen wie bei deren Oxidation in der Kalorimeterbombe, muß nach den Gesetzen der Thermodynamik die Gesamtenergieausbeute beim Stoffwechsel dem Energiegewinn bei der Oxidation in der Kalorimeterbombe entsprechen. Daraus ergibt sich, daß bei der Beurteilung des *physiologischen Brennwertes* eines Nahrungsmittels dessen Brennwert im *Kalorimeter* eingesetzt werden kann (s. Tabelle 16-1).
2. Die Ermittlung des *Energieumsatzes* im Organismus kann durch Bestimmung der *Wärmeproduktion* in einem Kalorimeter erfolgen. Dieses Verfahren (direkte Bestimmung des Energieumsatzes) ist allerdings technisch außerordentlich aufwendig. Zur *indirekten Bestimmung* des *Energieumsat-*

Tabelle 16-1. Brennwerte der Nahrungsstoffe in kJ/g (in Klammern ist der Brennwert in kcal/g angegeben)

Protein	17	(4,1)
Fett	38	(9,3)
Kohlenhydrat	17	(4,1)

zes geht man von der Tatsache aus, daß der Wasserstoff aller Substrate in der mitochondrialen Atmungskette mit *Sauerstoff* unter Wasserbildung reagiert, wobei gleichzeitig Energie freigesetzt wird. Damit wird der *Sauerstoffverbrauch* ein indirekter Parameter für die Nährstoffoxidation im Organismus und so für den Energieumsatz.

Eine Berechnung der Energiebilanz eines Organismus aus der Menge an zugeführten Nahrungsstoffen kann leicht zu fehlerhaften Ergebnissen führen. Bei *Überernährung* werden im Überschuß zugeführte Nahrungsstoffe in körpereigene Speicher umgewandelt und würden natürlich die Errechnung der Energiebilanz verfälschen. Entsprechend dazu würde bei *Unterernährung* der Energieumsatz unterschätzt werden, da die Energiespeicher des Organismus zur Deckung des Fehlbetrages herangezogen werden. Wichtige Energiespeicher des Organismus stellen das *Glykogen*, im wesentlichen das der Leber und der Muskulatur, dar. Seine Gesamtmenge beträgt beim 70 kg schweren, normal ernährten Menschen etwa 400 g. Wesentlich größer ist die Menge des gespeicherten *Fettes*, da für die Fettspeicherung das hierfür spezialisierte *Fettgewebe* zur Verfügung steht. Beim normal ernährten 70 kg schweren Menschen finden sich etwa 10–12 kg Fett im Fettgewebe. Bei Überernährung kann die Fettspeicherung unter Umständen groteske Formen annehmen. Auch das im Organismus vorhandene Protein, besonders das *Muskelprotein*, stellt einen potentiellen Energiespeicher dar. Im Gegensatz zu den anderen Speicherformen kann es jedoch nur zu weniger als 50% abgebaut werden, da sonst Proteine verlorengingen, die für die Strukturerhaltung des Organismus unentbehrlich sind.

Wie schon ausführlich auf S. 138f. beschrieben, können Kohlenhydrate, Fette und Proteine und damit die einzelnen Energiespeicher im Organismus nicht ohne weiteres ineinander überführt werden. Aus Fetten entsteht beim Abbau Acetyl-CoA, welches bilanzmäßig nicht in Glucose umgewandelt werden kann. Der umgekehrte Vorgang, d.h. die *Lipogenese* aus Kohlenhydraten, ist dagegen ohne weiteres möglich. Auch die beim Proteinabbau entstehenden Aminosäuren können nur dann zur *Glucoseneusynthese* dienen, wenn es sich um sogenannte *glucogene Aminosäuren* handelt. Glucogen sind diejenigen Aminosäuren, deren Abbau Pyruvat oder Zwischenprodukte des Citratcyclus mit 5 oder 4 C-Atomen liefert.

Die einzelnen Nahrungsbestandteile

Proteine

Die Nahrungsproteine liefern dem Organismus die von ihm benötigten *Aminosäuren*. Dies trifft besonders für die 8 sogenannten *essentiellen*

Aminosäuren zu, die in Tabelle 16-2 zusammengestellt sind. Sie zeichnen sich dadurch aus, daß ihr C-Skelett vom Organismus nicht synthetisiert werden kann. Die *nichtessentiellen Aminosäuren* können dagegen auch ohne Proteinzufuhr vom Organismus synthetisiert werden, eine Voraussetzung ist nur, daß genügend Stickstoff, wenigstens in der Form von NH_3, zur Verfügung steht. Außer für die Proteinbiosynthese werden Aminosäuren für die Biosynthese stickstoffhaltiger Verbindungen wie *Purine, Pyrimidine* benötigt, darüber hinaus dienen sie unter bestimmten Stoffwechselsituationen (z. B. Hunger) zur *Glucosebiosynthese*.

Tabelle 16-2. Für den Menschen essentielle Aminosäuren

Aminosäure	Bedarf des Erwachsenen (mg/kg Körpergewicht/Tag)
Lysin	12
Methionin	10
Threonin	8
Isoleucin	12
Valin	14
Leucin	16
Phenylalanin	16
Tryptophan	3

Bei ausgeglichener Ernährung scheidet ein gesunder Erwachsener im Stoffwechselgleichgewicht genau diejenige Menge stickstoffhaltiger Verbindungen aus, die dem Stickstoffgehalt des zugeführten Nahrungsproteins entspricht, er hat also eine *ausgeglichene Stickstoffbilanz*. Das Hauptausscheidungsorgan stickstoffhaltiger Verbindungen ist die *Niere*, die ausgeschiedenen Verbindungen sind *Harnstoff, Kreatinin* und *Ammoniak*. Über einen relativ weiten Bereich ist diese Stickstoffausscheidung proportional der Proteinzufuhr. Nimmt diese allerdings auf sehr niedrige Werte ab oder ernährt man sich proteinfrei, so stellt sich ein relativ konstanter Wert der Ausscheidung stickstoffhaltiger Verbindungen ein, niemals jedoch wird dabei der Wert 0 erreicht. Unter derartigen Bedingungen ist die Stickstoffbilanz *negativ,* d. h. es werden mehr stickstoffhaltige Verbindungen ausgeschieden als der Proteinzufuhr entspricht. Der *minimale Stickstoffverlust* erwachsener Männer bei proteinfreier Ernährung ist der Tabelle 16-3 zu entnehmen. Auf das Körpergewicht bezogen beträgt er im Mittel 54 mg/kg. Da Proteine ziemlich genau 16% Stickstoff enthalten, läßt sich daraus errechnen, daß der tägliche Stickstoffverlust einer Menge von 340 mg

Tabelle 16-3. Obligatorischer Stickstoffverlust erwachsener Männer bei proteinfreier Ernährung und der entsprechende Verlust von Körperprotein [errechnet durch Multiplikation des Stickstoffverlustes mit 6,25] (in Anlehnung an Munro, 1974)

Obligatorische Verluste	Täglicher Stickstoffverlust [mg/kg Körpergewicht]	Entsprechende Proteinmenge [g/kg Körpergewicht]
Urin (Harnstoff, Kreatinin, Ammoniak)	37 } 49	0,23 } 0,31
Faeces (nicht resorbierte Aminosäuren, in den Darm sezerniertes und nicht resorbiertes Protein, abgeschilferte Mucosazellen, Darmbakterien)	12	0,08
Haut [Sekrete der (Schweiß-)Drüsen (Harnstoff), abgestoßene Epithelzellen, Haare, Nägel]	3	0,02
Untergeordnete Ausscheidungswege	2	0,01
Gesamt (Durchschnittswert)	54	0,34
Gesamt (obere Grenze für den einzelnen[a])	70	0,45

[a] Zusätzliche 30% zum Durchschnittswert, um den oberen Bereich der Ausscheidung (zweifache Standardabweichung vom Mittelwert) abzudecken

Protein/kg Körpergewicht entspricht. Auf einen 70 kg schweren Erwachsenen umgerechnet bedeutet dies, daß bei *proteinfreier Ernährung* ein *Verlust* von *24 g Protein/24 Std.* auftritt.

Theoretisch müßte eine tägliche Proteinzufuhr in dieser Höhe also zur Aufrechterhaltung einer ausgeglichenen Stickstoffbilanz ausreichen. Für die Praxis muß man aber natürlich von höheren Werten ausgehen. So ist einmal die individuelle Schwankungsbreite zu berücksichtigen, daneben

gelten die oben angegebenen Zahlen natürlich nur für Proteine, deren Zusammensetzung genau dem Körperprotein entspricht. Von Proteinen anderer Herkunft, besonders von pflanzlichen Proteinen, müssen wesentlich größere Mengen zugeführt werden, damit eine ausgeglichene Stickstoffbilanz eintritt. Aus diesem Grund empfiehlt die Weltgesundheitsorganisation eine tägliche Proteinzufuhr von 700 mg/kg Körpergewicht, die Deutsche Gesellschaft für Ernährung sogar 1 g/kg Körpergewicht.
Ein wichtiger Wert für die Beurteilung eines Nahrungsstoffes als Proteinquelle ist die sogenannte *biologische Wertigkeit*. Sie ist ein relatives Maß für diejenige Menge eines bestimmten Proteins, die zur Erreichung einer *ausgeglichenen Stickstoffbilanz* gerade noch ausreicht. Als Bezugspunkt wird *Volleiprotein* genommen, dessen biologische Wertigkeit gleich 100 gesetzt wird. Die *tierischen Proteine* aus Milch und Fleisch haben eine hohe biologische Wertigkeit (um 100) während *pflanzliche Proteine* deutlich niedrigere Werte zeigen. Gelatine, der beispielsweise die Aminosäure *Tryptophan* fehlt, hat eine besonders niedrige biologische Wertigkeit.
Die Ursache für die unterschiedliche biologische Wertigkeit von Proteinen liegt in deren unterschiedlicher *Aminosäurezusammensetzung*. Es ist klar, daß ein Protein, dessen Zusammensetzung der Zusammensetzung tierischer Proteine sehr nahe kommt, eine vergleichsweise hohe, weniger mit tierischen Proteinen verwandte Eiweiße dagegen eine niedrige biologische Wertigkeit haben.

Kohlenhydrate

Bei normaler Ernährung sind *Kohlenhydrate* der wichtigste Nahrungsbestandteil. Sie dienen in erster Linie der Deckung des *Energiebedarfs*, daneben auch als Ausgangsprodukt für die Biosynthese einer Reihe von Verbindungen wie *Lipiden,* nicht *essentiellen Aminosäuren* usw. Bei der europäischen Durchschnittskost wird der größte Teil der mit der Nahrung zugeführten Kohlenhydate in Form von *Glykogen* bzw. *Stärke* zugeführt. Vergleichsweise gering ist zusätzlich die Kohlenhydratzufuhr in Form von *Saccharose* bzw. *Fructose*. Der Neugeborene und Säuglinge decken den allergrößten Teil ihres Kohlenhydratbedarfes durch *Lactose* (über den Stoffwechsel von Galactose sowie Fructose s. S. 70).
Bei ausgeglichener Ernährung sollten 50–55% des Energiebedarfes durch Kohlenhydrate gedeckt werden. Ein 70 kg schwerer Mann dürfte demnach bei leichter Arbeit 4000–5000 kJ durch Kohlenhydrate decken, was einer Zufuhr von 250–260 g Kohlenhydraten entspricht.

Fette

Die Nahrungsfette bestehen im wesentlichen aus *Triacylglycerinen*. Sie dienen als Energielieferanten und liefern darüber hinaus den Kohlenstoff für wichtige, vom Acetyl-CoA ausgehende Biosynthesen. In der Nahrung sind sie darüber hinaus die Träger *fettlöslicher essentieller Nahrungsbestandteile*, so vor allem der *fettlöslichen Vitamine* sowie der *essentiellen Fettsäuren* (s. S. 240, S. 228).

Lipide sind das energiedichteste Nahrungsmittel, da sie pro Gramm etwa 40 kJ enthalten. Aus diesem Grunde eignen sich Fette besonders gut zur Deckung eines besonders erhöhten Energiebedarfes, wie er z.B. bei schwerster körperlicher Arbeit auftritt.

Da Lipide in dem wäßrigen Medium des Blutes nicht oder nur in sehr begrenztem Umfang transportiert werden können, erfolgt der *Fetttransport* in Form von Assoziaten zwischen Lipiden und Proteinen, den sogenannten *Lipoproteinen*. Trotzdem besteht die Gefahr, daß Fette an den Gefäßwänden abgelagert werden und dort arteriosklerotische Plaques bilden.

Der tägliche Fettbedarf liegt bei etwa 60 g Lipid/24 Std. Damit ist bei normaler Ernährung auch der Bedarf an fettlöslichen Vitaminen und essentiellen Fettsäuren gedeckt. Unter den bei uns herrschenden Ernährungsbedingungen wird allerdings pro Tag bis zu 130 g Fett zugeführt, was angesichts der oben geschilderten Transportschwierigkeiten die Entwicklung von Arteriosklerosen und den damit zusammenhängenden Erkrankungen begünstigt.

Besonders bei reichlicher Fettzufuhr wird ein großer Teil des Fettes direkt im *Fettgewebe* gespeichert. Dies geht jedenfalls aus der Tatsache hervor, daß sich unter diesen Umständen nach einiger Zeit die Fettsäurezusammensetzung des Organfettes derjenigen des Nahrungsfettes angleicht. Dies spricht für einen eher langsamen Umsatz des Organfettes. Es kommt allerdings rasch zu einer wesentlichen Beschleunigung der Umsatzrate, wenn längere *Hungerperioden* auftreten. Unter derartigen Verhältnissen verschwindet natürlich auch die Ähnlichkeit der Fettsäurezusammensetzung der Organfette mit derjenigen des Nahrungsfettes.

Essentielle Nahrungsbestandteile

Essentielle Aminosäuren. Tabelle 16-2 stellt die *essentiellen Aminosäuren* sowie deren täglichen Bedarf zusammen. Unter essentiellen Aminosäuren versteht man Aminosäuren, deren Kohlenstoffskelett vom tierischen Organismus nicht synthetisiert werden kann. Sie müssen vielmehr – meist mit den Nahrungsproteinen – zugeführt werden, wobei es nicht nur auf die absoluten Mengen einzelner Aminosäuren, sondern auch auf deren Verhältnis untereinander ankommt. Hierdurch jedenfalls wird wesentlich die biologische Wertigkeit von Proteinen bestimmt. Die biologisch hochwertigsten Proteine sind die, deren Aminosäurezusammensetzung der Zusammensetzung des Körperproteins am nächsten kommt.

Essentielle Fettsäuren. Alle *essentiellen Fettsäuren* gehören zur Gruppe der *ungesättigten Fettsäuren*. Für den Stoffwechsel des tierischen Organismus wichtig sind die in Tabelle 16-4 zusammengestellten ungesättigten Fettsäuren. Von ihnen können *Linol-* und *Linolensäure* im tierischen Organismus nicht synthetisiert werden. Die *Arachidonsäure* wird aus Linolsäure gebildet und steht damit ebenfalls in enger Beziehung zur Gruppe der essentiellen Fettsäuren. Nicht essentielle, ungesättigte Fettsäuren entstehen aus entsprechenden gesättigten Fettsäuren durch die Einwirkung von *Desaturasen*.

Die Funktion der essentiellen Fettsäuren ist mannigfaltig. Sie stellen wichtige Bausteine von *Membranlipiden* dar. Ein *Mangel* an essentiellen Fettsäuren in der Nahrung äußert sich im Tierexperiment durch *Wachstumsverlangsamung*, *Schäden* des *Hautepithels* und der *Nieren* sowie *Fertilitätsstörungen*. Ein Mangel an essentiellen Fettsäuren ist möglicherweise die Ursache von *Ekzemen* und ähnlichen Hautveränderungen bei Kleinkindern, die mit speziell fettarmer Diät ernährt werden.

Aus mehrfach ungesättigten Fettsäuren, besonders aus *Arachidonsäure*, entstehen schließlich einige Gewebshormone, die als *Prostaglandine*, *Thromboxane* und *Prostacycline* bezeichnet werden (s. S. 289).

Tabelle 16-4. Die essentiellen Fettsäuren

Name	Struktur
Linolsäure (18:2)	$CH_3(CH_2)_4CH=CHCH_2CH=CH(CH_2)_7COO^-$
Linolensäure (18:3)	$CH_3CH_2CH=CHCH_2CH=CHCH_2CH=CH(CH_2)_7-COO^-$
Arachidonsäure (20:4)	$CH_3(CH_2)_4(CH=CHCH_2)_4(CH_2)_2-COO^-$

Vitamine

Im Gegensatz zu essentiellen Aminosäuren und Fettsäuren gehören *Vitamine* zu einer Gruppe von Nahrungsbestandteilen, die nur in geringsten, katalytisch wirksamen Mengen in der Nahrung enthalten sein müssen. Sie wurden entdeckt, als klar wurde, daß Versuchstiere relativ rasch trotz ausreichender Deckung ihres Energiebedarfs sterben, wenn sie mit einer nur aus hochgereinigten Proteinen, Kohlenhydraten und Fetten bestehenden und mit den notwendigen Elektrolyten und Spurenelementen angereicherten Kost ernährt werden. Die in dieser Kost fehlenden lebensnotwendigen Stoffe wurden, da man annahm, daß es sich um stickstoffhaltige Verbindungen handle, als Vitamine bezeichnet. Man weiß jedoch heute, daß Vitamine untereinander keinerlei chemische Verwandtschaft aufweisen und darüber hinaus nur zum Teil Stickstoff enthalten. Eine Verbindung ist vielmehr dann ein Vitamin, wenn sie *in Spuren* zur Aufrechterhaltung eines *normalen Stoffwechsels* notwendig ist und vom Körper *nicht* selbst synthetisiert werden kann.

Tabelle 16-5 gibt einen Überblick über die heute bekannten Vitamine, die in *wasser-* bzw. *fettlösliche Vitamine* eingeteilt werden können. Diese Einteilung hat allerdings nichts mit ihrer Funktion zu tun, sondern nur mit ihrer chemischen Eigenschaft.

Da Vitamine zunächst anhand ihrer Stoffwechselfunktion entdeckt wurden und die Aufklärung ihrer Konstitution im allgemeinen erst viel später erfolgte, wurden sie zunächst mit Trivialnamen, später mit den großen Buchstaben des Alphabetes gekennzeichnet. Heute setzt sich mehr und mehr eine Nomenklatur durch, die auf *chemischen Trivialnamen* beruht.

Die mangelhafte bzw. fehlende Versorgung mit einem Vitamin führt zu einem als *Hypovitaminose* bzw. *Avitaminose* bezeichneten Zustand, der im allgemeinen mit einer Reihe mehr oder weniger spezifischer pathologischer Veränderungen einhergeht. Einige Vitaminmangelzustände führen zu definierten Krankheitsbildern (z. B. *Nachtblindheit* bei Retinolmangel), bei anderen ist die Symptomatik eher uncharakteristisch. Allen Vitaminmangelzuständen ist gemeinsam, daß ein vollständiges Fehlen eines bestimmten Vitamines in der Nahrung in kürzerer oder längerer Zeit zum Tod führt. Zustände mit überhöhter Vitaminzufuhr kommen praktisch erst seit der Einführung von Vitaminpräparaten in hochgereinigter Form in die medizinische Therapie vor. Im allgemeinen kann davon ausgegangen werden, daß *wasserlösliche Vitamine* leicht über die Nieren ausgeschieden werden können, so daß bei ihnen das Krankheitsbild einer Hypervitaminose nicht auftritt. Anders ist es bei den *fettlöslichen Vitaminen*, die im Organismus in den verschiedensten Organen gespeichert werden können. Zufuhr hoher Mengen derartiger Vitamine in Form von Arzneimitteln (Vitamin D, Vitamin A usw.) führt zu einem als *Hypervitaminose* bezeichneten Krankheitsbild mit spezifischer Symptomatik.

Es ist schwierig, den täglichen Vitaminbedarf einzelner Personen genau zu ermitteln, da dieser von einer Vielzahl von schlecht zu ermittelnden

Tabelle 16-5. Einteilung der Vitamine nach ihrer Löslichkeit

Fettlösliche Vitamine

Buchstabe	Name	Biologisch aktive Form	Biochemische Funktion
A	Retinol	Retinol bzw. Retinal	Photorezeption, Stabilisierung von Membranen
D	Cholecalciferol	1,25-Dihydroxycholecalciferol	Regulation der extrazellulären Calciumkonzentration
E	Tocopherol	Tocochinon (?)	Schutz von Membranlipiden vor (Per-)Oxidation
K	Phyllochinon	Difarnesylnaphthochinon	Carboxylierung von Glutamylresten in Proteinen (Coenzym)

Wasserlösliche Vitamine

Buchstabe	Name	Biologisch aktive Form	Biochemische Funktion
C	Ascorbinsäure	Ascorbinsäure	Redoxsystem, Hydroxylierungen (Coenzym)
B_1	Thiamin	Thiaminpyrophosphat	Dehydrierende Decarboxylierungen (Coenzym)
B_2	Riboflavin	FMN, FAD	Wasserstoffübertragungen (Coenzym)
	Niacin(amid)	NAD^+, $NADH^+$	Wasserstoffübertragungen (Coenzym)
B_6	Pyridoxin	Pyridoxalphosphat	Transaminierungen, Decarboxylierungen, Transsulfurierung (Coenzym)
	Pantothensäure	CoA-SH	Acylübertragungen (Coenzym)
	Biotin	Biocytin	Carboxylierungen (Coenzym)
	Folsäure	Tetrahydrofolsäure	1-Kohlenstoffatom-Übertragungen (Coenzym)
B_{12}	Cobalamin	5'-Desoxyadenosylcobalamin	C-C-Umlagerungen (Coenzym)
		Methylcobalamin	1-Kohlenstoffatom-Übertragungen (Coenzym)

Umgebungsfaktoren abhängt. Angesichts dieser Tatsache sind von den verschiedensten Gesundheitsorganisationen Angaben über die wünschenswerte Menge der täglichen Zufuhr einzelner Vitamine gemacht worden, die so bemessen sind, daß bei ihrer Einhaltung das Eintreten von Hypo- oder Hypervitaminosen hochgradig unwahrscheinlich ist.

Wie aus Tabelle 16-5 hervorgeht, ist für eine ganze Reihe von Vitaminen nicht nur die *biologisch aktive Form,* sondern auch der *molekulare Wirkme-*

chanismus genau bekannt. Speziell die wasserlöslichen Vitamine dienen nach entsprechender Modifikation ihrer Struktur als *Coenzyme* im Stoffwechsel und sind damit für *Carboxylierungen* und *Decarboxylierungen*, für *Redoxreaktionen* sowie für *Gruppenübertragungen* unerläßliche Verbindungen.

Seitdem Vitamine der chemischen Synthese zugänglich sind, hat es nicht an Versuchen gefehlt, durch entsprechende Modifikation der chemischen Struktur kompetetive Hemmstoffe von Vitaminen zu entwickeln, die sogenannten *Antivitamine*. Zum Teil haben sich derartige Wirkstoffe als wertvolle Werkzeuge bei der Untersuchung des Wirkungsmechanismus von Vitaminen erwiesen, zum Teil werden sie jedoch auch therapeutisch verwendet (z. B. *Vitamin K-Antagonisten* oder *Folsäureantagonisten* (s. S. 312)).

Die wasserlöslichen Vitamine

Thiamin (Vitamin B_1). Abbildung 16-1 zeigt die Struktur des *Thiamins*, das aus einem substituierten *Thiazolring* sowie einem *Pyrimidinring* besteht.

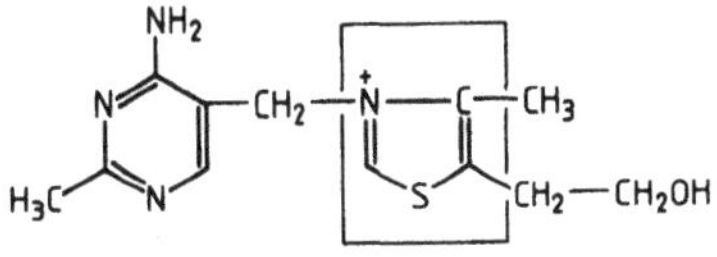

Abb. 16-1. Thiamin

Die biologisch aktive Form des Thiamins ist das *Thiaminpyrophosphat*. In dieser Form wirkt das Vitamin als Coenzym bei einer Reihe von *dehydrierenden Decarboxylierungen* sowie bei der *Transketolase*. Der Wirkungsmechanismus beruht dabei auf der *Acidität* des dem Stickstoff im Thiazolring benachbarten C-Atomes, das Verbindungen mit *Ketogruppen* anlagern und auf diese Weise reaktionsfreudiger machen kann. Ein gutes Beispiel für die biochemische Funktion des Thiaminpyrophosphates ist die dehydrierende Decarboxylierung des Pyruvates, die auf S. 75 dargestellt ist. Eine grundsätzlich ähnliche Funktion hat Thiaminpyrophosphat bei der α-Ketoglutaratdehydrogenase sowie den verschiedenen α-Ketosäurehydrogenasen im Aminosäurestoffwechsel.

Thiamin kommt praktisch in allen tierischen und pflanzlichen Nahrungsstoffen vor, wird jedoch darüber hinaus gelegentlich Getreide- und Mehlprodukten zugesetzt. Längeres Kochen führt zu einer Inaktivierung von Thiamin.

Echte *Thiaminmangelzustände* sind relativ selten. Sie finden sich in unseren Breiten gelegentlich bei Alkoholikern als Folge der durch die Alkoholkrankheit bedingten Fehlernährung. Eine Möglichkeit zur Feststellung eines eventuellen Thiaminmangels besteht unter anderem in der Bestimmung der *Transketolaseaktivität* der Erythrocyten sowie im Verhalten der Lactat- und Pyruvatkonzentration im Blut nach Glucosebelastung. Da bei einem Thiaminmangel die Aktivität der Pyruvatdehydrogenase (s. S. 75) ziemlich gering ist, führt eine Glucosebelastung zu einem besonders starken Anstieg der Lactat- und Pyruvatkonzentration im Blut.

Riboflavin (Vitamin B_2). Abbildung 16-2 zeigt die chemische Struktur des *Riboflavins* sowie der von ihm abgeleiteten wasserstoffübertragenden Coenzyme. Der Mechanismus der durch Flavoproteine katalysierten Redoxreaktion ist in Abb. 16-3 dargestellt. Flavoproteine katalysieren *oxidative Desaminierungen, Dehydrierungen* von $-CH_2-CH_2-$Gruppen zu $-CH=CH-$Gruppen, *Oxidationen* von Aldehyden zu Säuren sowie *Transhydrogenierungen*.

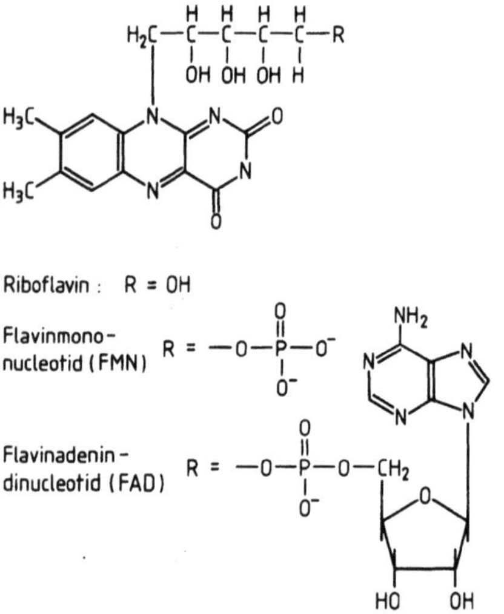

Abb. 16-2. Riboflavin und die von ihm abgeleiteten wasserstoffübertragenden Coenzyme

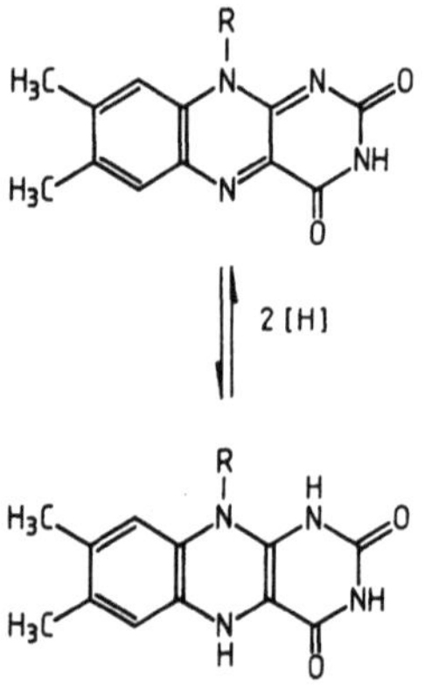

Abb. 16-3. Mechanismus der Riboflavin-katalysierten Wasserstoffübertragung

Nikotinsäureamid. *Nikotinsäure* sowie *Nikotinsäureamid* werden zur Biosynthese der *wasserstoffübertragenden Coenzyme* NAD^+ bzw. $NADP^+$ verwendet (Abb. 16-4). Als Zwischenprodukt tritt dabei das *Nikotinsäure-*

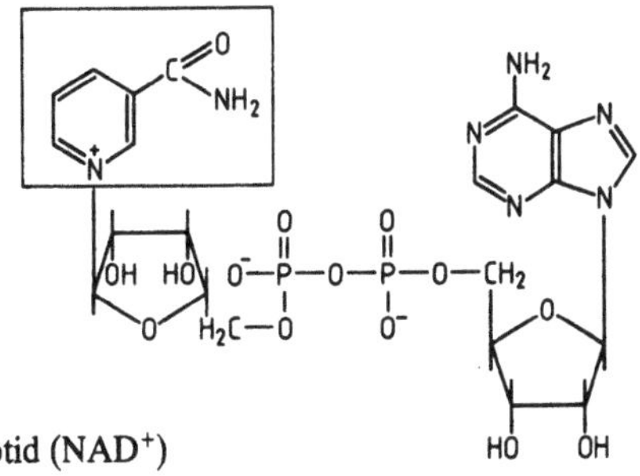

Abb. 16-4. Nikotinamid-Adenin-Dinucleotid (NAD$^+$)

mononucleotid auf, das, wenn auch in geringem Umfang, beim Stoffwechsel des Tryptophans aus Chinolinsäure entsteht. Abbildung 16-5 zeigt den Mechanismus der *Wasserstoffübertragung* mit NAD$^+$. NAD$^+$ bzw. NADP$^+$ sind an einer Vielzahl von *Redoxreaktionen* des Intermediärstoffwechsels beteiligt, so daß ein Mangel an Nikotinsäure zu schweren Stoffwechselstörungen führt. Diese treten allerdings nur dann auf, wenn die Nahrung relativ arm an Proteinen und speziell an Tryptophan ist.

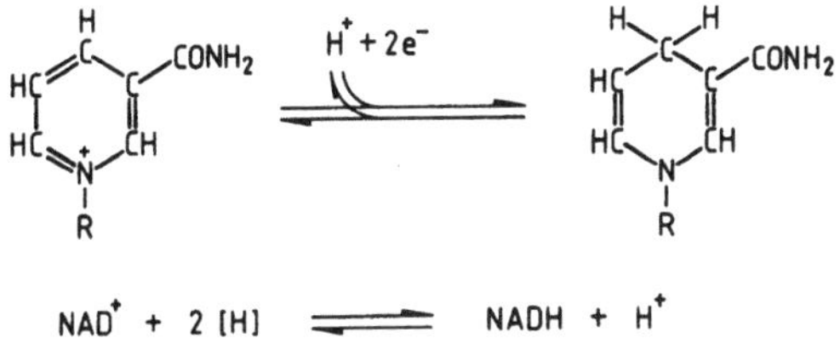

Abb. 16-5. Mechanismus der Wasserstoff- und Elektronenübertragung durch NAD$^+$

$$NAD^+ + 2\,[H] \rightleftharpoons NADH + H^+$$

Abbildung 3-2 stellt die *Absorptionsspektren* von NAD$^+$ bzw. dessen reduzierter Form, dem NADH, dar. Beide Verbindungen zeigen eine sehr starke Absorption bei 260 nm, die auf den Adeninring zurückzuführen ist. Bei 340 nm tritt beim *NADH* eine weitere *Absorptionsbande* auf, die dem NAD$^+$ vollständig fehlt. Dieser Unterschied gestattet es, NAD$^+$-abhängige Reaktionen im Photometer anhand der Absorption bei 340 nm zu verfolgen und genau zu quantifizieren. Diese Tatsache hat die Entwicklung einer großen Zahl von analytischen Nachweisverfahren ermöglicht, die als *optisch-enzymatische Teste* bezeichnet werden (s. S. 36).

Biotin. Formal ist *Biotin* ein Derivat des *Harnstoffes*, der mit einem entsprechend modifizierten *Thiophanring* substituiert ist (Abb. 16-6). In seiner aktiven Form ist das Biotin über eine Säureamidbindung zwischen

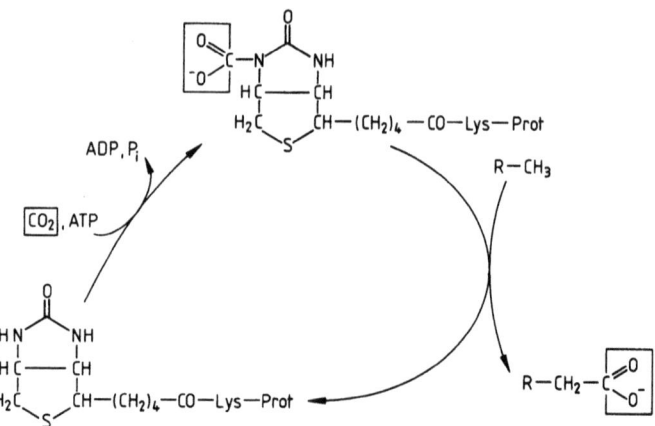

Abb. 16-6. Biotin und seine Rolle als Cofaktor bei Carboxylierungen

der Carboxylgruppe seiner Seitenkette und der ε-Aminogruppe eines Lysylrestes der Peptidkette an die jeweiligen Enzymproteine gebunden.

Biotin ist für eine ganze Reihe von *Carboxylierungsreaktionen* notwendig. Beispiele hierfür sind die *Pyruvatcarboxylase* (s. S. 147) und die *Acetyl-CoA-Carboxylase* (s. S. 155).

Bei allen Biotin-abhängigen Carboxylierungen dient das Biotin dabei als *Überträger* der Carboxygruppe. Es wird nämlich zuerst in einer ATP-abhängigen Reaktion zum *Carboxybiotin* carboxyliert und überträgt danach die Carboxygruppe auf einen geeigneten Akzeptor (Abb. 16-7).

Da Biotin in nahezu allen Nahrungsstoffen vorkommt und darüber hinaus von den Bakterien der Darmflora in großen Mengen produziert wird, ist ein nahrungsbedingter Biotinmangel außerordentlich selten. Zu einem echten Biotinmangel kann es allerdings nach Aufnahme großer Mengen an *rohem*

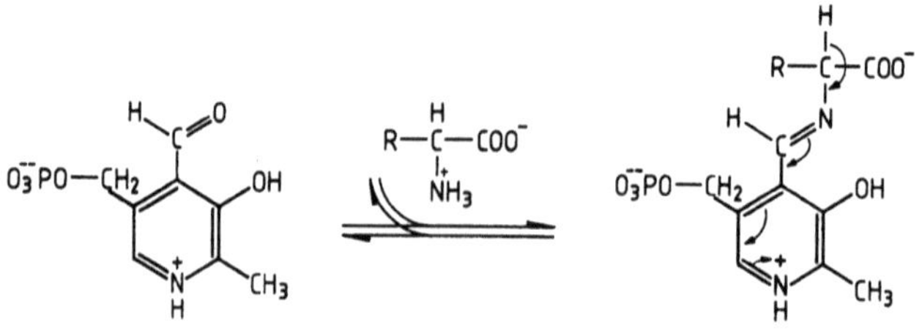

Abb. 16-7. Pyridoxalphosphat. Mit der α-Aminogruppe von Aminosäuren bildet Pyridoxalphosphat eine Schiffsche Base, was zu einer Labilisierung der Bindungen am α-C-Atom führt

Hühnereiweiß kommen. Dieses enthält nämlich das Glykoprotein *Avidin*, das Biotin bindet, seine Resorption verhindert sowie darüber hinaus alle Biotin-katalysierten Reaktionen hemmt.

Pyridoxin (Vitamin B$_6$). Pyridoxin kommt in der Natur als Alkohol *(Pyridoxol)* bzw. als Aldehyd *(Pyridoxal)* vor. Die zugehörige Coenzymform ist das *Pyridoxalphosphat (PALP)*, welches eine wesentliche Rolle bei vielen Reaktionen des Aminosäurestoffwechsels (s. S. 112) spielt. Abbildung 16-7 zeigt das Prinzip aller Pyridoxalphosphat-abhängiger Reaktionen: Zwischen der Aldehydgruppierung des Pyridoxalphosphates und der Aminogruppe von Aminosäuren bildet sich eine *Schiffsche Base* aus. Infolge der elektronenanziehenden Wirkung des Pyridinstickstoffs kommt es zu einer Labilisierung der Bindungen am α-C-Atom der Aminosäure. Je nachdem, welche Bindung in Abhängigkeit vom jeweiligen Enzymprotein labilisiert wird, werden *Transaminierungen* (s. S. 112), *Decarboxylierungen, Eliminierungen* usw. durchgeführt.

Pantothensäure. Die in Abb. 16-8 dargestellte Pantothensäure ist Bestandteil des Coenzym A. Es besteht aus einer in Position 3' phosphorylierten *Adenylsäure* sowie dem aus Pantothensäure und Cystein zusammengesetzten *4-Phosphopanthein*.
Coenzym A ist das wichtigste Coenzym für den *Fettsäurestoffwechsel*. Es bildet mit der Carboxylgruppe von Fettsäuren *Thioester*, welche infolge des hohen Gruppenübertragungspotentials von Thioestern besonders reak-

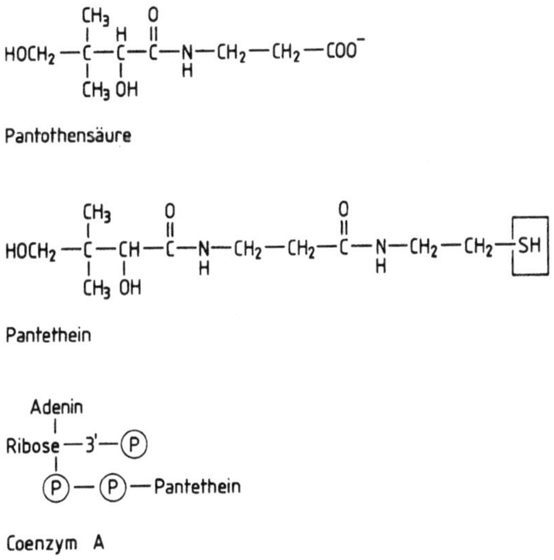

Abb. 16-8. Die Struktur von Pantothensäure und Pantethein. Aufbau von Coenzym A

tionsfreudig sind. Tabelle 16-6 stellt Reaktionstypen zusammen, bei denen Coenzym A oder seine Derivate beteiligt sind.
Infolge der weiten Verbreitung in allen Nahrungsmitteln gibt es keinen gesicherten Hinweis für die Existenz eines durch Fehlernährung hervorgerufenen Pantothensäuremangels beim Menschen.

Tabelle 16-6. Reaktionen von CoA-SH und seinen Derivaten

CoA-SH	Thiolytische Spaltungen [β-Ketoacyl-CoA (S. 105), Acyladenylat (S. 103)], Umesterungen [Acetyllipoat (S. 75), Succinyllipoat (S. 78)]
Acetyl-CoA	Transfer der Acetylgruppe: Acetylierungen [Acetyl-Cholin (S. 336), N-Acetylierung von Zuckern (S. 175), Fettsäuresynthase (S. 155)]. Reaktionen an der CH_3-Gruppe: Bildung von Citrat (S. 77), Malonyl-CoA (S. 155)
Succinyl-CoA	Spaltung des Thioesters unter GTP-Gewinn (S. 79). Kondensation mit Glycin unter Bildung von α-Aminolaevulinsäure (S. 297)
Acyl-CoA	β-Oxidation (S. 105), Acyltransfer bei Veresterungen Lipidsynthese (S. 154)

Folsäure. *Folsäure* besteht aus *Pteridin, p-Aminobenzoesäure* und *L-Glutamat* (Abb. 16-9). Die biologisch aktive Form der Folsäure ist die *Tetrahydrofolsäure* (FH_4), die durch NADPH-abhängige Reduktion mit Hilfe der *Folsäurereduktase* entsteht (Abb. 16-9).

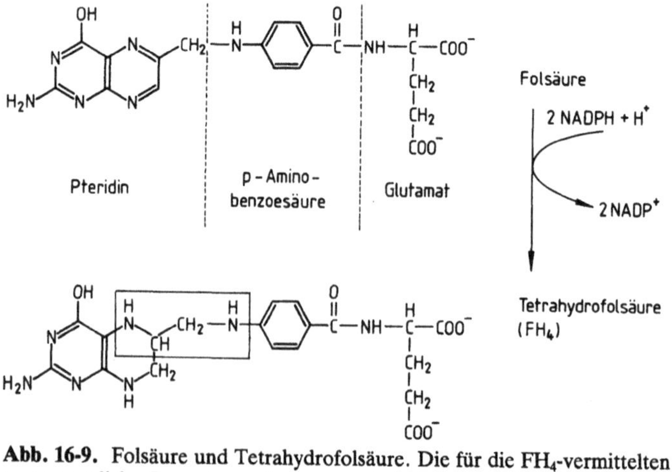

Abb. 16-9. Folsäure und Tetrahydrofolsäure. Die für die FH_4-vermittelten Reaktionen verantwortliche Gruppierung ist hervorgehoben (s. S. 134)

FH_4 ist das Coenzym für die *Übertragung* von *1-Kohlenstoffresten* in Form von *Methyl-, Formyl-, Formiat-* bzw. *Hydroxymethylresten*. Die Träger dieser 1-Kohlenstoffgruppen sind die N-Atome in Position 5 bzw. 10 des Pteroylrestes. Durch entsprechende Dehydrogenase bzw. Isomerasen können die 1-Kohlenstoffreste ineinander überführt werden. Abbildung 8-8 zeigt im einzelnen die zugrundeliegenden Mechanismen. 1-Kohlenstoffreste entstehen beim Abbau von *Serin* zu *Glycin* sowie beim *Histidin*abbau (s. S. 126, S. 127). Die an FH_4 gebundenen 1-Kohlenstoffreste sind für verschiedene *Biosynthesen* wichtig. Sie liefern die C-Atome 2 und 8 des *Purinkerns*, den Kohlenstoff für die Methylgruppen von *Thymin* und *Hydroxymethylcytosin*, den β-Kohlenstoff des *Serins* bei der Umwandlung von Glycin in Serin, den Kohlenstoff für die Methylierung von *Homocystein* zu *Methionin* sowie die Methylgruppen des *Cholins* (s. S. 132).
Aufgrund dieser Beziehungen ist es verständlich, daß ein Mangel an Folsäure zu einer Reihe charakteristischer Störungen führt, die besonders sich rasch teilende Gewebe wie beispielsweise das *erythropoetische System* betreffen. Auch Mikroorganismen benötigen Folsäure für die oben genannten Reaktionen, können diese jedoch selber synthetisieren. Arzneimittel vom Typ der *Sulfonamide* sind Strukturanaloge der *p-Aminobenzoesäure* und wirken infolgedessen als kompetetive Hemmstoffe der Folsäurebiosynthese. Aus diesem Grund können sie als *Chemotherapeutika* gegen eine Reihe von bakteriellen Infekten eingesetzt werden. Da Folsäure im tierischen Organismus ein Vitamin ist, greifen Sulfonamide hier nicht in den Folsäurestoffwechsel ein.
Eine Reihe von Analogen der Folsäure wirken als *Antivitamine*. Sie hemmen die Reduktion von Folsäure zu Tetrahydrofolsäure und wirken infolgedessen als Hemmstoffe der Nukleinsäurebiosynthese. Klinisch werden sie bei der Behandlung verschiedener Leukämieformen eingesetzt.

Cobalamin (Vitamin B_{12}). *Cobalamin* (Abb. 16-10) besteht aus vier reduzierten und substituierten *Pyrrolringen*, die um ein zentrales *Cobaltatom* gelagert sind. Cobalamin ist der einzige Naturstoff, in dem Cobalt bisher nachgewiesen wurde. Weitere Bauteile des Cobalamins sind ein *5,6-Dimethyl-Benzimidazolribosid*, welches über Phosphat und *Aminopropanol* mit der Seitenkette des Rings IV verknüpft ist. Cobalamin wird ausschließlich durch Mikroorganismen synthetisiert, zu denen auch die Enterobakterien des menschlichen Darmes gehören.
Cobalamin kann nicht als solches resorbiert werden. Es muß vielmehr zur Resorption an ein Glykoprotein mit einem Molekulargewicht von etwa 50000 gebunden werden, das in den Belegzellen der Magenschleimhaut gebildet und als *Intrinsic factor* bezeichnet wird. Die Resorption des so gebundenen Vitamins erfolgt im unteren Ileum wahrscheinlich durch

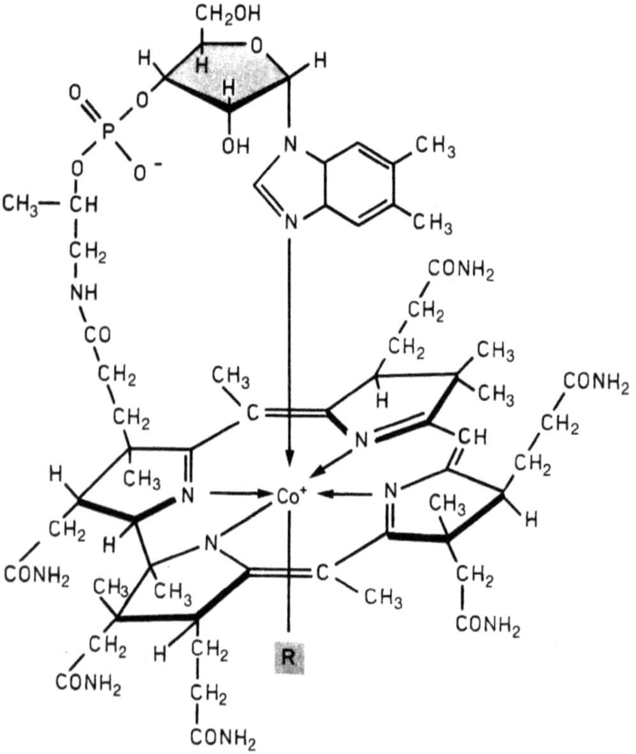

Rest R	Name des Derivates
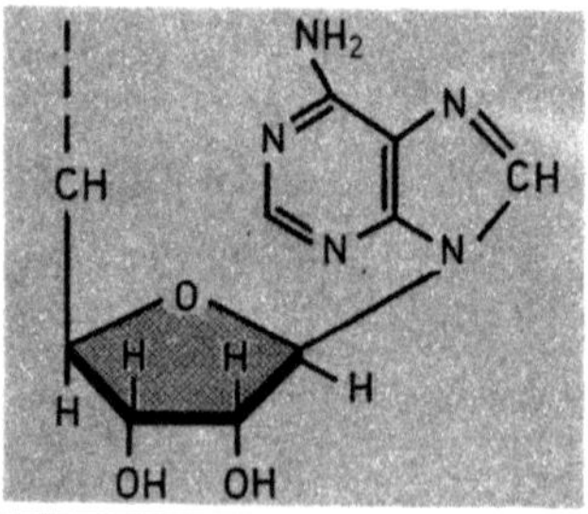 (5'-desoxyadenosyl group)	5-Desoxyadenosylcobalamin
 CH₃	Methylcobalamin
 CN	Cyanocobalamin

Abb. 16-10. Vitamin B₁₂ (Cobalamin)

Pinocytose. Für den Transport von Cobalamin im Blut stehen zwei Transportproteine, das *Transcobalamin I und II,* zur Verfügung.
Cobalamin kommt in zwei biologisch aktiven Formen vor. Ist das Cobalt mit einer *5'-Desoxyadenosylgruppe* substituiert, so dient das Vitamin als Cofaktor bei intramolekularen Umlagerungen von Alkylresten. Ein Beispiel für eine derartige Reaktion ist die Isomerisierung von Methylmalonyl-CoA zu Succinyl-CoA beim Abbau ungeradzahliger Fettsäuren (s. S. 105). Ist das Cobalt dagegen mit einer *Methylgruppe* substituiert, so ist das Vitamin an der Folsäure-abhängigen *Remethylierung* von Homocystein zum *Methionin* (s. S. 132), an der *Methylierung* von Uridin zu *Thymidin* sowie an der *Ribonucleotidreduktasereaktion* beteiligt.
Durch einen länger dauerndern Cobalaminmangel wird das klassische Krankheitsbild der *perniziösen Anämie* hervorgerufen. Allerdings liegt ihr in den allermeisten Fällen nicht eine Fehl- oder Mangelernährung, sondern eine gestörte intestinale Resorption infolge eines Mangels an *Intrinsic-factor* zugrunde. Dieser Mangel kann aufgrund *atrophischer Erkrankungen* der Magenschleimhaut auftreten, findet sich jedoch auch bei Patienten nach Magenresektion. Bei jeder oralen Therapie mit Vitamin B_{12} muß darauf geachtet werden, daß die Produktion von Intrinsic factor in ausreichendem Umfang möglich ist.

Ascorbinsäure (Vitamin C). *Ascorbinsäure* kann von allen Tierspezies mit Ausnahme des Menschen, der Primaten sowie des Meerschweinchens aus Glucose synthetisiert werden. Abbildung 16-11 zeigt die Struktur von L-*Ascorbat* sowie des oxidierten Vitamin C, des *L-Dehydroascorbates.*

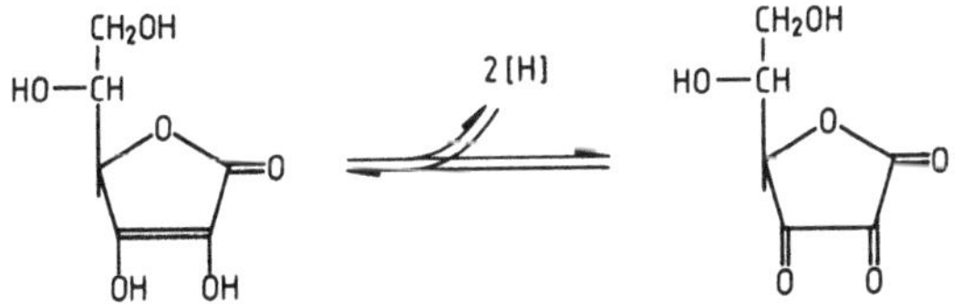

Abb. 16-11. Ascorbinsäure und Dehydroascorbinsäure   Ascorbinsäure   dehydro-Ascorbinsäure

Da Ascorbinsäure in einer reversiblen Reaktion Elektronen abgeben kann, wirkt sie als *Redoxsystem.* Von besonderer Bedeutung ist ihre Beteiligung bei der *Hydroxylierung* von *Lysin* und *Prolin* während der Collagenbiosynthese, bei der *Hydroxylierung* von *Steroiden* in den Nebennierenrinden sowie bei der *Hydroxylierung* von *Tryptophan* zu *5-Hydroxytryptophan* im

Rahmen der Serotoninbiosynthese. Darüber hinaus stabilisiert Ascorbinsäure auf noch nicht bekannte Weise die *p-Hydroxyphenylpyruvathydroxylase*, die für den Abbau von Phenylalanin und Tyrosin benötigt wird.
Ascorbinsäuremangel führt zum *Skorbut*. Die Erkrankung beginnt nach einer Latenzzeit von einigen Monaten mit Störungen des *Bindegewebsstoffwechsels*, da die Hydroxylierungsreaktionen der Collagenbiosynthese beeinträchtigt sind. Es kommt zu *Zahnfleischbluten* und *Zahnausfall*, zu *Knochen-* und *Gelenkveränderungen*. Die große Latenzzeit läßt sich auf den relativ langsamen Umsatz des Collagens sowie auf eine gewisse Ascorbinsäurespeicherung im Organismus zurückführen.

Die fettlöslichen Vitamine

Retinol (Vitamin A). Retinol ist ein aus 4 *Isopreneinheiten* zusammengesetzter Alkohol, der in der Nahrung im allgemeinen in Form von Provitaminen, den sogenannten *Carotinen,* vorliegt. Aus Carotinen entsteht durch oxidative Spaltung das *Retinal,* der Vitamin A-Aldehyd. Dieser kann durch Reduktion zu Retinol umgewandelt werden (Abb. 16-12). Das hierfür verantwortliche Enzym, die *Retinoldehydrogenase* ist mit der Alkoholdehydrogenase der Leber identisch.

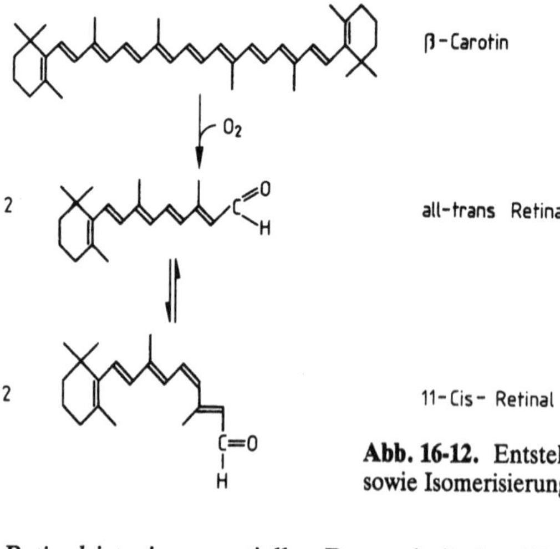

Abb. 16-12. Entstehung von Retinal aus β-Carotin sowie Isomerisierung von Retinal

Retinal ist ein essentieller Bestandteil des *Rhodopsins* (Sehpurpur) und damit am *Sehvorgang* beteiligt.
Die Primärereignisse beim Sehvorgang sind in Abb. 16-13 dargestellt. *Rhodopsin* ist ein zusammengesetztes Protein mit *Opsin* als Proteinanteil

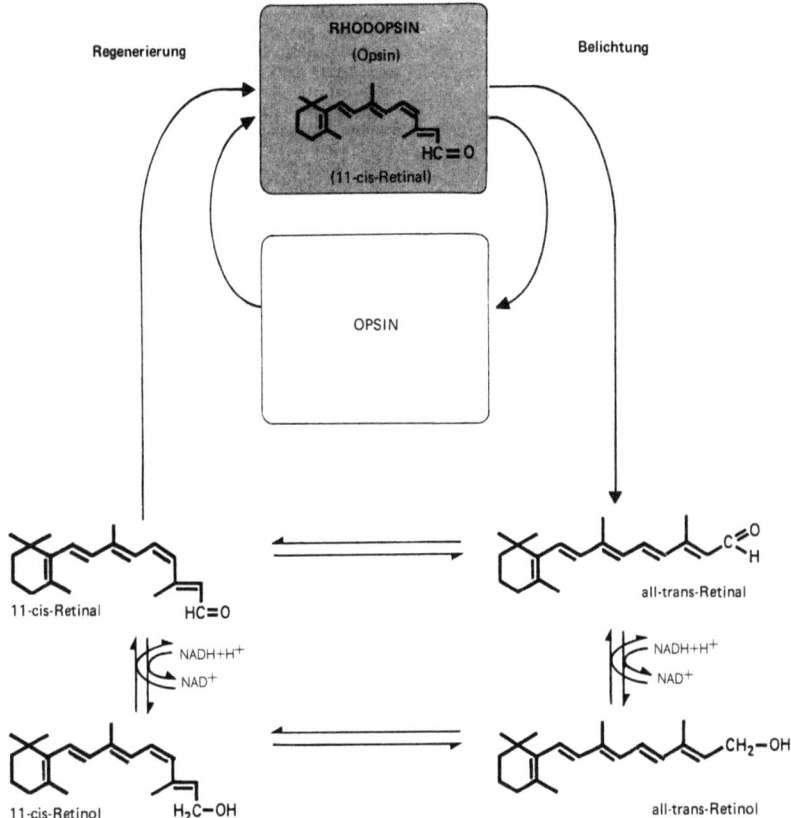

Abb. 16-13. Die Rolle von Retinal bei der Belichtung der Photorezeptormembran

sowie *Retinal* als prosthetischer Gruppe. Bei Belichtung erfolgt eine sterische Umlagerung des *11-cis-Retinals* im Rhodopsin in das *All-trans-Retinal*, das danach vom Rhodopsin freigesetzt wird. Auf noch nicht bekannte Weise bewirkt diese Konformationsänderung eine Abnahme der *Natriumpermeabilität* der äußeren Sehzellmembran mit anschließender Änderung des Membranpotentials, die in eine Folge von Nervenimpulsen übersetzt wird. Die *Regenerierung* des Rhodopsins erfolgt durch eine enzymatische *Isomerisierung* des All-trans- zum 11-cis-Retinal, das sich danach wieder an das Opsin assoziiert. Ein Teil des All-trans-Retinals wird vor der Isomerisierung zum All-trans-Retinol reduziert und muß vor der Assoziation mit Opsin noch zum Aldehyd reoxidiert werden. Im Gegensatz zur lichtabhängigen Spaltung des Rhodopsins wird die *Rhodopsinregenerierung* auch als *Dunkelreaktion* bezeichnet.

Vitamin A ist außerdem unerläßlich für die Erhaltung der Integrität der *Epithelzellen* der Haut und Schleimhaut. Bei Vitamin A-Mangel findet sich eine Störung des Körperwachstums, die Skelett- und Bindegewebe betrifft. Sehr wahrscheinlich liegt ihr eine Störung der Glykosaminoglykanbiosynthese zugrunde. Darüber hinaus gibt es experimentelle Hinweise, daß Retinol für die Integrität der *mitochondrialen Membranen* wichtig ist.

Das früheste Symptom eines *Retinolmangels* ist die sogenannte *Nachtblindheit*. Ihr liegt eine mehr oder weniger ausgeprägte Störung der Rhodopsinregenerierung zugrunde. Besteht der Retinolmangel länger, kommt es zu einer durch die fehlende Wirkung von Retinol auf die Epithelien gekennzeichneten Erkrankung. Normales sekretorisches Epithel wird durch ein trockenes verhorntes Epithel ersetzt, das besonders leicht durch Mikroorganismen besiedelt wird. Hierzu gehört die sogenannte *Xerophthalmie*, eine Corneaverhornung, die zur Blindheit führen kann.

In sehr seltenen Fällen ist eine *Retinol-Hypervitaminose* beschrieben worden. Sie findet sich allerdings nur bei überhöhter Zufuhr synthetischer Vitamin A-Präparate. Symptome sind Schmerzattacken, Verdickung des Periosts der langen Knochen sowie Verlust der Haare, bei Schwangeren darüber hinaus gelegentlich teratogene Wirkungen.

Calciferol (Vitamin D). Die *Calciferole* oder *D-Vitamine* leiten sich von den Steroiden ab. *Ergocalciferol* (Vitamin D_2) und *Cholecalciferol* (Vitamin D_3) (Abb. 16-14) entstehen aus entsprechenden Provitaminen, dem *Ergosterol*

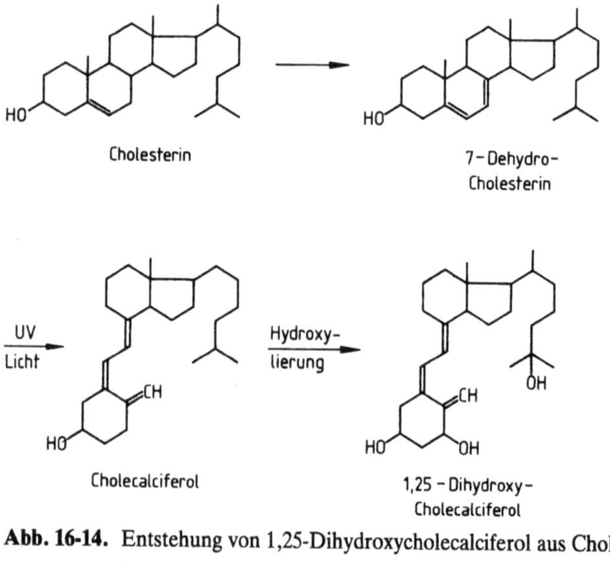

Abb. 16-14. Entstehung von 1,25-Dihydroxycholecalciferol aus Cholesterin

bzw. dem *7-Dehydrocholesterin*. Die Umwandlung erfolgt in einer durch UV-Strahlung katalysierten Reaktion und beruht auf der Spaltung des Ringes B des Steranskelettes. Im Gegensatz zum Ergosterol kann *7-Dehydrocholesterin,* das praktisch in allen Geweben vorkommt, im Organismus synthetisiert werden. Die Synthese des aktiven Cholecalciferols setzt nur eine ausreichend lange UV-Bestrahlung der Haut voraus. Damit gehört das Cholecalciferol streng genommen nicht in die Gruppe der Vitamine, sondern steht eher den Steroidhormonen nahe. Erst die in den Industriegesellschaften herrschenden Lebensbedingungen haben die von der Sonnenbestrahlung limitierte Kapazität des Organismus zur Vitamin D-Synthese gezeigt.

Auch das *Cholecalciferol* stellt noch nicht die physiologisch aktive Form der D-Vitamine dar. Es muß hierzu zweimal hydroxyliert werden, durch eine in der Leber vorkommende Hydroxylase in Position 25 sowie durch eine Nierenhydroxylase in Position 1.

Das dabei entstehende *1,25-Dihydroxycholecalciferol* hat eine wichtige Funktion bei der Aufrechterhaltung eines normalen *Plasmacalciumspiegels*. Seine Hauptwirkung besteht darin, daß es die *intestinale Calciumresorption* steigert. Sie hängt von der Anwesenheit eines Calcium-bindenden Proteins in der intestinalen Mucosa sowie einer Calcium-abhängigen ATPase ab, die beide Anteil eines *Calciumtransportsystems* sind, welches für den Transport von Calcium von der Lumen- auf die Serosaseite verantwortlich ist. Die Biosynthese beider Proteine findet nur in Gegenwart von 1,25-Dihydroxycholecalciferol statt.

Der zweite Wirkort der D-Vitamine ist der *Knochen*. Hier führt 1,25-Dihydroxycholecalciferol zu einer *Calciummobilisierung,* die sehr wahrscheinlich auf der Aktivierung eines Calciumtransportsystems beruht.

Die häufigste *D-Hypovitaminose* ist die *kindliche Rachitis*. Ihre Symptomatik wird durch den allgemeinen Calciummangel hervorgerufen, der durch die Behinderung der intestinalen Calciumresorption infolge Fehlens des Vitamins ausgelöst wird. In aller Regel liegt die Ursache des Vitamin D-Mangels an mangelnder Bestrahlung mit ultraviolettem Licht. Bei Erwachsenen kommt echte Rachitis sehr selten vor, dagegen gibt es eine Reihe von sekundären Vitamin D-Mangelerscheinungen. Eine wichtige Ursache ist eine gestörte *Vitamin D-Resorption*. Bei einer Reihe chronischer Leber- und Nierenerkrankungen ist die Hydroxylierung von Cholecalciferol gestört, was sehr häufig zu einem Calciumschwund im Skelettsystem führt.

Eine *D-Hypervitaminose* wird nie durch Fehlernährung, sondern immer durch Einnahme zu großer Mengen Vitamin D ausgelöst. Im Vordergrund ihrer Symptomatik steht die calciummobilisierende Wirkung der Calciferole auf den Knochen mit massiver Entkalkungssymptomatik.

Über das Zusammenwirken der D-Vitamine mit den für die Calciumhomöostase verantwortlichen Hormonen s. S. 283.

Phyllochinon (Vitamin K). Grundkörper aller Verbindungen mit Vitamin K-Wirkung (Abb. 16-15) ist das *2-Methyl-1,4-Naphthochinon (Menadion)*, welches in der Natur nicht vorkommt. Die natürlichen Phyllochinone (Vitamin K1 und K2) tragen eine *Phytylseitenkette* bzw. einen *Difarnesylrest* aus 6 Isopreneinheiten. Die biologische Form des Vitamin K stellt das *Difarnesylnaphthochinon* dar, wobei der Difarnesylrest auch in der Leber synthetisiert und nach Abspaltung etwaiger anderer Seitenketten angeheftet werden kann.

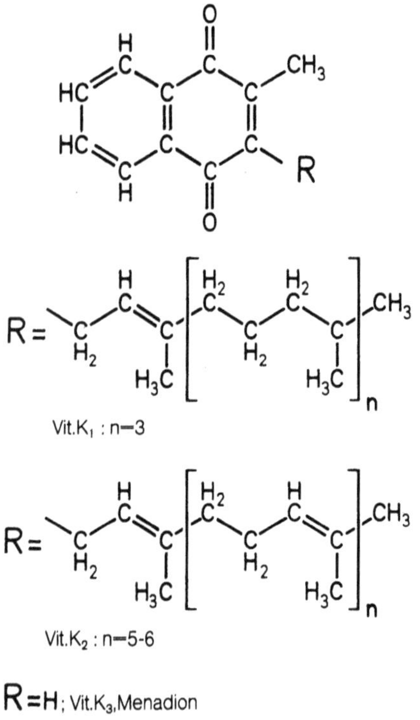

Vit.K_1 : n=3

Vit.K_2 : n=5-6

R=H; Vit.K_3,Menadion

Abb. 16-15. Phyllochinone

Phyllochinone kommen in allen grünen Pflanzen in ausreichenden Mengen vor. Ein Phyllochinonmangel durch Fehl- oder Mangelernährung ist praktisch nicht möglich, da darüber hinaus intestinale Mikroorganismen beträchtliche Phyllochinonmengen synthetisieren.

Phyllochinone sind für die Funktion der Blutgerinnungsfaktoren VII, IX, X sowie des Prothrombins verantwortlich. Die K-Vitamine dienen dabei als Cofaktoren bei der γ-Carboxylierung von Glutamylseitenketten (Abb. 16-16), die im aminoterminalen Bereich der genannten Blutgerinnungsenzyme liegen. Die durch die Carboxylierung hervorgerufene Zunahme an negativen Ladungen ermöglicht die Wechselwirkung der genannten Gerinnungsenzyme mit Membranphospholipiden und gewährleistet damit ihre enzymatische Aktivität (s. auch S. 311).

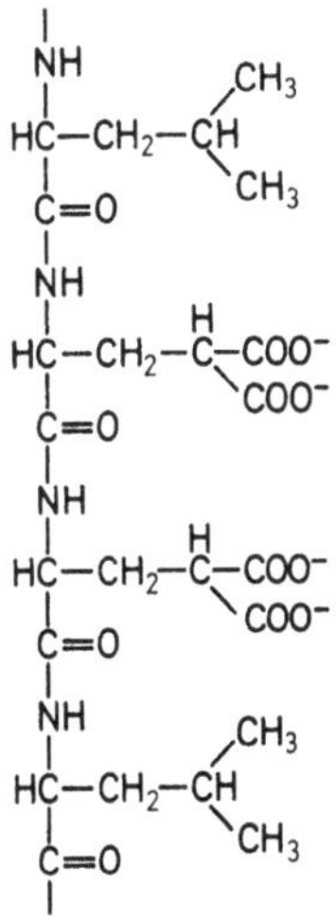

Abb. 16-16. Ausschnitt aus der Aminosäuresequenz des Prothrombins mit den unter Katalyse der K-Vitamine eingeführten γ-Carboxylgruppen der Glutamylreste

Tocopherol (Vitamin E). *Tocopherole* bestehen aus einem *Chromanring* und einer isoprenoiden Seitenkette, deren Größe variabel ist (Abb. 16-17). Sie werden ausschließlich im Pflanzenreich synthetisiert.

Tocopherole können reversibel in Tocochinone umgewandelt werden und dienen so als Redoxsysteme. Ihre Wirkung beruht auf einem Schutz empfindlicher Verbindungen vor Oxidation. Als lipophile Substanzen wirken sie in lipidreicher Umgebung und schützen vor allem Carotinoide, Thiolgruppen und hochungesättigte Fettsäuren.

Die Spurenelemente

Eine Reihe von Elementen kommen im Organismus in Konzentrationen zwischen 10^{-6}–10^{-12} g/g Feuchtgewicht vor. Wegen dieser geringen Konzentration werden sie als Spuren- oder Mikroelemente bezeichnet. Tabelle 16-7 gibt einen Überblick über gesicherte Spurenelemente. Mit Sicherheit

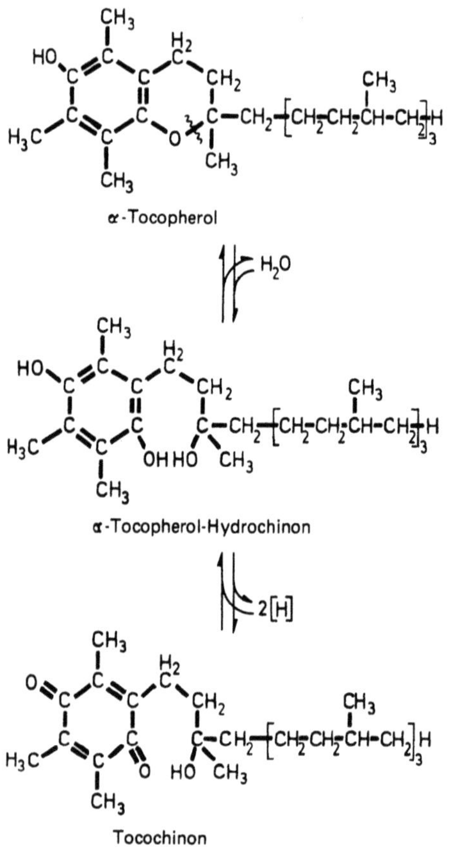

Abb. 16-17. α-Tocopherol und seine Funktion als Redoxsystem

Tabelle 16-7. Die Spurenelemente

Mit Sicherheit lebensnotwendig	Möglicherweise lebensnotwendig
Eisen	Fluor
Kupfer	Nickel
Molybdän	Brom
Kobalt	Arsen
Zink	Cadmium
Mangan	Barium
Chrom	Strontium
Jod	Silicium
Zinn	Aluminium
Selen	
Vanadium	

sind 11 Spurenelemente lebensnotwendig, während bei anderen diese Frage noch nicht entschieden ist.

Die Wirkungsweise der einzelnen Spurenelemente ist sicherlich sehr unterschiedlich und keineswegs vollständig verstanden. Soweit es sich um Metalle handelt, dienen sie häufig als Katalysatoren in Enzymsystemen der Zelle. Dies gilt besonders für Eisen, Kupfer, Zink und Mangan.

Die Übergangsmetalle

Eisen. Der menschliche Organismus enthält etwa 3–5 g Eisen (50–90 mmol). Hiervon finden sich mehr als 60% im *Hämoglobin* gebunden. Demgegenüber liegt der Anteil des *Myoglobineisens* bei etwa 5%, des Eisens in *Enzymen,* die an Redoxreaktionen beteiligt sind (Cytochrome, Peroxydasen, Katalasen) bei 2%.

Mit der Nahrung zugeführtes Eisen wird zu etwa 10–40% resorbiert. Für die Aufnahme in die Mucosazelle muß das Eisen in *zweiwertiger* Form vorliegen. Der eigentliche Aufnahmeprozeß ist wahrscheinlich energieabhängig, möglicherweise wird Eisen in Form eines *Chelates* aufgenommen. Beim Transport durch die Mucosazelle wird das Eisen wahrscheinlich an niedermolekulare Liganden gebunden. Eisen, das nicht sofort ins Plasma übertritt, wird in der Mucosazelle in dreiwertiger Form an ein Trägerprotein, das *Apoferritin,* gebunden und so gespeichert. Wird dieser Eisenspeicher allerdings nicht innerhalb weniger Tage mobilisiert, so geht er dem Organismus infolge der raschen Erneuerung der Zottenepithelien verloren.

Aus der Mucosazelle in die Blutbahn freigesetztes Eisen wird durch ein kupferhaltiges Enzym, die *Ferrioxidase,* oxidiert. Sie wird auch als *Caeruloplasmin* bezeichnet. In dreiwertiger Form wird Eisen dann an das Transportprotein *Transferrin* gebunden und kann so auf die Gewebe verteilt werden.

Ein großer Teil des an Transferrin gebundenen Eisens wird für die Biosynthese des *Hämoglobins* verbraucht. Der Rest dient der Synthese eisenhaltiger Enzyme oder Coenzyme oder wird in den Eisendepots des Organismus gespeichert. Die Speicherung erfolgt in Form von Eisen-Protein-Komplexen wie *Ferritin* oder, wenn die Kapazität des Ferritins erschöpft ist, als *Hämosiderin.* Beide Speicherproteine finden sich vor allem in den Zellen des Leberparenchyms sowie in den reticuloendothelialen Zellen von Knochenmark, Milz und Leber.

Die Kapazität des Organismus zur Eisenausscheidung ist außerordentlich gering. Eisen geht dem Organismus im wesentlichen durch die Abschilferung des Darmepithels und der Hautzellen verloren; demgegenüber ist die Eisenausscheidung im Urin und Schweiß vergleichsweise gering. Größere

Eisenverluste treten nur bei Blutungen sowie in der Schwangerschaft durch die Versorgung des Feten mit Eisen auf.
Der tägliche Eisenverlust beträgt bei Männern 9–18 µmol, bei Frauen zwischen 13 und 72 µmol. Zur Aufrechterhaltung einer ausgeglichenen Eisenbilanz muß täglich eine entsprechende Eisenmenge zugeführt werden. Da nur ein relativ kleiner Teil des Nahrungseisens überhaupt resorbiert werden kann, wird eine tägliche Eisenzufuhr von 90–180 µmol bei Männern und 130–720 µmol bei Frauen benötigt.
Der zur Anämie führende *Eisenmangelzustand* ist der häufigste zu klinischen Symptomen führende Mangelzustand. Er kommt nicht nur in den unterentwickelten Ländern, sondern auch in den Industriestaaten vor. Verursacht werden kann er durch ein *unzureichendes Eisenangebot* in der Nahrung, durch *erhöhten Eisenverlust* bei Blutungen oder durch einen *erhöhten Eisenbedarf* infolge Wachstum oder Schwangerschaft. Demgegenüber sind Zustände mit einer *Eisenüberladung* des Organismus relativ selten. Sie werden immer durch eine *erhöhte Resorption* ausgelöst. Das überschüssige Eisen wird als *Hämosiderin* im reticuloendothelialen System oder in den Parenchymzellen einiger Organe gespeichert. Bei Leberzirrhosen sowie nach häufigen Bluttransfusionen findet sich eine vermehrte Eisenablagerung in der Leber, die als *Hämosiderose* bezeichnet wird und die selber keine Funktionsstörungen verursacht. Bei der sogenannten *idiopathischen Hämochromatose* handelt es sich um eine angeborene Erkrankung, bei der während des ganzen Lebens vermehrt Eisen resorbiert wird. Dies führt zu einer in fast allen Organen, besonders jedoch in der Leber, dem Pankreas, dem Myocard und endokrinen Drüsen nachweisbaren Eisenablagerung. Die Erkrankung geht mit einer *vermehrten Hautpigmentierung* und einem *Diabetes mellitus* einher.

Kupfer, Zink, Mangan, Kobalt und Molybdän. Tabelle 16-8 gibt einen Überblick über die biochemische Funktion der Metalle *Kupfer, Zink, Mangan, Kobalt* und *Molybdän*. Alle genannten Metalle sind Bestandteile von *Enzymen* bzw. *Coenzymen* und haben damit eine große Bedeutung für die Funktionsfähigkeit des Organismus. Infolge des geringen täglichen Bedarfs sowie des ausreichenden Vorkommens in den üblichen Nahrungsmitteln sind jedoch durch Fehlernährung verursachte pathologische Mangelzustände der genannten Metalle beim Menschen nicht bekannt.
Eine wichtige Störung des *Kupferstoffwechsels* ist die *hepatolenticuläre Degeneration* (Morbus Wilson). Bei dieser autosomal rezessiv vererbten Erkrankung wird Kupfer vermehrt im Gehirn, der Leber, der Cornea und den Nieren abgelagert und tritt als freies Kupfer vermehrt im Plasma, Liquor und Urin auf. Die Erkrankung führt im Laufe der Zeit zu einer schweren Funktionsstörung der betroffenen Organe. Über die molekulare

Tabelle 16-8. Funktion einiger Spurenelemente

Element	Funktion
Kupfer	Bestandteil vieler Oxydasen (Cytochrom-Oxydase, Monoaminoxydase, Lysyloxydase, Caeruloplasmin)
Zink	Bestandteil des aktiven Zentrums von Enzymen (z. B. Carboanhydrase, Alkoholdehydrogenase, Carboxypeptidase, Glutamatdehydrogenase). Essentiell für Insulinspeicherung in den Granula der β-Zellen des Pankreas (s. S. 264)
Mangan	Bestandteil der Pyruvatcarboxylase sowie einiger Glycosyltransferasen der Proteoglykanbiosynthese
Kobalt	Bestandteil des Vitamin B_{12}, möglicherweise für Erythropoese wichtig
Molybdän	Bestandteil von Enzymen, die Redoxreaktionen katalysieren (z. B. Aldehydoxidase, Xanthinoxidase)

Ursache ist noch nichts bekannt. Therapeutisch kann nur versucht werden, die Zunahme der Kupferablagerung durch kupferarme Kost zu verhindern. Darüber hinaus kann ein Kupferentzug mit Chelatbildnern für Kupfer (z. B. β,β-Dimethylcystein, Penicillamin) erreicht werden.

Jod

Die Bedeutung des *Jods* als Spurenelement wird im Abschnitt Schilddrüsenhormone (s. S. 274) besprochen.

Fluor

Fluor gehört zwar nicht zu den lebensnotwendigen Spurenelementen, hat jedoch besondere Bedeutung erlangt, da mit entsprechenden Fluorgaben eine wirkungsvolle *Kariesprophylaxe* erreicht werden kann. Fluor greift dabei in den Prozeß der *Remineralisierung* der Zahnoberfläche ein. An ihr finden nämlich durch die verschiedensten Nahrungsbestandteile immer wieder Auflockerungen der Struktur statt, die durch den an Zahnmineralien gesättigten Speichel wieder aufgefüllt werden. Jede Störung dieses Auffüllungsmechanismus führt zu Defekten des Zahnschmelzes, zu Demineralisierung und schließlich zu Karies. Fluor stimuliert den Vorgang der Remineralisierung um das Mehrfache, über seinen molekularen Mechanismus ist allerdings noch nichts bekannt.

Mit der Nahrung zugeführtes Fluorid wird nahezu vollständig resorbiert und zu 99% im Skelett und in den Zähnen abgelagert. Da unter den heutigen Ernährungsbedingungen die Fluoridzufuhr relativ gering ist, wird als Kariesprophylaxe eine *Trinkwasserfluoridierung* vorgeschlagen. Nach bisher vorliegenden Untersuchungen aus den USA, Holland, Schweden und der DDR scheint dies eine der wirksamsten Methoden zur Kariesbekämpfung zu sein.

Verdauung und Resorption von Nahrungsstoffen

Die menschliche Nahrung besteht überwiegend aus Makromolekülen wie Proteinen, Polysacchariden und zusammengesetzten Lipiden. Es ist verständlich, daß diese nicht ohne weiteres die Membranbarrieren passieren können, die zwischen dem Darmlumen und der Blutbahn liegen. In einer *ersten Phase* von Verdauungsprozessen, welche im Darmlumen stattfindet, müssen infolgedessen die Nahrungsstoffe in ihre *niedermolekularen Bauteile* zerlegt werden. Hierzu dienen die mit den verschiedenen Sekreten des Verdauungstraktes ausgeschiedenen *Hydrolasen*. Erst nach diesem als *Verdauung* bezeichneten Vorgang beginnt die eigentliche *Resorption,* d. h. die Aufnahme der im Darmlumen befindlichen Nahrungsstoffe durch die Mucosazellen des Darmlumens hindurch in die Blut- bzw. Lymphbahn.

Die gastrointestinale Sekretion

Tabelle 16-9 gibt einen Überblick über die Menge und Zusammensetzung der verschiedenen Sekrete des Gastrointestinaltraktes. Insgesamt ist die Menge der gastrointestinalen Sekrete mit 9–10 l/24 Std. beträchtlich.
Mit der *Speichelflüssigkeit* werden, dank des hohen Gehaltes am Glykoprotein Mucin, die zugeführten Nahrungsstoffe gleitfähig gemacht. Die *Speichelamylase* hat nur eine geringe Aktivität und spielt infolge der geringen Verweilzeit der Speise in der Mundhöhle für die Polysaccharidverdauung nur eine geringe Rolle.
Von wesentlich größerer Bedeutung für die Verdauungsvorgänge ist der *Magensaft*. Er enthält *Salzsäure* in einer Konzentration von etwa 0,1 mol/l, die durch aktiven Transport aus den Belegzellen der Magenmucosa ausgeschleust wird.
Durch den stark sauren pH-Wert des Magensaftes kommt es zu einer *Denaturierung* der mit der Nahrung zugeführten Proteine. Sie können damit wesentlich besser von dem wichtigsten im Magensaft enthaltenen Verdauungsenzym, dem *Pepsin,* angegriffen werden. Dieses wird in Form eines

Tabelle 16-9. Die Sekrete des Gastrointestinaltraktes

Sekret	Sekretmenge (ml/24 h)	Enzyme	Sonstige Bestandteile
Speichel	1000–1500	Speichelamylase	Mucin, K^+, Ca^{2+}, HCO_3^-
Magensaft	ca. 3000	Pepsin	HCl
Pankreassekret	ca. 3000	Trypsin Chymotrypsin Carboxypeptidasen Elastase Amylase Lipase Cholesterinesterase Ribonuclease Desoxyribonuclease	HCO_3^-
Galle	ca. 500		Gallensäuren Bilirubin Cholesterin Mucin
Duodenalsekret	1000–2000	Enterokinase	Mucin

inaktiven Proenzyms, des *Pepsinogens,* von den Hauptzellen der Magenmucosa synthetisiert und intrazellulär in Form von Zymogengranula gespeichert, deren Inhalt bei Bedarf in das Magenlumen abgegeben wird. Dort erfolgt durch den sauren pH-Wert des Mageninhaltes sowie durch Katalyse von bereits vorhandenem Pepsin eine Abspaltung von insgesamt 44 Aminosäuren des Pepsinogens, wobei das aktive Enzym *Pepsin* entsteht. Sein pH-Optimum liegt bei 1,8. Pepsin spaltet als Endopeptidase Peptidbindungen im Inneren von Peptidketten. Dabei werden besonders leicht Bindungen gespalten, an denen *aromatische Aminosäuren* beteiligt sind.

Die Magensekretion wird sehr wesentlich durch das Enterohormon *Gastrin* reguliert, das aus ingesamt 17 Aminosäuren besteht und in spezifischen Zellen der *Antrumschleimhaut* gebildet wird. Gastrin gelangt über den Blutweg zu den *Belegzellen* des Magenfundus, wo es die *Salzsäureproduktion* stimuliert. Eine maximale Stimulierung der Magensaftsekretion wird außerdem durch das Decarboxylierungsprodukt der Aminosäure Histidin, das *Histamin,* ausgelöst.

Im *Duodenum* befindet sich ein Verdauungssaft, der eine Mischung aus den Sekreten der *Mucosa,* der *Gallenflüssigkeit* sowie dem *Pankreassekret* darstellt. Das *Pankreassekret* zeichnet sich durch einen hohen *Hydrogencar-*

bonatgehalt aus, der ihm sein typisches alkalisches pH von etwa 8 verleiht und der zur Neutralisierung des schubweise ins Duodenum gelangenden Mageninhaltes benötigt wird. Von besonderer Bedeutung für die Verdauungsprozesse sind die im Pankreassekret enthaltenen *Verdauungsenzyme*. Es handelt sich um die Proteasen *Trypsin, Chymotrypsin, Carboxypeptidase* sowie *Elastase,* das Polysaccharid-spaltende Enzym *Amylase,* die für die Fettspaltung notwendigen Enzyme *Lipase* und *Cholesterinesterase* sowie schließlich die *Ribo-* und *Desoxyribonuclease.* Ähnlich wie beim Pepsin liegen auch die Proteasen des Pankreassekretes sowohl im Pankreas als auch nach der Sekretion in den Ausführungsgängen der Drüse in Form von inaktiven Vorstufen, dem *Trypsinogen, Chymotrypsinogen,* der *Procarboxypeptidase* sowie der *Proelastase* vor. Die in der intestinalen Mucosa produzierte *Enterokinase* katalysiert die Abspaltung eines Peptides vom Trypsinogen, wobei die aktive Protease *Trypsin* entsteht. Diese wiederum katalysiert entsprechende Vorgänge, die zur Umwandlung von Chymotrypsinogen zu *Chymotrypsin* sowie der Procarboxypeptidase und Proelastase zu den entsprechenden *aktiven Enzymen* führen. Durch die konzertierte Aktion dieser Enzyme entstehen aus den Nahrungsproteinen relativ kleine Peptide. Die *Pankreasamylase* spaltet die 1,4-glykosidischen Bindungen in Polysacchariden, wobei als wesentliches Spaltprodukt *Maltose* entsteht. Die *Pankreaslipase* spaltet hydrolytisch Triacylglycerine zu *Monoacylglycerinen* und *Fettsäuren,* die Cholesterinesterase zerlegt Cholesterinester. Für die Verdauung von Nucleinsäuren sind schließlich *Ribonuclease* und *Desoxyribonuclease* enthalten.

Ähnlich wie die Magensekretion unterliegt auch die Pankreassekretion einer hormonellen Regulation. Das aus 27 Aminosäuren bestehende Peptid *Secretin* wird im Duodenum und Jejunum gebildet und ans Blut abgegeben, wenn der pH-Wert im Duodenum unter den Neutralpunkt absinkt. Secretin führt im Pankreas zu einer Steigerung der *Wasser-* und *Hydrogencarbonatsekretion.* Das ebenfalls im Duodenum und Jejunum synthetisierte Peptid *Cholecystokinin* (33 Aminosäuren) steigert die *Enzymsekretion* des Pankreas sowie die *Gallenproduktion* der Leber. Es wird bei Anwesenheit von Fett und Aminosäuren im Duodenum abgegeben. Zu einer Hemmung der Sekretion und Mobilität des Magens führt schließlich das ebenfalls im Duodenum gebildete *gastrische inhibitorische Peptid* (GIP), dessen Sekretion vor allen Dingen durch Fett und Glucose im Duodenum stimuliert wird.

Die *Gallenflüssigkeit* wird zunächst als relativ wasserreiche Flüssigkeit von der Leber sezerniert und in der Gallenblase konzentriert. Besondere Bedeutung hat die Gallenflüssigkeit für die Verdauung durch ihren hohen Gehalt an *Gallensäuren,* deren Anwesenheit im Duodenalsaft eine Voraussetzung der für die *Lipidresorption* notwendigen *Micellbildung* ist. Dar-

über hinaus enthält die Gallenflüssigkeit *Cholesterin* (Cholesterin kann nur als Gallencholesterin bzw. als Gallensäure ausgeschieden werden). Die Gallenflüssigkeit ist ein wichtiges Vehikel für eine Vielzahl körpereigener und körperfremder Substanzen. Hierher gehören vor allen Dingen die Abbauprodukte des *Hämoglobins*, das *Biliverdin* sowie das *Bilirubin*, daneben die *Steroidhormone* und viele *Medikamente*.
Ein wichtiges, im *Duodenalsekret* vorkommendes proteolytisches Enzym ist die *Enterokinase*, die Trypsinogen zu *Trypsin* spaltet (s. oben). Im Duodenalsekret lassen sich darüber hinaus eine ganze Reihe von Enzymen wie *Aminopeptidasen, Disaccharidasen, Phosphatasen, Phospholipasen* u. a. nachweisen. Sehr wahrscheinlich handelt es sich hierbei nicht um Sekretionsprodukte; die betreffenden Enzyme entstammen eher abgeschilferten und zugrunde gegangenen Zellen der intestinalen Mucosa.

Abbau und Resorption einzelner Nahrungsbestandteile

Kohlenhydrate. Vor ihrer Resorption müssen Kohlenhydrate in die zugrundeliegenden Bauteile zerlegt werden. Dies erfolgt durch die in Speichel und Pankreassekret enthaltene *Amylase*. Unter ihrer Einwirkung entsteht ein Gemisch aus *Maltose, Maltotriose* sowie *Oligosacchariden* aus 4–10 Glucosylresten. Ihre Zerlegung sowie die Spaltung der Nahrungsdisaccharide *Saccharose* und *Lactose* erfolgt durch in dem Bürstensaum des Mucosaepithels lokalisierte *Saccharidasen* (Maltase, Isomaltase, Lactase, Saccharase).

In unmittelbarer Nachbarschaft zum Ort der Disaccharidspaltung im Bürstensaum der Mucosazellen befinden sich die für die Monosaccharidresorption zuständigen *Transportsysteme*. Die Monosaccharidaufnahme in die Mucosazellen erfolgt streng stereospezifisch und gegen ein Transportgefälle, was als sogenannter „*aktiver Transport*" bezeichnet wird. Abbildung 16-18 stellt die bei der Monosaccharidresorption auftretenden molekularen Prozesse zusammen. An einem auf der luminalen Seite der Mucosazellen lokalisierten *Transportprotein* bilden *Glucose* und *Natriumionen* einen sogenannten ternären Komplex. Da der intrazelluläre Natriumgehalt der Mucosa wie bei anderen Zellen durch die Aktivität der auf der Serosaseite gelegenen *Natrium-Kalium-ATPase* sehr gering ist, kann der Natriumgradient zu einem „Bergauftransport" des an den Carrier angelagerten Glucosemoleküls benutzt werden. Dieser Transportmechanismus arbeitet solange, wie die intrazelluläre Natriumkonzentration durch die ATP-abhängige Kalium-Natrium-Pumpe niedrig gehalten werden kann.

Proteine, Peptide und Aminosäuren. Die in der Nahrung enthaltenen Proteine und Peptide werden durch die in den gastrointestinalen Sekreten,

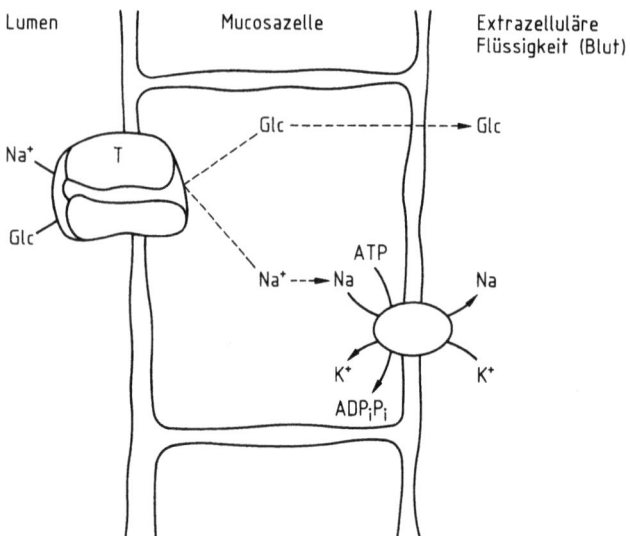

Abb. 16-18. Natriumabhängiges Glucosetransportsystem auf der luminalen Seite der intestinalen Mucosazellen (Einzelheiten s. Text)

besonders dem Pankreassekret, enthaltenen Proteasen zu einzelnen *Aminosäuren, Di-* und *Tripeptiden* zerlegt. Ähnlich wie bei den Monosacchariden ist auch die aktive Aufnahme von Aminosäuren durch die Mucosazelle Natrium-abhängig. Dies ist ein Hinweis dafür, daß für die *Aminosäureresorption* Transportsysteme eines ähnlichen Wirkungsmechanismus wie bei der Kohlenhydratresorption Verwendung finden. Nach sehr proteinreichen Mahlzeiten reicht die Verweildauer der Proteine im Duodenum nicht zur vollständigen Zerlegung in die zugrundeliegenden Aminosäuren aus. Sehr wahrscheinlich kann die Spaltung von Di-, Tri- oder Oligopeptiden noch unter Katalyse entsprechender *Peptidasen* im Bürstensaum erfolgen.

Kleinere Peptide werden, wenn überhaupt, vom Erwachsenen nur in geringem Umfang ohne vorherige Spaltung aufgenommen. Im Gegensatz hierzu findet beim *Neugeborenen* durchaus die Aufnahme intakter Proteine durch die Mucosazellen statt, wahrscheinlich durch *Pinocytose*. Auf diese Weise werden die besonders in der Muttermilch enthaltenen *Immunglobuline* von der Mutter auf den Säugling übertragen und gewährleisten ihm während der Stillperiode einen wesentlichen Schutz vor Infekten.

Fette. Unter der Einwirkung der *Pankreaslipase* erfolgt im duodenalen Lumen eine partielle Hydrolyse der Triglyceride, wobei als Reaktionsprodukte im wesentlichen *β-Monoacylglycerin* und *Fettsäuren* entstehen.

Monoacylglycerine sind im Gegensatz zu Triacylglycerinen amphiphile Moleküle, d. h. sie zeichnen sich durch hydrophobe und hydrophile Eigenschaften aus. Aus diesem Grund sind sie imstande, mit den im intestinalen Lumen in relativ hoher Konzentration vorkommenden Gallensäuren *Micellen* zu bilden. In diesen Micellen können zusätzlich weitere Lipide wie *Fettsäuren, Cholesterin* und *fettlösliche Vitamine* eingeschlossen werden. Man nimmt an, daß die gesamte Micelle in Kontakt mit dem Bürstensaum der Mucosa tritt und dort in ihre Bestandteile zerfällt, die sehr wahrscheinlich einzeln durch *einfache Diffusion* aufgenommen werden. In der Mucosazelle findet eine *Reveresterung* von Glycerin, nicht veresterten Fettsäuren und Monoacylglycerinen zu *Triacylglycerinen* statt. Dabei vorkommende Reaktionen sind:

Glycerin + ATP → α-Glycerophosphat + ADP
Fettsäure + ATP + CoA-SH → Acyl-CoA + AMP + PP_i

α-Glycerophosphat + 3 Acyl-CoA → Triacylglycerin + 3 CoA-SH + P_i

Monoacylglycerin + 2 Acyl-CoA → Triacylglycerin + 2 CoA-SH

Darüber hinaus erfolgt in der Mucosazelle auch die Veresterung von *Cholesterin*, welches nur in freier Form resorbiert werden kann. Anschließend an die Resynthese von Triacylglycerinen und Cholesterinestern in der Mucosazelle erfolgt ihre Assoziation an bestimmte *Apolipoproteine*, wobei *Chylomikronen* (s. S. 313) bzw. *Lipoproteine sehr geringer Dichte (VLDL,* s. S. 313) entstehen. Diese werden von der Mucosazelle sezerniert, gelangen in die *Lymphwege* und werden im Ductus thoracicus gesammelt. Während also Aminosäuren und Monosaccharide nach ihrer Resorption über die Pfortader als erstes an die Leber gelangen, werden Fette über die intestinalen Lymphwege und den Ductus thoracicus über den gesamten Kreislauf verteilt.

Wasser und Elektrolyte. Unter physiologischen Bedingungen ist der Magen-Darm-Trakt die einzige Aufnahmestelle für Wasser und Elektrolyte. Beim Menschen gehen täglich etwa 2–3 l Wasser sowie 300 mmol Natrium und 100 mmol Kalium mit Harn und Schweiß verloren und müssen ersetzt werden. Dazu kommen die erheblichen Mengen von Flüssigkeiten, die aus den Sekreten der Verdauungsdrüsen und der Leber stammen und wieder resorbiert werden müssen. Die Gesamtmenge dieser Sekrete beträgt beim Menschen 6–9 l/24 h. Der Hauptort der *Wasser(rück)resorption* ist das *Jejunum*. Dabei ist die treibende Kraft für den Wassertransport der *aktive Natriumtransport* aus den Mucosazellen in den Interzellularspalt. Damit wird hier ein *osmotischer Gradient* aufgebaut, der die passive Wasseraufnahme aus dem Lumen des Darmes ermöglicht. Im *Ileum* und *Colon* erfolgt die Rückresorption von *Wasser, Natrium* und *Kalium,* wobei über die zugrundeliegenden Mechanismen wenig Sicheres bekannt ist. Ähnlich wie in den Nieren wirken die *Mineralocorticoidhormone* auch im Darm im Sinne einer *Natriumkonservierung.* Vor allem das *Aldosteron* (s. S. 284) stimuliert an Ileum und Colon die Rückresorption von Natrium. Eine ähnliche Rolle spielt das Angiotensin (s. S. 286).

Bedeutung der Bakterienflora des Intestinaltraktes

Die im Darminhalt noch vorhandenen organischen Verbindungen werden, soweit sie nicht im Duodenum, Jejunum und Ileum resorbiert werden, durch die im Colon vorhandenen Bakterien zersetzt. Dabei werden Kohlenhydrate und Fette zu organischen Säuren wie *Lactat, Acetat* und *Butyrat* fermentiert, wobei verschiedene Gase wie CO_2, *Methan* und *Wasserstoff* entstehen können. Aminosäuren unterliegen dagegen einem Fäulnisvorgang. Sie werden *decarboxyliert,* wobei eine Reihe mehr oder weniger toxischer *Amine* entsteht (*Cadaverin* aus *Lysin, Agmatin* aus Arginin, *Tyramin* aus Tyrosin usw.). Die Indolderivate *Indol* und *Scatol* entstehen aus der Aminosäure Tryptophan. Ein weiteres im Darm entstehendes Abbauprodukt ist *Ammoniak,* welcher in beträchtlichem Umfang rückresorbiert wird und zur Leber gelangt, wo er im wesentlichen als Harnstoff fixiert werden muß.

17 Die Regulation des Stoffwechsels durch Hormone

Mit der Entstehung vielzelliger Organismen und der immer weitergehenden Spezialisierung von Zellgruppen zu Organen und Geweben mit spezifischen Funktionen ergab sich die Notwendigkeit der Signalübermittlung von Zelle zu Zelle. Die älteste und am weitesten verbreitete Form dieser Signalübermittlung geschieht auf *humoralem* Weg und bedient sich chemischer Verbindungen als materieller Signalüberträger. Diese werden als *Hormone* bezeichnet. Eine Reihe von Hormonen können von in den verschiedensten Geweben verstreuten endokrin aktiven Zellen gebildet und abgegeben werden und werden infolgedessen als *Gewebshormone* bezeichnet. Die meisten der im Wirbeltierorganismus auftretenden Hormone werden von spezifischen, in endokrinen Drüsen lokalisierten sekretorischen Zellen synthetisiert und abgegeben und infolgedessen als *glanduläre Hormone* bezeichnet. Erfolgt die Signalübermittlung von Zelle zu Zelle, so spricht man von *parakriner Sekretion,* wird dagegen das Hormon in die Blutbahn abgegeben und zu einer weit entfernten Zielzelle transportiert, so handelt es sich um eine *endokrine Sekretion.*

Wirkungsmechanismus von Hormonen

Nach der Geschwindigkeit ihres Wirkungseintrittes lassen sich Hormone in zwei Gruppen einteilen, die rasch wirksamen (Zeit bis zum Wirkungseintritt wenige Minuten) und die langsam wirksamen (Zeit bis zum Wirkungseintritt Stunden bis Tage). Dieser zunächst rein deskriptiven Einteilung entspricht auch ein prinzipieller Unterschied im Wirkungsmechanismus. Hormone mit raschem Wirkungseintritt zeichnen sich durch eine Wechselwirkung mit spezifischen *Rezeptoren* auf der Zellmembran aus, Hormone mit langsamem Wirkungseintritt beeinflussen die *Biosynthese* spezifischer Proteine entweder auf der Ebene der Transkription oder der Translation.

Hormonwirkung über Wechselwirkung mit der Zellmembran

Eine große Zahl von Hormonen wirkt durch Beeinflussung des Aktivitätszustandes des *Adenylatcyclasesystems* (Abb. 17-1). Dazu bindet das betref-

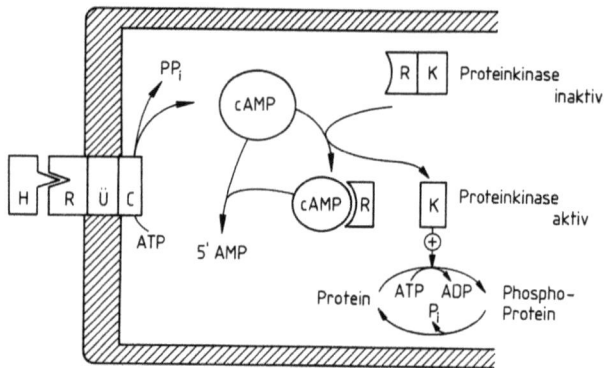

Abb. 17-1. Das Adenylatcyclasesystem. Durch Assoziation der Rezeptoreinheit *(R)* des Adenylatcyclasesystems mit einem Hormon *(H)* wird die katalytische Einheit *(C)* der Adenylatcyclase über eine Überträgereinheit *(Ü)* aktiviert, so daß vermehrt 3′,5′-cyclo-AMP *(cAMP)* aus ATP entsteht. cAMP bindet an die Rezeptoreinheit der inaktiven Proteinkinase, wodurch es zur Dissoziation des dimeren Enzyms kommt. Die nun freie katalytische Einheit K ist eine aktive Proteinkinase und zur Phosphorylierung der verschiedenen Proteine imstande

fende Hormon an einen in der Plasmamembran der Zielzelle gelegenen, spezifischen *Rezeptor*. Dieser ist Teil des sogenannten Adenylatcyclasesystemes, das außer dem Rezeptor aus einer *Überträgereinheit* und dem eigentlichen Enzym *Adenylatcyclase* besteht. Nach Bindung eines Hormons an den Rezeptor erfolgt eine *Aktivierung* der Adenylatcyclase, wodurch intrazellulär aus ATP unter Pyrophosphatabspaltung *3′,5′-cyclo-AMP* (cAMP) entsteht. cAMP ist der *intrazelluläre Signalübermittler,* der im Prinzip nur die Anwesenheit des zugehörigen Hormones am Rezeptor anzeigt. Er ist für die intrazelluläre *Weitergabe* dieses Signals verantwortlich und wird infolgedessen auch als *second messenger* bezeichnet. cAMP ist zur Aktivierung einer intrazellulären *Proteinkinase* imstande, welche durch *Phosphorylierung* eine Reihe von Schlüsselenzymen des Intermediärstoffwechsels in ihrer *katalytischen Aktivität* zu ändern vermag. Ein besonders gut untersuchtes Beispiel hierfür ist die Kontrolle des Glykogenstoffwechsels durch cAMP (s. S. 66, S. 151). Tabelle 17-1 stellt die Hormone zusammen, deren biologische Effekte durch cAMP vermittelt werden. Besonders wichtig sind die Katecholamine *Adrenalin* und *Noradrenalin* und das *Glucagon.* Darüber hinaus wirken die *glandotropen Hormone* des Hypophysenvorderlappens, das *Parathormon* und das *Vasopressin* über eine Aktivierung des Adenylatcyclasesystems.

Ein weiteres Hormon, welches durch eine Wechselwirkung mit *Rezeptoren* auf der Plasmamembran wirkt, ist das *Insulin* (s. S. 263). Es stimuliert den

Tabelle 17-1. Hormone, deren biologische Effekte durch cAMP vermittelt werden

Hormon	Gewebe	Seite
Katecholamine	Leber, Skelettmuskel, Herzmuskel, Fettgewebe	268
Glucagon	Leber, Fettgewebe[a]	267
	β-Zellen der Langerhans-Inseln	
Parathormon	Knochen, Nieren	283
Vasopressin	Epitheliale Gewebe	286
ACTH	Nebennierenrinde, Fettgewebe[a]	282
LH (ICSH)	Ovarien, Testes	277
TSH	Schilddrüse, Fettgewebe[a]	275
TRH	Hypophyse	275

[a] Wahrscheinlich ohne physiologische Bedeutung

Transport von *Glucose, Aminosäuren* und *Kationen* durch die Zellmembran insulinempfindlicher Gewebe. Im Vergleich mit den über das Adenylatcyclasesystem wirkenden Hormonen ist über die molekularen Grundlagen seines Wirkungsmechanismus weit weniger bekannt.

Hormonwirkung auf der Ebene der Transkription bzw. Translation

Hormone mit langsamem Wirkungseintritt beeinflussen im allgemeinen die Geschwindigkeit der *Proteinbiosynthese*. Eine Möglichkeit ihrer Wirkung ist in Abb. 17-2 dargestellt. Sie gilt vor allem für die *Schilddrüsenhormone* und *Steroidhormone*. Das Hormon lagert sich dabei im Cytosol an ein *cytosolisches Rezeptorprotein*. Der dabei entstehende Hormon-Rezeptor-Komplex macht eine *Konformationsänderung* durch, nach der ein Übertritt in den Kern möglich ist, wo die Biosynthese *spezifischer Proteine* induziert werden kann. Häufig erfolgt dies durch Stimulierung der *Transkriptionsrate*. Eine weitere gelegentlich diskutierte Möglichkeit ist die spezifische Biosynthese von Genprodukten, die die Translation beeinflussen (s. auch S. 216).

Stoffwechsel von Hormonen

Aus dem oben Gesagten geht klar hervor, daß die biologische Wirkung eines Hormons von seiner *Konzentration* in der extrazellulären Flüssigkeit abhängen wird: Im Fall der kurz wirksamen Hormone bestimmt sie die

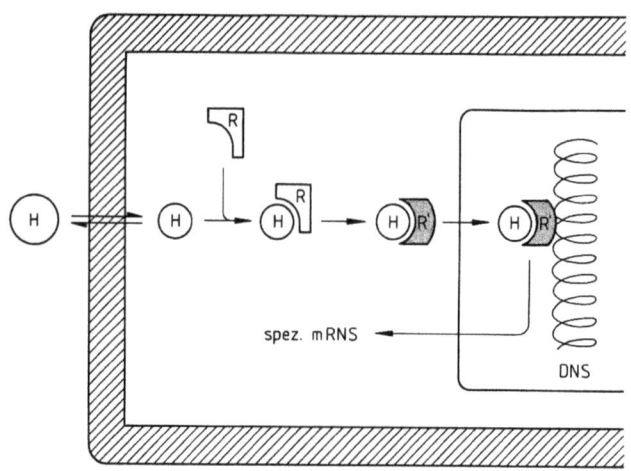

Abb. 17-2. Mechanismus der langsam wirksamen Hormone. Das Hormon *(H)* (Steroidhormone, Schilddrüsenhormone) passiert die Zellmembran und assoziiert an ein cytosolisches Rezeptorprotein. Dadurch erfolgt eine Konformationsänderung des Rezeptorproteins *(R')*, das nun die Kernmembran passieren und mit DNS assoziieren kann. Das Ergebnis ist eine beschleunigte Transkription spezifischer mRNS

Bindung an den Rezeptor, die dem Massenwirkungsgesetz gehorcht, im Fall der Hormone mit langsamem Wirkungseintritt die Aufnahme in den cytosolischen Raum und dort die Assoziation mit dem löslichen Rezeptorprotein. Bestimmend für die Konzentration eines Hormons im extrazellulären Raum sind
– Geschwindigkeit von *Biosynthese* und *Sekretion* eines Hormons aus den endokrin aktiven Drüsen
– Geschwindigkeit des *Hormontransports* im Blut. Viele Hormone werden mit Hilfe spezifischer Trägerproteine transportiert, deren Kapazität limitierend werden kann.
– Zahl und Affinität von *Hormonrezeptoren* in den spezifischen Zielzellen. Abbau und biologische *Inaktivierung* eines Hormons. Bevorzugte Organe für diesen Prozeß sind die Leber und die Nieren.

Hormonelle Regelkreise

Eine Reihe von endokrin aktiver Drüsen kontrollieren mit Hilfe ihrer Hormone nicht die Stoffwechselaktivität oder das Wachstum peripherer Gewebe, sondern ihnen nachgeschaltete innersekretorische Drüsen. Sie sind damit ein Teil eines hierarchischen Systems übereinandergeschalteter hormoneller Regelkreise, deren Zweck die genaue Kontrolle von Hormonkonzentrationen im Blut ist. Wie die Abb. 17-3 zeigt, spielen dabei Hormone des *Hypothalamus* und des *Hypophysenvorderlappens* eine bedeutende Rolle. Auslösende Stimuli, seien sie *neuraler* oder *humoraler* Art, führen zu einer erhöhten Abgabe von *Freisetzungshormonen* (releasing hormones) aus bestimmten Bezirken des *Hypothalamus*. Sie wirken spezifisch auf die verschiedenen Hormon-produzierenden Zellen des *Hypophysenvorderlappens* und bewirken dort die Freisetzung der einzelnen *glandotropen Hormone*, die wiederum die Aktivität *peripherer Hormondrüsen* stimulieren. Die daraufhin steigende Blutkonzentration des effektorischen Hormons wirkt im Sinne einer *negativen Rückkoppelung* hemmend auf Hypophysenvorderlappen und Hypothalamus. Über derartige Regelkreise wird die Blutkonzentration der *Schilddrüsenhormone*, der *Corticoidhormone* sowie der männlichen und weiblichen *Sexualhormone* reguliert. Außerdem steht das *Körperwachstum* sowie die Funktion der *laktierenden Brustdrüse* unter hypothalamisch-hypophysärer Kontrolle.

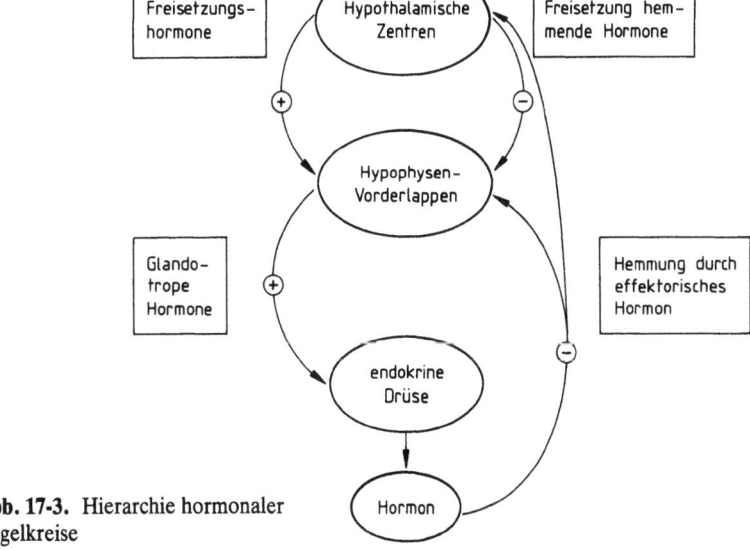

Abb. 17-3. Hierarchie hormonaler Regelkreise

Methoden des Hormonnachweises

Die ältesten Verfahren des Hormonnachweises beruhen auf der *biologischen Aktivität* des Hormons. Diese kann entweder im intakten Tier oder in isolierten Gewebspräparationen ermittelt werden. Prinzipiell sind derartige Bestimmungsverfahren für die Kenntnis der biologischen Funktion eines Hormons von besonderer Bedeutung. Als Nachteil findet sich jedoch sehr häufig eine besondere Störanfälligkeit des Bestimmungsansatzes, die sich u. a. auch aus der Komplexizität des für die Untersuchung benötigten Systems (intaktes Tier, überlebendes Gewebe) versteht.

Chemische Bestimmungsverfahren, die vor allen Dingen für Katecholamine und Steroide verwendet werden, nutzen den Nachweis bestimmter funktioneller Gruppen an Hormonen. Wegen ihrer geringen Spezifität setzen sie die Extraktion von Hormonen mit verschiedenen Lösungsmitteln, ihre Isolierung durch Chromatographie bzw. Elektrophorese voraus. Für die Konzentrationsbestimmungen von Proteohormonen sind chemische Nachweisverfahren im allgemeinen nicht zu verwenden.

Die heute gebräuchlichsten Hormonbestimmungen beruhen auf *immunologischen Verfahren.* Das Prinzip dieser Verfahren besteht in der kompetitiven Konkurrenz einer konstanten Menge markierten Hormons mit unterschiedlichen Mengen nicht markierten Hormons aus der Probe um die Bindungsstellen einer limitierten Menge eines spezifischen Antikörpers (s. S. 305). Nach dem in Abb. 17-4 dargestellten Prinzip bestimmt also die Menge an *nichtmarkiertem Hormon* den Anteil des markierten Hormons, der sich an den Antikörper koppelt. Die Markierung kann durch Einführung einer *radioaktiven Gruppe* (radioimmunologische Hormonbestimmung) oder durch kovalente Koppelung an ein *Enzym* (enzymimmunologische Bestimmung) erfolgen. Der Vorteil der immunologischen Hormonbestimmung liegt darin, daß sie einfach durchzuführen und von hoher Empfindlichkeit ist. Sie sind die einzigen Verfahren, die es erlauben, Konzentrationen von Proteohormonen zu ermitteln, die in Größenordnungen von 10^{-8} mol/l bis 10^{-12} mol/l liegen. Ein Nachteil ist, daß gelegentlich auch Hormonvorstufen oder Abbauprodukte nachgewiesen werden, wenn sie die für die Antikörperbindung nötige Peptidsequenz noch enthalten.

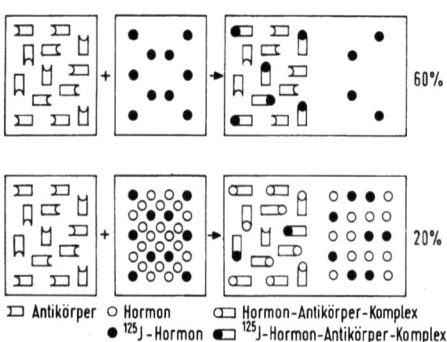

Abb. 17-4. Prinzip der radioimmunologischen Hormonbestimmung

Kontrolle des Intermediärstoffwechsels: Rasch wirksame Hormone

In diesem Abschnitt werden diejenigen Hormone besprochen, die den Übergang des Intermediärstoffwechsels von der *resorptiven Phase* auf die *postresorptive Phase* und umgekehrt ermöglichen. Diese Übergänge erfolgen relativ rasch, weswegen es sich bei den beteiligten Hormonen um solche mit schnellem Wirkungseintritt handelt. Die Hormone, die die genannten Vorgänge regulieren, sind das *Insulin* und seine Gegenspieler *Glucagon* und *Katecholamine*.

Insulin

Struktur, Biosynthese und Sekretion. Insulin ist ein Peptidhormon aus insgesamt 51 Aminosäuren. Diese liegen in Form von zwei Ketten, der *A-* und der *B-Kette,* vor. Wie Abb. 17-5 zeigt, sind die beiden Ketten durch

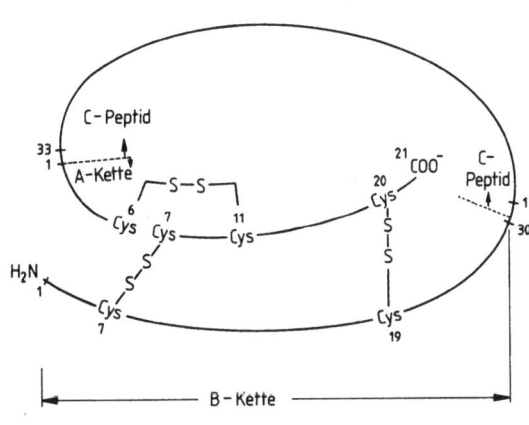

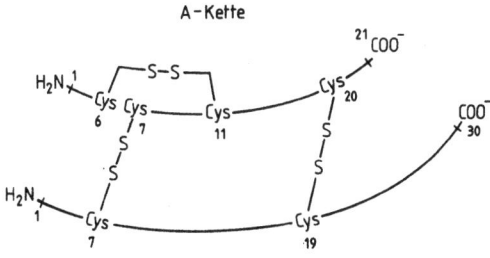

Abb. 17-5. Strukturprinzipien von Proinsulin und Insulin

zwei *Disulfidbrücken* verknüpft, die Struktur der A-Kette wird schließlich durch eine weitere Disulfidbrücke stabilisiert.

Die Biosynthese und Speicherung von Insulin erfolgt in den *β-Zellen* der *Langerhansschen Inseln* des *Pankreas*. Allerdings wird Insulin zunächst in Form eines größeren Vorläufermoleküls, des *Proinsulins,* gebildet, das aus 81–86 Aminosäuren besteht. Die ersten 30 Aminosäuren vom N-Terminus an gerechnet, enthalten die Sequenz der *B-Kette,* die letzten 21 Aminosäuren bis zum C-Ende stellen die Sequenz der *A-Kette* dar. Das in der Mitte liegende Stück besteht je nach Spezies aus 30–35 Aminosäuren und wird auch als *C-Peptid* (Connecting-Peptid) bezeichnet. Durch diese Anordnung des Moleküls ist die Ausbildung einer Tertiärstruktur gewährleistet, bei der die für die Ausbildung der Disulfidbrücken notwendigen Cysteinreste in enge Nachbarschaft geraten, so daß ihre Oxidation leicht möglich ist. Zur Fertigstellung von Insulin aus Proinsulin muß nach dem Schließen der Disulfidbrücke lediglich noch durch *spezifische Proteasen* das C-Peptid abgespalten werden.

In den β-Zellen der Langerhansschen Inseln synthetisiertes Insulin kann dort in *Sekretgranula* gespeichert werden, die von einer aus dem *endoplasmatischen Reticulum* stammenden Membran umgeben sind. Bei der Sekretion wandern die β-Granula an die innere Zellmembranoberfläche. Haben sie diesen Ort erreicht, so verschmelzen Granulamembran und Cytoplasmamembran, die Nahtstelle öffnet sich und der Granulainhalt wird in den extrazellulären Raum entleert und gelangt von dort ins Blut.

Die entscheidende Größe für die Insulinsekretion ist die Höhe der *Glucosekonzentration* im Extrazellulärraum. Steigt dieser über den im Nüchternzustand vorliegenden Konzentrationswert von etwa 4 mmol/l an, so kommt es rasch zu einer Freisetzung von Insulin aus den β-Zellen. Bis zu einer Glucosekonzentration von etwa 15 mmol/l besteht eine direkte Proportionalität zwischen der Menge freigesetzten Insulins und der Glucosekonzentration.

Neben der Glucose kennt man heute eine ganze Reihe von Verbindungen, die die Insulinsekretion stimulieren oder hemmen. Zu ihnen gehören einige *Aminosäuren* (insbesondere die verzweigtkettigen), gastrointestinale Hormone wie *Sekretin* und *Pankreocymin* sowie eine Reihe von *Pharmaka,* wie besonders die in der Therapie des Diabetes verwendeten *Sulfonylharnstoffe* sowie Verbindungen, die zu einer Erhöhung des cAMP-Gehaltes der β-Zelle führen. Die wichtigsten physiologischen *Hemmstoffe* der Insulinsekretion sind die *Katecholamine.*

Biochemische Wirkungen. Tabelle 17-2 gibt eine Zusammenstellung der wichtigsten biochemischen Wirkungen des Insulins. Für das Umschalten der postresorptiven auf die resorptive Phase des Stoffwechsels sind aufgrund

Tabelle 17-2. Wirkungen von Insulin auf den Stoffwechsel

	Leber	Fettgewebe	Muskulatur
Kohlenhydrat-stoffwechsel	Anstieg von Glykogensynthese Hemmung von Glykogenolyse Hemmung von Gluconeogenese Induktion von Glykolyseenzymen Repression von Gluconeogenese-enzymen	Stimulierung des Glucosetransportes durch die Zellmembran Anstieg des Glucoseabbaus im Pentosephosphatcyclus und Glycolyse	Stimulierung des Glucosetransportes durch die Zellmembran Anstieg der Glykogensynthese Anstieg des Glucoseabbaus
Fettstoffwechsel	Anstieg der Lipogenese Hemmung der Ketogenese	Anstieg der Lipogenese aus Glucose Hemmung der Lipolyse Induktion der Lipoproteinlipase	Steigerung der Triacylglycerin-synthese aus Fettsäuren
Aminosäure- und Proteinstoffwechsel	Stimulierung der Proteinbiosynthese Hemmung der Proteolyse Hemmung der Harnstoffbildung	Stimulierung des Aminosäure-transportes durch die Zellmembran Stimulierung der Proteinbiosynthese	Stimulierung des Aminosäure-transportes durch die Zellmembran Stimulierung der Proteinbiosynthese Hemmung der Proteolyse

ihrer Masse die wichtigsten Organe die *Muskulatur,* das *Fettgewebe* und die *Leber.* Bei allen dreien hat das Insulin Wirkungen auf den Kohlenhydrat-, Fett- und Proteinstoffwechsel. Zu den am längsten bekannten Wirkungen des Insulins gehört seine Fähigkeit, den *Transport von Glucose* und verwandten Zuckern durch die *Zellmembran* zu fördern. Dies ist von besonderer Bedeutung für den Stoffwechsel der *Muskulatur* und des *Fettgewebes,* da hier die Glucoseaufnahme für den weiteren Stoffwechsel der Glucose limitierend ist. Aufgrund der Masse von Fettgewebe und Muskulatur führt jede Steigerung der Glucoseaufnahme zu einem prompten *Abfall* der Blutglucosekonzentration, wie er nach Insulingaben zu beobachten ist.

Die gesteigerte Glucoseaufnahme in Fettgewebe und Muskulatur hat eine Reihe von Konsequenzen. In der Muskulatur wird ein großer Teil der durch Insulin eingeschleusten Glucose in Form von *Glykogen* gespeichert. Auch im Fettgewebe werden durch Insulin Speichervorgänge ausgelöst. Allerdings wird hier vermehrt aufgenommene Glucose in *Fett* umgewandelt. Interessant dabei ist, daß sowohl der *Glycerinanteil* der Triacylglycerine als auch ihr *Fettsäureanteil* im Fettgewebe aus Glucose synthetisiert werden kann (s. auch S. 154).

Auch der Glucosestoffwechsel der *Leber* reagiert empfindlich auf Insulin. Hier steht allerdings nicht die Wirkung des Hormons auf das Glucosetransportsystem im Vordergrund. Insulin ist vielmehr für die Biosynthese einer Reihe von *Schlüsselenzymen* des Glucosestoffwechsels verantwortlich. Zu ihnen gehört die *Glucokinase* (s. S. 62), die *Phosphofructokinase* (s. S. 62) sowie die *Pyruvatkinase* (s. S. 64). Die vermehrte Biosynthese dieser Enzyme ermöglicht einen gesteigerten Glucosedurchsatz durch die Glykolyse. Darüber hinaus fördert Insulin auch in der Leber die Biosynthese von *Glykogen* aus Glucose.

Außer dem Glucosetransportsystem beeinflußt Insulin ein weiteres Membranenzym, die *Adenylatcyclase.* Es ist imstande, dessen Aktivität zu hemmen. Dieser *hemmende Effekt* des Insulins tritt besonders deutlich zutage, wenn das Adenylatcyclasesystem durch Glucagon oder Katecholamine (s. unten) aktiviert ist. Aus diesem Aspekt der Insulinwirkung lassen sich eine Reihe von schon lange bekannten Insulineffekten erklären. So ist die Stimulierung der *Glykogenbiosynthese* der Leber ganz wesentlich auf eine Hemmung des Adenylatcyclasesystems zurückzuführen. Die sich daraus ergebende Erniedrigung des cAMP-Spiegels führt zu einer Unterdrückung der Glykogenolyse und einer Steigerung der Glykogenbiosynthese. Auch am *Fettgewebe* wird durch Insulin die Adenylatcyclase gehemmt. Hier steht weniger ein Effekt auf den Glykogenstoffwechsel als vielmehr derjenige auf die Lipolyse im Vordergrund. Insulin ist die wirksamste Verbindung mit *antilipolytischer Aktivität.* Daß dies nicht nur ein biochemisch interessanter Befund ist, geht eindrucksvoll aus der Beobachtung hervor, daß bei der Behandlung eines *Coma diabeticum* (s. S. 270) mit Insulin der Spiegel an nicht veresterten *Fettsäuren* im Blut mit etwa derselben Kinetik abfällt wie die Blutglucosekonzentration. Im Gegensatz zur Leber- und Fettzelle ist es fraglich, ob eine der beobachteten Insulinwirkungen an der Muskulatur auf eine etwaige Beeinflussung des Adenylatcyclasesystems in diesem Gewebe zurückzuführen ist.

Insulin beeinflußt nicht nur den Kohlenhydrat- und Fettstoffwechsel, sondern auch denjenigen von Aminosäuren und Proteinen. So stimuliert es in der Leber, dem Fettgewebe und vor allem der Muskulatur die *Aufnahme von Aminosäuren,* die ähnlich wie diejenige von Glucose über ein in seinen Einzelheiten noch nicht genau bekanntes Transportsystem erfolgt. Unabhängig davon läßt sich in den genannten Geweben nachweisen, daß Insulin die *Proteinbiosynthese* stimuliert und die *Proteolyse* hemmt. Dies läßt sich besonders gut in der Leber beobachten, wo Insulin zu einer deutlichen Reduktion der *Harnstoffbildung* führt.

Faßt man das Spektrum der Insulineffekte auf den Intermediärstoffwechsel zusammen, so ergibt sich klar das Bild eines *anabol* wirkenden Hormones: Insulin stimuliert die *Glucoseaufnahme* und damit den Einbau des Glucosemoleküls in *Glykogen* und *Triacylglycerine.* Insulin stimuliert die Aufnahme von *Aminosäuren* und die *Biosynthese von Proteinen,* während es gleichzeitig die Proteolyse hemmt. Insulin hemmt das Adenylatcyclasesystem der Leber und der Fettzelle, was zu einer Steigerung der *Glykogenbiosynthese* mit gleichzeitiger Hemmung der Glykogenolyse sowie zu einem ausgeprägten *antilipolytischen* Effekt führt. Darüber hinaus ist Insulin für die Biosynthese einer Reihe anabol wirkender Enzyme verantwortlich, zu denen die *Schlüsselenzyme der Glykolyse* sowie die *Lipoproteinlipase* (s. S. 102) gehören.

Über den molekularen Wirkungsmechanismus des Insulins ist noch wenig bekannt. Wahrscheinlich ist, daß es für seine Wirkung nicht in die Zelle aufgenommen werden muß, sondern mit einem auf der Plasmamembran insulinempfindlicher Zellen lokalisierten *Insulinrezeptor* reagiert. Dieser Rezeptor ist ein *Glykoprotein,* dessen Biosynthese durch Insulin in hohen Konzentrationen gehemmt wird. Auf welche Weise die Assoziation des Rezeptors mit Insulin zu intrazellulären Signalen führt, ist noch unbekånnt.

Glucagon

Struktur, Biosynthese und Sekretion. Glucagon wird durch die *α-Zellen der Langerhansschen Inseln* synthetisiert. Ähnlich wie Insulin ist es ein Peptidhormon. Es enthält 29 Aminosäuren, seine chemische Totalsynthese ist inzwischen gelungen.

Ähnlich wie Insulin wird Glucagon aus einer höhermolekularen Vorstufe, dem *Präglucagon,* gebildet. Auch die Speicherung des Glucagons in den α-Zellen erfolgt ähnlich wie diejenige von Insulin in den β-Zellen in Form spezifischer Granula. Der für die Glucagonabgabe entscheidende Reiz ist ein *Abfall* der *Glucosekonzentration* in der extrazellulären Flüssigkeit. Der kritische Wert für die Erhöhung der Plasmaglucagonkonzentration liegt bei einer Glucosekonzentration von etwa 2,8 mmol/l. Außer durch einen Abfall der Glucosekonzentration führt ein Anstieg der *Aminosäurekonzentration* im Blut zu einer gesteigerten Glucagonfreisetzung. Glucagon gelangt über die Pfortader zunächst zur Leber, wo es relativ rasch abgebaut wird, so daß nur noch geringe Mengen im lebervenösen Blut erscheinen. Das Hauptzielorgan des Glucagons ist demnach die *Leber,* ob es dagegen unter physiologischen Bedingungen Wirkungen auf extrahepatische Gewebe hat, ist noch nicht endgültig geklärt.

Biochemische Wirkungen. Glucagon führt hauptsächlich in der *Leber,* daneben aber auch am *Fettgewebe,* zu einer *Aktivierung* des *Adenylatcyclasesystems.* Damit ist Glucagon ein wichtiger Antagonist des Insulins: Es führt zu einer Hemmung der Glykogenbiosynthese und Steigerung des *Glykogenabbaus,* zu einer Abgabe von Glucose durch die Leber und damit zum *Anstieg* der *Blutglucosekonzentration.* In dieselbe Richtung wirkt die durch Glucagon hervorgerufene Steigerung der *Gluconeogenese* der Leber.

Am Fettgewebe der Ratte läßt sich durch Glucagon eine Steigerung der *Lipolyse* mit vermehrter Abgabe von Glycerin und nicht veresterten Fettsäuren feststellen. Ob diesem Effekt physiologische Bedeutung zukommt, ist fraglich, an menschlichem Fettgewebe läßt er sich nicht nachweisen.

Noradrenalin und Adrenalin

Biosynthese und Speicherung. Die Biosynthese von *Adrenalin* erfolgt im *Nebennierenmark* sowie in den adrenergen *Nervenendigungen,* diejenige von *Noradrenalin* ausschließlich in *adrenergen Nervenendigungen.* Ausgangspunkt für die Biosynthese ist die Aminosäure *Tyrosin* (Abb. 8-5). Diese wird zunächst durch die *Tyrosinhydroxylase* zu *Dihydroxyphenylalanin (DOPA)* hydroxyliert. Danach erfolgt eine Decarboxylierung zum entsprechenden Amin, dem *Dihydroxyphenylamin (Dopamin).* Eine erneute Hydroxylierung durch die *Dopamin-β-Hydroxylase* liefert *Noradrenalin.* Das Enzym benötigt zweiwertiges Kupfer und Ascorbinsäure (s. S. 239). Im Nebennierenmark, nicht aber in den adrenergen Ganglien, ist das Enzym *Phenyläthanolamin-N-Methyltransferase* lokalisiert, das die N-

Methylierung von Noradrenalin zu *Adrenalin* katalysiert. Die benötigte Methylgruppe stammt vom S-Adenosylmethionin (s. S. 132). Sowohl in den sympathischen Nervenendigungen als auch im Nebennierenmark werden Katecholamine in spezifischen, von einer Membran umhüllten *Granula* gespeichert. Die Sekretion der Katecholamine wird durch *neurale Reize* ausgelöst; der dabei wirksame chemische Transmitter ist das *Acetylcholin*. Die Sekretion besteht ähnlich wie diejenige der Peptidhormone Insulin und Glucagon in einer Wanderung der adrenergen Granula bis zum Kontakt mit der Plasmamembran, einem Verschmelzen beider Membranen und schließlich in einer Abgabe des Granulainhalts an den extrazellulären Raum.

Biochemische Wirkung. Das Nebennierenmark bildet zusammen mit den adrenergen Nervenendigungen das *adrenerge System*, welches in Notfallsituationen aktiviert wird und so eine Reaktion auf Gefahren ermöglicht. Bezüglich der Katecholaminwirkungen auf die Muskulatur, die Blutgefäße sowie die Herzfrequenz und Kontraktionskraft s. Lehrbücher der Physiologie. Sowohl *Adrenalin* als auch *Noradrenalin* wirken in der Leber und im Skelettmuskel *glykogenolytisch*, wodurch es zu einem Anstieg der Glucose und Lactatkonzentration im Blut kommt. Darüber hinaus fördern beide Hormone am Fettgewebe die *Lipolyse*, so daß die Konzentration an nicht veresterten Fettsäuren im Blut zunimmt. Die geschilderten Effekte werden über sogenannte β-Rezeptoren vermittelt. Diese gehören zum *Adenylatcyclasesystem*, ihre Belegung mit Katecholaminen führt zu einer gesteigerten Bildung von cAMP. Dies führt zu einer Aktivierung der an der Glykogenolyse bzw. am Abbau von Triacylglycerin beteiligten Enzymsysteme (S. 66, S. 102).

Abbau. Der Abbau von Katecholaminen erfolgt durch *Oxidation* und *Methylierung*. Die beiden hierfür benötigten Enzyme sind die *Monoaminoxidase* und die *Katechol-O-Methyltransferase*. Wic aus Abb. 17-6 hervorgeht, wird der Abbau zunächst durch eine *Methylierung* in Position 3 eingeleitet, so daß die entsprechenden *3-Methoxy-Derivate* des Adrenalins und Noradrenalins entstehen. Die Monoaminoxidase desaminiert sie unter Ausbildung eines Aldehyds, des *3-Methoxy-4-Hydroxy-Mandelsäurealdehyds*. Durch Oxidation der Aldehydgruppierung zur entsprechenden Carbonsäure entsteht schließlich das Hauptabbauprodukt des Katecholaminstoffwechsels, die *3-Methoxy-4-Hydroxy-Mandelsäure* oder *Vanillinmandelsäure*. Diese wird im Harn ausgeschieden. Da sie leicht dünnschichtchromatographisch nachgewiesen werden kann, ergibt die Bestimmung der Vanillinmandelsäureausscheidung über 24 Stunden ein gutes Maß für die Höhe der Katecholaminsekretion.

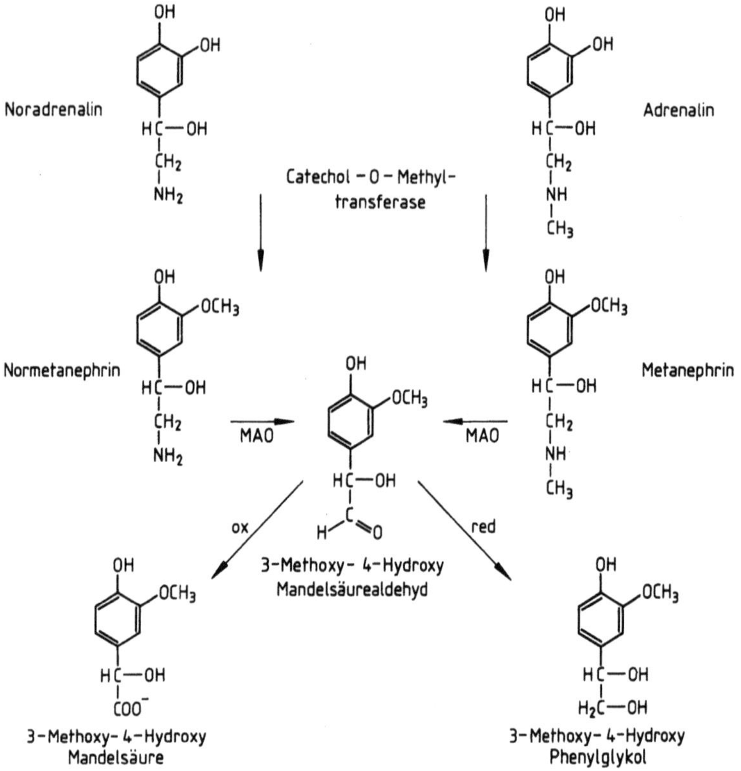

Abb. 17-6. Abbau von Noradrenalin und Adrenalin durch Katechol-o-Methyltransferase und Monoaminoxidase (MAO)

Der Diabetes mellitus

Der geordnete Ablauf des Intermediärstoffwechsels hängt vom richtigen Verhältnis des Insulins als anabolem Hormon zu seinen Antagonisten ab. In der *Resorptionsphase* gelangen große Mengen resorbierter Nahrungsstoffe in den Kreislauf, welche auf die verschiedenen Gewebe verteilt und nach Möglichkeit gespeichert werden müssen. Der mit gesteigerter Kohlenhydratresorption einhergehende Anstieg der Blutglucosekonzentration sorgt zusammen mit gastrointestinalen Hormonen für eine Steigerung der *Insulinsekretion,* womit die Aufnahme von Glucose, Fettsäuren, Aminosäuren in die insulinabhängigen Gewebe und ihre Speicherung als Glykogen, Triacylglycerin und Protein erfolgen kann. In der *postresorptiven Phase* dagegen benötigt der Organismus weiterhin Energie, obwohl eine entsprechende Zufuhr über die Nahrung fehlt. Er ist damit darauf angewiesen, endogene Speicher zur Deckung seines Bedarfes zu benutzen. In dieser Phase wird also der Insulinspiegel niedrig sein und die Insulinantagonisten *Glucagon* (im wesentlichen für die Leber) und *Katecholamine* das Übergewicht erhalten. Sie sorgen für eine Steigerung des Glykogen- und Triacylglycerinabbaus (möglicherweise auch der Proteolyse).

Der *Diabetes mellitus* ist ein typisches Beispiel für eine Stoffwechselfehlregulation, die durch das Fehlen eines Hormons mit anschließendem Überwiegen der Wirkung seiner Antagonisten ausgelöst wird. Für jede Form des Diabetes ist ein absoluter oder relativer *Insulinmangel* typisch, der in jedem Fall ein Überwiegen der durch Insulinantagonisten ausgelösten Effekte zur Folge hat. Es kommt zu einer Verminderung der *Glucoseaufnahme* und Verwertung in Fettgewebe und Muskulatur. Darüber hinaus überwiegt infolge des Übergewichtes von Glucagon und Katecholaminen sowie des Wegfalls der Insulinbremse auf das Adenylatcyclasesystem die *Glykogenolyse* und die *Lipolyse*. Relativ gesteigerte Glucagonspiegel führen darüber

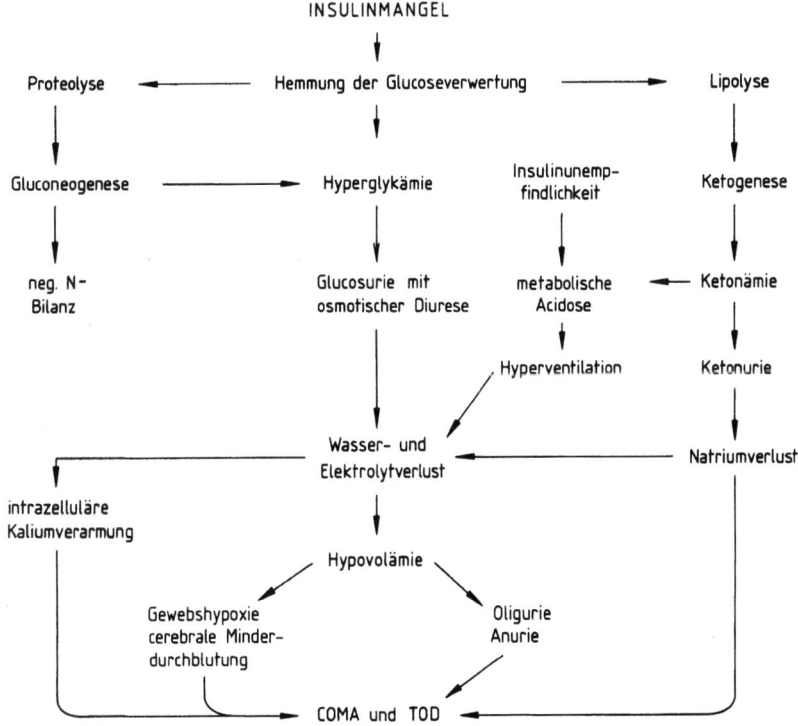

Abb. 17-7. Mechanismen der Entstehung eines diabetischen Comas

hinaus zu einer Zunahme der *Gluconeogenese* in der Leber. Aus dieser Konstellation wird die Symptomatik des Diabetes mellitus verständlich: Steigerung der Glucosekonzentration im Blut mit anschließender *Glucosurie* und Steigerung der Konzentration nicht veresterter *Fettsäuren* im Blut. Diese gelangen unter anderem zur Leber, wo sie zu *Acetacetat* und *β-Hydroxybutyrat* abgebaut und wieder ins Blut abgegeben werden. Da sie nur zum Teil von den extrahepatischen Geweben utilisiert werden können und die Geschwindigkeit ihrer Ausscheidung über die Nieren relativ gering ist, kommt es zu einer gewaltigen Konzentrationszunahme der Ketonkörper im Blut. Da es sich hierbei um Säuren handelt, folgert daraus das Auftreten der typischen *diabetischen Ketoacidose*. Durch gesteigerte Proteolyse und Harnstoffbiosynthese ergibt sich darüber hinaus eine *negative Stickstoffbilanz*. Die als Folge der Glucosurie auftretende *osmotische Diurese* sowie die durch die *metabolische Acidose* bedingte *Hyperventilation* führen zu *Wasser- und Elektrolytverlust* sowie anschließend zu einer *extra- und intrazellulären Dehydratation*. Dehydratation zusammen mit Elektrolytverlust führen zu *Hypovolämie*, peripherer *Minderdurchblutung*, *intrazellulärem Kaliumverlust*, *Oligurie* und schließlich zu *Coma* und *Tod* (s. Abb. 17-7).

Kontrolle von Wachstum und Differenzierung: Langsam wirkende Hormone

Eines der faszinierendsten biologischen Phänomene ist die Entstehung eines komplexen aus den verschiedensten Geweben und Zellen aufgebauten vielzelligen Organismus aus einer befruchteten Eizelle. Es leuchtet ohne weiteres ein, daß hierfür das geordnete Zusammenspiel einer Vielzahl von Hormonen und Wachstumsfaktoren notwendig ist. Diese sind zum überwiegenden Teil noch nicht bekannt, jedoch weiß man seit langer Zeit aufgrund des Auftretens entsprechender Fehlbildungen, daß bei Wachstum und Differenzierung das *Wachstumshormon*, die *Schilddrüsenhormone* und die *Sexualhormone* eine bedeutende Rolle spielen. Jedes Wachstum ist mit einer Zunahme an Gewebsprotein verbunden. Es gibt jedoch eine Reihe von Zuständen, bei denen Gewebsprotein eingeschmolzen werden muß. Zu ihnen gehören länger dauernde Hungerphasen, Inaktivitätsatrophie, Altersinvolution. Eine große Rolle bei der Regulation dieser Prozesse spielen die *Glucocorticoidhormone* der Nebennierenrinde.

Das Wachstumshormon (STH)

Synthese und Sekretion. Das *Wachstumshormon* wird in den acidophilen Zellen des Hypophysenvorderlappens synthetisiert. Es handelt sich um ein *Peptidhormon* mit einem Molekulargewicht von etwa 21 000.

Wie Abb. 17-8 zeigt, steht die Sekretion des STH durch den Hypophysenvorderlappen unter Kontrolle durch hypothalamische Hormone. Das *GRH* (*g*rowth *h*ormone *r*eleasing *h*ormone), das durch Dopamin, bei Tiefschlaf oder bei Hypoglykämien von hypothalamischen Zentren freigesetzt wird, steigert die STH-Abgabe des Hypophysenvorderlappens. Ein entsprechendes hemmendes Hormon entstammt ebenfalls dem Hypothalamus und wird als *GIH* (*g*rowth *h*ormone release *i*nhibiting *h*ormone) oder *Somatostatin* bezeichnet. Interessanterweise hemmt Somatostatin offenbar auch in anderen Systemen die Freisetzung von Peptidhormonen. So ist es z.B. in Langerhansschen Inseln nachgewiesen worden und blockiert dort die Sekretion von Glucagon und Insulin.

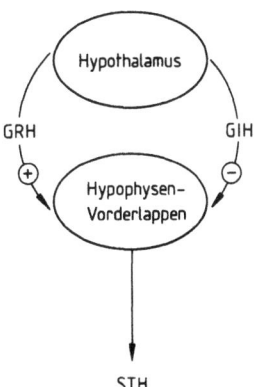

Abb. 17-8. Kontrolle der STH-Sekretion durch den Hypophysenvorderlappen

Biochemische Wirkung. Ein Ausfall der das Wachstumshormon produzierenden Zellen und damit des Wachstumshormons selber führt beim Kind zum *Zwergwuchs*, eine meist durch Tumoren ausgelöste Überproduktion zum *Riesenwuchs* bzw. zur *Akromegalie,* wenn die STH-Überproduktion nach Abschluß der Wachstumsphase auftritt. Das Wachstumshormon ist also für das Längenwachstum des Skeletts notwendig, welches an den Epiphysenfugen stattfindet. Hier wird durch die Chondrocyten die extrazelluläre Matrix gebildet (s. S. 340). Das aus der Hypophyse stammende Wachstumshormon übt dabei seine Wirkung nicht direkt auf die Chondrocyten aus. Es induziert vielmehr vor allem in der *Leber* die Biosynthese von wachstumsfördernden Peptiden, den sogenannten *Somatomedinen.* Diese sind am *Knorpel* ausschließlich, am *Fettgewebe* und der *Muskulatur* wenigstens teilweise für die Wachstumshormonwirkungen verantwortlich.
Die Somatomedine zeigen strukturelle Verwandtschaft mit Insulin. Infolgedessen stimulieren sie, allerdings in hohen Konzentrationen, an Fettgewebe

Glucoseaufnahme sowie Lipogenese und hemmen die durch Katecholamine stimulierte Lipolyse.

Neben seiner wachstumsfördernden Wirkung besitzt STH als solches eine Reihe von Effekten auf den Kohlenhydrat- und Fettstoffwechsel. Es wirkt *lipolytisch* und führt allerdings in großen Dosen zu einer Hemmung der *Glucoseaufnahme* im Fettgewebe und der Muskulatur. Diese „diabetogenen Effekte" des Wachstumshormons, die besonders gut beim Hund nachweisbar sind, haben möglicherweise mit der physiologischen Wirkung des Hormons nichts zu tun.

Die Hormone der Schilddrüse

Biosynthese und Sekretion. Die Hormone der Schilddrüse sind das *Tetrajodthyronin (Thyroxin, T_4)* sowie das *Trijodthyronin (T_3)*. Das Organ für ihre Biosynthese, Speicherung und Sekretion ist die Schilddrüse.

T_3 und T_4 sind jodierte Derivate des Tyrosins. Aus diesem Grund ist der Stoffwechsel der Schilddrüse eng mit dem Stoffwechsel des *Jodes* verbunden. Jod wird vom Organismus mit den Nahrungsstoffen als *Jodid* aufgenommen und gelangt in lockerer Bindung an Plasmaproteine über das Blut an die Schilddrüse. Durch ein energieabhängiges Transportprotein erfolgt nun die Jodidspeicherung der Schilddrüse, wobei Jodid gegen ein Konzentrationsgefälle aufgenommen wird. In den Epithelzellen der Schilddrüsenfollikel wird Jodid durch eine *Jodidperoxidase* wahrscheinlich auf die Stufe des Jodoniumions oxidiert:

$$H_2O_2 + I^- \rightarrow I^+ + 2OH^-$$

Das sehr reaktionsfähige Jodonium jodiert nunmehr Tyrosylreste eines für die Schilddrüse spezifischen Glykoproteins, des *Thyreoglobulins*. Wie aus Abb. 17-9 hervorgeht, werden Tyrosylreste zunächst in Position 3 und danach in Position 5 des aromatischen Ringes jodiert, wobei *Monojodtyrosyl* und *Dijodtyrosylreste* entstehen. Durch ein spezifisches Kopplungsenzym erfolgt nun die Koppelung zweier jodierter Tyrosylreste, wobei, immer noch in Bindung an Thyreoglobulin, Tri- bzw. Tetrajodthyronin entsteht. Nach der Jodierung wird Thyreoglobulin mit den anhaftenden T_3- und T_4-Resten in das *Follikellumen* der Schilddrüse sezerniert und auf diese Weise gespeichert.

Für die *Sekretion* von T_4 und T_3 ist die Wiederaufnahme des *Thyreoglobulins* in die Schilddrüsenepithelzellen notwendig. Sie erfolgt durch Endocytose, das Thyreoglobulin gelangt dabei in *Lysosomen*, wo es proteolytisch abgebaut wird, so daß als Endprodukte freies T_3 und T_4 entstehen, die von den Schilddrüsenepithelzellen ans Blut abgegeben werden.

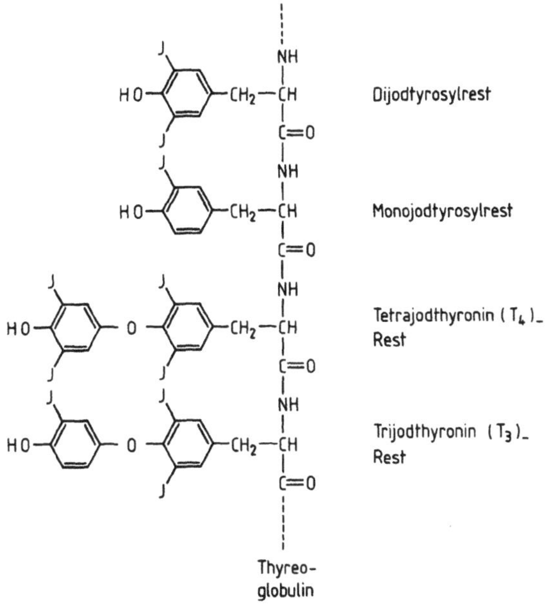

Abb. 17-9. Biosynthese von Tetrajodthyronin und Trijodthyronin am Thyreoglobulin

Sowohl die Biosynthese als auch die Sekretion der Schilddrüsenhormone stehen unter hypothalamisch-hypophysärer Kontrolle. Das *thyreotrope Hormon (TSH)* der basophilen Zellen des Hypophysenvorderlappens ist ein Glykoproteinhormon, welches die *Jodidaufnahme* durch die Schilddrüse, den *Einbau* von *Jod* in die Tyrosylreste des Thyreoglobulins, die *Biosynthese* der Schilddrüsenhormone Thyroxin und Trijodthyronin stimuliert. Seine Sekretion durch den Hypophysenvorderlappen wird nicht nur durch hohe T_4-Spiegel im Blut gebremst, sondern steht unter hypothalamischer Kontrolle. Der positive Effektor, der die TSH-Sekretion stimuliert, ist das hypothalamische *TRH* (*TSH-releasing hormone*). Es handelt sich um ein Tripeptid der chemischen Struktur (Pyro)−Glu−His−Pro−NH_2.

Biochemische Wirkung. Schilddrüsenhormone haben eine deutliche Wirkung auf die *Differenzierung* des Organismus. So sind sie bei Amphibien für die *Metamorphose* verantwortlich. Beim Menschen hängt die pränatale Entwicklung und Differenzierung des *zentralen Nervensystems* sowie die Anlage der *primären Ossifikationszentren* vom Vorhandensein ausreichender Mengen an Schilddrüsenhormonen ab. Fehlen sie, so kommt es zum Krankheitsbild des *Kretinismus*.

Physiologische Mengen an Schilddrüsenhormonen haben einen *proteinanabolen* Effekt. Dieser Effekt, der nach einer Latenzzeit von einigen Stunden auftritt, läßt sich gut anhand der Aktivitätssteigerung der im oxidativen Stoffwechselweg beteiligten Enzyme nachweisen. Die Geschwindigkeit der Cholesterinbiosynthese wird durch Aktivitätszunahme der HMG-CoA-Reduktase erhöht. Da gleichzeitig auch der Cholesterinumsatz und -abbau gesteigert ist, kommt es insgesamt zu einer Erniedrigung des Cholesterinspiegels im Blut.

Schilddrüsenhormone steigern den *Sauerstoffverbrauch* nahezu aller Gewebe. Dieser auch mit physiologischen Mengen von T_3 und T_4 nachweisbare Effekt ist offenbar auf den gesteigerten Substratumsatz zurückzuführen. *Hypothyreote Personen* haben eine niedrige Sauerstoffaufnahme, der Puls ist langsam, der Blutdruck erniedrigt, die geistige und körperliche Beweglichkeit verlangsamt. Obwohl die Geschwindigkeit der Cholesterinbiosynthese niedrig ist, kommt es infolge einer noch stärkeren Verlangsamung des Cholesterinumsatzes im allgemeinen zu erhöhten Cholesterinspiegeln.

Unter hohen, unphysiologischen Mengen an Schilddrüsenhormonen kommt es zu einer *negativen Stickstoffbilanz* und einer Hemmung der *Proteinbiosynthese*. Der Umsatz von Kohlenhydraten und Lipiden ist gesteigert, aus den Knochen wird vermehrt Calcium mobilisiert. Mit sehr hohen Konzentrationen an Schilddrüsenhormonen, die auch bei pathologischen Zuständen nur sehr selten auftreten, findet sich eine Entkoppelung der *oxidativen Phosphorylierung* und strukturelle Veränderungen der *Mitochondrien*.

Es ist schwer, die verschiedenartigen Wirkungen der Schilddrüsenhormone unter einem einheitlichen Aspekt zu sehen. Für ihre Wirkung wird ein Mechanismus angenommen, wie er dem in Abb. 17-2 dargestellten entspricht. Dies bedeutet, daß sie von ihren Zielzellen aufgenommen werden und im Cytosol mit einem *Rezeptorprotein* assoziieren. Der *Hormon-Rezeptorkomplex* gelangt dann in den Kern, wo die Biosynthese spezifischer mRNS ausgelöst wird.

Als *Thyreostatica* werden eine Reihe von Verbindungen bezeichnet, die die Biosynthese und Sekretion von Schilddrüsenhormonen hemmen und therapeutisch bei Überfunktion der Schilddrüse eingesetzt werden. Ihnen ist gemeinsam, daß sie die Aufnahme von Jodid und dessen Einbau in das Thyreoglobulin hemmen. Im allgemeinen handelt es sich um Derivate des *Thioharnstoffes*, daneben haben *Rhodanid* und *Perchlorat* eine entsprechende Wirkung.

Die Sexualhormone

Die gonadotropen Hormone der Hypophyse

Biosynthese und Sekretion. Vom Hypophysenvorderlappen werden zwei gonadotrope Hormone abgegeben, das *Follikel-stimulierende Hormon (FSH)* sowie das *Luteinisierungshormon (LH)*, das auch als *interstitielle Zellen stimulierendes Hormon (ICHS)* bezeichnet wird. Beide gonadotropen Hormone sind sowohl bei der Frau als auch beim Mann für die Entwicklung der *Gonaden* und die Aufrechterhaltung ihrer Funktion unerläßlich.
Die Sekretion von LH bzw. FSH durch die basophilen Zellen des Hypophysenvorderlappens steht wiederum unter der Kontrolle *hypothalamischer Hormone*. So konnte ein *LHRH (LH-releasing hormone)* isoliert werden, das nicht nur die Freisetzung von *LH*, sondern möglicherweise auch diejenige von *FSH* steigert.
Eine Hemmung der Gonadotropinsekretion erfolgt beim Mann durch *Androgene*, die sowohl die *LH-* wie auch die *FSH-Freisetzung* hemmen. Bei der Frau hemmen die *Östrogene* die *FSH-Sekretion*, das *Progesteron* diejenige des *LH*.

Biochemische Wirkungen. Die biochemischen Wirkungen der beiden Gonadotropine sind bei Mann und Frau unterschiedlich. Bei der Frau erfolgt die *erste Cyclusphase* bis zur Entwicklung des *Graafschen Follikels* unter Kontrolle des *FSH*, das die *Östrogensekretion* des Follikelepithels stimuliert. In der *Cyclusmitte* steigt der *LH-Spiegel* an, wodurch die Umwandlung des Follikels in das *Corpus luteum* ausgelöst und die *Progesteronsekretion* durch das Corpus luteum stimuliert wird. Beim Mann sind beide gonadotropen Hormone zur *Spermatogenese* notwendig.

Die Androgene

Biosynthese. Der Sammelbegriff *Androgene* wird für alle Hormone, die die Entwicklung der *männlichen Geschlechtsmerkmale* fördern, verwandt. Derartige Hormone werden von der *Nebennierenrinde*, hauptsächlich aber von den *Leydig-Zellen* des Hodens synthetisiert. Abbildung 17-10 zeigt die wichtigsten Stufen der Biosynthese von Androgenen. Sie leiten sich wie die anderen Steroidhormone vom *Cholesterin* ab. Durch oxidative Verkürzung der Seitenkette entstehen aus diesem das *Pregnenolon* bzw. das *Progesteron*. Nach Hydroxylierung beider Verbindungen kann die Seitenkette vollständig abgespalten werden. Es entstehen die androgenwirksamen

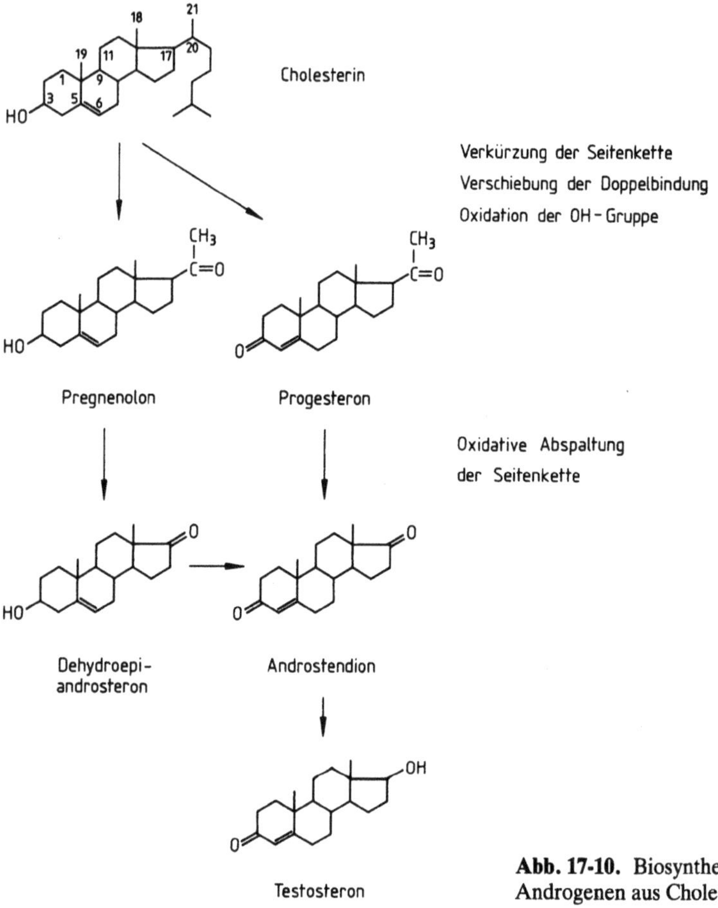

Abb. 17-10. Biosynthese von Androgenen aus Cholesterin

Hormone *Dehydroepiandrosteron, Androstendion* sowie *Testosteron*. Die Reduktion der Doppelbindung im Ring A des Testosterons führt zum noch androgenwirksamen *Androsteron,* welches ein im Urin ausgeschiedenes Abbauprodukt des Testosterons ist.

Obwohl im Prinzip sowohl die Nebennierenrinde wie auch die Hoden zur Androgenbiosynthese fähig sind, wird offensichtlich der überwiegende Teil der Androgene im *Hoden* synthetisiert. Dies geht jedenfalls aus der Tatsache hervor, daß der Androgenspiegel im Blut nach Kastration auf deutlich niedrigere Werte absinkt.

Biochemische Wirkungen. *Androgene,* besonders das *Testosteron,* fördern Wachstum und Entwicklung der *männlichen Fortpflanzungsorgane* wie

Samenleiter, Prostata, Vesiculardrüsen und Penis. Außerdem sind sie für eine normale *Spermatogenese* unerläßlich. Auch die Ausbildung der *sekundären männlichen Geschlechtsmerkmale* ist androgenkontrolliert.

Die biologisch wirksame Form des Testosterons ist das *Dihydrotestosteron*, das in den jeweiligen Zielorganen unter Einwirkung einer *5α-Reduktase* entsteht. Ähnlich wie andere Steroidhormone wird Testosteron von der Zielzelle aufgenommen und assoziiert mit einem *cytosolischen Rezeptor*, der in den Kern gelangt und dort die Transkription *spezifischer Gene* beeinflußt.

Außer seinen typischen androgenen Effekten hat das Testosteron eine ausgeprägte *anabole Wirkung*. So führt es zu einer vermehrten Proteinbiosynthese in der *Muskelzelle* und damit zu einer Massenzunahme in der Muskulatur. Der in der Pubertät erfolgende Testosteronanstieg führt zunächst zu einer ausgeprägten Steigerung der Wachstumsrate des Skeletts (pubertärer Wachstumsschub) und danach zum Schließen der Epiphysenfugen und damit zum Stopp des Wachstums.

Die Östrogene

Biosynthese. Östrogene werden vor allem in den Thecazellen der *Graafschen Follikel* und im *Corpus luteum* gebildet. Geringere Mengen entstehen auch in den *Testes* und der *Nebennierenrinde*.

Auch die Östrogenbiosynthese geht letztendlich vom *Cholesterin* aus. Sie führt zunächst auf bekannten Wegen zu den *Androgenen*, die nach entsprechender Hydroxylierung die *Methylgruppe* am C-Atom 19 verlieren. Nach

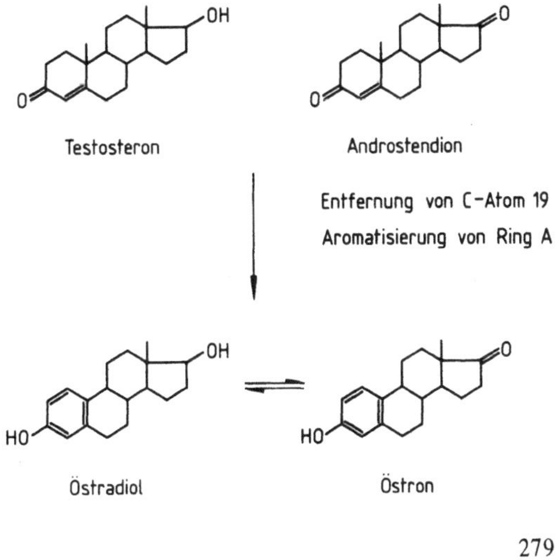

Abb. 17-11. Biosynthese von Östrogenen aus Androgenen

Aromatisierung des Rings A entstehen die beiden wichtigsten Östrogene, das *Östradiol* sowie das *Östron* (Abb. 17-11).

Wirkung. Die Östrogene wirken primär auf den Uterus und hier vor allem auf die *Uterusschleimhaut*. Es kommt zur sogenannten *Proliferationsphase* mit Aufbau der Uterusschleimhaut, Verlängerung der uterinen Drüsen, Wachstum und Vermehrung der Muskelfasern und zunehmender Vascularisierung. Darüber hinaus sind die Östrogene für die Ausprägung und Aufrechterhaltung der *sekundären weiblichen Geschlechtsmerkmale* verantwortlich. Ähnlich wie Androgene haben Östrogene eine, allerdings wesentlich schwächer ausgeprägte *Protein-anabole Wirkung*.

Die Gestagene

Der wichtigste Vertreter dieser weiteren Gruppe von weiblichen Sexualhormonen ist das *Progesteron* (Abb. 17-10). Es wird im *Corpus luteum* gebildet, das sich nach dem Eisprung aus dem Graafschen Follikel bildet. Besonders im zweiten Teil der Schwangerschaft entsteht Progesteron auch in der *Placenta*.
Im Verlauf des Menstruationscyclus tritt Progesteron nach dem Eisprung auf und ist für die Umwandlung der Uterusschleimhaut vom Proliferations- zum *Sekretionsstadium* verantwortlich. Darüber hinaus wirkt Progesteron *ovulationshemmend* und bremst über eine Rückkopplungshemmung die *LH-Sekretion* der Hypophyse.
Bei der *hormonellen Konzeptionsverhütung* werden heute Mischpräparate aus synthetischen Östrogenen und Gestagenen angewandt. Sie bewirken eine Hemmung der Follikelreifung und der Ovulation. Dies läßt sich durch eine hypothalamische Hemmung der Gonadotropinsekretion sowie eine direkte Beeinflussung des Ovars erklären.

Der Abbau der Sexualhormone

Androgene Hormone werden in der Leber zu *Androsteron* (s. S. 278) reduziert und anschließend *sulfatiert* bzw. *glucuronidiert* und so ausscheidungsfähig gemacht. Sie bilden die Fraktion der leicht im Urin bestimmbaren *17-Ketosteroide*. Auch die *Östrogene* und *Gestagene* werden zu ihrer Ausscheidung an Glucuronsäure bzw. Schwefelsäure gekoppelt.

Die Glucocorticoidhormone der Nebennierenrinde

Die Nebennierenrinde produziert außer *Sexualhormonen* (vor allem Androgene und Gestagene) und den *Mineralocorticoiden* (s. S. 284) als wichtigste Fraktion die *Glucocorticoide*, welche eine ausgeprägte Wirkung auf den Stoffwechsel der Proteine, Kohlenhydrate und Lipide zeigen.

Biosynthese und Sekretion. Abbildung 17-12 zeigt die wichtigsten Stufen der Glucocorticoidbiosynthese, wobei auch hier wieder vom *Cholesterin* ausge-

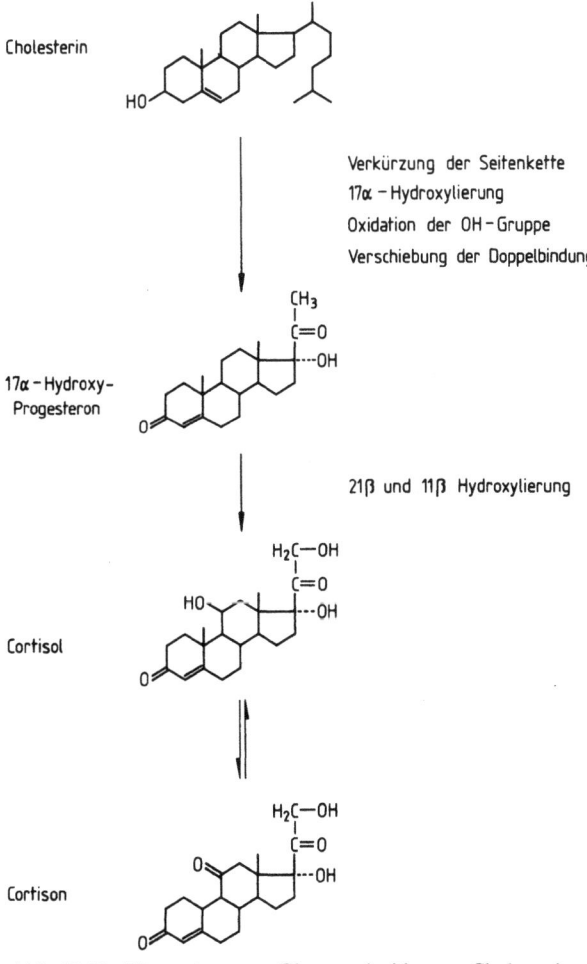

Abb. 17-12. Biosynthese von Glucocorticoiden aus Cholesterin

gangen werden kann. Durch *oxidative Kettenverkürzung* und anschließende Oxidation am C-Atom 3 und Verschiebung der Doppelbindung in den Ring A entsteht aus Cholesterin über *Pregnenolon* das Progesteron. Beide Verbindungen können in Position 17α hydroxyliert werden. Um zum *Cortisol,* dem wichtigsten Glucocorticoid, zu gelangen, muß noch zweimal hydroxyliert werden, nämlich an den Positionen 11β und 21β. In einer ähnlichen Folge von Reaktionen entsteht aus Progesteron das *Corticosteron.* Auch hier wird an 11β und 21β hydroxyliert, allerdings fehlt hier die 17α-Hydroxygruppe. Diese ist offenbar für die Glucocorticoidwirksamkeit von großer Bedeutung, da Corticosteron eine wesentlich schwächere Wirkung als Cortisol hat.

Die Nebennierenrinde vermag keine größeren Mengen an Steroidhormonen zu speichern, weswegen bei Bedarf die Biosynthese rasch in Gang gesetzt werden muß. Sowohl Synthese als auch Sekretion von Glucocorticoidhormonen stehen unter der Kontrolle des *adrenocorticotropen Hormons* der Hypophyse. Es handelt sich um ein aus 39 Aminosäuren bestehendes Polypeptid, welches strukturelle Beziehungen zum Melanocyten-stimulierenden Hormon aufweist. *Adrenocorticotropes Hormon (ACTH)* wird unter dem Einfluß eines hypothalamischen Hormons, des *CRH* (*C*orticotropin *r*eleasing *h*ormone) vom Hypophysenvorderlappen abgegeben und stimuliert in der Nebennierenrinde die Biosynthese und die Abgabe von Cortisol und Corticosteron. Beide Hormone hemmen im Sinne einer negativen Rückkopplung die ACTH-Sekretion des Hypophysenvorderlappens sowie die CRH-Sekretion des Hypothalamus.

Biochemische Wirkung. Die eigentliche biologische Wirkung der Glucocorticoidhormone besteht darin, daß sie dem Organismus die Möglichkeit zum Überstehen längerer Hungerperioden geben. Zu diesem Zweck müssen in *extrahepatischen Geweben* eine Reihe von katabolen Vorgängen ausgelöst werden, die dort eine gesteigerte *Proteolyse* und Abgabe von *Aminosäuren* an die Blutbahn zur Folge haben. In der *Leber* dienen diese Aminosäuren der Biosynthese von *Glucose* (s. S. 146), was die Energieversorgung der glucoseabhängigen Gewebe des Organismus gewährleistet. Auch hierzu tragen die Glucocorticoide bei, indem sie in der Leber zu einer *Aktivitätssteigerung* vieler für den Umbau von Aminosäuren zu Glucose benötigter Enzyme sorgen. Diese Aktivitätssteigerung erfolgt durch verstärkte Neusynthese der betreffenden Enzymproteine. So findet sich vor allen Dingen eine Zunahme der Aktivitäten der *Glutamat-Pyruvat-Transaminase,* der *Tyrosin-Aminotransferase* und der *Tryptophanpyrrolase.* Daneben sind die für die Gluconeogenese verantwortlichen Schlüsselenzyme *Pyruvatcarboxylase, Phosphoenolpyruvatcarboxykinase, Fructose-1,6-Bisphosphatase* und *Glucose-6-Phosphatase* in ihrer Aktivität gesteigert.

Die *katabolen Wirkungen* von Glucocorticoiden in extrahepatischen Geweben sind für eine Reihe therapeutisch ausgenützter Wirkungen dieser Hormone verantwortlich. Dies trifft vor allem für den *immunsupressiven Effekt* zu, der durch eine Hemmung der Proteinbiosynthese im lymphatischen Gewebe erklärt werden kann. Zusätzlich werden auch andere zelluläre Abwehrreaktionen, wie z. B. die *Leucocyteneinwanderung* in Entzündungsgebiete unterdrückt. Mit Sicherheit ist ein Teil der entzündungshemmenden Effekte von Glucocorticoiden mit den immunsupressiven Effekten eng verwandt. Es ist verständlich, daß die allgemeine katabole Wirkung von Glucocorticoiden, wenn sie zum Zweck der Entzündungshemmung oder der Immunsupression ausgenutzt werden soll, auch die Gefahr schwerwiegender Nebenwirkungen mit sich bringt. Durch die katabole Wirkung im Knochen und Muskelgewebe wird die Proteinbiosynthese beider Organe gebremst und ihr Abbau gefördert. So kommt es gelegentlich unter Collagenverlust zu einer *Demineralisierung des Knochens* mit der Entwicklung einer *Osteoporose*. Durch die gesteigerte Proteolyse und die damit verbundene Stimulierung der Glucoseneusynthese kommt es zu einer Belastung des Organismus mit Kohlenhydraten, die unter gegebenen Bedingungen zu dem Ausbruch eines *Diabetes mellitus (Steroiddiabetes)* führt.

Die Glucocorticoide werden in der Leber abgebaut. Hierbei erfolgt zunächst eine enzymatische Reduktion am Ring A sowie die Reduktion der Ketogruppen. Dabei entstehen Tetrahydroverbindungen, welche in der Leber zu Glucuronsäure- bzw. Schwefelsäureestern umgewandelt werden. Da sie noch die 17-Hydroxygruppe tragen, können sie als *17-Hydroxysteroide* mit entsprechenden Reaktionen im Urin nachgewiesen werden und erlauben damit eine Abschätzung der täglichen Glucocorticoidhormonausscheidung.

Hormone, die in den Stoffwechsel von Calcium und Phosphat eingreifen

Die Konzentration an ionisiertem Calcium wird im Blut erstaunlich konstant gehalten. Sie liegt bei etwa 1,1–1,4 mmol/l. Etwa gleichviel kommt darüber hinaus in proteingebundener Form vor.

Diese Konstanz ergibt sich durch das Zusammenwirken von Vitamin D (s. S. 242) mit dem aus den Nebenschilddrüsen stammenden *Parathormon* sowie dem *Thyreocalcitonin* aus den C-Zellen der Schilddrüse.

Parathormon

Biosynthese und Sekretion. *Parathormon* ist ein Peptidhormon aus 84 Aminosäuren, von denen allerdings nur die ersten 29 bis maximal 34 vom N-

Terminus her für die biologische Wirkung verantwortlich sind. Im Gegensatz zu anderen Proteohormonen wird das Parathormon nicht in den Nebenschilddrüsen gespeichert, sondern kontinuierlich synthetisiert und sezerniert. Dabei besteht eine deutliche Abhängigkeit der Parathormonsekretion vom Spiegel an *ionisiertem Calcium* im Serum. Fällt dieser ab, so steigt prompt die Konzentration an Parathormon an.

Biochemische Wirkung. Nach Zufuhr von Parathormon findet sich im Serum ein Abfall der Konzentration an *anorganischem Phosphat* sowie ein Anstieg des *Calciums*. Die Ursache hierfür ist ein Parathormoneffekt an *Knochen, Nieren* sowie der *intestinalen Mucosa*. Am Knochen führt das Hormon sehr rasch zu einer *Calciummobilisierung,* die auf eine Aktivierung der *Osteoclasten* zurückgeführt werden kann. An den Nieren bewirkt das Parathormon eine Hemmung der *Phosphatreabsorption* mit entsprechender *Phosphaturie* sowie eine Verminderung der Calciumausscheidung. Beide Effekte werden durch Aktivierung des *Adenylatcyclasesystems* (s. S. 257) verursacht. An der Dünndarmmucosa stimuliert Parathormon die *Resorption* von Calcium und Magnesium, allerdings ist es hier wesentlich schwächer wirksam als die D-Vitamine. Insgesamt führt also Parathormon durch Steigerung der Calciummobilisierung im Knochen, durch Hemmung der Calciumausscheidung durch die Nieren sowie durch eine geringfügige Stimulierung der Calciumresorption zu einem Anstieg der Calciumkonzentration im Serum.

Thyreocalcitonin

Thyreocalcitonin ist ein Polypeptid aus 32 Aminosäuren, das in den C-Zellen der Schilddrüse gebildet wird. Seine Aufgabe scheint diejenige eines Gegenspielers des Parathormons zu sein. Unter seiner Einwirkung kommt es zu einer Hemmung der *Parathormonwirkung* am Knochen. Allerdings scheint es bevorzugt den *Knochenanbau* zu stimulieren, was sehr rasch zu einer Senkung des Calciumspiegels im Blut führt. Darüber hinaus wirkt Calcitonin auf die *Nieren,* wo es die *Calciumausscheidung* stimuliert.

Hormone, die den Stoffwechsel von Elektrolyten beeinflussen

Die Mineralocorticoide

Außer den Androgenen sowie den Glucocorticoidhormonen ist die Nebenniere auch für die Biosynthese und Sekretion der sogenannten *Mineralocor-*

ticoide verantwortlich. Es handelt sich um *11-Desoxycorticosteron* sowie vor allen Dingen *Aldosteron*. Ihre Biosynthese ist in Abb. 17-13 dargestellt, wobei wiederum das vom Cholesterin abgeleitete *Progesteron* der Ausgangspunkt ist. Zur Biosynthese des *Aldosteron* ist eine Hydroxylierung an den Positionen 21, 18 und 11 sowie die Oxidation der CH_2OH-Gruppe am C-Atom 18 zur Aldehydgruppierung notwendig.

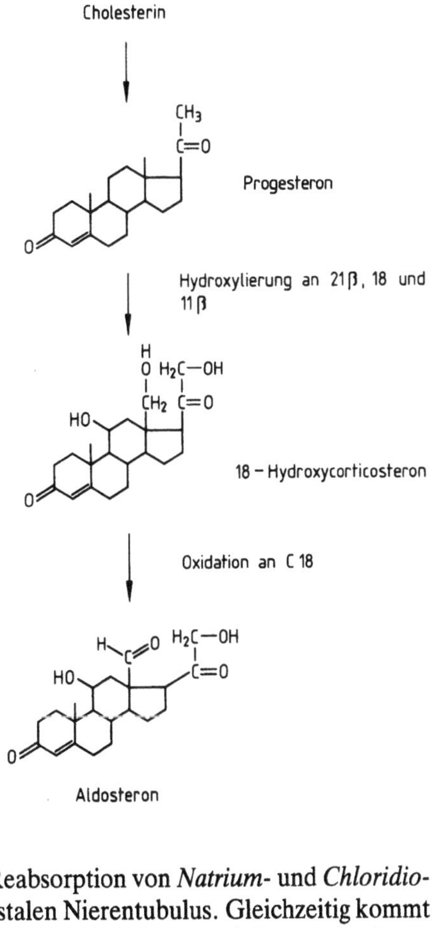

Abb. 17-13. Biosynthese von Aldosteron aus Cholesterin

Mineralocorticoide steigern die Reabsorption von *Natrium-* und *Chloridionen* durch den proximalen und distalen Nierentubulus. Gleichzeitig kommt es zu einer gesteigerten Ausscheidung von *Kalium-* und *Ammoniumionen* sowie von *Protonen*. In ähnlicher Weise wird auch die Natriumausscheidung durch die *Schweißdrüsen*, die *Speicheldrüsen* und die *Intestinalflüssigkeit* verlangsamt. Jede länger bestehende Übersekretion von Mineralocorticoiden führt auf die Dauer zu einer *Ödembildung*.

Die Sekretion der Mineralocorticoide steht in engem Zusammenhang mit dem Zustand des Renin-Angiotensin-Systems (Abb. 17-14). Bei jedem Abfall des Plasmavolumens kommt es vor allem aus den Nieren zu einer Freisetzung einer spezifischen Protease, die als *Renin* bezeichnet wird. Ihr Substrat ist ein in der Leber synthetisiertes Glykoprotein, das *Angiotensinogen*. Durch die Einwirkung des Renins wird von ihm ein Decapeptid, das *Angiotensin I,* abgespalten. Eine weitere Peptidase, die entweder im Blutplasma oder in den Lungenkapillaren vorkommt, spaltet zwei weitere Aminosäuren ab, wobei das aktive Hormon *Angiotensin II* entsteht. Dieses Octapeptid wirkt *vasokonstriktorisch* und *blutdrucksteigernd,* daneben stellt es den stärksten Stimulus für die Biosynthese und Sekretion des *Aldosteron* durch die Nebennierenrinde dar.

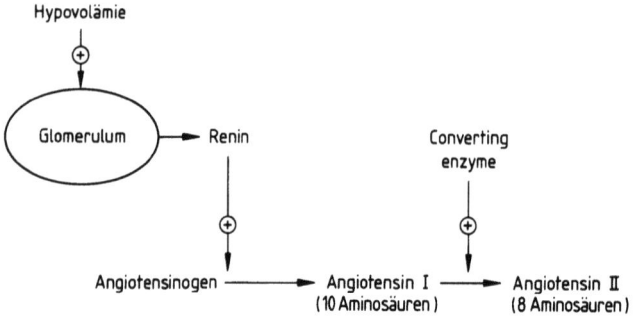

Abb. 17-14. Das Renin-Angiotensin-System

Die Hormone des Hypophysenhinterlappens

Durch den Hypophysenhinterlappen werden zwei Hormone abgegeben, das *Vasopressin* und das *Oxytocin*. Es handelt sich um zwei sehr ähnlich aufgebaute Peptidhormone aus je 8 Aminosäuren. Beide tragen eine Disulfidbrücke zwischen Cysteinresten in den Positionen 1 und 6 (Abb. 2-10). *Vasopressin* führt durch Erhöhung des peripheren Widerstandes zu einer *Blutdruckerhöhung.* Darüber hinaus wirkt es stark *antidiuretisch* und wird deswegen auch als *antidiuretisches Hormon* (ADH) bezeichnet. Diese Wirkung kommt durch Stimulierung der *tubulären Wasserreabsorption* zustande. An den Nieren wirkt Vasopressin über eine Aktivierung des *Adenylatcyclasesystems.* Obwohl es sich nur in zwei Aminosäuren vom Vasopressin unterscheidet, hat das *Oxytocin* ein gänzlich anderes Wirkungsspektrum. Es ist die wichtigste zur *Uteruskontraktion* führende Substanz und wird infolgedessen im Rahmen der Geburtshilfe in großem Umfang verwendet.

Die Gewebshormone

Als *Gewebshormone* bezeichnet man Hormone, die nicht in endokrinen Drüsen gebildet werden, sondern für deren Produktion einzelne, häufig über die verschiedensten Gewebe verteilte Einzelzellen verantwortlich sind. Zum Teil erreichen Gewebshormone ihre Zielzellen wie andere Hormone über den Blutweg, zum Teil sind die Zielzellen unmittelbar benachbart und werden durch Diffusion erreicht.
Tabelle 17-3 zeigt einige wichtige Gewebshormone. Prinzipiell lassen sich Gewebshormone in drei Gruppen einteilen, die *Amine, Peptide* sowie *Prostaglandine*. Zu den Aminen gehören die beiden biogenen Amine *Serotonin* (5-Hydroxytryptamin) sowie *Histamin* (s. Abb. 17-15). Beide entstehen durch Pyridoxalphosphat-abhängige Decarboxylierung aus den entsprechenden Aminosäuren, nämlich dem *Tryptophan* sowie dem *Histidin*. Die Inaktivierung wird jeweils durch oxidative Desaminierung unter Bildung eines Aldehyds eingeleitet, der zur entsprechenden Carbonsäure oxidiert werden kann. *Serotonin* führt zu einer Erhöhung der *Darmmotilität*, über weitere Wirkung ist wenig bekannt. *Histamin* ist durch seine *vasodilatatorische* Wirkung mit Erhöhung der Kapillarpermeabilität bei jeder *Entzündungsreaktion* beteiligt.

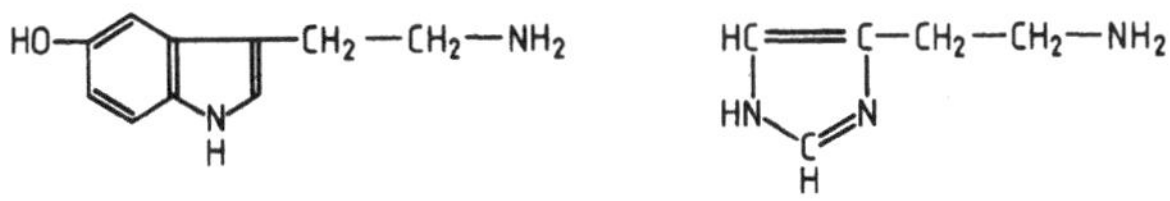

Abb. 17-15. Serotonin (**a**) und Histamin (**b**)

Die wichtigsten Gewebshormone mit Peptidcharakter sind die sogenannten *Kinine*. Die beiden bekannten Vertreter sind das *Bradykinin* mit 9 Aminosäuren sowie das *Kallidin*, das sich vom Bradykinin dadurch unterscheidet, daß es um einen Lysinrest verlängert ist. Kinine entstehen unter Einwirkung spezifischer Proteasen, der *Kallikreine* aus *Kininogenen*. Die *Kallikreine* kommen im Blutplasma in Form entsprechender Proenzyme, der *Prokallikreine*, vor, für ihre Aktivierung ist der Hageman-Faktor des Blutgerinnungssystems (s. S. 310) notwendig. Auch die Kinine führen zu einer

Tabelle 17-3. Die wichtigsten Gewebshormone

	Bildungsort	Abbau	Wirkung
Amine			
Serotonin	Enterochromaffine Zellen des Intestinaltraktes Zentralnervensystem	Monoaminoxidase: 5-Hydroxyindol-acetaldehyd; Ausscheidung als Hydroxyindolacetat	Erhöhung der Darmmobilität
Histamin	Mastzellen des Bindegewebes	Histaminase: Abbau zum Aldehyd, Ausscheidung als Imidazolylacetat	Vasodilatation, Erhöhung der Kapillarpermeabilität
Peptide			
Die Kinine Bradykinin Kallidin	Im Blutplasma durch proteolytische Abspaltung aus Kininogen	Abspaltung der C-terminalen Aminosäuren	Vasodilatation, Erhöhung der Kapillarpermeabilität, Leucozytenmigration
Prostaglandine			
	In vielen Zellen aus mehrfach ungesättigten Fettsäuren, besonders Arachidonsäure Einteilung in 4 Hauptgruppen (Prostaglandin A, D, E bzw. F)	Unbekannt	Prostaglandin A: Hemmung der Magensaftsekretion Prostaglandin E: Kontraktion der Muskulatur des schwangeren Uterus; Hemmung der Lipolyse; Steigerung der Hormonsekretion Prostaglandin F: Kontraktion der Gefäßmuskulatur, Blutdrucksteigerung Kontraktion der Bronchialmuskulatur

Vasodilatation mit Erhöhung der Kapillarpermeabilität, außerdem haben sie als Stimulatoren der Leukocytenmigration eine *chemotaktische Wirkung*.

In die Gruppe der Gewebshormone mit Peptidcharakter gehören auch die *gastrointestinalen Hormone*, die auf Seite 251, 252 besprochen wurden.

Gewebshormone mit Fettsäurecharakter sind die *Prostaglandine*. Sie entstehen in den verschiedensten Zellen des Organismus aus mehrfach ungesättigten Fettsäuren, besonders aus Arachidonsäure (s. Abb. 17-16). Entsprechend der vielfältigen Struktur der Prostaglandine ist auch ihr Wirkungsspektrum äußerst variabel. Über den molekularen Mechanismus ihrer Wirkung herrscht weitgehend Unklarheit. So wirken sie in einigen Geweben stimulierend in anderen dagegen wieder hemmend auf das Adenylatcyclasesystem.

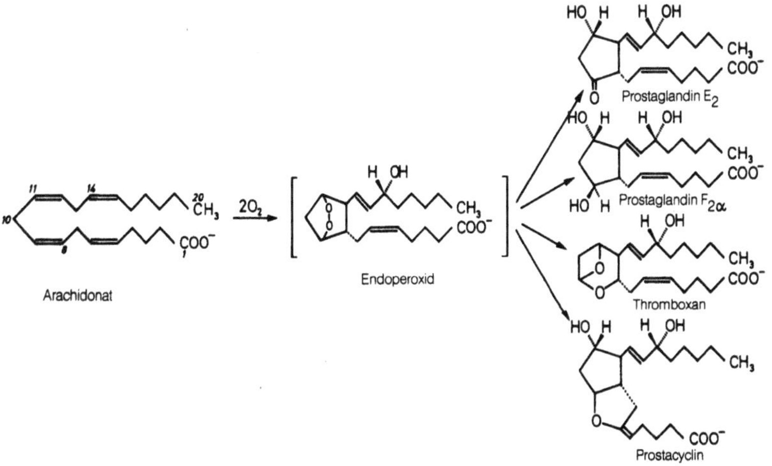

Abb. 17-16. Biosynthese von Prostaglandinen, Thromboxanen und Prostacyclinen aus Arachidonat

18 Das Blut

Das Blut ist ein flüssiges Organ. Da es vom Herzen im Gefäßsystem umgepumpt wird, stellt es eine ideale Verbindung zwischen den verschiedenen Geweben des Organismus dar. Zu seinen Aufgaben gehören:
- *Transport von Sauerstoff und CO_2*
- *Transport von aufgenommenen Nahrungsstoffen zu den verschiedenen Geweben*
- *Transport von Stoffwechselendprodukten zu den Ausscheidungsorganen Leber und Niere*
- *Abwehr körperfremder Organismen und Verbindungen*

Prinzipiell kann man im Blut zwischen zwei Elementen unterscheiden, den *korpuskulären Elementen* (Erythrocyten, Leucocyten, Thrombocyten) sowie einem *wäßrigen Medium*, welches reich an *NaCl* und *Proteinen* ist.

Die korpuskulären Elemente des Blutes

Erythrocyten

Die *Erythrocyten* stellen mit vier bis sechs Millionen pro Mikroliter den mengenmäßig bedeutendsten Anteil der korpuskulären Elemente des Blutes dar. Sie sind bei Säugetieren kern- und mitochondrienlose Zellen, die hochspezialisiert für eine einzige Aufgabe sind: Den Transport von *Sauerstoff* von der Lunge zu den Geweben sowie den Rücktransport von CO_2 von den Geweben zur Lunge. Zur Erfüllung dieser Aufgabe enthalten sie in hoher Konzentration ein spezifisches Transportprotein, das *Hämoglobin*.

Hämoglobin. *Hämoglobin* ist ein tetrameres Molekül aus je 2 identischen Untereinheiten mit einem Molekulargewicht von je 17000. Beim Hämoglobin des Erwachsenen, dem HbA, werden die beiden Untereinheiten als α- bzw. β-Ketten bezeichnet, so daß seine Summenformel $Hb\alpha_2\beta_2$ lautet.
Jede Untereinheit des Hämoglobins enthält in zentraler Position eine prosthetische Gruppe, das *Häm*, die über eine covalente Bindung mit einem *Histidylrest* der Peptidkette verknüpft ist. Abbildung 18-1 stellt in schematischer Weise den Aufbau des Hämoglobins aus den vier Untereinheiten dar.

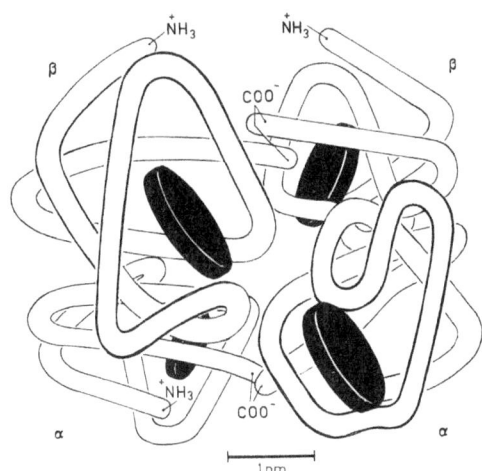

Abb. 18-1. Die Konformation des Hämoglobintetramers. Die schwarzen Scheiben stellen die Hämgruppen dar

Während des größten Teils der *Fetalperiode* findet sich ein als *HbF* bezeichnetes Hämoglobin, das sich vom HbA dadurch unterscheidet, daß die β-Ketten durch γ-Ketten ausgetauscht sind, seine Summenformel also $Hb\alpha_2\gamma_2$ lautet.

Das Häm. Abbildung 18-2 stellt die Struktur des *Häm* und seine Beziehungen zu den einzelnen Peptidketten des Hämoglobins dar. Es handelt sich um ein *Metalloporphyrin*. Dieses besteht aus einem *Tetrapyrrolderivat*, welches

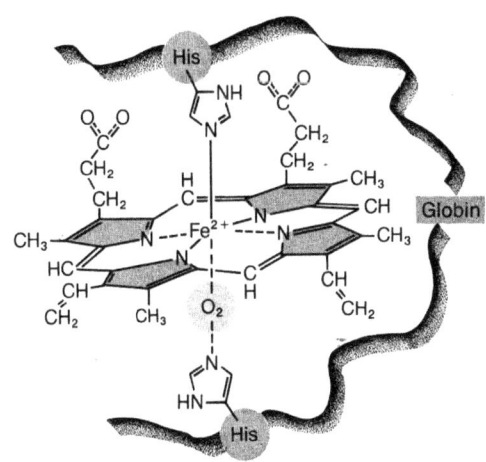

Abb. 18-2. Bindung von Häm im Hämoglobinmolekül

über die 4 Stickstoffatome des Pyrrolrings ein *Eisenatom* komplex gebunden hat. Die Bindung erfolgt dabei über eine Hauptvalenz mit dem Stickstoff der Pyrrolringe A und C, während Bindungen mit den Pyrrolringen B und D als Nebenvalenzen dargestellt sind. Eine weitere Hauptvalenz des Eisens ist an den Imidazolstickstoff eines *Histidylrestes* der Peptidkette geknüpft.
Die Funktion des Hämoglobins besteht in der reversiblen *Bindung* von *Sauerstoff* unter dem in der Lunge herrschenden hohen Sauerstoffpartialdruck und *Transport* des Sauerstoffs zu den O_2-verbrauchenden Geweben. Abbildung 18-3 zeigt die Abhängigkeit der Sauerstoffbeladung des Hämoglobins vom *Sauerstoffpartialdruck*. Die dem Vorgang zugrundeliegende Gleichung[1] lautet:

$$Hb + O_2 \rightleftharpoons Hb(O_2)$$

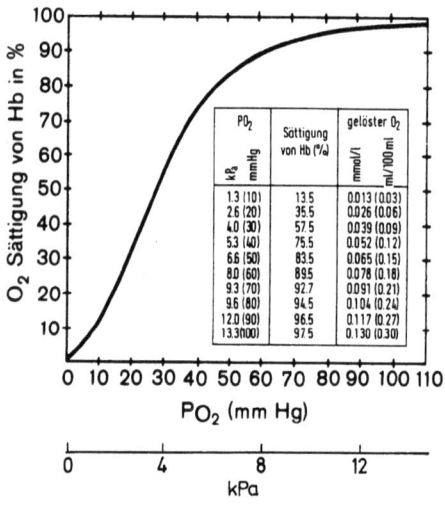

Abb. 18-3. Dissoziationskurve des Oxy-Hämoglobins. pH 7,4, Temperatur 38°C. (Aus Ganong, Lehrbuch der Medizinischen Physiologie, 3. Auflage. Berlin Heidelberg New York: Springer 1974)

Die Anlagerung des Sauerstoffs erfolgt dabei an das *zweiwertige Eisen* des Häms, so daß pro Hämoglobintetramer insgesamt 4 O_2 gebunden werden können. Dabei besteht eine *Kooperativität,* wie dem sigmoiden Verlauf der Beziehung zwischen Sauerstoffsättigung und Sauerstoffpartialdruck ent-

---

[1] Diese allgemein übliche Schreibung der Oxygenierungsreaktion repräsentiert nur die Reaktion einer Untereinheit. Streng genommen müßte sie lauten

$$Hb_4 + 4\,O_2 \rightleftharpoons Hb_4(O_2)_4$$

Nach Konvention werden auch in den folgenden Gleichungen immer nur Reaktionen einer Untereinheit dargestellt

nommen werden kann. Dies bedeutet, daß die Anlagerung von Sauerstoff um so leichter erfolgt, je mehr Untereinheiten des Hämoglobins bereits mit Sauerstoff beladen sind. Diese Kooperativität bei der Oxygenierung von Hämoglobin ist dem Verhalten *allosterischer Enzyme* (s. S. 49) analog.

Eine Voraussetzung hierfür ist wie bei allosterischen Enzymen, daß das Hämoglobin ein Oligomeres aus Untereinheiten ist. Dies läßt sich u. a. auch am Verhalten des Myoglobins feststellen. Myoglobin, welches große Strukturanalogien zu den einzelnen Untereinheiten des Hämoglobins besitzt, also eigentlich ein „Hämoglobinmonomeres" ist, ist das sauerstoffspeichernde Protein der Muskelzelle. Hier erfolgt die Sauerstoffanlagerung nach der Kinetik einer klassischen Sättigungskurve. Da Myoglobin ein Monomeres ist, läßt sich hier kein kooperativer Effekt nachweisen.

Eine Reihe von Faktoren, wie *Temperatur, pH-Wert, CO_2-Partialdruck* sowie einige *Metaboliten* beeinflussen den Verlauf der Sauerstoffanlagerungskurve. Unter physiologischen Bedingungen sind dabei die Effekte von *pH-Wert* und CO_2-Partialdruck von besonderer Bedeutung. Sie werden auch als *Bohr-Effekt* bezeichnet. Unter dieser Bezeichnung versteht man die Tatsache, daß jede *Erhöhung* der H^+- bzw. CO_2-*Konzentration* zu einer Rechtsverschiebung der Sauerstoffbindungskurve führt. Dies hat vor allem Konsequenzen für die Desoxygenierung des Hämoglobins. In den Lungen herrscht ein hoher Partialdruck von O_2 und ein niedriger von CO_2, so daß die vollständige Beladung des Hämoglobins mit Sauerstoff bevorzugt wird. In den Geweben sinkt dagegen der Partialdruck von O_2 ab, während derjenige von CO_2 ansteigt, was außerdem zu einem Anstieg der H^+-Konzentration führt. Dies erleichtert über eine Rechtsverschiebung der Sauerstoffbindungskurve die Desoxygenierung von Hämoglobin.

Einen ganz ähnlichen Effekt haben *organische Phosphatverbindungen* der verschiedensten Art. Im Säugetierorganismus spielt hierbei die größte Rolle das *2,3-Bisphosphoglycerat,* das in den Erythrocyten auf dem in Abb. 18-4 dargestellten Weg aus 1,3-Bisphosphoglycerat entsteht. Durch Anlagerung des 2,3-Bisphosphoglycerates an das *desoxygenierte Hämoglobinmolekül* wird die Sauerstoffaffinität zum Hämoglobin herabgesetzt. Wie beim Bohr-Effekt ergibt sich dadurch eine *Erleichterung der Sauerstoffabgabe* in den sauerstoffverbrauchenden Geweben. Dieser Vorgang spielt offenbar eine große Bedeutung bei der *Höhenanpassung* des Organismus. Jedenfalls kommt es bei Aufenthalt in Gebirgshöhen ab etwa 4500 m zu einer deutlichen Zunahme der 2,3-Bisphosphoglyceratkonzentration. Etwas Ähnliches findet sich bei Anämien oder anderen hypoxischen Zuständen.

Ein weiteres Gas, das eine im Vergleich zum Sauerstoff noch wesentlich größere Affinität zum Hämoglobin besitzt, ist das *Kohlenmonoxyd* (CO). Es entsteht bei der unvollständigen Verbrennung organischer Verbindun-

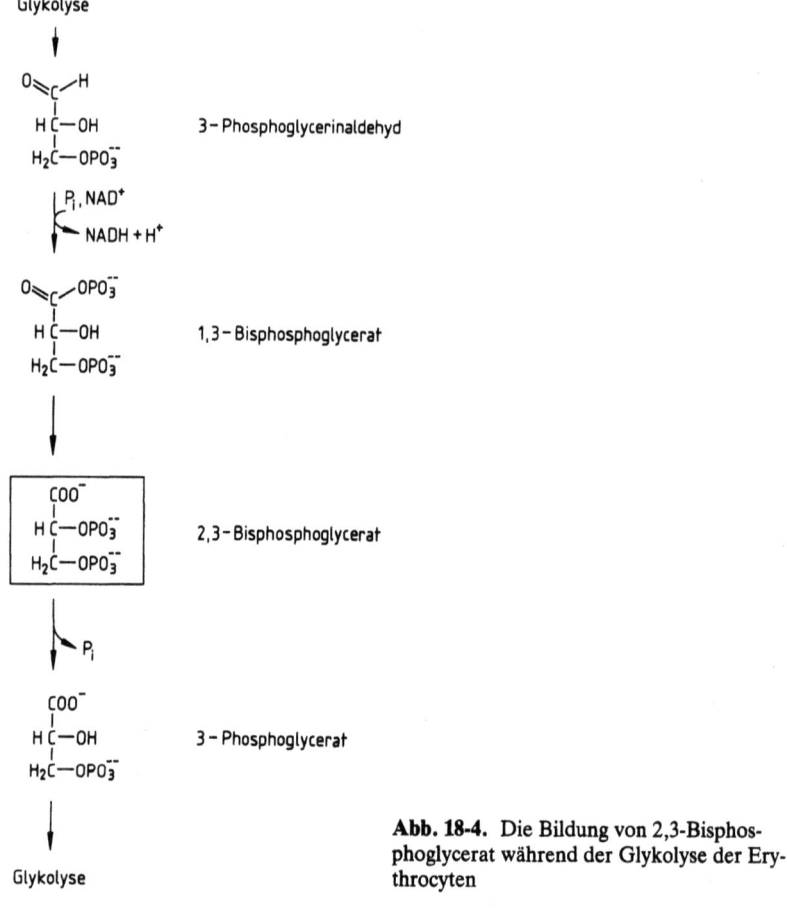

Abb. 18-4. Die Bildung von 2,3-Bisphosphoglycerat während der Glykolyse der Erythrocyten

gen. Seine Affinität zum Hämoglobin ist rund 300mal so hoch wie diejenige zum Sauerstoff. Aus diesem Grund führen schon geringe Mengen von CO zu einer deutlichen *Verminderung der Sauerstoffbindung* und damit des Sauerstofftransportes im Blut. Gleichzeitig führt CO zu einer Linksverlagerung der Sauerstoffanlagerungskurve, so daß auch die Sauerstoffabgabe in den Geweben behindert wird. Eine Überführung von HbCO in HbO_2 kann nur durch eine rasche Erhöhung des Sauerstoffpartialdruckes erreicht werden, was infolgedessen die einzige und sinnvolle Therapie bei der Behandlung der CO-Vergiftung darstellt.

Eine Voraussetzung sowohl für die Bindung von Sauerstoff als auch für diejenige von CO ist die Tatsache, daß das *Eisen* im Häm in *zweiwertiger*

Form vorliegt. Besonders unter den Bedingungen einer Sauerstoffsättigung kann Hämoglobin jedoch leicht nach der Gleichung

$$Hb\ (Fe^{2+}) + O_2 \rightarrow Hb\ (Fe^{3+}) + O_2^-$$

zu dem sogenannten *Methämoglobin* oxidiert werden, wobei aus dem Sauerstoff das toxische *Superoxidanion* entsteht. Das letztere wird durch die *Superoxiddesmutase* in H_2O_2 umgewandelt und anschließend durch die *Peroxidase* entgiftet. Im Gegensatz zum Hämoglobin kann Methämoglobin keinen Sauerstoff mehr bilden.

Man muß annehmen, daß im Blut ständig beträchtliche Mengen an Methämoglobin entstehen, die durch ein in den Erythrocyten in hoher Aktivität vorkommendes Enzym, die *Methämoglobinreduktase*, in einer NADH-abhängigen Reaktion reduziert werden:

$$2\ Hb\ (Fe^{3+}) + NADH \rightarrow 2\ Hb\ (Fe^{2+}) + NAD^+ + H^+$$

Als seltene genetisch bedingte Erkrankung kommt ein angeborenes Fehlen oder ein angeborener Mangel an *Methämoglobinreduktase* vor. Bei den Betroffenen kann die Konzentration von Methämoglobin bis auf über 30% ansteigen, was zu einer mangelnden Sauerstoffversorgung der Gewebe führt.

Die Bedeutung des Hämoglobins beim Transport von CO_2. Die durch Gewebsstoffwechsel entstehende CO_2-Menge ist größer als der maximalen physikalischen Löslichkeit dieses Gases im Serum entspricht. Infolgedessen benötigt der Organismus ähnlich wie beim Transport des Sauerstoffes, auch für den Transport des CO_2 spezielle Hilfsmechanismen. Etwa 10% des CO_2 können in *physikalischer Lösung* transportiert werden. Weitere 10% reagieren mit nichtprotonierten Aminogruppen des Hämoglobins (wahrscheinlich N-terminale Valinreste), wobei entsprechende *Carbaminoderivate* entstehen:

$$CO_2 + R-NH_2 \leftrightharpoons R-NH-COO^- + H^+$$

Der weitaus größte Teil des CO_2 wird durch die in den Erythrocyten in hoher Aktivität vorkommende *Carboanhydrase* zu Kohlensäure hydratisiert:

$$CO_2 + H_2O \leftrightharpoons H_2CO_3$$

Kohlensäure dissoziiert unter Abgabe eines Protons zu *Hydrogencarbonat:*

$$H_2CO_3 \leftrightharpoons HCO_3^- + H^+$$

Hydrogencarbonat gelangt entlang des Konzentrationsgefälles aus den Erythrocyten in das Blutplasma, die *Protonen* dienen der Protonierung von

Desoxyhämoglobin. Dies ist deswegen möglich, weil Hämoglobin nach der Sauerstoffabgabe zu einer schwächeren Säure wird. Über den zuletzt geschilderten Vorgang werden etwa 70–80% des CO_2-Transportes abgewikkelt. In den Lungen laufen die jeweils umgekehrten Vorgänge ab, was letztendlich dazu führt, daß bei der *Oxigenierung* von Hämoglobin CO_2 in die *Alveolarluft* abgegeben wird.

Die Hämoglobinopathien. Unter der Bezeichnung *Hämoglobinopathie* versteht man im Gefolge von Mutationen (s. S. 219) entstandene Änderungen der *Primärstruktur* einzelner *Hämoglobinuntereinheiten.* Soweit es sich um Punktmutationen handelt, betreffen sie nur den Austausch einer einzigen Aminosäure. Wenn durch einen derartigen Austausch die Eigenschaften des Hämoglobins nicht schwerwiegend gestört werden, werden derartige Erkrankungen häufig nur zufällig entdeckt. Anders ist es jedoch, wenn der Austausch Aminosäuren betrifft, die für die Funktion des Hämoglobins von großer Bedeutung sind. Je nach der Art des Austausches ergeben sich dann die unterschiedlichsten Krankheitsbilder. Das bekannteste ist die sogenannte *Sichelzellkrankheit,* die in Europa nur selten, jedoch häufiger in Afrika bei Schwarzen auftritt. *Klinisch* findet sich bei den Betroffenen, besonders bei den Homocygoten, eine schwere *Störung* der *Sauerstofftransportfunktion* der Erythrocyten, die besonders im desoxigenierten Zustand dazu neigen, sich sichelförmig zu verformen und zu hämolysieren. Die Ursache der Erkrankung besteht in einem *Austausch* eines *hydrophilen Glutamatrestes* in Position 6 der β-Kette durch die *hydrophobe* Aminosäure *Valin.* Ein derartiges pathologisches Hämoglobin neigt im desoxigenierten Zustand zur *Aggregatbildung,* was die Sichelzellen und die Hämolyse verursacht. Bis heute sind an die 200 analoge Hämoglobindefekte entdeckt worden, bei denen jeweils in einer der beiden Ketten der Austausch einer Aminosäure durch eine andere erfolgt ist. Ein ganz anderer Mutationsmechanismus liegt den *Thalassämien* zugrunde. Diese Krankheitsbilder werden dadurch verursacht, daß die Biosynthese *ganzer Untereinheiten* des Hämoglobins gestört ist (bei der α-Thalassämie diejenige der α-Ketten, bei der β-Thalassämie diejenige der β-Ketten). Als Folge dieser Erkrankung entstehen Hämoglobine mit *vier β-Ketten* (HbH) beziehungsweise kommt es bei der β-Thalassämie zum Persistieren *embryonaler Hämoglobine.* Bei den homocygoten Formen der Thalassämien ist die zugrundeliegende Störung so schwer, daß es meist zum Tod im frühen Kindesalter kommt, während Heterocygote eine wesentlich bessere Lebenserwartung haben.

Biosynthese und Abbau von Häm. Grundbaustein des Häms ist das in Abb. 18-5 dargestellte Pyrrol, eine fünfgliedrige, ungesättigte heterocyclische

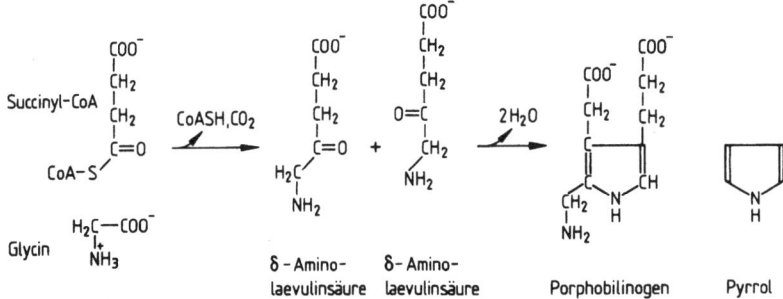

Abb. 18-5. Biosynthese von Porphobilinogen aus Succinyl-CoA und Glycin

Verbindung. Die Abbildung zeigt die Bildung des für die Hämbiosynthese benötigten Pyrrolderivates, des *Porphobilinogens*. Es entsteht intramitochondrial durch Kondensation von *Glycin* und *Succinyl-CoA* zu *Δ-Aminolävulinsäure*. Die unter Decarboxylierung des Glycinanteils stattfindende Reaktion ist Pyridoxalphosphat-abhängig. Zwei Moleküle Δ-Aminolävulinsäure kondensieren zum Pyrrolderivat *Porphobilinogen*.

Unter Desaminierung kondensieren vier Porphobilinogenmoleküle zu einer Tetrapyrrolverbindung, dem *Uroporphyrinogen III* (Abb. 18-6). Es zeichnet sich dadurch aus, daß die vier Pyrrolringe jeweils einen *Acetyl-* bzw. *Propionylrest* tragen. Im Gegensatz zum unphysiologischen Uroporphyrinogen I sind beim Uroporphyrinogen III im Ring IV der Acetyl- und Propionylrest vertauscht. Uroporphyrinogen III wird decarboxyliert sowie zweimal oxidiert. Das dabei entstehende *Protoporphyrin III* nimmt unter nochmaliger Oxidation das zentrale Eisenatom auf, das hieran beteiligte Enzym ist die sogenannte *Ferrochelatase*.

Die Hämbiosynthese unterliegt einer strikten Regulation: Häm als Endprodukt der Synthesekette wirkt allosterisch hemmend auf das geschwindigkeitsbestimmende Enzym der Biosynthese, die *Δ-Aminolävulinsäuresynthase*. Darüber hinaus reprimiert Häm die Biosynthese dieses Enzyms.

Beim Menschen sind eine Reihe von Erkrankungen bekannt, denen eine Überproduktion von Vorstufen aus der Hämbiosynthese zugrunde liegt. Aufgrund ihres typischen Absorptionsverhaltens führen derartige Verbindungen häufig zur Photosensibilisierung, besonders wenn sie in der Haut abgelagert werden. Den verschiedenen, als *Porphyrien* bezeichneten Erkrankungen liegt jeweils ein Enzymdefekt im Bereich der Hämbiosynthese zugrunde. Da dies immer zu einem Absinken des Hämgehalts der Zellen führt, wird die *Δ-Aminolävulinsäuresynthase* entsprechend aktiviert, was jedoch infolge des Enzymdefektes nicht zu vermehrter Biosynthese von Häm, sondern zu derjenigen *toxischer Zwischenprodukte* führt.

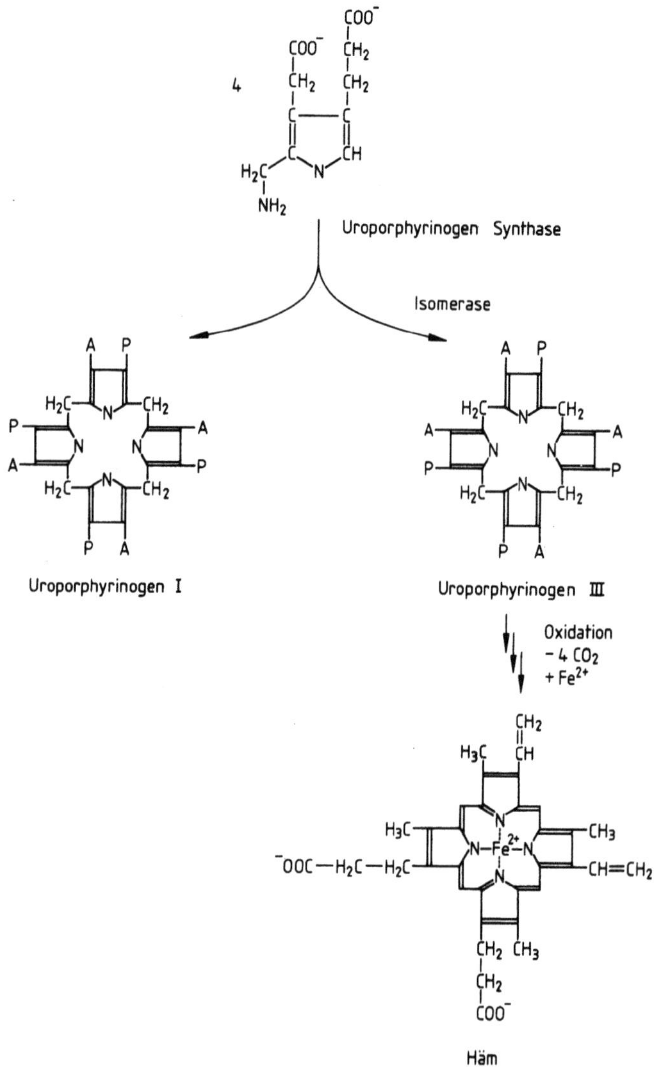

Abb. 18-6. Biosynthese von Häm aus Porphobilinogen

Da die Erythrocyten eine beschränkte Lebensdauer haben, ist klar, daß der Organismus nicht nur zur Biosynthese, sondern auch zum Abbau von Hämoglobin und damit auch von Häm imstande sein muß. Der Ort dieses *Hämabbaus* sind die *reticuloendothelialen Zellen* der *Leber,* der *Milz* und des *Knochenmarkes*. Zunächst wird Häm an einer Methinbrücke durch eine mikrosomale *Hämoxygenase* gespalten, wobei pro Mol Häm ein Mol *Biliverdin, CO* und Fe^{2+} entstehen (Abb. 18-7). Die die Reaktion katalysierende Hämoxygenase gehört zur Gruppe der Monooxygenasen. *Biliverdin* wird im weiteren Verlauf des Stoffwechsels zum orangeroten *Bilirubin* reduziert, wobei NADPH als Cofaktor benötigt wird. An Albumin gebunden wird das in Wasser praktisch unlösliche Bilirubin über den Blutweg zur Leber transportiert. Dort erfolgt durch Reaktion mit UDP-Glucuronsäure die Bildung von *Bilirubin-Diglucuronid*, welches über die Galle ausgeschieden wird. Bilirubin-Diglucuronid wird auch als *direktes Bilirubin*, das freie Bilirubin dagegen als *indirektes Bilirubin* bezeichnet.

Abbildung 18-7 zeigt in schematischer Form das weitere Schicksal des Bilirubins im Darm. Dies wird von der Einwirkung der Darmbakterien geprägt. Zunächst wird Glucuronsäure abgespalten und Bilirubin schrittweise bis zum Stercobilinogen reduziert. Infolge des Fehlens konjugierter Doppelbindungen ist Stercobilinogen farblos. Die verschiedenen Abbau-

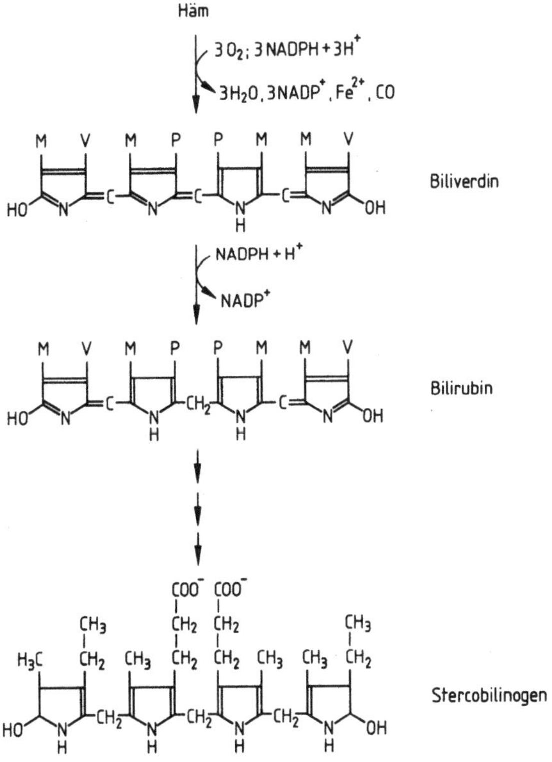

Abb. 18-7. Die wichtigsten Abbauprodukte des Häm. **P** = Propyl; **V** = Vinyl; **M** = Methyl

produkte, die im Verlauf der schrittweisen Reduktion von Bilirubin entstehen, werden zum Teil im Darm wieder reabsorbiert und über die Pfortader der Leber zugeleitet, wo sie erneut ausgeschieden werden (enterohepatischer Kreislauf der Gallenfarbstoffe). Ein kleiner Teil gelangt über den großen Kreislauf zur Niere und wird dort in den Urin ausgeschieden. So ist das auch unter physiologischen Bedingungen in Spuren im Urin nachweisbare *Urobilinogen* mit Stercobilinogen identisch.

Die tägliche Produktion von Gallenfarbstoffen ist beachtlich. Da Hämoglobin den bei weitem größten Teil des Häms im Körper ausmacht, entspricht die Menge der täglichen Ausscheidungen an Gallenfarbstoff ungefähr der Menge des abgebauten Hämoglobins. Aufgrund des täglichen Hämoglobinumsatzes von etwa 90 mg/kg Körpergewicht läßt sich errechnen, daß täglich etwa *220 mg Bilirubin* gebildet werden. Der größte Teil hiervon wird als Stercobilinogen mit den Faeces ausgeschieden.

Der Stoffwechsel der Erythrocyten. Erythrocyten sind hochspezialisierte Zellen, die auf die Aufgabe des Sauerstoff- und CO_2-Transportes optimiert sind. Im Verlauf ihres Reifungsprozesses verlieren sie alle *intrazellulären Membranen,* die *Mitochondrien* und den *Kern.* Sie sind damit nicht mehr zur Durchführung membrangebundener Biosynthesen (z. B. Lipidsynthesen), zu sauerstoffverbrauchenden Stoffwechselprozessen, besonders zur Atmung, sowie zur Proteinbiosynthese fähig. Zur Deckung des Energiebedarfes steht ihnen damit ausschließlich die *Glykolyse* zur Verfügung.

Das hierbei gebildete ATP wird vor allem für den *aktiven Transport* von Ionen benötigt. Wie andere Zellen zeichnen sich auch Erythrocyten durch einen niedrigen intrazellulären Natrium- und hohen intrazellulären Kaliumgehalt aus. Dieses Ungleichgewicht gegenüber der extrazellulären Flüssigkeit wird durch eine sehr aktive *Natrium-Kalium-ATPase* aufrecht erhalten. Etwas Ähnliches trifft für die Konzentration von Calcium zu, die mit Hilfe einer *Calcium-ATPase* im Inneren des Erythrocyten sehr niedrig gehalten wird. Darüber hinaus wird ATP für die Aufrechterhaltung der Form des Erythrocyten sowie für die Biosynthese von *Glutathion* benötigt.

Glutathion ist ein Tripeptid aus Glutamat, Glycin und Cystein (Abb. 2-11). Es kommt in allen Zellen des Organismus, im Erythrocyten jedoch in besonders hoher Konzentration vor. Seine Biosynthese erfolgt enzymkatalysiert in zwei ATP-abhängigen Reaktionen. Die funktionelle Bedeutung des Glutathion geht aus der Tatsache hervor, daß es in die Gruppe der *Sulfhydryl-Verbindungen* gehört. In reduzierter Form verfügt es über eine freie SH-Gruppe (Glutathion-SH, GSH), in oxidierter Form liegt es als Disulfid vor (Glutathiondisulfid, GSSG). In reduzierter Form schützt Glutathion die *SH-Gruppen* von *Proteinen* (Hexokinase, Glycerinaldehydphosphatdehydrogenase, Glucose-6-Phosphatdehydrogenase) der Erythrocyten, *SH-haltige Proteine* der *Erythrocytenmembran* und *Hämoglobin* mit seinen 6 Sulfhydrylgruppen vor einer Oxidation, die ja im Erythrocyten wegen des dort vorliegenden besonders hohen Sauerstoffpartialdruckes leicht erfolgen kann. Darüber hinaus ist Glutathion Bestandteil des in Abb. 18-8 dargestellten Systems zur Entgiftung von Peroxiden, deren Bildung im Erythrocyten wegen der hohen Sauerstoffkonzentration leicht erfolgt. Durch die *GSH-Peroxidase* wird Glutathion oxidiert und Peroxide dabei entgiftet. Die Rückgewinnung reduzierten Glutathions erfolgt in einem NADP-abhängigen Prozeß, der an die *Glucose-6-Phosphatdehydrogenase* und damit an den *Pentosephosphatweg* geknüpft ist. Tatsächlich erfolgen im Erythrocyten etwa 10% des Glucoseumsatzes über den Pentosephosphatweg, dienen damit also der Peroxidentgiftung. Die Bedeutung dieses Prozesses geht aus der Tatsache hervor, daß es bei genetischen Defekten im Pentosephosphatweg, vor allem dem *Glucose-6-Phosphatdehydrogenasemangel* zu einer Störung der Erythrocytenfunktion kommt, die sich als *hämolytische Anämie* äußert.

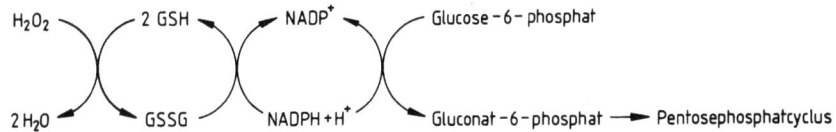

Abb. 18-8. Die Bedeutung des Glutathions bei der Entgiftung von Wasserstoffperoxyd

Eine Besonderheit des Glykoloseweges der Erythrocyten ist in Abb. 18-4 dargestellt. Durch einen Nebenweg wird die Phosphoglyceratkinasereaktion umgangen und dabei das für die Sauerstofftransportfunktion des Hämoglobins notwendige 2,3-Bisphosphoglycerat gebildet. Die beiden hierfür notwendigen Enzyme, die 2,3-Bisphosphoglyceratmutase sowie die Bisphosphoglyceratphosphatase, kommen in Erythrocyten in besonders hoher Konzentration vor.

Bildung und Abbau von Erythrocyten. In der *Fetalperiode* findet die Bildung von Erythrocyten, die *Erythropoese*, vorwiegend in der *Leber*, statt, nach der Geburt verlagert sie sich in das *Knochenmark*. Aus *pluripotenten Stammzellen* entwickeln sich zunächst sogenannte *Proerythroblasten*, aus denen im Verlauf weiterer Teilungsschritte die *Erythroblasten* entstehen. Für diese Vorgänge ist vor allem das Hormon *Erythropoetin* verantwortlich, das z. B. bei Hypoxie in der *Niere* entsteht. Es handelt sich um ein Glykoprotein mit einem Molekulargewicht von etwa 35000. Bereits während der Differenzierung des Proerythroblasten zum Erythroblasten

beginnt die Biosynthese von *Hämoglobin,* des mengenmäßig wichtigsten Proteins im Erythrocyten. Gleichzeitig erfolgt die Kernauflösung, die zunächst mit einer Verdichtung des Kernmaterials beginnt und schließlich zum vollständigen Verlust des Kerns und damit zur Bildung des *Erythrocyten* führt. Ganz junge Erythrocyten enthalten noch Reste von Membranmaterial, die mit verschiedenen Farbstoffen anfärbbar sind. Sie werden als *Reticulocyten* bezeichnet. Die Gesamtmenge der Erythrocyten im menschlichen Blut ist mit $2,5 \times 10^{13}$ (25000 Milliarden) sehr hoch. Aus ihrer Lebensdauer von 110–130 Tagen kann leicht errechnet werden, daß pro Sekunde 2,4 Millionen Erythrocyten neu produziert werden müssen. Diese hohe Neubildungsrate macht verständlich, daß das *Knochenmark* zu den teilungsaktivsten Organen des Organismus gehört und besonders empfindlich auf einen Mangel an Cofaktoren der Purin- und Pyrimidinbiosynthese und anderer für die Zellteilung notwendiger Verbindungen reagiert. Aus diesem Grunde führt ein Mangel oder Fehlen von Folsäure (s. S. 236) bzw. Vitamin B_{12} (s. S. 237) als Frühsymptom zu einer typischen Anämieform, der *megaloblastischen Anämie.*
Nach Ablauf der Lebenszeit werden die Erythrocyten durch die Zellen des reticuloendithelialen Systems in Milz, Knochenmark und Leber durch Phagocytose aufgenommen und abgebaut. Dabei entstehen aus Erythrocyten-Proteinen Aminosäuren, aus dem Abbau des Häms werden Bilirubin und die später folgenden Gallenfarbstoffe gebildet, das freiwerdende Eisen gelangt wieder in den Eisenpool des Organismus und steht der erneuten Verwendung für die Hämbiosynthese zur Verfügung.

Granulocyten

Im peripheren Blut finden sich etwa 5000–10000 weiße Blutkörperchen/mm^3. Etwa 70% von ihnen sind *Granulocyten,* 20–35% *Lymphocyten,* daneben finden sich noch in geringer Menge (4–8%) *Monocyten.*
Die *Granulocyten* werden wie die anderen korpuskulären Elemente des Blutes aus undifferenzierten Stammzellen im Knochenmark gebildet. Je nach ihrer Färbbarkeit unterscheidet man *neutrophile, basophile* und *eosinophile* Granulocyten.
Die im *peripheren Blut* nachweisbaren Granulocyten stellen nur einen relativ kleinen Teil der insgesamt vorkommenden Granulocyten dar, da sie sich in großer Zahl im *Knochenmark* befinden.
Granulocyten sind in besonderem Maße zur *Phagocytose* von in den Organismus eingedrungenen Partikeln und Mikroorganismen imstande. Sie gehören infolgedessen zusammen mit *phagocytotischen Endothelzellen* von *Leber, Milz, Knochenmark* und *Lymphknoten* zu den Zellen des *reticulo-*

endothelialen Systems (RES) und haben damit die Aufgabe der *unspezifischen Abwehr* übernommen.
Während des Prozesses der *Phagocytose* wird das körperfremde Element, meist eine *Bakterienzelle*, zunächst an den Granulocyten angelagert und danach durch Phagocytose aufgenommen. Durch die Aktivität von *Lysosomen* erfolgt nun die Abtötung und Lyse des Eindringlings. Besonders wichtig ist hierbei, daß speziell *neutrophile Granulocyten* die Fähigkeit haben, durch Reduktion von Sauerstoff mit NADPH H_2O_2 zu bilden, welches eine der wichtigsten zellulären bakteriziden Substanzen darstellt.
Die Erkennung des Eindringlings als körperfremd und damit die Auslösung der Phagocytose erfolgt häufig durch Anlagerung an relativ *unspezifische Bindungsstellen* an der Oberfläche des Granulocyten. In einigen Fällen kommt es auch zur Ausbildung *spezifischer Rezeptoren,* die Immunglobulin-beladene Bakterien erkennen können. Ein weiteres Erkennungssignal für die Phagocytose kann die Beladung von Bakterien mit *aktiviertem Komplement* sein.

Die Lymphocyten und das Immunsystem

Im peripheren Blut befinden sich etwa 2000–4000 *Lymphocyten* pro mm^3. Ähnlich wie bei den Granulocyten stellt diese Zahl jedoch nur einen geringen Teil der Gesamtpopulation dar. 99% der insgesamt etwa 10^{12} Lymphocyten des Organismus befinden sich im *Knochenmark, Thymus, Milz* und *Lymphknoten.*
Die *Lymphocyten* sind die Träger des *spezifischen Abwehrsystems* des Organismus gegen fremde Moleküle und molekulare Systeme, welche als *Antigene* bezeichnet werden sowie gegen *fremde Zellen* (Bakterien, Krebszellen), welche auf ihrer Zelloberfläche *spezifische Strukturen,* die *antigenen Strukturen,* enthalten. Die Spezifität des Immunsystems liegt darin, daß das Auftreten von Antigenen mit der Bildung spezifischer Proteine, der sogenannten *Antikörper* oder *Immunglobuline* beantwortet wird. Diese sind zur spezifischen Bindung von *Antigenen* und damit zu ihrer Inaktivierung imstande.

Die humorale und zelluläre Immunantwort.
Das die *Immunantwort* auslösende Signal besteht in der Bindung des jeweiligen *Antigens* an spezifische Oberflächenstrukturen der immunkompetenten Lymphocyten, sogenannter *Antigenrezeptoren.* Anhand der Reaktion auf diese Bindung kann man erkennen, daß zwei Arten von Lymphocyten unterschieden werden können, die als *T-Lymphocyten* und *B-Lymphocyten* bezeichnet werden. *T-*

Lymphocyten entwickeln sich nach ihrer Bildung im Knochenmark im *Thymus* weiter. Aus ihnen bilden sich nach Kontakt mit dem Antigen ein Klon sensibilisierter *T-Lymphocyten* oder *Effektorzellen*, die *spezifische Antigenrezeptoren* auf ihrer Oberfläche tragen und im Blutstrom zirkulieren. Sie sind die Träger der *zellulären Immunantwort*. Sie besteht in der *Erkennung freier Antigene* (z. B. Bakterientoxien) bzw. *zellgebundener Antigene* (z. B. von Transplantationsantigenen, Tumorantigenen, Bakterienoberflächenantigenen) durch Bildung von *Antigenantikörperkomplexen* mit dem an die T-Lymphocyten gebundenen Antikörper. Dies führt bei zellgebundenen Antigenen zu *Cytolyse* und *Phagocytose*, bei freien Antigenen zur Freisetzung von *Mediatorstoffen*, z. B. *Histamin*, und damit zur Ausbildung *zellvermittelter Hypersensitivitätsreaktionen*.
Anders ist es bei der *humoralen Immunantwort*. Diese wird durch die sogenannten *B-Lymphocyten* hervorgerufen, die sich bei Säugetieren sehr wahrscheinlich im Knochenmark entwickeln. Auch hier wird die Immunantwort durch Bindung des *Antigens* an entsprechende *Oberflächenrezeptoren* des B-Lymphocyten eingeleitet. Diese Bindung löst jedoch die Umwandlung von B-Lymphocyten zu sogenannten *Plasmazellen* aus, die spezifische, gegen das Antigen gerichtete *Immunglobuline* bilden und durch *Sekretion* an das Blut abgeben. Bei dieser *humoralen Immunantwort* werden *freie Antigene* meist durch Bildung von Antigenantikörperkomplexen *inaktiviert*, der Komplex danach an Macrophagen gebunden und durch Phagocytose dem Abbau zugeführt. Zellgebundene Antigene, d. h. Oberflächenantigene von Bakterien, transplantierten Zellen oder evtl. Tumorgewebe, binden humorale Antikörper, was u. a. zur Aktivierung des *Komplementsystems*, zu *Cytolyse* und *Phagocytose* führt.

Die Antigene. Jede Verbindung, die vom Immunsystem des Organismus erkannt wird und die die Bildung von Antikörpern auslöst, wird als *Antigen* bezeichnet. In aller Regel handelt es sich bei Antigenen um körperfremde Substanzen, meist um *Proteine, Nucleinsäuren, Polysaccharide* und *Oberflächenstrukturen* von *Bakterien, Viren, Pflanzen* und *Staubteilchen*. Als körperfremd können auch molekulare Strukturen erkannt werden, die unter pathologischen Umständen im Organismus selbst gebildet werden. In sehr seltenen Fällen kommt es zur Ausbildung von Antikörpern gegen körpereigene Verbindungen mit entsprechenden Krankheitserscheinungen. Man spricht dann von sogenannten *Autoimmunerkrankungen*.
Auch chemisch sehr einheitliche Antigene lösen im Organismus häufig die Bildung einer Vielzahl verschiedener Antikörper aus. Dies bedeutet, daß auf einem Antigen verschiedene sogenannte *antigene Determinanten* vorliegen. Derartige Determinanten besitzen meist eine Größe von etwa 10 Aminosäuren.

Es ist bekannt, daß der Organismus prinzipiell auch auf *niedermolekulare Verbindungen* mit einer Antikörperbildung reagieren kann (z. B. Penicillinallergie!). In diesem Falle spricht man nicht von Antigenen, sondern von *Haptenen*. Ein Hapten löst nur dann eine Antikörperbildung aus, wenn es relativ fest an ein Trägerprotein gebunden ist.

Unter dem Begriff der *Immuntoleranz* versteht man das Phänomen, daß ein Organismus in aller Regel keine Antikörper gegen seine eigene Substanz bildet. Die molekulare Ursache dieses Phänomens ist noch nicht geklärt. Man nimmt an, daß die Immuntoleranz in der *Fetalperiode* erworben wird. Dies geht jedenfalls aus der Beobachtung hervor, daß eine Immuntoleranz künstlich durch Applikation eines Antigens im Frühstadium der Embryonalentwicklung erzeugt werden kann.

Die Antikörper. Alle *Antikörper* sind Glykoproteine. In der Elektrophorese wandern die im Serum vorkommenden Antikörper ganz überwiegend mit der Fraktion der γ-*Globuline*. Aus diesem Grund werden Antikörper auch als *Immunglobuline* bezeichnet.

Tabelle 18-1 zeigt eine Zusammenstellung der einzelnen im Serum vorkommenden *Immunglobulinfraktionen,* die sich durch Immunelektrophorese darstellen lassen. Prinzipiell handelt es sich um gleichartig aufgebaute Moleküle, die jedoch Unterschiede in der Aminosäuresequenz sowie den Kohlenhydratgehalt aufweisen und in sehr unterschiedlichen Konzentrationen vorkommen.

Tabelle 18-1. Die Immunglobuline des menschlichen Serums (Ig = Immunglobulin)

	IgG	IgA	IgM	IgD	IgE
Molekulargewicht	160000	160000	900000	185000	200000
Serumkonzentration (mg/ml)	8–16	1,4–4	0,6–2,8	0,03–0,4	$1–14,10^4$
% der Gesamtimmunglobuline	80	13	6	1	0,002

Abbildung 18-9 zeigt den Aufbau eines charakteristischen Antikörpermoleküls, des *Immunglobulins G,* das auch im menschlichen Serum in der höchsten Konzentration vorkommt. Es handelt sich um ein symmetrisches, aus insgesamt 4 Ketten aufgebautes Protein. Man unterscheidet 2 *schwere Ketten* (H-Ketten von engl. heavy chains) sowie 2 *leichte Ketten* (L-Ketten von engl. light chains). Die einzelnen Untereinheiten werden durch nichtco-

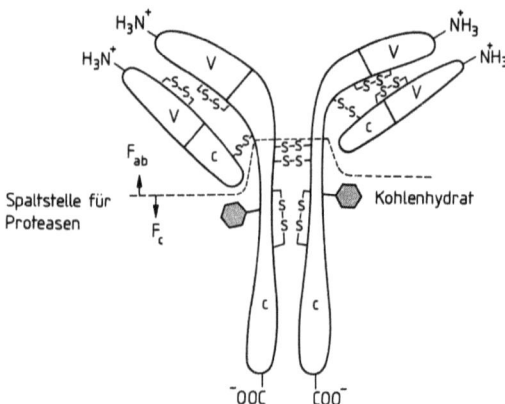

Abb. 18-9. Aufbau eines Immunglobulins G

valente Bindungen sowie durch Disulfidbrücken vernetzt, so daß eine stabile, y-förmige Struktur entsteht.
Durch gezielte proteolytische Spaltung lassen sich Antikörper in zwei Fragmente zerlegen. Die sogenannten *Fab-Fragmente* sind imstande, Antigene zu binden. Sie bestehen aus den beiden Schenkeln des y-förmigen Moleküls, die jeweils aus den *L-Ketten* sowie einem Teil der *H-Ketten* gebildet werden. Das zweite Fragment wird das *Fc-Fragment* genannt. Es ist leicht zu kristallisieren und enthält den gesamten Kohlenhydratteil des Antikörpers. Gebildet wird es aus dem verbleibenden Rest der H-Ketten.

Bei einer genauen Analyse der Aminosäuresequenz von Antikörpermolekülen zeigt es sich, daß Teile der Sequenz beim Vergleich verschiedener Antikörperspezies nur sehr geringe Unterschiede aufweisen, weswegen man sie auch als *invariabel* bezeichnet. Speziell in der Gegend der Antigenbindungsstelle findet sich jedoch eine außerordentliche Variabilität, so daß hier von *variablen* bzw. sogar *hypervariablen* Bezirken gesprochen wird. Diese große Variabilität spiegelt die Tatsache wider, daß Antikörper ja in sehr spezifischer Weise mit den verschiedensten Antigenen zu reagieren haben, was nur durch genaue Anpassung der Antikörperstruktur an das jeweilige Antigen gelingt.
Die Frage, auf welche Weise der Organismus instand gesetzt wird, auf die schier unübersehbare Zahl möglicher Antigene jeweils mit der Bildung spezifischer Antikörper zu reagieren, wird durch das Modell der *klonalen Selektion* gelöst, die in Abb. 18-10 in schematischer Form dargestellt ist. Man weiß, daß antigensensitive B-Lymphocyten in großer Zahl in den Geweben vorkommen. Jeder dieser B-Lymphocyten besitzt *ein Gen*, welches für *einen* jeweils *spezifischen Antikörper* codiert, der auf der Zellober-

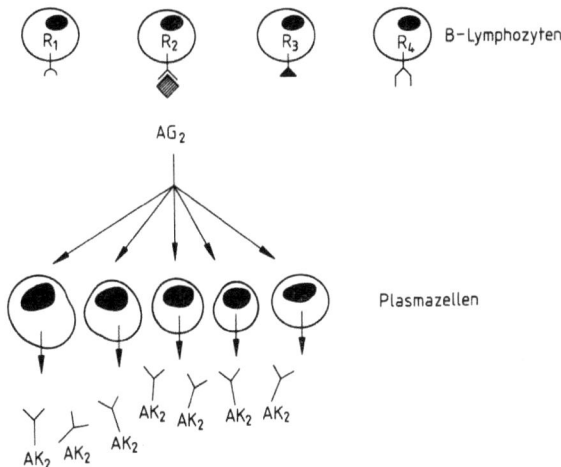

Abb. 18-10. Prinzip der klonalen Selektionstheorie. Im Organismus kommt eine Vielzahl von B-Lymphocyten vor, von denen jeder einen Rezeptor für ein spezifisches Antigen auf der Oberfläche gebunden trägt. Assoziation mit diesem Antigen führt zur Umwandlung des betreffenden Lymphocyten in einen Klon von Plasmazellen, von denen jede mit der Biosynthese und Sekretion des entsprechenden Antikörpers beginnt

fläche als *Antigenrezeptor* dient. Gelangt nun ein Antigen in den Organismus, welches eine zu dem Antigenrezeptor auf dem Lymphocyten passende *antigene Determinante* trägt, kommt es zur Ausbildung eines zellgebundenen *Antigenantikörperkomplexes*. Dieser wird vom Lymphocyten internalisiert und löst eine *Differenzierung* und *Proliferation* aus, die schließlich zur Ausbildung eines sogenannten *Klons* von *Plasmazellen* führt, die den entsprechenden Antikörper produzieren und *sezernieren*.

Abbildung 18-11 stellt die prinzipiellen Möglichkeiten der Reaktion von Antigen und Antikörper in schematischer Form dar. Dabei wird davon ausgegangen, daß es sich um ein Antigen mit vier determinanten Gruppen handelt. Sowohl bei *Überschuß des Antikörpers* als auch beim *Überschuß des Antigens* kommt es nur zur Ausbildung relativ *kleiner Antigenantikörperkomplexe*. Ist das Verhältnis der beiden miteinander assoziierenden Proteine jedoch ausgewogen, so bilden sich *große dreidimensionale* Strukturen aus, die unlöslich werden und ein *Präzipitat* bilden. Am sogenannten *Äquivalenzpunkt* ist nach Präzipitatbildung weder freies Antigen noch freier Antikörper übrig. In eindrucksvoller Weise kann man die Ausbildung derartiger Immunpräzipitate bei den auf *Immundiffusion* beruhenden Techniken beobachten. Im einfachsten Fall läßt man ein Antigen von einem ausgestanzten Loch in eine Antiserum enthaltende Agarplatte diffundieren.

Antikörper im Überschuß	Antigen im Überschuß	Äquivalenzbereich
	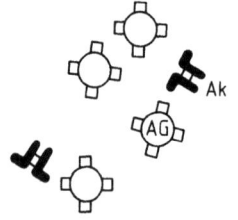	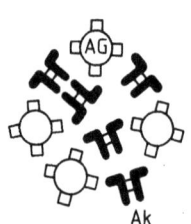

Abb. 18-11. Komplexbildung zwischen einem Antigen mit 4 Antikörperbindungsstellen und dem entsprechenden Antikörper. Nur bei einem bestimmten Konzentrationsverhältnis von Antigen und Antikörper kommt es zur Ausbildung eines Präzipitates, da dann die bivalenten Antikörper mehrere Antigenmoleküle verbrücken können

Dabei bildet sich in Abhängigkeit von der Konzentration des Antigens ein *ringförmiges Präzipitat* um das Loch. Auf prinzipiell dem gleichen Prinzip beruht die *Immunelektrophorese*, bei der zunächst ein Proteingemisch elektrophoretisch auf Agar getrennt wird. Danach läßt man parallel zur Wanderungsrichtung der Proteine Antikörper in den Agar diffundieren, die zur Ausbildung entsprechender Präzipitate führen. Befinden sich die Antigene auf der Oberfläche von Zellen, so kann es dann zur Zellaglutination kommen, wenn durch die divalenten Antikörper einzelne Zellen miteinander vernetzt werden.

Bedeutung immunologischer Reaktionen. Die Fähigkeit, auf das Eindringen körperfremder Verbindungen und Zellen mit der Ausbildung von *Antikörpern* zu reagieren und auf diese Weise körperfremdes Material zu zerstören und zu eliminieren, ist für den Organismus von allergrößter Bedeutung. Dies wird besonders klar beim Phänomen der *Infektabwehr*. Das Auftreten einer jahrelang, in manchen Fällen sogar lebenslang andauernden *Immunität* nach dem Durchmachen bestimmter Infektionskrankheiten wird heute in Form der *aktiven Immunisierung* im Rahmen der prophylaktischen Medizin in großem Umfang ausgenutzt. Bei den in zunehmendem Maße häufiger werdenden *allergischen Erkrankungen* handelt es sich um das Auftreten von Antikörpern gegen Verbindungen, welche in der Umwelt vorkommen und gegen die eigentlich Abwehrmaßnahmen nicht notwendig wären (z.B. *Pollen* von Blüten, *Hausstaub* usw.). Ein großes medizinisches Problem stellen schließlich die auf immunologischen Phänomenen beruhenden Abwehrreaktionen gegen *transplantierte Organe* oder *Gewebe* dar, die bis jetzt noch der Verbreitung von *Transplantationstechniken* enge Grenzen setzen.

Eine besondere Bedeutung haben die im Serum auftretenden Antikörper gegen bestimmte *Erythrocytenantigene*, die sogenannten *Blutgruppensubstanzen*. Von den beim Menschen bekannten 14 Blutgruppensystemen ist das wichtigste das AB0-System. Tabelle 18-2 stellt die prozentuale Verteilung des AB0-Systems dar. Grundsätzlich kann man zwischen Personen unterscheiden, auf deren Erythrocyten die *Antigene A, B, AB* oder *H* vorkommen. Im Serum finden sich dann Antikörper gegen das jeweils auf den Erythrocyten fehlende Antigen. Sehr wahrscheinlich haben die Serumantikörper zunächst nichts mit den Erythrocytenantigenen zu tun. Man nimmt an, daß ihre Produktion durch *Bakterien* der *Darmflora* stimuliert wird, die antigene Determinanten enthalten, welche den Erythrocytenantigenen sehr stark ähneln. Man spricht in diesem Fall von *heterophilen Antikörpern*. Die Blutgruppeneigenschaften bleiben während des ganzen Lebens konstant und werden nach den Mendelschen Gesetzen vererbt. Klinische Bedeutung haben sie im wesentlichen bei der *Bluttransfusion*. Wird nämlich blutgruppenungleiches Blut transfundiert, so kommt es infolge des Vorhandenseins von gegen Erythrocytenantigene gerichteten Antikörpern zu *Unverträglichkeitserscheinungen*, die mit *gesteigerter Hämolyse* und *Erythrocytenagglutination* einhergehen.

Tabelle 18-2. Die prozentuale Verteilung der Blutgruppen des AB0-Systems in Mitteleuropa

Blutgruppe	Antigen auf Erythrocyten	Antikörper im Serum
A (40%)	A	Anti-B (β)
B (16%)	B	Anti-A (α)
AB (4%)	A und B	—
0 (40%)	H	Anti-A und Anti-B

Die Thrombocyten und die Blutgerinnung

Durch den Mechanismus der Blutstillung schützt sich der Organismus bei Verletzungen der Blutgefäße. Die Stillung von Blutungen wird einmal durch *reflektorische Kontraktion* der verletzten Blutgefäße, zum anderen aber durch die Bildung eines das betreffende Gefäß verschließenden *Thrombus* ausgelöst. Für die Bildung eines derartigen Thrombus sind *aggregierte Thrombocyten* sowie das *plasmatische System* der *Blutgerinnung* notwendig.

Thrombocytenaggregation. *Thrombocyten* entstehen durch Abschnürung aus dem Cytosol der *Megakaryocyten* des Knochenmarks. Im Blut haben sie eine Lebensdauer von 8–10 Tagen. Geraten sie mit *geschädigten Blutgefäßen* in Kontakt, bei denen das unter dem Endothel liegende *Collagen* freiliegt, so kommt es zur *Anheftung* an die *Collagenfibrillen,* zu einer beträchtlichen *Formveränderung* der Thrombocyten sowie schließlich zur *Thrombocytenaggregation.* Dabei werden *Serotonin* (s. S. 287), *Adrenalin* sowie *Thromboxane* freigesetzt, die weitere Plättchen zur *Aggregation* veranlassen. Der aus den Thrombocyten gebildete Thrombus ist jedoch nur dann stabil, wenn ihm durch die gleichzeitig erfolgenden Vorgänge der *plasmatischen Blutgerinnung* eine gewisse Festigkeit verliehen wird.

Die plasmatische Blutgerinnung. Die einzelnen Phasen der *plasmatischen Blutgerinnung* sind in Abb. 18-12 dargestellt. Die umfangreichen Kaskaden

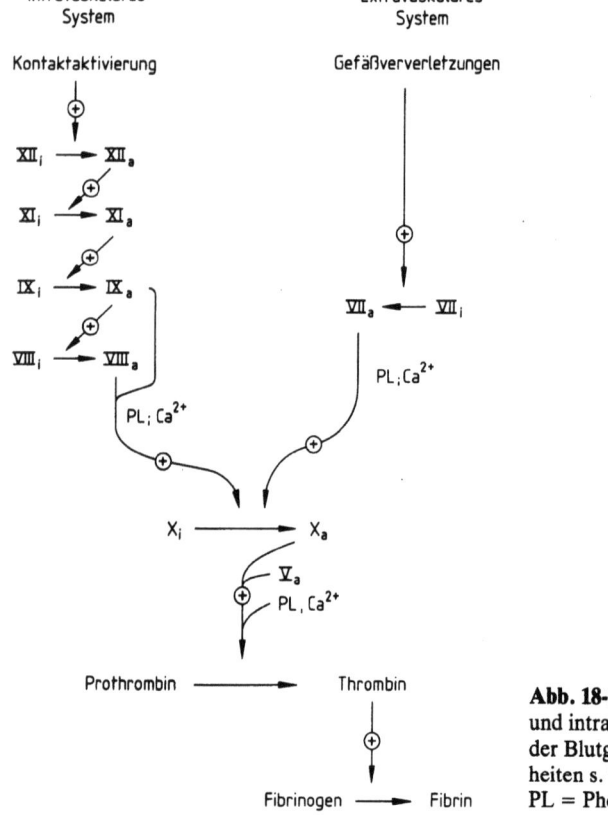

Abb. 18-12. Extravasculäres und intravasculäres System der Blutgerinnung (Einzelheiten s. Text)
PL = Phospholipide

des *extra-* bzw. *intravasculären Systems* der *Blutgerinnung* haben letzten Endes das Ziel, die inaktive Protease *Prothrombin* zu *Thrombin* zu aktivieren. *Thrombin* ist imstande, durch limitierte *Proteolyse* aus *Fibrinogen Fibrin* zu bilden. *Fibrinogen* ist ein längliches Protein, das sich aus zwei identischen Untereinheiten mit je drei *Polypeptidketten* zusammensetzt. Durch Thrombin werden aus je zwei Peptidketten Bruchstücke abgespalten. Dadurch können sich *Fibrinmonomere* zu *Polymeren* zusammenlagern, die dann enzymatisch durch *Quervernetzung* stabilisiert werden.

Für die Bildung von *aktivem Thrombin* aus Prothrombin ist der *aktive Faktor X* notwendig, der ebenfalls wieder aus einer inaktiven Form gebildet wird. Diese Aktivierung kann sowohl durch das *intra-* als auch durch das *extravasculäre System* erzielt werden.

Aktivierung durch das extravasculäre System. Durch die *Gewebsverletzungen* kommt es zur Freisetzung von *Gewebsthromboplastin (Faktor III)*. Dieses aktiviert zusammen mit *Phospholipiden* und *Calcium* den *Faktor VII*, der den *Faktor X* aktiviert und so über die Bildung von *Thrombin* aus Prothrombin zur *Fibrinpolymerisierung* führt. Mit Ausnahme des *Faktors III* sind die beteiligten Faktoren *Proteasen*, die in inaktiver Form vorkommen und bei deren Aktivierung ein Peptid abgespalten wird. Die Fibrinbildung durch Aktivierung des extravasculären Systems erfolgt innerhalb von Sekunden.

Aktivierung durch das intravasculäre System. Für die Auslösung der Fibrinbildung durch das *intravasculäre* System ist eine ganze Kaskade von *Proteasen* notwendig, die jeweils durch *limitierte Proteolyse* aktiviert werden. Der *Faktor XII*, welcher durch Kontakt mit benetzbaren Oberflächen (Glas, in vivo an Collagen, Elastin oder Thrombocyten) aktiviert wird, führt über die *Faktoren XI, IX und X* wiederum zur Bildung von *Thrombin* aus Prothrombin, womit die *Fibrinbildung* ausgelöst wird.

Vitamin K. Die *Biosynthese* und *Sekretion* der für die Blutgerinnung notwendigen *Faktoren VII, IX und X* sowie des *Prothrombins* werden durch K-Vitamine kontrolliert. Sie dienen als Cofaktoren bei der *Carboxylierung* von *Glutamylseitenketten*, die im aminoterminalen Bereich der genannten Blutgerinnungsenzyme liegen (s. Abb. 16-16). Erst durch die Einführung dieser zusätzlichen Carboxylgruppen werden die Wechselwirkungen der genannten Proteine mit den für die Aktivierung notwendigen *Phospholipiden* und *Calcium* ermöglicht.

Heparin. *Heparin* ist ein *stark sulfatiertes Glucosaminoglykan*, das in den Mastzellen der *perikapillären Gewebe*, der *Lungen* und der *Leber* sowie in den *Granulocyten* des Blutes vorkommt. Es wirkt direkt über eine *Hemmung der Aktivierung des Faktors X*, allerdings nur, wenn es parenteral verabreicht wird.

Vitamin K-Antagonisten. Eines der Strukturanalogen des Vitamin K ist das in Abb. 18-18 dargestellte *4-Hydroxycumarin*. Es bewirkt eine *kompetetive Verdrängung* des Vitamin K bei der Biosynthese der *Faktoren II, VII, IX und X* sowie des *Prothrombins*.

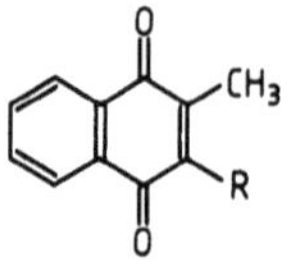

Abb. 18-13. Vitamin K und sein Strukturanaloges, das 4-Hydroxycumarin

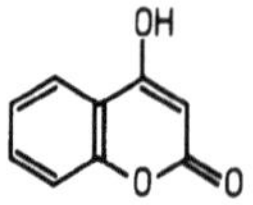

Hemmung der Blutgerinnung in vitro. Eine *Hemmung der Blutgerinnung* kann in vitro durch Zusatz von *Heparin* bewirkt werden. Einen ähnlichen Effekt haben alle Verbindungen, die *Calcium* komplexieren können. Zu ihnen gehören *Citrat, Fluorid* und *EDTA (Äthylendiamintetraacetat)*.

Die Fibrinolyse

Mit Hilfe des *fibrinolytischen Systems* werden nicht mehr benötigte *Fibrinpolymere* aufgelöst. Für diese Auflösung ist eine Endopeptidase, das sogenannte *Plasmin*, verantwortlich, welche aus einer inaktiven Vorstufe, dem *Plasminogen*, entsteht. *Plasminogenaktivatoren* finden sich in den verschiedensten *Körperflüssigkeiten* sowie in *Geweben* (Uterus, Erythrocyten, Thrombocyten). Eine Reihe von Verbindungen sind imstande, die Fibrinolyse zu hemmen. Zu ihnen gehören im Blut vorkommende *Proteinaseninhibitoren* wie das $α_2$-*Makroglobulin*, das *Antithrombin II* sowie das $α_2$-*Antitrypsin*. Medikamentös werden die sogenannten *Antifibrinolytika* eingesetzt, zu denen beispielsweise die ε-*Aminocapronsäure* gehört und die als Proteinasenhemmstoffe dienen.

Blutplasma und Blutserum

Tabelle 18-3 gibt eine Zusammenstellung der *nichtkorpuskulären Bestandteile* des Blutes. Sie können zunächst in die *hochmolekularen Bestandteile*

Tabelle 18-3. Wichtige Bestandteile des Blutes

Hochmolekular	g/l	Niedermolekular	mmol/l
Albumin	35–55	Glucose	5
Prothrombin	0,05–0,1	Triacylglycerine	2,48
α Lipoprotein (HDL)	3,0–4,6	Lactat	2,2
Fibrinogen	2–4,5	Ketonkörper	0,5
β-Lipoprotein (LDL)	3,9–4,4	Nicht veresterte Fettsäuren	0,78
IgG	8–18		
IgA	0,9–4,5		

wie Proteine und Lipoproteine sowie in die *niedermolekularen* Bestandteile eingeteilt werden.

Die Plasmaproteine. Bis heute sind etwa 100 verschiedene Proteine als *physiologische Plasmabestandteile* charakterisiert worden. Es handelt sich überwiegend um *Glykoproteine,* die meist in der Leber oder im Lymphgewebe synthetisiert werden. Der Gesamtproteingehalt des Plasmas liegt zwischen 6 und 8 g/100 ml.

Für klinische Zwecke ist es natürlich nicht möglich, immer das gesamte Spektrum der Plasmaproteine einzeln zu identifizieren. Die Trägerelektrophorese ist ein Verfahren, welches eine Grobaufteilung der Plasmaproteine in *fünf Fraktionen* ermöglicht, nämlich Albumin, α_1-, α_2-, β- und γ-Globuline. Die *relativen Verhältnisse* der einzelnen Fraktionen geben gewisse Aufschlüsse über zugrundeliegende Erkrankungen wie *Lebererkrankungen, Infektionen, Störungen des Immunsystems* und andere. Eine Verfeinerung dieser Methode läßt sich durch die *Immunelektrophorese* oder andere meist immunologische Verfahren erzielen, die jedoch einen wesentlich größeren analytischen Aufwand erfordern.

Von besonderer Bedeutung für den Transport von Lipiden im Blut sind die *Lipoproteine.* Es handelt sich um Aggregate von Lipiden mit spezifischen Proteinen, die einen geordneten Lipidtransport im Blut erst möglich machen. Die einzelnen Lipoproteine sind in Tabelle 18-4 zusammengestellt.

Chylomikronen sowie *Lipoproteine sehr geringer Dichte (VLDL)* entstehen im Verlauf der *Fettresorption* im Darm oder werden durch die *Leber* gebildet. Es handelt sich um *Triacylglycerin-reiche Lipoproteine,* die zu den extrahepatischen Geweben transportiert werden und dort einem gezielten enzymatischen Abbau unterliegen. Durch die auf der Außenseite der Plasmamembran vieler Zellen vorkommende *Lipoproteinlipase* werden die

Tabelle 18-4. Die Lipoproteine des menschlichen Serums

Bezeichnung	Lipid/Protein	Triacylglycerine g/100 g	Phospholipide g/100 g	Cholesterin g/100 g	Protein g/100 g
Chylomikronen	99/1	90	5	4	1
VLDL (very low density lipoproteins)	90/10	60	15	15	10
LDL (low density lipoproteins)	74/26	10	42	22	26
HDL (high density lipoproteins)	55/45	5	20	30	45

Triacylglycerine von Chylomikronen bzw. VLDL gespalten. Die dabei freiwerdenden *Fettsäuren* werden dann von den Zellen aufgenommen und entsprechend verstoffwechselt. Die während dieses Vorganges aus Chylomikronen und VLDL entstehenden *Restpartikel* werden in der Leber oder im Blutplasma modifiziert. Aus VLDL entstehen Lipoproteine niedriger Dichte (LDL), die sich durch ihren besonderen *Cholesterinreichtum* auszeichnen und die für den Cholesterintransport zu extrahepatischen Geweben verantwortlich sind. Jeder Anstieg der LDL-Konzentration im Blut über den Normwert ist ein Hinweis auf die Gefahr einer *Arteriosklerose*. Die *Lipoproteine hoher Dichte (HDL)* werden ebenfalls in der Leber synthetisiert. Durch Modifikation im Blut erlangen sie jedoch die Fähigkeit zum *Cholesterintransport* von extrahepatischen Geweben zur Leber als dem Hauptausscheidungsorgan des Cholesterins. Ihnen wird deswegen eine *antiatherogene Wirkung,* d.h. eine Schutzwirkung vor Arteriosklerose, zugeschrieben.

Unter den Proteinen des Blutplasmas findet sich auch eine ganze Reihe von *Enzymen*. Ein Teil von ihnen, wie beispielsweise die *Blutgerinnungsenzyme*, werden unter physiologischen Bedingungen an das Blut abgegeben. Jede Abnahme ihrer Aktivität im Blut ist ein Hinweis auf eine schwerwiegende Störung derjenigen Gewebe, die für ihre Biosynthese verantwortlich sind. Neben diesen Enzymen finden sich auch sogenannte *Zellenzyme* in wechselnder Aktivität im Blut. Diese haben dort keinerlei Funktion zu erfüllen und treten lediglich im Gefolge bestimmter Schädigungen von dem intra- in den extrazellulären Raum über. Ein bekanntes Beispiel ist das Auftreten *herzmuskelspezifischer Enzyme* im Blut nach einem *Herzinfarkt*. Das Auftreten von Zellenzymen im Blut muß aber nicht in jedem Fall durch eine *vollständige Nekrose* eines Gewebes ausgelöst sein, gelegentlich genügt auch ein *leichteres, reversibles Ausmaß einer Schädigung,* wie man es beispielsweise bei einer Virushepatitis findet. Neben dem Ausmaß der Zellschädigung ist eine wichtige Größe für den Aktivitätsanstieg von Zellenzymen im Plasma auch natürlich deren *Halbwertszeit,* die im Bereich von wenigen Tagen liegt.

Die niedermolekularen Bestandteile des Blutes. Tabelle 18-3 stellt einige *niedermolekulare Blutbestandteile* mit ihren Normbereichen zusammen. Abweichungen von diesen Normbereichen sind meist Ausdruck einer Stoffwechselstörung bzw. einer Ausscheidungsstörung.

19 Die Leber

Die *Leber* ist eines der größten Organe des Organismus. Bezüglich ihrer Bedeutung im Stoffwechsel nimmt sie eine zentrale Position ein. In ihr laufen die meisten der heute bekannten Stoffwechselreaktionen ab. Infolge ihrer *spezifischen anatomischen Lokalisation* ist sie zwischen den Darm als Ort der Resorption von Nahrungsstoffen und die extrahepatischen Gewebe als den „Endverbrauchern" geschaltet. Auf diese Weise kommt ihr eine wichtige Rolle bei der Aufrechterhaltung des *„inneren Milieus"* der Körperflüssigkeiten zu: Sie ist es, die dafür sorgt, daß die Zusammensetzung der extrazellulären Flüssigkeit, was ihren Nährstoffgehalt angeht, im wesentlichen konstant ist.

Neben diesen Funktionen kommt der Leber auch erhebliche *sekretorische Aktivität* zu. Nahezu alle der im Blutplasma vorkommenden Proteine werden in der Leber synthetisiert und sezerniert. Eine Ausnahme hiervon machen die *Immunglobuline,* die aus dem lymphatischen System stammen. Darüber hinaus erfolgt in der Leber die Assemblierung von *VLDL, LDL und HDL* sowie ihre Abgabe ans Blut.

Durch ihre Fähigkeit zur *Gallenbildung* hat die Leber eine wichtige Funktion als Ausscheidungsorgan. Der größte Teil des auszuscheidenden *Cholesterins* sowie der aus dem Cholesterin entstandenen *Gallensäuren* erscheint in der Gallenflüssigkeit. Darüber hinaus befinden sich hier die sogenannten *Gallenfarbstoffe,* die die Abbauprodukte des Hämoglobins darstellen.

Über die genannten Funktionen hinaus kommt der Leber im Zug der *Entgiftung körpereigener* und *körperfremder Verbindungen* eine wichtige Rolle zu. Sie ist imstande, schwer wasserlösliche Metaboliten soweit zu modifizieren, daß sie über die Nieren ausscheidungsfähig werden.

Die Entdeckung, daß intrazellulär lokalisierte Enzyme bei Gewebsschädigungen in die extrazelluläre Flüssigkeit und damit ins Blut abgegeben werden können, wo sie leicht nachgewiesen werden können, gehört zu den Meilensteinen der klinisch-chemischen Diagnostik. Dies trifft im besonderen Maße für die Leber zu. Sie zeichnet sich vor allen anderen Organen durch eine vielseitige Ausstattung mit spezifischen und besonders aktiven Enzymen aus. Es ist daher verständlich, daß diese bei entsprechenden Schädigungen besonders gut im Blut nachgewiesen werden können.

Spezifische Stoffwechselfunktionen der Leber

Stoffwechselfunktionen

Tabelle 19-1 gibt eine Zusammenstellung der wichtigsten spezifischen Stoffwechselfunktionen der Leber wieder. Es handelt sich um Reaktionen, die zu den großen Kapiteln des Intermediärstoffwechsels gehören und dort auch besprochen wurden.

Tabelle 19-1. Übersicht über die wichtigsten Stoffwechselfunktionen der Leber

Stoffwechsel	Funktion	Seite
Kohlenhydrate		
Glykogen	Homöostase der Blutglucose durch hormonelle Regulation von Glykogensynthese und Glykogenolyse	152
Glucose	Homöostase der Blutglucose durch Glucosebiosynthese aus Nichtkohlenhydraten (Gluconeogenese)	146
Galaktose	Utilisierung von Galaktose aus Lactose, Biosynthese von Galaktose	71
Fructose	Utilisierung von Fructose aus Saccharose	72
Lipide		
Lipoproteine	Biosynthese, Assemblierung und Abbau von VLDL, LDL und HDL	313
Fettsäuren	Biosynthese von Ketonkörpern bei β-Oxidation der Fettsäuren	108
Cholesterin	Biosynthese von Cholesterin in Abhängigkeit vom Nahrungscholesterin	167
	Umwandlung von Cholesterin zu Gallensäuren	169
N-haltige Verbindungen		
Aminosäuren	Biosynthese nichtessentieller Aminosäuren	112
	Abbau essentieller und nichtessentieller Aminosäuren	122 f.
Aminosäuren	Decarboxylierung von Aminosäuren zu „biogenen Aminen"	122
Harnstoff	Biosynthese von Harnstoff im Harnstoffcyclus	117
Kreatin	Biosynthese	331
Proteine		
Albumin	Biosynthese und Sekretion	–
Gerinnungsenzyme	Biosynthese und Sekretion	309

Die Entgiftung von körpereigenen und körperfremden Substanzen in der Leber

Zu den ganz wesentlichen Aufgaben der Leber gehört die *Entgiftung körpereigener* Verbindungen wie beispielsweise von *Steroiden* oder von *Bilirubin*. Darüber hinaus gelangen eine große Zahl *körperfremder Verbindungen* wie *Arzneimittel, Farbstoffe, Konservierungsmittel* usw. in den Organismus und müssen aus ihm wieder eliminiert werden. In der Regel handelt es sich bei den genannten körpereigenen und körperfremden Substanzen um stark *lipophile Verbindungen*, die ohne den Mechanismus der sogenannten *Biotransformation* entweder gar nicht oder nur außerordentlich langsam ausgeschieden werden könnten und die deswegen infolge einer sehr langen Verweildauer im Organismus zu gefährlichen Konzentrationen akkumulieren könnten.

Generell erfolgt die *Biotransformation* in zwei Schritten. Zunächst werden die betreffenden Verbindungen durch *chemische Modifikationen* soweit umgewandelt, daß sie $-OH$, $-NH_2$, $-SH$ bzw. $-COOH$-Gruppen enthalten. In aller Regel sind die so entstandenen Metabolite immer noch nicht hydrophil genug, um ohne weiteres ausgeschieden werden zu können. Sie werden infolgedessen im zweiten Schritt der Biotransformation an sehr *polare Verbindungen* gekoppelt. Die dabei entstehenden *Konjugationsverbindungen* können nun ohne weiteres ausgeschieden werden. Dies geschieht entweder durch die *Nieren* in den *Urin* oder über die *Leber* in die *Gallenflüssigkeit*.

Teil 1 der Biotransformation: Oxidative bzw. reduktive Umwandlung. Meist werden die in Frage kommenden Verbindungen durch die Aktivität der sogenannten *Monooxygenasen* (s. S. 96) oxidiert. Tabelle 19-2 gibt einen Überblick über die wichtigsten durch Monooxigenasen vermittelten Oxidationsreaktionen. Weitere wichtige oxidative Reaktionen sind die *Desaminierung* unter Ausbildung einer $-CO$-*Gruppe* sowie Ammoniak (s. S. 117) und die *oxidative Spaltung* der Seitenkette des Cholesterins unter Bildung der Gallensäuren (s. S. 169).

Wesentlich seltener werden ausscheidungspflichtige körpereigene bzw. körperfremde Substanzen im Teil 1 der Biotransformation durch *Reduktionen* modifiziert. Dabei entstehen z. B. aus Nitrogruppen *Aminogruppen*.

Teil 2 der Biotransformation: Die Konjugation. Der Sinn dieser *zweiten Phase* der *Biotransformation* besteht darin, die durch Oxidation bzw. Reduktion entstandenen Metaboliten mit stark *hydrophilen Verbindungen* zu koppeln. Hierzu stehen an erster Stelle die Kopplung mit *Glucuronsäure*, mit *Sulfat* bzw. mit *Glycin* zur Verfügung (Tabelle 19-3).

Tabelle 19-2. Wichtige, durch Monooxigenasen katalysierte Reaktionen

Hydroxylierung

$$R-H \xrightarrow[H_2O \quad NADP^+]{O_2 \quad NADPH+H^+} R-OH$$

O-Dealkylierung

$$R-O-CH_3 \xrightarrow[H_2O \quad NADP^+]{O_2 \quad NADPH+H^+} R-OH + HCHO$$

N-Dealkylierung

$$R-\underset{R'}{N}-CH_3 \xrightarrow[H_2O \quad NADP^+]{O_2 \quad NADPH+H^+} R-\underset{R'}{NH} + HCHO$$

Tabelle 19-3. Möglichkeiten der Konjugation von Metaboliten, die durch die Oxidation oder Reduktion körpereigener bzw. körperfremder Substanzen entstanden sind

Glucuronidierung

$$R-OH + UDP\text{-Glucuronat} \longrightarrow \text{[Glucuronat-O-R]} + UDP$$

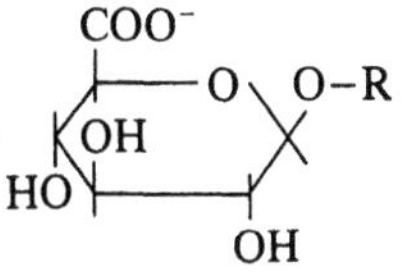

$$R-NH_2 + UDP\text{-Glucuronat} \longrightarrow \text{[Glucuronat-NH-R]} + UDP$$

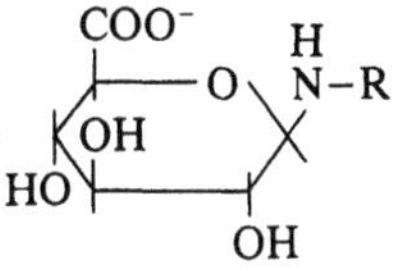

$$R-COO^- + UDP\text{-Glucuronat} \longrightarrow \text{[Glucuronat-O-CO-R]} + UDP$$

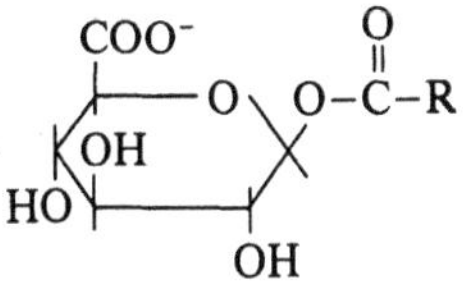

Sulfatierung

$$R-OH + PAPS \rightarrow R-O-SO_3^- + PAMP$$
$$R-NH_2 + PAPS \rightarrow R-NH-SO_3^- + PAMP$$

Konjugation mit Glycin

$$R-\overset{O}{\underset{\|}{C}}-SCoA + H_3N^+-CH_2-COO^- \rightarrow R-\overset{O}{\underset{\|}{C}}-NH-CH_2-COO^- + CoASH$$

Durch Kopplung mit *Glucuronsäure* entstehen die sogenannten *Glucuronide*. Für die Kopplungsreaktion muß Glucuronsäure in ihrer aktivierten Form, d. h. als *UDP-Glucuronat* (s. S. 172) vorliegen. Die Konjugation kann mit *OH-Gruppen*, *primären* und *sekundären Aminen* sowie mit *Carboxylgruppen* erfolgen.

Für die *Sulfatierung*, die vor allen Dingen mit *OH-Gruppen* sowie *Aminogruppen* erfolgt, ist das aktivierte Sulfat, das 3'-Phosphoadenosin-5'-Phosphosulfat (Abb. 8-10) notwendig. Aus ihm entsteht nach Sulfatierung das 3'-Phosphoadenosinmonophosphat.

Eine weitere Möglichkeit ist schließlich die *Amidierung* von *Carboxylgruppen* mit Aminosäuren, wofür im wesentlichen die Aminosäure *Glycin* verwendet wird. Hierbei muß zunächst die *Carboxylgruppe* des betreffenden Metaboliten in einer ATP-abhängigen Reaktion mit Coenzym A zum betreffenden *Acyl-CoA* aktiviert werden. Erst danach erfolgt unter Ausbildung eines *Säureamids* die Reaktion mit Glycin.

Außer den genannten drei Reaktionstypen kommen noch die *Methylierung*, die *Acetylierung* sowie die Ausbildung von *Thioäthern* vor, die allerdings von wesentlich geringerer Bedeutung sind.

Die Entwicklung des Biotransformationssystems

Die verschiedenen für die Biotransformation benötigten Enzymsysteme sind besonders leicht *induzierbar*. Dies bedeutet, daß ihre Aktivität bei besonders hoher oder langdauernder Zufuhr der zu metabolisierenden Verbindungen durch vermehrte Synthese des betreffenden Enzymproteins zunimmt. Bei *Neugeborenen* und *Kleinkindern* sind die betreffenden Aktivitäten im allgemeinen außerordentlich niedrig. Dies betrifft vor allem die *mikrosomalen Monooxygenasen* sowie die *Glucuronyltransferasen*. Dies macht es verständlich, warum Neugeborene gegen eine ganze Reihe von Arzneimitteln außerordentlich empfindlich sind. Der bei Neugeborenen gelegentlich zu beobachtende *schwere Ikterus* beruht auf einer noch ungenügenden Glucuronidierung des durch den vermehrten Erythrocytenabbau entstehenden *Bilirubins*.

Der Stoffwechsel lebertoxischer Substanzen

Die besondere Empfindlichkeit der Leber gegenüber den verschiedensten Giften ergibt sich aus den Besonderheiten ihrer anatomischen Lage. Sie liegt, gleichsam als „Filter" zwischen dem Intestinaltrakt als dem Ort der Resorption und dem Organismus. Infolgedessen ist es verständlich, daß alle oral zugeführten Gifte die Leber als erstes und in besonders hoher Konzentration treffen. Schadstoffe oder Gifte, deren Lebertoxizität erwiesen ist, können Abfallprodukte industrieller Herstellungsverfahren sein (organische Lösungsmittel wie Tetrachlorkohlenstoff, Phosphor u. a.), aus natürlichen Quellen stammen wie beispielsweise eine der beiden Giftkomponenten des Knollenblätterpilzes, das Amanitin (s. S. 206) oder zur Gruppe der Pharmaka gehören (z. B. Tetracycline, Cytostatica u. a.). Häufig führt gerade die chronische Vergiftung mit derartigen Verbindungen zu einer sogenannten *Fettleber*, d. h. einer Zunahme des normalen Fettgehaltes der Leber (ca. 5%) auf das Mehrfache. In aller Regel ist bei lebertoxischen Substanzen die Ursache dieser Verfettung in einer *Hemmung der Biosynthese von Apolipoproteinen* zu sehen, was eine Behinderung der Lipoproteinsekretion mit gesteigerter Fettablagerung zur Folge hat.

Die bedeutungsvollste lebertoxische Substanz ist ohne Zweifel das *Ethanol*. Wie für die anderen per os zugeführten Gifte gilt auch hier, daß die Leber mit den höchsten Konzentrationen konfrontiert wird. Abbildung 19-1 zeigt die Möglichkeiten des Ethanolabbaus, der ausschließlich in der Leber erfolgt. Der größte Teil des Abbaus erfolgt dabei durch eine *NAD-abhängige*, schrittweise Oxidation von *Ethanol* zu *Acetat*. Die hierfür benötigten Enzyme sind die *Alkoholdehydrogenase* sowie die *Aldehyddehydrogenase*, die cytosolisch bzw. mitochondrial lokalisiert sind. Einen Nebenweg, dem quantitativ allerdings nur eine geringe Bedeutung zukommt, stellt die Alkoholoxidation durch eine *Cytochrom P_{450}-abhängige*

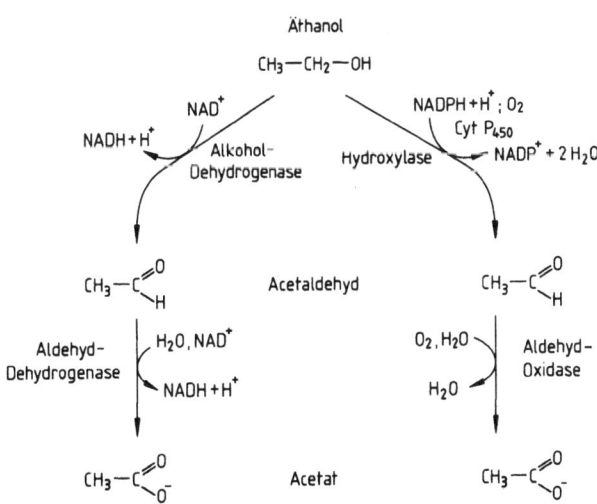

Abb. 19-1. Mikrosomaler und cytoplasmatischer Ethanolabbau

Monooxygenase dar. Das entsprechende Enzym ist am *endoplasmatischen Reticulum* lokalisiert. Beim Ethanolabbau entstehendes *Acetat* wird durch eine in der Leber in hoher Aktivität vorkommende *Thiokinase* zu *Acetyl-CoA* aktiviert. Dieses kann über die bekannten Stoffwechselwege oxidiert werden, dient aber auch als Ausgangspunkt für eine gesteigerte *Fettsynthese* (alkoholische Fettleber!).

Die Gallenflüssigkeit

In der Leber laufen nicht nur wichtige Stoffwechselprozesse und Biosynthesen ab. Sie ist auch ein aktives *Sekretionsorgan*. Das von ihr sezernierte Produkt ist die *Gallenflüssigkeit,* die von der Leber abgegeben und bei vielen Säugetieren, auch beim Menschen, in der Gallenblase gespeichert und konzentriert werden kann. Tabelle 19-4 zeigt die Zusammensetzung menschlicher *Leber-* bzw. *Blasengalle*. Neben den *Gallenfarbstoffen*, die im wesentlichen aus *Bilirubindiglucuronid* (s. S. 299) bestehen, fällt die hohe Konzentration an dem im Wasser praktisch unlöslichen *Cholesterin* sowie vor allen Dingen von *Gallensäuren* auf. Die letzteren entstehen in der Leber durch die in Abb. 11-7 dargestellten Prozesse aus *Cholesterin*. Es handelt sich im wesentlichen um eine *oxidative Verkürzung* der Cholesterinseitenketten sowie um eine *Hydroxylierung* des Steranskelettes. Zu weitergehenden Modifikationen oder gar zur Spaltung des Steranringsystems ist der tierische Organismus nicht imstande, so daß die Ausscheidung von Cholesterin und vor allen Dingen von Gallensäuren durch die Leber in die Gallenflüssigkeit den einzigen Ausscheidungsweg für Cholesterin darstellt.

Tabelle 19-4. Zusammensetzung menschlicher Leber- und Blasengalle

	Lebergalle [% des Gesamtgewichtes]	Blasengalle [% des Gesamtgewichtes]
Wasser	96,64	86,7
Gallensäuren	1,9	9,1
Mucin und Gallenfarbstoffe	0,5	3,0
Cholesterin	0,06	0,3
Fettsäuren	0,1	0,3
Anorganische Salze	0,8	0,6
pH	7,1	6,9–7,7

Der tägliche Umsatz an *Gallensäuren* beträgt unter der Annahme einer Gallenbildung von nur 500 ml etwa 10 g, die tägliche Synthese an Gallensäuren jedoch nur 200–500 mg, was genau der täglichen Ausscheidung von Gallensäuren bzw. deren bakteriellen Abbauprodukten mit den Faeces entspricht. Diese offensichtliche Diskrepanz wird durch die Tatsache erklärt, daß *Gallensäuren* in sehr erheblichem Umfang einen *enterohepatischen Kreislauf* durchmachen. Über die *Gallenwege* in das *Duodenum* sezernierte Gallensäuren werden im unteren Duodenum mit Hilfe eines *aktiven Transportsystems* resorbiert und über das Pfortadersystem zur *Leber* zurückgebracht, wo sie für die erneute Sekretion in die Gallenflüssigkeit zur Verfügung stehen. Der Sinn dieses enterohepatischen Kreislaufes liegt offensichtlich darin, die relativ geringe Gesamtmenge der Gallensäuren für die *Resorption von Fetten* (s. S. 254) bereitzuhalten.

Das in der Gallenflüssigkeit vorkommende *Cholesterin* ist praktisch wasserunlöslich. Es bildet mit den in der Gallenflüssigkeit ebenfalls vorkommenden *Phospholipiden*, besonders dem *Phosphatidylcholin* sowie den *Gallensäuren* gemischte Micellen und bleibt so in Lösung. Eine Micellenbildung ist jedoch nur bei entsprechenden Konzentrationen der drei beteiligten Partner möglich. Werden die Konzentrationsbereiche überschritten, so kommt es zu einem Ausfallen des Cholesterins in der Gallenflüssigkeit und damit zur Bildung sogenannter *Gallensteine*, von denen 80% cholesterinreich und 50% reine Cholesterinsteine sind.

Eine große Reihe körpereigener und körperfremder Substanzen werden über die Gallenwege ausgeschieden. Zu ihnen gehören neben dem Gallenfarbstoff Bilirubin Glucuronide der *Steroidhormone*, andere *Hormone* (z. B. Insulin) sowie viele *Medikamente*. Störungen des Gallenflusses behindern deswegen häufig die Eliminierung von Arzneimitteln, was gegebenenfalls bei ihrer Dosierung berücksichtigt werden muß.

20 Das Fettgewebe

Das *Fettgewebe* macht beim normalgewichtigen Menschen etwa 12% des Gesamtkörpergewichtes aus. Zu seinen Aufgaben gehört die *Wärmeisolierung* (subkutanes Fettgewebe), *Schutz* vor *mechanischen Traumen* (Fettgewebe der Fußsohle), *Polsterung wichtiger Organe* (retroorbitales Fettgewebe) sowie vor allem die *Energiespeicherung*. Da das Fettgewebe zu 95% aus Triacylglycerin besteht, errechnet sich bei Normalgewichtigen eine Fettmasse von etwa 8–10 kg. Diese ist imstande, den Energieverbrauch des Menschen für etwa 37 Tage zu decken, was die Überlegenheit des Fettgewebes gegenüber anderen Formen der Energiespeicherung (Glykogen, Proteine) deutlich macht.
Eine wesentliche Voraussetzung für das Funktionieren des Fettgewebes als Energiespeicher ist allerdings, daß es imstande ist, rasch und effektiv zu viel aufgenommene Nahrungsstoffe in Fett umzulagern und zu speichern, diese jedoch bei Bedarf ebenso rasch und effektiv zu mobilisieren. Abbildung 20-1 stellt eine Zusammenfasssung der entsprechenden im Fettgewebe ablaufenden Stoffwechselprozesse dar, deren Einzelheiten ausführlich in Kap. 9, 10 besprochen wurden.
Die *Lipogenese* im Fettgewebe findet vor allem aus *Glucose* sowie *nichtveresterten Fettsäuren* statt. Glucose kann zu *Acetyl-CoA* abgebaut werden, welches dann als Ausgangspunkt für die *Fettsäurebiosynthese* dient. Glucose liefert aber gleichzeitig infolge der Fähigkeit des Fettgewebes zur Reduktion von Dihydroxyacetonphosphat zu α-*Glycerophosphat* den *Glycerinanteil* der Triacylglycerine. Diese werden aus 3 Acyl-CoA sowie α-Glycerophosphat synthetisiert. Die *Lipogenese* steht unter hormoneller Kontrolle durch *Insulin*. Es stimuliert den *Glucosetransport* in die Fettzelle und stellt damit das nötige Substrat für die Umwandlung von Kohlenhydraten in Fett zur Verfügung. Die Hauptquelle für die vom Fettgewebe aufgenommenen nichtveresterten Fettsäuren stellen die in Chylomikronen und VLDL gespeicherten *Triacylglycerine* dar. Sie müssen durch die *Lipoproteinlipase* zu Fettsäuren und Glycerin gespalten werden, wobei die ersteren vom Fettgewebe aufgenommen werden können. Die Biosynthese der Lipoproteinlipase steht ebenfalls unter der Kontrolle von *Insulin*.
Der Abbau des im Fettgewebe gespeicherten Triacylglycerins zu *Fettsäuren* und *Glycerin*, die *Lipolyse*, erfolgt durch *hormonkontrollierte* Aktivierung

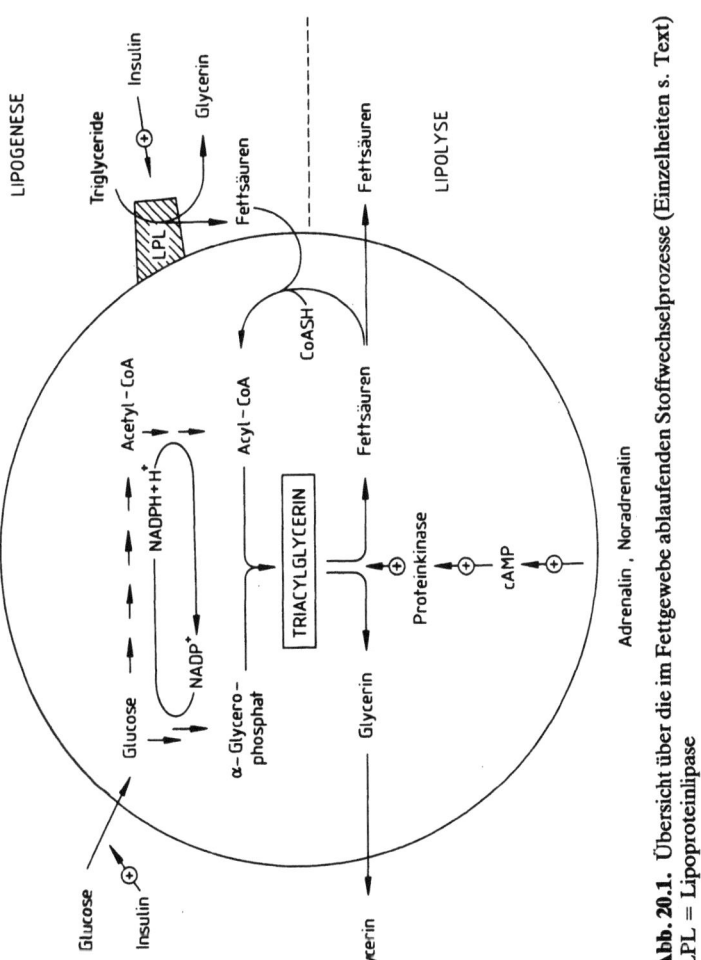

Abb. 20.1. Übersicht über die im Fettgewebe ablaufenden Stoffwechselprozesse (Einzelheiten s. Text)
LPL = Lipoproteinlipase

einer entsprechenden *Triacylglycerinlipase*. Das Enzym wird durch eine *cAMP-abhängige Proteinkinase* phosphoryliert und aktiviert, in dephosphorylierter Form zeigt es keinerlei enzymatische Aktivität. Damit bekommen die Insulin-antagonistisch wirkenden Hormone, vor allen Dingen die *Katecholamine,* daneben das *Glucagon* sowie das *ACTH* eine besondere Bedeutung für die Lipolyse. Sie sind imstande, die Adenylatcyclase des Fettgewebes zu stimulieren, was über die erhöhten cAMP-Spiegel zu einer Aktivierung der die Triacylglycerinlipase phosphorylierenden Proteinkinase führt. Das Insulin wirkt als *Inhibitor* der Adenylatcyclase, stimuliert also am Fettgewebe nicht nur die *Lipogenese,* sondern hemmt die *Lipolyse.*

Jede gesteigerte Lipolyse führt zu einem Anstieg der Konzentration *nichtveresterter Fettsäuren* im Serum. Sie werden als Albuminkomplexe transportiert und dienen in vielen Geweben als Substrate zur Deckung des Energiebedarfs durch β-Oxidation der Fettsäuren. Speziell die Leber zeichnet sich durch eine Besonderheit aus; auch hier erfolgt eine konzentrationsabhängige Aufnahme von nicht veresterten Fettsäuren aus dem Blut sowie eine rasche Oxidation der Fettsäuren zu Acetyl-CoA. Ein Teil dieses Acetyl-CoA wird jedoch nicht im Citratcyclus oxidiert, sondern dient der Produktion der *Ketonkörper,* also von *Acetacetat* und *β-Hydroxybutyrat* (der dritte Ketonkörper, das Aceton, entsteht durch spontane Decarboxylierung von Acetacetat). Die Leber ist nur in beschränktem Umfang imstande, Ketonkörper selber zu verwerten, sie gibt sie vielmehr wiederum ans Blut ab, von wo sie an eine Vielzahl von Geweben, darunter an die *Muskulatur* und unter bestimmten Bedingungen an das *Zentralnervensystem,* gelangen und oxidiert werden können. Der offensichtliche biologische Vorteil dieses Prozesses liegt darin, daß durch die Umwandlung in die Ketonkörper Fettsäuren in eine gut oxidierbare und leicht wasserlösliche Form gebracht werden können (Mechanismus der Ketonkörperbiosynthese s. S. 108).

21 Das Muskelgewebe

Das Phänomen der Beweglichkeit ist in der Biosphäre in vielfältigster Weise verwirklicht. Es findet sich als Beweglichkeit *intrazellulärer Organellen* (Kernteilung), bei Einzellern *(Geißelbewegungen, amöboide Bewegung)* sowie bei vielzelligen tierischen Organismen in Form eines spezialisierten Gewebes, des *Muskelgewebes*. Im Muskelgewebe selbst kann wiederum zwischen *quergestreifter* und *glatter Muskulatur* unterschieden werden. Die erstere bildet die *willkürlich innervierbaren* Muskeln und zeichnet sich durch eine charakteristische *Querstreifung* im lichtmikroskopischen Bild aus. Ein Sonderfall der quergestreiften Muskulatur ist der *Herzmuskel*. Die *glatte Muskulatur* zeigt das Phänomen der Querstreifung nicht und dient der *vegetativ innervierten* Bewegung der Organe im *Gastrointestinaltrakt*, der *Gefäßmuskulatur* sowie im *Urogenitaltrakt*.

Mechanismus der Muskelkontraktion

Ein *quergestreifter Muskel* läßt sich in eine große Anzahl sogenannter *Faserbündel* zerlegen, die wiederum aus einzelnen *Muskelfasern* bestehen. Eine *Muskelfaser* stellt ein *Plasmodium* dar, welches durch Wachstum und Kernteilung aus einer Zelle entstanden ist. Es kann mehrere *hundert Zellkerne* enthalten und eine Länge von mehreren Zentimetern erreichen. Die Muskelfaser ist von einer Plasmamembran umgeben, die als *Sarkolemm* bezeichnet wird.
Den *kontraktilen Apparat* der Muskelfasern stellen die *Myofibrillen* dar, die in großer Zahl in der Muskelfaser vorkommen. Sie enthalten die *dünnen* und *dicken Filamente*, die im quergestreiften Muskel in einem sich regelmäßig wiederholenden Muster angeordnet sind und so zum Phänomen der *Querstreifung* führen (Abb. 21-1).
Wie aus Abb. 21-1 sowie aus Tab. 21-1 hervorgeht, bilden insgesamt 4 Proteine die wesentlichen Bestandteile des *Sarkomers* als der funktionellen Grundeinheit der *Myofibrille*. Das Hauptprotein des Sarkomers ist das *Myosin*, das für die Bildung der *dicken Filamente* verantwortlich ist. Der Aufbau eines *dicken Filamentes* aus mehreren *Myosinmolekülen* geht aus Abb. 21-2 hervor. Die *dünnen Filamente* werden durch Polymerisierung des

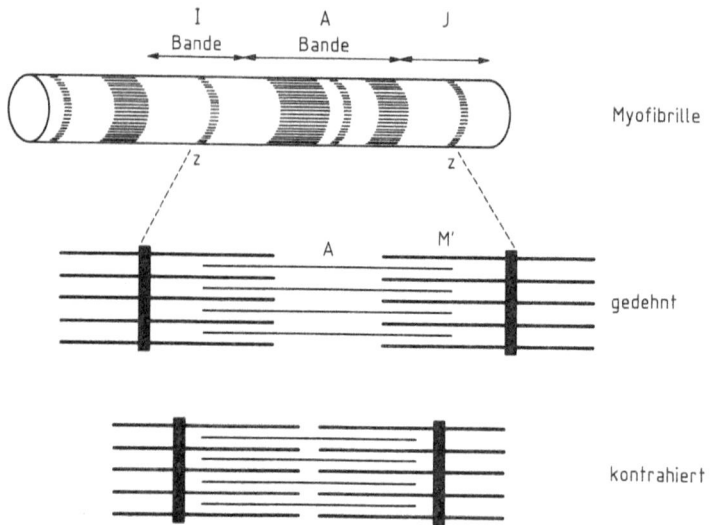

Abb. 21-1. Schema des Aufbaus einer Myofibrille

Tabelle 21-1. Die einzelnen Proteine des Myofilamentes

Protein	Polymere Form	Funktion
Myosin	Dickes Filament	Brückenbildung mit F-Actin, Myosin-ATPase
G-Actin	F-Actin, dünnes Filament	Brückenbildung mit Myosin
Tropomyosin	—	Als Bestandteil des dünnen Filaments Regulation der Myosin-Actin-Wechselwirkung
Troponin	—	Ca-Bindungsprotein, Regulation der Myosin-Actin-Wechselwirkung

globulären Proteins *G-Actin* zu dem filamentösen *F-Actin* gebildet. Diese dünnen *F-Actin-Filamente* lagern darüber hinaus die regulatorischen Proteine *Tropomyosin* und *Troponin* an.

Abbildung 21-2 zeigt schematisch die bei der *Muskelkontraktion* auftretenden Vorgänge. Zunächst binden die Kopfgruppen der das dicke Myofilament bildenden *Myosinmoleküle* ATP und spalten dieses zu ADP und P_i, so daß der *Myosin-ADP-Komplex* entsteht. Die bei der ATP-Spaltung freiwerdende Energie wird dadurch konserviert, daß sie eine *spezifische*

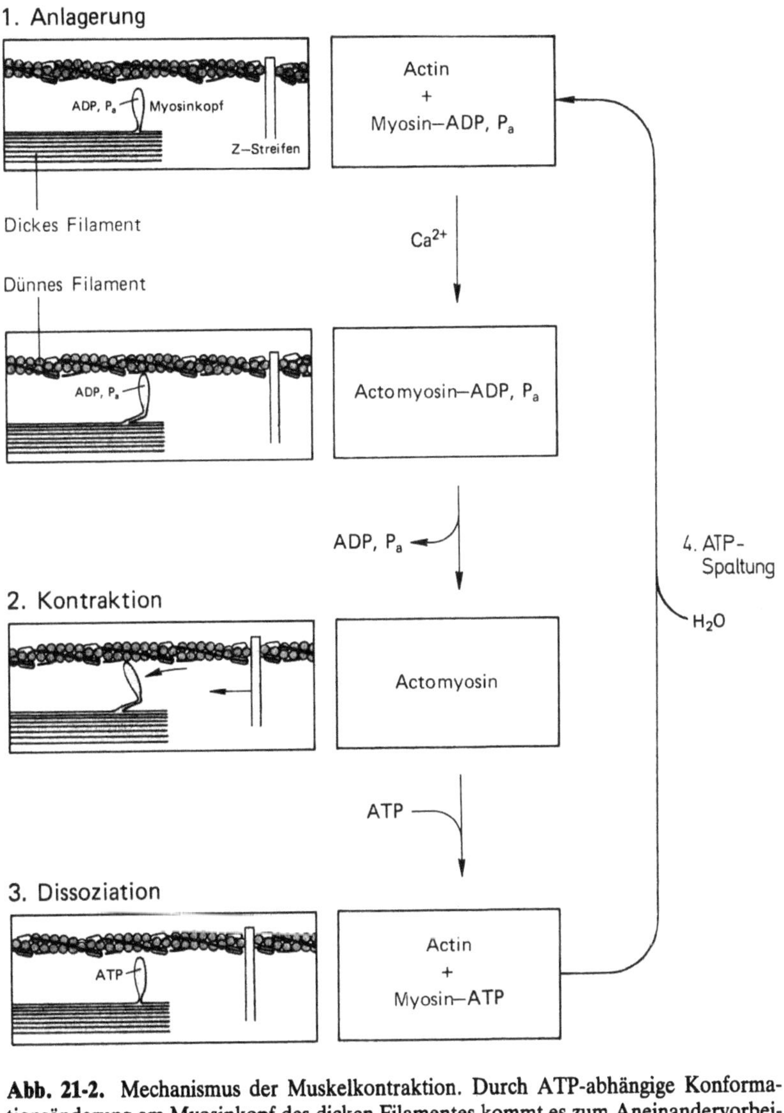
1. Anlagerung
ADP, P_a
Myosinkopf
Z–Streifen
Dickes Filament
Dünnes Filament
Actin
+
Myosin–ADP, P_a
Ca^{2+}
ADP, P_a
Actomyosin–ADP, P_a
ADP, P_a
4. ATP-
Spaltung
H_2O
2. Kontraktion
Actomyosin
ATP
3. Dissoziation
ATP
Actin
+
Myosin–ATP

Abb. 21-2. Mechanismus der Muskelkontraktion. Durch ATP-abhängige Konformationsänderung am Myosinkopf des dicken Filamentes kommt es zum Aneinandervorbeigleiten von Aktin- und Myosinfilamente. (Aus Jungermann, Möhler, Biochemie. Berlin Heidelberg New York: Spinger 1980)

Konformationsänderung des Myosinmoleküls auslöst. Unter der Einwirkung von *Calcium* lagern sich die Kopfgruppen der *Myosinmoleküle* an die aus *F-Actin* bestehenden *dünnen Filamente* an, so daß der *Actomyosin-ADP-Komplex* entsteht. Unter Abspaltung von ADP ändert sich nun die Lage der Kopfgruppen derart, daß die dünnen Filamente über die dicken gleiten, so daß es zu einer *Verkürzung des Sarkomers* kommt. Die *Dissoziation des Actomyosinkomplexes* geschieht schließlich durch Anlagerung von ATP an die Kopfgruppen des Myosins, was mit einer Spaltung des ATPs zu ADP und P_i verbunden ist, womit der ursprüngliche Zustand wieder hergestellt ist.

Im Ruhezustand liegt das Sarkomer demnach in einem vergleichsweise *„energiereichen" Zustand* vor, da die bei der ATP-Spaltung freiwerdende Energie in einer entsprechenden Konformation des Myosinmoleküls konserviert wurde. Daß dies nicht sofort zum Auslösen des Kontraktionsprozesses führt, ist der Tatsache zu verdanken, daß in Ruhe die Bindungsstellen des F-Actins für die Myosinkopfgruppen durch das *Tropomyosin* verlegt sind. Im Sarkomer freigesetzte *Calciumionen* werden von *Troponin*, einem weiteren Bestandteil des dünnen Filamentes, gebunden, wodurch Troponin mit *Tropomyosin* in Wechselwirkung treten kann, was zu einer Freilegung der *Myosinbindungsstellen* auf dem dünnen Filament und damit zur Auslösung des *Kontraktionsvorganges* führt.

Im Ruhezustand ist die *Calciumkonzentration* im Sarkomer mit etwa 10^{-7} mol/l außerordentlich niedrig. Durch die mit der Nervenreizung einhergehende *Depolarisation* der Muskelfaser kommt es zu einer *Calciumfreisetzung* aus intrazellulären Calciumspeichern *(sarkoplasmatisches Reticulum)* sowie außerdem zu einem *Calciumeinstrom* aus dem extrazellulären Raum. Für den Übergang zur Ruhepause ist die Wiederherstellung der niedrigen intrazellulären Calciumkonzentration notwendig, was mittels einer *ATP-abhängigen Calcium-ATPase* geschieht, welche die gegen ein Konzentrationsgefälle erfolgende Wiederaufnahme von Calcium in das *sarkoplasmatische Reticulum* bzw. die Ausschleusung von Calcium aus der Zelle katalysiert. Nähere Einzelheiten zum Mechanismus der Muskelkontraktion s. Lehrbücher der Physiologie.

Der Energiestoffwechsel des Muskelgewebes

Aus dem oben geschilderten Mechanismus der Muskelkontraktion wird verständlich, daß der ATP-Verbrauch der Muskulatur bei Arbeit beträchtlich ist. Die Muskelzelle verfügt infolgedessen über eine Reihe von Mechanismen, die ihr die Deckung dieses hohen Energiebedarfes ermöglichen.

Für sehr kurz dauernde Muskelkontraktionen steht neben dem intrazellulären ATP-Gehalt der Muskelzelle eine weitere energiereiche Verbindung, das *Kreatinphosphat*, zur Verfügung, dessen Biosynthese in Abb. 21-3 dargestellt ist. Ausgangspunkt der Biosynthese ist die Aminosäure *Glycin*, die eine *Guanidinogruppe* von *Arginin* übernimmt und anschließend *methyliert* wird. Das so entstandene *Kreatin* kann in einer reversiblen Reaktion mit ATP zu *Kreatinphosphat* phosphoryliert werden. Dank der benachbarten Guanodinogruppe handelt es sich um eine *„energiereiche Verbindung"*, deren Hydrolyse-Energie im Bereich derjenigen des ATPs liegt. Da der Kreatingehalt der Muskelzelle um ein Mehrfaches über demjenigen des ATPs liegt, kann durch Phosphorylierung von Kreatin zu Kreatinphosphat während der Ruhepause ein beträchtlicher Vorrat an *„energiereichem Phosphat"* angelegt werden, der bei plötzlichem hohen Energiebedarf dazu dient, ADP unabhängig von Atmungs- bzw. Stoffwechselprozessen zu rephosphorylieren. Wegen der limitierten Konzentration von Kreatin kann dieses System allerdings nur zur relativ kurzfristigen Deckung des Energiebedarfs bei Arbeit über wenige Minuten dienen.

Für länger dauernde Arbeitsleistungen sind die wichtigsten Substrate aus dem extrazellulären Raum aufgenommene *Glucose* sowie das *Muskelglykogen*. Beide Verbindungen werden über die *Glykolyse* abgebaut und das

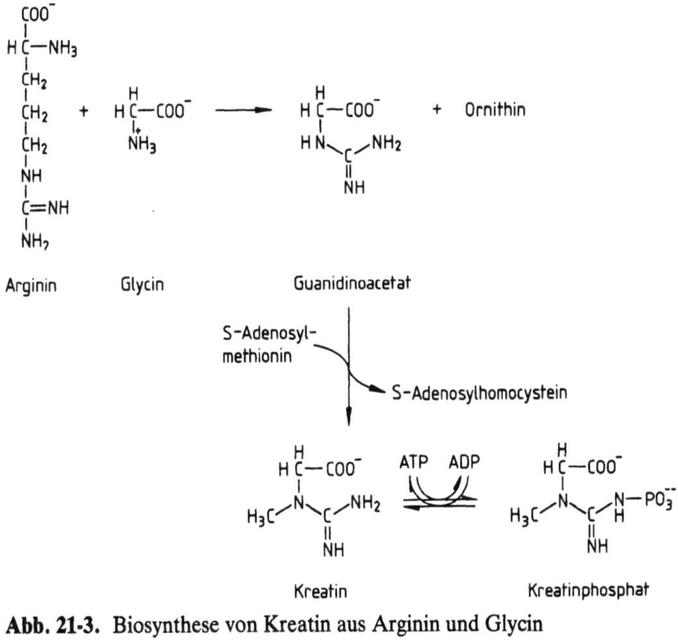

Abb. 21-3. Biosynthese von Kreatin aus Arginin und Glycin

entstehende Pyruvat unter beträchtlichem Energiegewinn in *Citratcyclus* und *Atmungskette* oxidiert (s. S. 74f.). Da es sich bei den letzteren Prozessen um sauerstoffabhängige Vorgänge handelt, muß in der Muskelzelle die Sauerstoffdiffusion aus dem Blut zu den Mitochondrien besonders schnell erfolgen. Dies wird dadurch ermöglicht, daß die Muskelzelle über ein besonderes Transportprotein für Sauerstoff, das *Myoglobin,* verfügt. Myoglobin ist wie Hämoglobin ein Hämprotein, besteht jedoch nur aus einer Peptidkette, die viele Strukturhomologien zu den Hämoglobinuntereinheiten besitzt, jedoch als monomeres Molekül nicht über die allosterischen Eigenschaften des Hämoglobins verfügt. Myoglobin wird infolge des in der extrazellulären Flüssigkeit herrschenden Sauerstoffpartialdruckes gut mit Sauerstoff beladen, gibt ihn jedoch leicht an die Mitochondrien ab, da dort der pO_2 sehr niedere Werte erreicht.

Überschreitet die der Muskulatur abgeforderte Arbeitsleistung die Kapazität der Muskelzelle zum oxidativen, O_2-abhängigen Stoffwechsel, so kann der daraus resultierende Energiebedarf durch eine weitere Beschleunigung der *Glykogenolyse* und *Glykolyse* erzielt werden. Hier steht allerdings kein Sauerstoff mehr zur Verfügung, so daß *Lactat* das Endprodukt des Glucoseabbaus darstellt.

Bei Ausdauerleistungen sowie im Hungerzustand treten als weitere wichtige Quelle zur Deckung des Energiebedarfs der Muskelzelle die *nicht veresterten Fettsäuren* auf, die in der Muskulatur außerordentlich gut oxidiert werden können.

22 Das Nervengewebe

Der Aufbau des Nervensystems

Der Aufbau des Nervensystems aller Wirbeltiere erfolgt nach einem einheitlichen Muster. Es besteht aus einem umfangreichen System *afferenter Fasern,* die die über die verschiedenen *Sinnesorgane* aufgenommenen Reize an das *Zentralnervensystem* weitergeben, wo diese verarbeitet und in entsprechende Impulse umgesetzt werden, die über *efferente Fasern* die Reaktionen des Organismus steuern. Das zentrale Element des Nervensystems ist die *Ganglienzelle* (Abb. 22-1), von der das menschliche Gehirn mehr als 10 Milliarden enthält. Ganglienzellen verfügen alle über denselben Aufbau: Sie bestehen aus einem *Zellkörper,* von dem in wechselnder Zahl

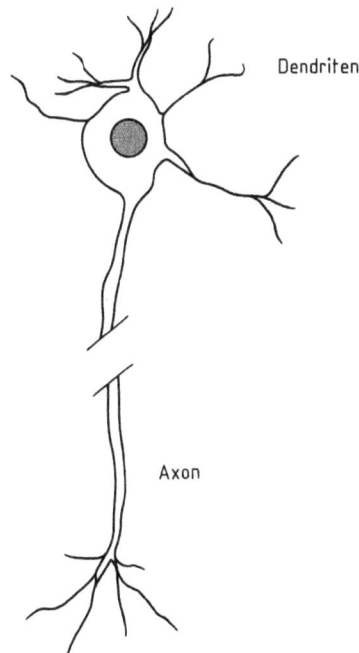

Abb. 22-1. Aufbau einer Nervenzelle

verzweigte Fortsätze, die sogenannten *Dendriten*, ausgehen. Darüber hinaus verfügen sie über einen häufig außerordentlich langen als *Axon* bezeichneten Fortsatz, der häufig *myelinisiert* ist und die von der Ganglienzelle erzeugten Impulse abgibt. Die einzelnen Ganglienzellen sind über die Dendriten verbunden, wobei die Verbindungsstellen als *Synapsen* bezeichnet werden (Abb. 22-2). Außer Ganglienzellen enthält das Zentralnervensystem noch die sogenannten *Gliazellen*, die Stütz- und Ernährungsfunktion für die Nervenzellen haben.

Tabelle 22-1 gibt eine Übersicht über die einzelnen Bauteile des menschlichen Zentralnervensystems. Prinzipiell treten hier keine neuen Verbindungen auf. Auffallend ist der vergleichsweise hohe *Lipidgehalt* des Zentralnervensystems, was vor allem auf die *Myelinscheiden* der *markhaltigen Axone* zurückzuführen ist. Die Lipide bestehen aus *Phospholipiden, Sphingolipiden* und den im Zentralnervensystem besonders hoher Konzentration vorkommenden *Gangliosiden*. Etwa 8% der Gesamtmasse des Zentralnervensystems besteht aus Protein. Einen besonders großen Anteil am Protein haben die Proteine des Cytoskeletts, besonders das für den Aufbau der Mikrotubuli benötigte Tubulin sowie die Neurofilamente.

Tabelle 22-1. Charakteristische chemische Bausteine des Nervengewebes

Baustein	%	Typische Vertreter
Protein	8.	Mikrotubuli, Neurofilamente, Proteolipidproteine
Lipide	5–15	Phospholipide, Sphingolipide, Ganglioside
Elektrolyte	1	—
Wasser	76–86	

Stoffwechsel des Nervengewebes

Daß das Zentralnervensystem ein außerordentlich stoffwechselaktives Gewebe ist, geht allein aus der Tatsache hervor, daß 15% des Minutenvolumens für die Durchblutung des Gehirns aufgebracht werden müssen, obwohl dieses nur 2% des Körpergewichtes ausmacht. Durch die Möglichkeit der Katheterisierung zuführender und abführender Blutgefäße weiß man heute über die zur Deckung des Energiebedarfes des Gehirns aufgenommenen Substrate sehr genau Bescheid. Bei normaler Ernährung verwertet das Nervengewebe in erster Linie *Kohlenhydrate* für seinen Stoffwechsel, wobei wegen des geringen Glykogengehaltes die aus dem Blut aufgenommene *Glucose* von besonderer Bedeutung ist. Der überwiegende Teil der aufgenommenen Glucose wird zu CO_2 und H_2O oxidiert. Der sich daraus ergebende recht erhebliche *ATP-Umsatz* dient zu einem überwiegenden Teil der Aufrechterhaltung von *Ionengradienten*, die für die *Nervenleitung* benötigt werden. Unter länger dauernden Hungerbedingungen (nach etwa 30 Stunden) gewinnt das Gehirn die Fähigkeit, auch *β-Hydroxybutyrat* und *Acetacetat* aufzunehmen und zu oxidieren. Durch diese Adaptation kann in beträchtlichem Umfang Glucose gespart werden. Im Hunger kann diese ja nur durch *Gluconeogenese* aus Aminosäuren erzeugt werden, so daß jeder Einspareffekt hier zu einer akuten Lebensverlängerung führt. Auffallend ist der besonders hohe Anteil von *Glutamat* und *Glutamin* an den freien Aminosäuren des Gehirns. Vom Glutamat geht die Synthese des Neurotransmitters *γ-Aminobutyrat* aus. Darüber hinaus ist Glutamat eine wichtige Verbindung für die Entgiftung von *Ammoniak,* da es zu *Glutamin* amidiert werden kann. Glutamat entsteht durch Transaminierung bzw. reduktive Animierung von *α-Ketoglutarat* (s. S. 112f.). Bei sehr hohen Ammoniakkonzentrationen wird so viel α-Ketoglutarat in Glutamat bzw. Glutamin umgewandelt, daß es zu einem Abfall der intrazellulären α-Ketoglutaratkonzentration und damit zu einer *Verlangsamung des Citratcyclus* in den Ganglienzellen kommt. Man nimmt an, daß dies einer der Gründe für die besondere Toxizität des Ammoniaks für das Zentralnervensystem ist.

Besonderheiten im Stoffwechsel des Zentralnervensystems ergeben sich schließlich noch dadurch, daß es über die sogenannte *Blut-Hirn-Schranke* verfügt. Sie beruht auf einer im Vergleich zu anderen Organen besonders geringen Permeabilität der Blutkapillaren des Gehirns. Diese sind zwar für Gase wie CO_2, O_2 und NH_3 permeabel, für *Elektrolyte, Aminosäuren, Glucose,* viele *Arzneimittel* usw. kaum durchlässig. Wenn überhaupt, erfolgt ein Transport dieser Verbindungen durch aktive *Transportsysteme* bzw. durch *erleichterte Diffusion*. Die Zusammensetzung der interstitiellen Flüssigkeit des Gehirns entspricht in etwa derjenigen des *Liquor Cerebrospinalis,* der durch die *Plexus Chorioidei* gebildet wird. Seine Zusammensetzung ist im Vergleich zu derjenigen des Serums, speziell was die Elektrolytkonzentrationen angeht, wesentlich konstanter, was von großer Bedeutung für die Aufrechterhaltung der Gehirnfunktion ist.

Nervenleitung und Überträgerstoffe

Während der Wanderung eines Nervenimpulses durch ein Axon entsteht ein typisches *Aktionspotential* (s. Lehrbücher der Physiologie), welches als eine fortlaufende *Depolarisierung – Repolarisierung* über der Nervenfaser aufzufassen ist. Ausgelöst wird die Depolarisierung durch die Öffnung von *Natriumkanälen* in der Zellmembran, die Repolarisierung erfolgt durch die Aktivität der *Natrium-Kalium-ATPase*.

Die Reizübertragung von einer Nervenzelle auf eine andere (auch auf eine Nichtnervenzelle, z. B. eine Muskelzelle) erfolgt mit Hilfe von sogenannten *Synapsen* (Abb. 22-2). Da es sich ja immer um die Reizübertragung von einer auf eine andere Zelle handelt, kann das Prinzip der fortgeleiteten Depolarisierung – Repolarisierung nicht mehr für die Reizübertragung benutzt werden. Vielmehr kommt es an dem verdickten Ende des *Neurons* zu einer durch den Nervenimpuls ausgelösten Freisetzung von dort gespeicherten *Überträgerstoffen (Transmittern)* durch die *präsynaptische Membran* in den *synaptischen Spalt*. Geeignete Rezeptoren in der zur *postsynaptischen Zelle* gehörenden *postsynaptischen Membran* binden den Transmitter und lösen hierdurch ein definiertes intrazelluläres Signal aus, was einer *adäquaten Reizübermittlung* entspricht. Ist der von der präsynaptischen Zelle ausgeschüttete Überträgerstoff beipielsweise das *Noradrenalin,* so kommt es postsynaptisch zu einer Aktivierung der *Adenylatcyclase* und damit zu einer Phosphorylierung entsprechender Proteine. Eine wesentliche Voraussetzung für das Funktionieren einer Synapse ist, daß einmal freigesetzte Transmitter, die dank des sehr geringen Volumens im synaptischen Spalt rasch hohe Konzentrationen erreichen können, auch wieder aus dem Spalt entfernt werden. Dies geschieht einmal durch *Wiederaufnahme* in die synaptischen Vesikel, zum anderen durch raschen, *enzymkatalysierten Abbau.*

Tabelle 22-2 stellt die wichtigsten heute bekannten *Transmitter* zusammen. Der am längsten bekannte Transmitter ist das *Acetylcholin,* das durch die Reaktion von Acetyl-CoA mit Cholin entsteht. Es wird spezifisch in *autonomen Ganglien,* im *Nucleus Caudatus* und vor allen Dingen in der

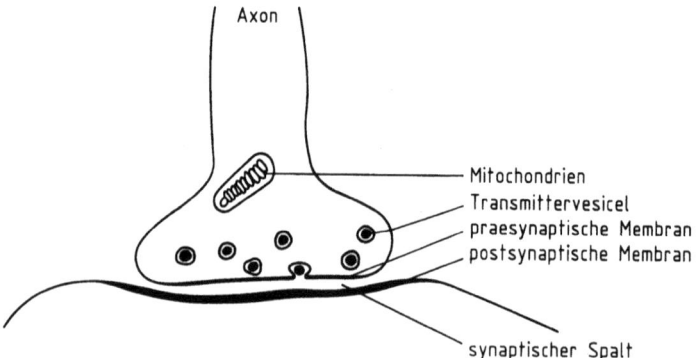

Abb. 22-2. Schematische Darstellung des Aufbaus einer Synapse

Tabelle 22-2. Die wichtigsten Überträgerstoffe (Transmitter) im Zentralnervensystem

Bezeichnung	Entstehung	Vorkommen
Acetylcholin	Aus Acetyl-CoA und Cholin	Motorische Endplatte, autonome Ganglien, Nucleus caudatus
Dopamin	Durch Hydroxylierung und Decarboxlierung aus Tyrosin	Corpus striatum, Putamen, Nucl. caudatus
Noradrenalin	Durch Hydroxylierung (2×) und Decarboxylierung aus Tyrosin	Hypothalamus, Substantia nigra
γ-Amino-buttersäure	Durch Decarboxylierung aus Glutamat	Großhirn, Purkinje Zellen
Serotonin	Durch Hydroxylierung und Decarboxylierung aus Tryptophan	Hypothalamus, Epiphyse, Nucl. caudatus
Enkephalin Endorphin	Aus β-Lipotropin	Großhirn

motorischen Endplatte verwendet. Eine ganze Gruppe von Transmittern kann unter der Bezeichnung *Monoamine* zusammengefaßt werden. Es handelt sich um Verbindungen, die aus den Aminosäuren *Tyrosin (Dopamin, Noradrenalin), Glutamat (γ-Aminobuttersäure)* bzw. *Tryptophan (Serotonin)* entstehen. Auch sie erfüllen an Synapsen in definierten Arealen des Zentralnervensystems ihre Funktion.

Der Abbau der Neurotransmitter erfolgt durch *Hydrolyse (Acetylcholin)* sowie durch die *Monoaminoxidase (Monoamine),* wobei die entsprechenden Aldehyde entstehen, die dann oxidiert oder reduziert werden können:

$$\underset{\text{Monoamin}}{R-CH_2-NH_2} + O_2 + H_2O \xrightarrow[\text{FAD}]{\text{Monoaminoxidase}} \underset{\text{Aldehyd}}{R-C{\overset{O}{\underset{H}{\diagdown}}}} + H_2O_2 + NH_3$$

23 Binde- und Stützgewebe

Bauteile des Bindegewebes

Strukturierte *extrazelluläre Substanz* mit entsprechendem Gehalt an *Makromolekülen* kommt an verschiedenen Stellen des Organismus in ganz unterschiedlichem Ausmaß vor. So findet sie sich in parenchymatösen Organen nur in geringstem Umfang, dagegen macht extrazelluläres Material im klassischen Bindegewebe (Knorpel, Sehnen, Nabelschnur usw.) 85–90 % aus. In der durch die entsprechenden *Bindegewebszellen* (Fibroblasten, Chondrocyten usw.) gebildeten *extrazellulären Matrix* finden sich im wesentlichen zwei Typen von Makromolekülen. Es handelt sich um die Proteine *Kollagen* bzw. *Elastin* sowie eine als *Proteoglykane* bezeichnete Gruppe von Verbindungen.

Kollagen und Elastin

Kollagen ist das mengenmäßig bedeutsamste Protein des Bindegewebes. Im Prinzip lassen sich fünf verschiedene Kollagentypen unterscheiden, die sich jedoch in vielen Eigenschaften gleichen. Kollagen liegt in Form einer polymeren *Kollagenfibrille* vor. Jede Kollagenfibrille ist aus einer großen Zahl von *Kollagenmolekülen* zusammengesetzt. Abbildung 23-1 zeigt den komplexen Aufbau eines Kollagenmoleküls. Es besteht aus *drei Untereinheiten*, den α-Ketten. Die Sekundärstruktur jeder α-Kette besteht aus einer *steilen, linksgängigen Helix*. Je drei α-Ketten bilden eine *rechtsgängige Superhelix*. Dadurch wird die stabförmige Gestalt des Kollagenmoleküls mit einem Durchmesser von 1,4 nm und einer Länge von etwa 300 nm festgelegt.

Die ungewöhnliche Sekundärstruktur des Kollagenmoleküls erklärt sich aus den Besonderheiten der *Primärstruktur* der α-Ketten. Über fast die gesamte Peptidkette findet sich in jeder dritten Position die Aminosäure *Glycin*. Mit zusammen etwa 20% sind die nächsthäufigsten Aminosäuren *Prolin* und *Hydroxyprolin*. In der Sequenz schließen sie sich im allgemeinen unmittelbar an Glycin an.

Prolin- bzw. *Hydroxyprolinreste* schränken die Beweglichkeit des Peptidfa-

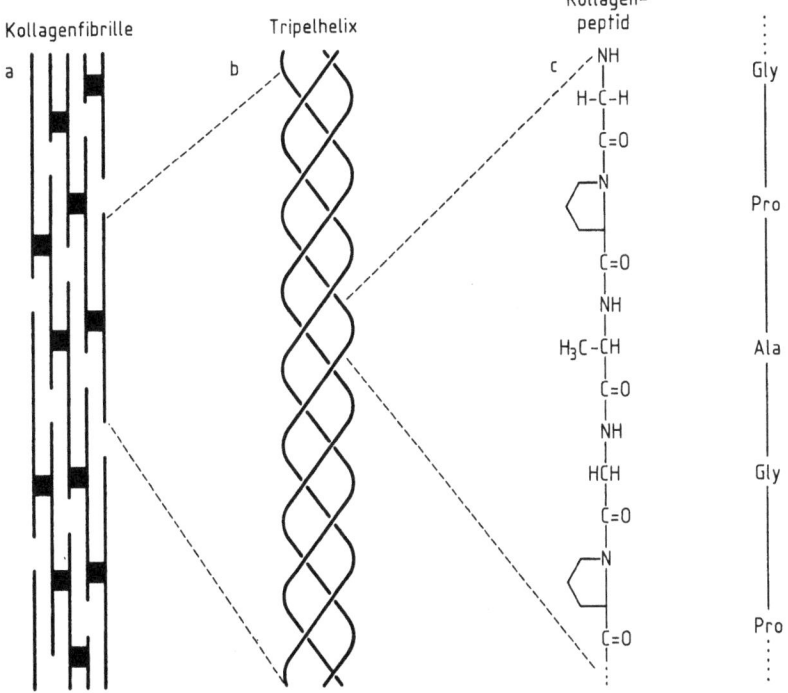

Abb. 23-1. Aufbau einer Kollagenfibrille

dens stark ein, da aufgrund ihrer Struktur keine Drehbarkeit der Bindung zwischen dem α-C-Atom und der α-Aminogruppe mehr möglich ist. Dank der kleinen Seitenkette des *Glycins* können die 3 α-Ketten sehr dicht gepackt werden. Durch Aggregation von Kollagenmolekülen entsteht die Kollagenfibrille. Diese Struktur wird durch die Ausbildung von *kovalenten Vernetzungen* stabilisiert. Daneben kommen auch Quervernetzungen innerhalb eines Kollagenmoleküls vor.

Eine sehr ähnliche Aminosäurezusammensetzung zeigt auch das *Elastin*, welches das Protein der in fast allen Bindegeweben nachweisbaren elastischen Bindegewebsfasern darstellt.

Die Proteoglykane

Abbildung 23-2 zeigt den prinzipiellen Aufbau der *Proteoglykane* des Bindegewebes. Es handelt sich immer um unverzweigte, relativ lange

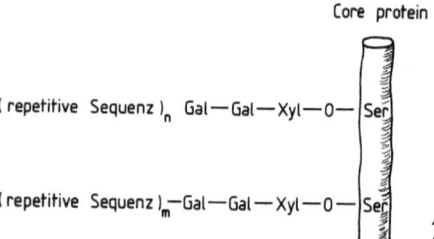

Abb. 23-2. Aufbau eines Proteoglykans (Einzelheiten s. Text)

Polysaccharidketten, die über covalente Bindungen an Proteine gebunden sind. Quantitativ überwiegt bei weitem der Kohlenhydratanteil. Außer diesem mengenmäßigen Überwiegen des Kohlenhydratanteils unterscheiden sich Proteoglykane von den Glykoproteinen durch den Aufbau des Glykans. Es handelt sich immer um außerordentlich *lange, repetitive Disaccharidsequenzen.* Diese bestehen im allgemeinen aus einer *Uronsäure,* die über eine β-1,3- bzw. β-1,4-glykosidische Bindung mit einem *N-acetylierten* und häufig *sulfatierten Hexosamin* verknüpft ist (Abb. 12-5, Tab. 12-2).

Die Architektur des Bindegewebes

Bindegewebe stellt ein dreidimensionales Netzwerk aus *Kollagen* und *Elastin* sowie den verschiedenen *Proteoglykanen* dar (Abb. 23-3). Die räumliche Strukturanordnung wird dabei durch Wechselwirkungen zwischen positiv geladenen Aminosäureresten der *Kollagen-* und *Elastinfasern* sowie negativen Ladungen auf den *Proteoglykanen* gegeben. Straffes Bindegewebe, vor allen Dingen *Sehnen,* zeichnen sich durch einen sehr hohen Gehalt an parallel zueinander verlaufenden *Kollagenfasern* aus, was eine hohe Zugfestigkeit ergibt. Im *Knorpel,* der sich vor allen Dingen durch druckelastische Eigenschaften auszeichnet (Gelenke!), sowie im lockeren Bindegewebe (interstitielles Bindegewebe) findet sich ein vergleichsweise hoher Gehalt an *Proteoglykanen,* die über nichtcovalente Bindungen (s. oben) mit wesentlich spärlicher vorkommenden Fasern aus Kollagen und Elastin verknüpft sind. Dank ihres hydrophilen Charakters binden Proteoglykane große Mengen an *Wasser,* dank ihrer polyanionischen Struktur enthalten sie darüber hinaus *Natrium, Kalium, Calcium* und *Magnesium.* Infolge des dreidimensionalen Fasernetzes aus Kollagen und Elastin, an das Proteoglykane assoziiert sind, bildet Bindegewebe eine elastische Struktur, die Schutz vor mechanischen Traumen aller Art bietet. Schließlich stellt das

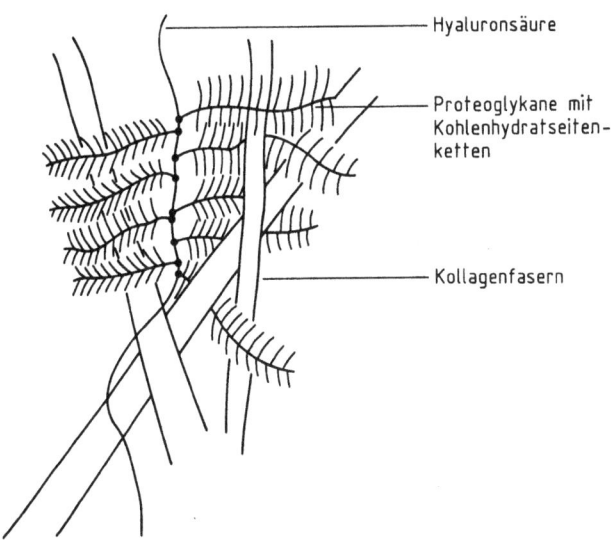

Abb. 23-3. Beziehungen zwischen kollagenen Fasern und Proteoglykanen beim Aufbau der extrazellulären Matrix (Einzelheiten s. Text)

Netzwerk des Bindegewebes eine Stofftransportbarriere dar, die vor allem von Makromolekülen nur schwer überwunden werden kann.

Der Stoffwechsel des Binde- und Stützgewebes

Der Kollagenstoffwechsel

In den Bindegewebszellen, den *Fibroblasten,* erfolgt zunächst die Biosynthese der einzelnen Peptidketten des Kollagens. Im Vergleich zum fertigen Kollagen sind sie am N-terminalen Ende um etwa 150 Aminosäuren länger. Dieses Stück, welches während der Kollagenreifung abgespalten wird, wird auch als *Registerpeptid* bezeichnet. Die einzelnen Peptidketten des Kollagens lagern sich zur *Tripelhelix* zusammen, danach erfolgt die Hydroxylierung von *Lysin-* und *Prolinresten* sowie die Anheftung der *Kohlenhydratseitenketten* des Kollagens, im wesentlichen *Disaccharide* aus *Glucose* und *Galaktose.* Das fertige *Prokollagenmolekül* wird nun in den extrazellulären Raum sezerniert, wo die Registerpeptide abgespalten werden, wodurch *Tropokollagen* entsteht. Die einzelnen Kollagenmoleküle aggregieren nun zur *Kollagenfibrille.* Aufgrund hydrophiler und hydrophober Regionen auf dem Kollagenmolekül wird die Zusammenlagerung zu *pentameren Mikrofi-*

brillen mit einem Durchmesser von 4 nm erleichtert. Eine Stabilisierung dieser Struktur ergibt sich darüber hinaus durch eine *Quervernetzung* mit Hilfe covalenter Bindungen. Voraussetzung hierfür ist, daß in den C- und N-terminalen Bereichen *Lysin* und *Hydroxylysinreste* oxidativ desaminiert werden. Die dabei entstehenden *Aldehyde* neigen zur Ausbildung von *Schiffschen* Basen, vor allem mit den ε-*Aminogruppen* von Lysinresten.

Die biologische Halbwertszeit von Kollagen liegt im Bereich von 50–200 Tagen, was für einen langsamen Umsatz des Kollagens spricht. Während verschiedener physiologischer und pathologischer Prozesse kommt es jedoch zu einem *gesteigerten Kollagenabbau (Altersinvolution, postpartale Rückbildung des Uterus, Wundheilung* usw.*)*. Für den Kollagenabbau verantwortliche Enzyme sind die *Kollagenasen,* die im tierischen Organismus noch nicht besonders gut charakterisiert sind. Das beim Kollagenabbau entstehende *Hydroxyprolin* und *Hydroxylysin* werden im Gegensatz zu anderen Aminosäuren vom Organismus nicht wieder utilisiert, sondern über die Nieren ausgeschieden. Infolgedessen dient die Bestimmung der Hydroxyprolinausscheidung im Urin als Maß für den Kollagenumsatz.

Eng verwandt mit dem Kollagen ist das *Elastin,* welches sich vom Kollagen durch einen besonders hohen Gehalt der hydrophoben Aminosäuren *Leucin, Isoleucin, Phenylalanin* und *Tyrosin* unterscheidet. Ähnlich wie beim Kollagen erfolgt auch beim Elastin der Aufbau einer dreidimensionalen Struktur durch Ausbildung von covalenten Quervernetzungen zwischen einzelnen Elastinmolekülen. Der Elastinabbau erfolgt durch das Enzym *Elastase.*

Der Stoffwechsel der Proteoglykane

Der Aufbau der Proteoglykane geht vom zugrundeliegenden *Gerüstprotein* (Core-Protein) aus. An die Hydroxylgruppe von *Serinresten* werden zunächst *Xylose* und zweimal *Galactose* angeknüpft. Bei jedem dieser Kondensationsprozesse, der ein spezielles Enzym benötigt, muß der Zucker als *Uridindiphosphatzucker* vorliegen (s. S. 171). Auch die weitere Verlängerung des Glykans durch eine repetitive Sequenz identischer Disaccharide erfolgt Zucker für Zucker durch entsprechende *Transferasen,* wobei wiederum die Zucker als *Uridindiphosphatderivate* vorliegen müssen. Auch für die Einführung der Sulfatreste sind spezifische Enzyme, die *Sulfotransferasen* verantwortlich. Das Sulfat muß in aktivierter Form, d. h. als *3'-Phosphoadenosyl-5'-Phosphosulfat* vorliegen. Es entsteht in einer APT-abhängigen Reaktion aus ATP und Sulfat.

Für den Abbau der Proteoglykane sind eine Reihe von *lysosomalen Hydrolasen* notwendig. Sie katalysieren die schrittweise hydrolytische Spaltung der einzelnen glykosidischen Bindungen, die die Zuckersequenz aufbauen. Im allgemeinen werden sie nach dem Zucker benannt, von dem abgespalten wird (z.B. spalten Galactosidasen Saccharide von einem im Glykanverband vorkommenden Galactoserest ab).

Störungen des Bindegewebsstoffwechsels

Kollagenstoffwechsel

Eine Reihe von Erkrankungen, die als *Kollagenosen* bezeichnet werden, sind Folge hereditärer Defekte bei der Biosynthese des reifen Kollagens. So beruht wahrscheinlich das *Marfan-Syndrom* auf einer durch eine Mutation ausgelösten Änderung der *Primärstruktur* der Kollagenpeptide. Zum Marfan-Syndrom gehören auffallend lange Knochen, Spinnenfingrigkeit, Herzklappeninsuffizienz, Bänderschlaffheit mit Überstreckbarkeit der Gelenke. Die als *Ehlers-Danlos-Syndrom VI* bezeichnete Erkrankung beruht auf einer starken Aktivitätsverminderung der *Lysylhydroxylase*. Hierdurch kommt es zu einer Verminderung der Lysinhydroxylierung im Kollagen und zu einer schweren Störung der Bindegewebsstruktur mit Störung der Knochenbildung und einer ungewöhnlichen Überdehnbarkeit von Haut und Gelenken. Auch weitere Kollagenosen wie der *Lathyrismus*, die *Cutis laxa* und andere Formen des *Ehlers-Danlos-Syndroms* beruhen mit großer Sicherheit auf entsprechenden molekularen Änderungen des Kollagens, wenn auch im einzelnen der zugrundeliegende Mechanismus noch nicht bekannt ist.

Tabelle 23-1. Übersicht über Mucopolysaccharidosen (Auswahl)

Fehlendes Enzym	Klinisches Merkmal	Bezeichnung
Iduronidase	Geistige Retardierung Skelettdeformitäten Hornhauttrübung	Mucopolysaccharidose I (Hurler-Syndrom)
N-Acetylhexosaminidase	Schwere geistige Retardierung	Sanfilippo-B-Syndrom
β-Glucuronidase	Schwere Skelettdeformitäten	Mucopolysaccharidose VII
β-Galaktosidase	Schwere Skelettdeformitäten	Mucopolysaccharidose IV

Stoffwechsel der Proteoglykane

Einer Reihe von Erkrankungen liegt ein unvollständiger lysosomaler Abbau von Proteoglykanen zugrunde. Sie werden auch als *Mucopolysaccharidosen* bezeichnet. Dadurch kommt es zu einer intralysosomalen Speicherung der unvollständig abgebauten Proteoglykane. Häufig findet sich bei derartigen Erkrankungen (s. Tabelle 23-1) eine Störung des Knochenwachstums sowie Störungen der geistigen Entwicklung.

Knochen und Knochenbildung

Tabelle 23-2 gibt eine Übersicht über die Zusammensetzung von Knochen und Zähnen. Den größten Teil am Gesamtgewicht haben bei beiden Geweben anorganische Calciumverbindungen, vor allem das *Hydroxylapatit* ($Ca_{10}(PO_4)_6(OH)_2$). Unter den organischen Bestandteilen findet sich relativ viel *Kollagen,* jedoch wenig Proteoglykane.

Tabelle 23-2. Zusammensetzung von Knochen und Zahnschmelz (in %)

	Organische Matrix		Anorganisches Mineral	
	Knochen	Zahnschmelz	Knochen	Zahnschmelz
Kollagen	28	—		
Proteoglykane	0,2	—		
Anderes	28	2		
Hydroxylapatit			60	96
Anderes			10	2

Knochen entsteht durch die *Mineralisierung von Knorpelgewebe,* das aus einem dreidimensionalen Netzwerk von kollagenen Fasern und Proteoglykanen besteht (s. Abb. 23-3). Diese Mineralisierung wird durch einen weitgehenden *Abbau der Proteoglykane* eingeleitet. Die Knorpelgrundsubstanz produzierenden Zellen verschwinden, gleichzeitig kommt es zu einer Aktivierung von *Osteoblasten.* Diese sezernieren sowohl *Kollagen* wie auch vor allem in späteren Phasen der Knochenmineralisierung *Calcium* und *Phosphate,* die dann zur eigentlichen Mineralisierung ausgeschleust werden. Sehr wahrscheinlich dient Kollagen als *Kristallisationskeim* für die Anlagerung von Hydroxylapatit. Möglicherweise ist hierzu eine *Pyrophosphorylierung* von ε-Aminogruppen des Lysins notwendig. Auf ganz ähnlichen Prozessen beruht vermutlich die Calcifizierung bei der *Zahnbildung.*

Die *Osteoblasten* bilden in hoher Konzentration eine *alkalische Phosphatase*, welche auch im Blut vorkommen kann und dort als Parameter für die Abschätzung der *Osteoblastenaktivität* dient. Über die Funktion dieser alkalischen Phosphatase im Verlauf der Knochenmineralisierung ist nichts bekannt. Die Knochenmineralisation unterliegt einer hormonellen Kontrolle vor allen Dingen durch diejenigen Hormone, die den Stoffwechsel von Calcium und Phosphat beeinflussen. Es handelt sich im wesentlichen um das *Parathormon* (s. S. 283), das die Mobilisierung von Calcium aus den Knochen stimuliert und das *Thyreocalcitonin* (s. S. 284), das die Mineralisation fördert. Von großer Bedeutung für den Calcium- und damit Knochenstoffwechsel sind weiterhin die D-Vitamine (s. S. 242).

24 Sachverzeichnis

ABO-System, Blutgruppen 309
Acetacetat 108, 110, 128, 141
Acetacetyl-CoA 109
Acetaldehyd, aktiver 75
Aceton 108
Acetyl-CoA 75, 77, 105, 168
Acetyl-CoA-Carboxylase 155, 157
–, Regulation 158
N-Acetylaminozucker 55
Acetylcholin 336, 337
Acidose 108
Aconitase 77
Acridinfarbstoffe 219
Acroleyl-β-Aminofumarat 135
ACTH 282
–, Adenylatcyclase 259
–, Lipolyse 325
Actin 135
F-Actin 328
G-Actin 328
Actinomycin D 206
Acyl-CoA 103, 158
Acyl-CoA-Dehydrogenase 105
Acyl-CoA-Glycerin-3-Phosphat-Acyl-Transferase 154
Acyladenylat 103
Acylcarnitin 104
Acylglycerine 100, 101
Acylphosphate 87
Acylreste, Transport 103
Adenin 10, 182
Adeninnucleotide, Phosphofructokinase 50
Adeninphosphoribosyltransferase 190
Adenosin 182
Adenosin-Monophosphat s. AMP
3′,5′-Adenosin-Monophosphat, cyclisches s. cAMP
Adenosin-Triphosphat s. ATP
Adenosindesaminase 116
5′-Adenosylcobalamin 34
Adenosylmethionin 34, 87, 132

Adenylatcyclase 67, 152, 257
–, Glykogenstoffwechsel 152
–, Insulin 266
Adenylatdesaminase 116
Adenylatkinase 87
Adenylosuccinase 116
Adenylosuccinatsynthetase 116
ADH 286
Adrenalin 67, 130, 132, 269, 310
–, Abbau 269
–, biochemische Wirkung 269
–, Biosynthese und Speicherung 268
adrenocorticotropes Hormon, s. ACTH
Äquivalenzpunkt 307
Äthanolamin 101, 123
Agmatin 256
Akromegalie 273
Aktivierungsenergie 38
Alanin 12, 15, 121, 127
– -Transaminase 114
Albumin 313
Aldehyddehydrogenase 73, 321
Aldehydoxidase 97
Aldosen 6
Aldosereduktase 73
Aldosteron 285
–, Biosynthese 285
–, Elektrolytresorption 256
Alkoholdehydrogenase 73, 321
Allopurinol 47
Allosterie 49
Amanitin 202, 206
Amidierung 320
Amine 122
Aminoacyl-tRNS 210, 212
Aminoacyl-tRNS-Synthetasen 210
Aminoacyladenylat 211, 212
Aminobenzoesäure 236
γ-Aminobuttersäure 14, 123, 337
Aminogruppen, Stoffwechsel 111
–, Transport im Blut 120, 146
Δ-Aminolävulinsäure 297

Δ-Aminolävulinsäuresynthase 297
Aminooxidasen 97, 117
Aminosäureabbau, C1-Stoffwechsel 132
–, Citratcyclus 124
Aminosäuren 8, 12
–, Abbau 111, 122, 124
–, – der verzweigtkettigen 124
–, Aminogruppe 8
–, Carboxylgruppe 8
–, Chromatographie 15
–, essentielle 122, 223, 224, 227
–, glucogene 123, 124, 143, 145
–, ketogene 123, 124
–, nicht essentielle 122
–, nicht proteinogene 14
–, proteinogene 9, 12, 13
–, Resorption 253
–, schwefelhaltige 135
–, Trennung und Nachweis 15
–, Umsatz 111
Aminosäureseitenkette 8
–, Proteine 14
Aminosäurestoffwechsel, Insulinwirkung 265
–, Pyridoxalphosphat 235
Aminosäuretransport, Insulin 267
Aminozucker 55, 171, 174
Ammoniak, Biosynthesen 119
–, Stoffwechsel 114
AMP 9, 185
Amylase 252, 253
–, Speichel 250
Amylo-1,6-Glucosidase 65
Amylo-1,4–1,6-Transglucosylase 151
Anämie, perniziöse 239
anaplerotische Reaktionen 82
Androgene, biochemische Wirkung 278
–, Biosynthese 277
Androstendion 278
Androsteron 278
Angiotensinogen 286
Antibiotika 28
Anticodon 210
Antifibrinolytika 312
Antigene 304
Antikörper 303, 305
–, heterophile 308
Apoenzym 33
Apoferritin, Eisenresorption 247
Arabinose 55
Arachidonsäure 228

Arginase 118
Arginin 12, 118, 122, 126, 314
Argininosuccinase 118
Argininosuccinat 118
– -Synthetase 118
Arsenat 93
Arteriosklerose 314
Ascorbat 33, 230, 239
–, Biosynthese 173
Asparagin 12, 15, 127
Asparaginase 127
Aspartat 12, 82, 118, 127
–, Biosynthesen 120
– -Transaminase 114
Atmungskette 82
–, Elektronentransport 87
–, Hemmstoffe 92
Atmungskettenphosphorylierung 87
ATP 34, 85, 183
–, Bildung 87
–, Energiekonservierung 85
ATP-Citratlyase 82
ATP-Synthase 94
Autoimmunerkrankungen 304
Avitaminose 229
Axon 334

B-Lymphocyten 303
–, humorale Immunantwort 304
Bakterienflora, Intestinaltrakt 256
Barbiturate 92
Bilirubin 253, 299
–, direktes 299
–, indirektes 299
Biliverdin 253, 299
Bindegewebe 338, 340
Biokatalyse 30
Biosynthesen, reduktive 70
Biotin 34, 105, 230, 233
Biotinyl-Lysyl-Enzym 34
Biotransformation 318
1,3-Bisphosphoglycerat 63
2,3-Bisphosphoglycerat 294
–, Dissoziationskurve des Hämoglobins 293
2,3-Bisphosphoglyceratmutase 301
2,3-Bisphosphoglyceratphosphatase 301
Biuretreaktion 27
Blut, Bestandteile 313
–, korpuskuläre Elemente 290

Blutgerinnung 309
–, plasmatische 310
Blutgruppensubstanzen 309
Blut-Hirn-Schranke 335
Bohr-Effekt 293
Boten-RNS 195, 202
Bradykinin 288
„Branching-enzyme" 151

C-Peptid 264
Ca^{2+}, Muskelkontraktion 330
Cadaverin 256
Caeruloplasmin 247
Calciferol 242
Calcium 284
– -ATPase 300, 330
cAMP 152, 184, 258
Carbamylaspartat 188
Carbamylphosphat 118, 188
– -Synthetase 118
Carboanhydrase 295
Carbonyl-Cyanid-Phenylhydrazone 93
γ-Carboxylierung, Phyllochinone 245
Carboxymethylzellulose 26
Carboxypeptidase 252
Carnitin 103
– -Acyl-Transferase 105
Carotine 240
Carotinoide 99
Catecholamine, Adenylatcyclase 259
Ceramid 160
Cerebroside 101, 161, 166
chemiosmotische Kopplung, oxidative Phosphorylierung 94
Chloramphenicol 216
Cholecalciferol 230, 242
Cholecystokinin 252
Cholesterin 99, 100, 168, 253
–, Plasmamembran 4
–, Stoffwechsel 167
Cholesterinester 100, 101, 160
Cholesterinesterase 252
Cholin 101, 132
Chondroitin-4-sulfat 179
Chondroitin-6-sulfat 179
Chondroitinsulfat A 179
– B 179
– C 179
Chromatin 195
Chromosomen 5

Chromosomenmutationen 219
Chylomikronen 313, 314
Chymotrypsin 252
Citrat 77
Citratcyclus 5, 74, 77, 79
–, Energiebilanz 79
–, Regulation 80
–, Stoffwechselbeziehungen 81
Citratsynthase 77
Citrullin 14, 118
CM-Zellulose 26
CO 92, 299
–, Sauerstoffbindung des Hämoglobins 294
CO_2-Transport, Hämoglobin 295
Cobalamin 34, 230, 237
–, Funktion 239
Code, genetischer 198, 208, 209
Codon 198, 210
Coenzym A 34, 235
–, Funktion 236
Coenzyme 32
–, Funktion 33
Coma diabeticum 267
Coomassie-Blau 27
Corticosteron 282
Cortisol 145, 281
Cortison 281
Cosubstrate 33
CRH 282
Cristae, mitochondriale 5
Cutis laxa 343
cyclo-AMP s. cAMP
Cycloheximid 216
Cystein 12, 14, 115, 127, 136, 137
Cytidin 132
Cytidindiphosphat 34
Cytidindiphosphat-Cholin 165
Cytochrom a/a_3 91
– a/a_3, Atmungskette 88
– b 91
– b, Atmungskette 88
– c 91
– c, Atmungskette 88
– c_1, Atmungskette 88
– -Oxidase 97
– P_{450} 97
Cytochrome 34, 35, 97
Cytolyse 304
Cytosin 10, 182
Cytoskelett 29

D-Desoxyribose 55
D-Vitamine 99, 100
DEAE-Zellulose 26
Degeneration, genetischer Code 210
7-Dehydrocholesterin 243
Dehydroepiandrosteron 278
Dehydrogenasen, aerobe 97
–, anaerobe 97
Deletion 219
Denaturierung, Proteine 23
Dendriten 334
Dermatansulfat 179
Desaminierung 115
Desoxyribonucleasen 206, 252
Desoxyribonucleinsäure 5, 193, 195, 199, 200, 201
Desoxyribonucleotide, Biosynthese 188
Determinante, antigene 304
Diabetes mellitus 270
– –, Acidose 108
Diacylglycerine 101, 154
Diacylglycerinlipase 102
Diäthylaminoäthylzellulose 26
Difarnesylnaphthochinon 34
Dihydroorotsäure 188
Dihydrotestosteron 279
Dihydroxyacetonphosphat 62
1,25-Dihydroxycholecalciferol, Funktion 243
Dihydroxyphenylalanin 268
Dimethylallyl-Pyrophosphat 168
2,4-Dinitrophenol 93
Dioxigenasen 96
Disaccharide 57
Disulfidbrücken 14, 22
DNS, Denaturierung, Renaturierung 195
–, Konformation 193
DNS-Polymerase 199, 201
DNS-Polymerase III 200
Dogma, zentrales 197
Dolichol 100
DOPA 268
Dopachinon 130
Dopamin 123, 129, 168, 337
– -β-Hydroxylase 268
Doppelhelix 193
Duodenalsekret, Bestandteile 251

Effektivität, katalytische 49
Ehlers-Danlos-Syndrom 343

Eisen 247
–, Atmungskette 88
Eisenmangelanämie 248
Elastase 252
Elastin 338
Elektrolyte, Resorption 255
Elektronentransport, Atmungskette 87
–, Phosphorylierung 91
Elongationsfaktoren 214
Endonucleasen 206
Endorphin 28, 337
Energiebilanz, menschlicher Organismus 222
Energiekonservierung 82
„energiereiche" Verbindungen 86
Enkephalin 28, 337
Enolase 64
Enolphosphate 86
Enoyl-CoA-Hydratase 105
Enoyl-CoA, Δ^2-trans 105
Enterokinase 252, 253
Entgiftung 318
Entkoppler 93
–, Mechanismus 94
Enzym-Inhibitorkomplex 45
Enzym-Substratkomplex 40, 53
Enzymaktivität 36
–, Regulation 48
Enzymbiosynthese 48
Enzyme 30
–, aktives Zentrum 38, 52
–, Aktivitätsbestimmung 36
–, allgemeiner Aufbau 32
–, Einteilung 30
–, Gruppenspezifität 36
–, pH-Optimum 44
–, Reaktionsgeschwindigkeit 38
–, Stereospezifität 35
–, Substratumsatz 38
–, Temperaturabhängigkeit 44
Enzymgifte 47
Enzyminduktion 48, 204
Enzymkatalyse 52
–, Spezifität 35
Enzymkinetik 35
Enzymregulation, Enzymbiosynthese 48
–, Interkonvertierung 51
–, katalytische Effektivität 49
Enzymrepression 48
Ergocalciferol 242
Ergosterol 242

Erythroblasten 301
Erythrocyten 290
–, Bildung und Abbau 301
–, Energiegewinnung 138
–, Pentosephosphatweg 70
–, Stoffwechsel 300
Erythropoetin 301
Erythrose-4-Phosphat 68
Essigsäure 8
Ethanol, Stoffwechsel 321
Exonucleasen 201, 206
Extinktionskoeffizient 37

FAD 79, 97, 232
σ-Faktor 202
β-Faltblattstruktur 21
Fasten, menschlicher Substratumsatz 139
Fe^{2+} 299
Fette, Abbau und Resorption 253
–, Klassifizierung 99
– als Nahrungsbestandteile 227
Fettgewebe 324
–, braunes 93
–, Wechselbeziehungen zwischen Kohlenhydrat- und Fettstoffwechsel 144
Fettleber 321
Fettresorption, Gallensäuren 170
Fettsäurebiosynthese 324
–, Regulation 157
Fettsäuren 7, 82, 99, 100
–, Aktivierung 103
–, Biosynthese 155
–, essentielle 99, 227, 228
–, nicht veresterte 326
–, β-Oxidation 103, 105
–, ungeradzahlige 105
–, ungesättigte 107
Fettsäureoxidation, Phosphofructokinase 51
Fettsäuresynthetase 156
Fettstoffwechsel, Insulinwirkung 265
–, Nahrungsmangel 138
Ferrioxidase 247
Ferritin 247
Ferrochelatase 297
FH_4, Funktion 237
Fibrin 310
Fibrinogen 310
Fibrinolyse 312
Flavinadenindinucleotid 33, 97, 232

Flavinmononucleotid 33, 97, 232
Fluor 249
FMN 97, 232
–, Atmungskette 88
Follikel-stimulierendes Hormon, s. FSH
Folsäure 34, 230, 236
Folsäurereduktase 236
Formimino-FH_4 132
N-Formiminoglutarat 126
Fructokinase 72
D-Fructose 55
Fructose, Stoffwechsel 72
Fructose-1,6-Bisphosphataldolase 62
Fructose-1,6-Bisphosphatase 146, 148
Fructose-6-Phosphat 62, 68
FSH 277
L-Fucose 55, 171, 173
Fumarase 79, 116
Fumarat 79, 127, 128
–, Aminosäureabbau 127
Fumarylacetacetat 128

Gärung, alkoholische 60
Galactokinase 71
Galactose 55, 70, 171
–, Stoffwechsel 70
Galactose-1-Phosphat 71
Galle, Bestandteile 251
–, Funktion 252
Gallenflüssigkeit, Zusammensetzung 322
Gallensäuren 99, 100, 169
–, enterophepatischer Kreislauf 170, 323
–, Fettresorption 170
Gallensteine 323
Ganglienzellen 333
Ganglioside 101, 161, 166, 167
Gastrin 251
gastrisches inhibitorisches Peptid 252
Gastrointestinaltrakt, Sekrete 250
GDP-Mannose 174
Gelchromatographie 25
Gen 199
Gerinnungsfaktoren 311
Gestagene 280
Gewebshormone 287
Gicht 191
GIH 273
Gliazellen 334
Globulin 313

Glucagon 28, 67, 152
–, Adenylatcyclase 259
–, biochemische Wirkung 268
–, Biosynthese 267
–, Lipolyse 325
–, Sekretion 267
–, Struktur 267
1,4-1,4-Glucantransferase 65
Glucocorticoide, Biosynthese und Sekretion 281
–, Stoffwechselwirkung 145, 282
Glucokinase 62
Gluconeogenese 82, 139, 143, 146
–, Einzelreaktionen 147
Gluconsäure 55
Glucose 6, 55
Glucose-1-Phosphat 65, 149
Glucose-6-Phosphat 61, 68
Glucose-6-Phosphatase 142, 146
Glucose-6-Phosphatdehydrogenasemangel, hämolytische Anämie 301
Glucosetransport, Insulin 266
–, intestinale Mukosa 253
Glucuronat 173
Glucuronide 173, 320
Glucuronsäure 55
–, Stoffwechsel 172
Glutamat 12, 82, 115, 120
–, Biosynthesen 120
– -Oxalacetat-Transaminase 37, 114, 120
– -Pyruvat-Transaminase 114
Glutamatdehydrogenase 82, 115
Glutamin 12, 120, 121, 126
Glutaminase 120
Glutathion 28, 300
Glutathiondisulfid 70
Glycerinaldehyd 73
– -3-Phosphatdehydrogenase 53
α-Glycerophosphat 154
Glycin 12, 123, 127
Glykocholsäure 169
Glykogen 7, 58, 142
Glykogenbiosynthese 171
–, Einzelreaktionen 149
–, Regulation 151
Glykogenolyse 65
–, Regulation 66
Glykogensynthetase 151
Glykolipide 58, 59
Glykolyse 59
–, Einzelreaktionen 61

–, Energiekonservierung 64
–, Erythrocyten 300
–, Regulation 64
–, Substratkettenphosphorylierung 63
Glykoproteine 7, 58, 59, 176, 177
–, Asparagin 15
–, Serin 15
–, Threonin 15
–, Strukturmerkmale 177
Glykosaminoglykane 58, 59, 175
Glykoside 7, 57
GMP 185
cGMP 184
Golgi-Apparat 159
Gonadotropine 277
Gramicidin S 29
Granulocyten 302
GRH 273
Gruppenspezifität 36
GTP 78
Guanin 10, 182
Guanosin 182
3',5'-Guanosin-Monophosphat, cyclisches, s. cGMP

Häm 82, 290, 291
–, Biosynthese und Abbau, Regulation 296, 297
Hämoglobin, Aufbau 290
–, Dissoziationskurve 293
–, Funktion 292
–, Transport von CO_2 295
Hämoglobinopathien 296
Hämosiderin 247
Hämosiderose 248
Hämoxygenase 299
Halbacetal 55
Hapten 305
Harnsäure 190, 191
Harnstoff 118
Harnstoffcyclus, Energieverbrauch 118
–, Reaktionen 117
HCN 92
HDL 314
α-Helix 19
Hemmung, kompetitive 45, 46
–, nicht kompetitive 47
Heparansulfat 179
Heparin 179
–, Blutgerinnung 311
Heparitinsulfat 179

hepatolenticuläre Degeneration 248
Heteroglykane 7, 58, 176, 177
Hexokinase 61, 143
Histamin 123, 251, 287, 288
Histidase 135
Histidin 12, 15, 115, 122, 123, 126
–, Stoffwechsel 135
Histidinmethylierung 132
Histone 195
HMG-CoA 109, 168
H_2O_2 303
Höhenanpassung, Dissoziationskurve des Hämoglobins 293
Holoenzym 33
Homocystein 132, 136
Homogentisinsäure 128
Homoglykane 58
Homoserin 137
Hormon, antidiuretisches 286
Hormonbestimmung, radioimmunologische 262
Hormone, Stoffwechsel 259
–, Wirkungsmechanismus 257
hormonelle Regelkreise 260
Hormonnachweise 261
H_2S 92
Hurler-Syndrom 343
Hyaluronsäure 178, 179
Hydrolasen 31, 32
Hydroperoxidasen 98
Hydroxyacyl-CoA 105
– -Dehydrogenase 105
Hydroxyäthyl-Thiaminpyrophosphat 76
3-Hydroxyanthranilsäure 135
β-Hydroxybutyrat 108, 110, 141
– -Dehydrogenase 110
18-Hydroxycorticosteron 285
4-Hydroxycumarin 312
Hydroxylapatid 344
Hydroxylierungen, Ascorbinsäure 239
β-Hydroxy-β-Methyl-Glutaryl-CoA 109
p-Hydroxyphenylpyruvat 128
Hydroxyprolin, Kollagen 338
–, Stoffwechsel 133
17-Hydroxysteroide 283
5-Hydroxytryptamin 123, 287
Hypersensitivitätsreaktionen, zellvermittelte 304
Hypervitaminose 229
Hypovitaminose 229

Hypoxanthin 47, 182,190
– -Guanin-Phosphoribosyltransferase 190

ICSH 277
Iduronat 173
Ig s. Immunglobuline
IgA 305
IgD 305
IgE 305
IgG 305, 306
IgM 305
Immunantwort 303
–, humorale 304
–, zelluläre 304
Immundiffusion 307
Immunelektrophorese 308
Immunglobulin G s. IgG
Immunglobuline 29, 303, 305
Immunisierung, aktive 308
Immunität 308
Immunsuppression, Glucocorticoide 283
Immunsystem 303
Immuntoleranz 305
IMP 185
Indol 256
Infektabwehr 308
Inhibitoren, kompetitive 45
–, nicht kompetitive 45
Initiationsfaktoren 214
Inosin 182
– -Monophosphat, s. IMP
Inositol 101
Insertion 219
Insulin 14, 28, 157, 263
–, biochemische Wirkung 264
–, Biosynthese 263
–, Lipogenese 158, 324
–, Struktur 263
Insulinrezeptor 267
Insulinsekretion 263, 264
Interkonvertierung 51
Internationale Einheit 38
interstitielle Zellen stimulierendes Hormon, s. ICSH
Intrinsic factor 237
Ionenaustauschchromatographie 15, 26
Isocitrat 77
Isocitratdehydrogenase 70, 77
Isoharnstoff 118

Isoleucin 12, 15, 82, 122, 123, 124, 126, 224
Isomerasen 31, 32
Isopentenyl-Pyrophosphat 168
Isopren 99

Jod 249
Jodidperoxidase 274

K-Typ 49, 50
Kallidin 287, 288
Kallikreine 287
Kariesprophylaxe 249
Katal 38
Katalase 98
Katalysator 38
Katechol-O-Methyltransferase 269
Katecholamine 152
–, Lipolyse 325
Keratansulfat 179
Keratine 29
α-Keratine 20, 29
β-Keratine 21
Kernmembran 5, 159
3-Ketoacyl-CoA 105
Ketoadipinsäure 135
α-Ketoglutarat 77
–, Aminosäureabbau 126
– -Dehydrogenase 78
Ketonkörper 139, 141, 143
–, Biosynthese 108
–, Verwertung 110
Ketosen 6
Ketosereduktase 73
17-Ketosteroide 280
β-Ketothiolase 109
Kinine 287
Kininogene 287
K_M s. Michaeliskonstante
Knochen 344
Kobalt 248
Kohlenhydratbiosynthesen 171
Kohlenhydrate, Abbau und Resorption 253
–, chemische Natur 54
–, Nahrungsbestandteile 226
Kohlenhydratstoffwechsel, Hunger 138, 142
–, Insulinwirkung 265
Kollagen 338
–, biologische Halbwertszeit 342

Kollagenasen 342
Kollagenfibrillen, Aufbau 338
Kollagenstoffwechsel 341
–, Störungen 343
Konjugation 218, 318
Konzeptionsverhütung, hormonelle 280
Kreatin 132, 331
–, Biosynthese 331
Kreatinkinase 87
Kreatinphosphat 331
Kretinismus 275
Kupfer 248
Kynurenin 135

Lac-Operon 204
Lactat 64, 143
Lactatdehydrogenase, Stereospezifität 35
Lactose 57
Langerhanssche Inseln, Pankreas 264
Lathyrismus 343
LDL 314
Leber, Entgiftung 318
–, Fettsäurestoffwechsel 141
–, Harnstoffcyclus 118
–, Stoffwechselfunktion 316, 317
–, Wechselbeziehungen zwischen Kohlenhydrat- u. Fettstoffwechsel 144
Lecithin 160
Lesh-Nyhan-Syndrom 190
Leucin 12, 15, 82, 122, 125, 224
Leydig-Zellen 277
LH 259, 277
LHRH 277
Ligasen 31, 32
Lineweaver Burk 43
Linolensäure 228
Linolsäure 228
Lipase 102, 252
Lipiddoppelschichten 162
Lipide 99
–, Plasmamembran 4
Lipidspeicherkrankheiten 167
Lipidstoffwechsel, Hunger 140
Lipogenese, Fettgewebe 324
Lipolyse 102
–, Fettgewebe 324
Liponsäure 34
Lipoproteine 313
– sehr geringer Dichte 313
Lipoproteinlipase 102, 167, 313

Liposomen 162
Lipoyl-Lysyl-Enzym 34
Luteinisierungshormon 277
Lyasen 31, 32
Lymphocyten 303
Lysin 12, 82, 123, 224
–, ε-Aminogruppe 15
Lysosomen 5

Magensaft 250
–, Bestandteile 251
Malat 79
Malatdehydrogenase 37, 79, 116
Malatenzym 70
Maleylacetacetat 128
Malonat 45
Malonyl-CoA 155
Maltose 58
Mangan 248
Mannose 55, 171, 173
Marfan-Syndrom 343
Megakaryocyten 310
Melanin 130
Membran, Aufbau 159
Membranenzyme 32
Membranlipide, Biosynthese 159
Membranproteine 4
Menadion 244
metachromatische Leukodystrophie 167
Methämoglobin 295
Methämoglobinreduktase 295
Methionin 12, 115, 122, 123, 126, 132, 136, 224
3-Methoxy-4-Hydroxy-Mandelsäure 269
Methyl-Cobalamin 137
N_5, N_{10}-Methylen-FH$_4$ 132
N_5-N_{10}-Methylen-FH$_4$ 127
N_5-Methyl-FH$_4$ 132, 137
Methylhistidin 135
Methylmalonyl-CoA 105, 126
2-Methyl-1,4-Naphthochinon 244
Mevalonat 168
Micellen 162
–, Fettresorption 255
Michaelis Menten 40
Michaeliskonstante 40, 41, 42
Mineralocorticoide 284
Mitochondrien 5, 88
–, Elektronentransport 88
–, Proteinbiosynthese 215
Mitomycin 206

Modifikation, covalente 51
Molybdän 248
Monoacylglycerine 101
Monoacylglycerinlipasen 102
Monoaminooxidase 97, 269, 337
Mononucleotide 9
–, Aufbau 181
–, Funktion 183
Monooxigenasen 96, 318, 322
Monosaccharide 6, 55
Morbus Gaucher 167
Morbus Niemann-Pieck 167
Morbus Tay-Sachs 167
Mucopolysaccharidosen 343
Muskelgewebe 327
–, Energiestoffwechsel 330
Muskelkontraktion, Mechanismus 327, 328
Muskulatur, Wechselbeziehungen zwischen Kohlenhydrat- u. Fettstoffwechsel 144
Mutagene 219
Mutationen 219
Myofibrillen 327
–, Aufbau 328
Myofilamente 328
Myoglobin 21, 332
Myosin 135, 327, 328

NAD^+ 33, 97, 232
–, Absorptionsspektrum 37
NADH, Absorptionsspektrum 37
–, Atmungskette 88
NADH-Dehydrogenase 91
$NADP^+$ 97, 232
NADPH 33
–, Absorptionsspektrum 37
–, Pentosephosphatweg 70
Nahrungsbestandteile 223
–, essentielle 227
Nahrungsstoffe, Brennwerte 221
–, Verdauung und Resorption 250
Naphthochinon 34
Natrium-Kalium-ATPase 253, 300
Nernstsche Gleichung 84
Nervengewebe, Bausteine 334
–, Energiegewinnung 138
–, Ketonkörperverwertung 139
–, Stoffwechsel 334
Nervenleitung 334
Nervensystem, Aufbau 333

Niacin(amid) 230
Nicotinamidadenindinucleotid s. NAD^+ bzw. NADH
Nicotinamidadenindinucleotidphosphat s. $NADP^+$ bzw. NADPH
Nicotinsäure(amid) 33, 232
Nicotinsäuremononucleotid, Biosynthese 135
Nierenmark, Energiegewinnung 138
Ninhydrin 16
Noradrenalin 67, 130, 268, 337
–, Abbau 269
–, biochemische Wirkung 269
–, Biosynthese und Speicherung 268
Nucleasen 206
Nucleinsäurebiosynthese, Hemmstoffe 206
Nucleinsäuren, Abbau 206
–, Informationsübertragung 197
–, Konformation 193
–, Primärstruktur 191
Nucleolus 5
Nucleosid 181
Nucleosiddiphosphatkinase 183
Nucleosidmonophosphatkinase 183
Nucleosiddiphosphat-Monosaccharid 171
Nucleosidphosphate 86
Nucleotide 9, 181

Ölsäure 7, 99
Östradiol 279
Östrogene, Biosynthese 279
–, Wirkung 280
Östron 279
Oligomycin 92
Oncorna-Viren 221
Operatorgene 204
Operon 204
Operonmodell 204
Osteoblasten 344, 345
Osteoporose 283
Organismen, autotrophe 82
–, heterotrophe 82
Ornithin 14, 118
Ornithintranscarbamylase 118
Orotidin-5-Phosphat, OMP 188
Oxalacetat 77, 79
–, Aminosäureabbau 127
Oxidasen 97

β-Oxidation der Fettsäuren 5, 103, 105
–, Bilanz 108
–, ungesättigte Fettsäuren 107
oxidative Phosphorylierung 91
– –, Hemmstoffe 92
– –, Kopplung 91, 94
Oxidoreduktasen 31, 95
Oxigenasen 96
Oxy-Hämoglobin, Dissoziationskurve 292
Oxytocin 28, 286

Palmitinsäure 7
Palmitoleinsäure 99
Pankreassekret, Bestandteile 251
Pantethein 235
Pantothensäure 34, 230, 235
Parathormon, Adenylatcyclase 259
–, biochemische Wirkung 284
–, Biosynthese und Sekretion 283
Paßform, induzierte 53
Pentosephosphatweg 67
–, biologische Bedeutung 70
–, Erythrocyten 301
–, Reaktionen 67
Pepsin 250
Pepsinogen 251
Peptidbindung 17
–, mesomere Grenzstrukturen 18
–, Raumstruktur 18
Peptide 17
–, Abbau und Resorption 253
–, Raumstruktur 17
Peptidoglykane 58, 177
Peroxidasen 98
pH-Optimum 44
Phagocytose 5, 304
Phenylacetyl-CoA 131
Phenyläthanolamin-N-Methyltransferase 268
Phenylalanin 12, 15, 122, 123, 127, 224
–, Abbau 127
– -Hydroxylase 128
Phenylketonurie 130
Phenyllactat 131
Phenylpyruvat 131
Phosphatase, alkalische 345
Phosphatid-Säure 154
Phosphatidyläthanolamin 101, 160
Phosphatidylcholin 101, 160, 165
–, Biosynthese 164

Phosphatidylinositol 101, 160, 165
Phosphatidylserin 101, 160
3'-Phospho-Adenosin-5'-Phosphosulfat 34, 137
Phosphodiesterasen 206
Phosphoenolpyruvat 64
– -Carboxykinase 146, 147
Phosphofructokinase 50, 62, 143
Phosphoglucomutase 149
6-Phosphogluconat 68
2-Phosphoglycerat 63
3-Phosphoglycerat 63
Phosphoglyceratkinase 63
Phosphoglyceratmutase 64
Phosphoglyceride 100, 101, 160, 162
–, Stoffwechsel 165
3-Phosphoglycerinaldehyd 62, 68
Phosphoglycerinaldehyddehydrogenase 62
Phosphoguanidine 87
Phosphohexose-Isomerase 62
Phospholipasen 166
Phospholipide, Plasmamembran 4
5-Phosphoribosyl-1-Pyrophosphat 184
Phosphorylase, Regulation 66
Phosphorylierung, oxidative 5, 82
Phyllochinon 99, 100, 230, 244, 245
Pinocytose 5
Plasmamembran 159
–, Zusammensetzung 4
Plasmaproteine 313
Plasmazellen 307
Plasmin, Fibrinolyse 312
Polynucleotide 10
Polyprenole 99
Polysaccharide 58
–, Biosynthese 175
P/O Quotient 91
Porphobilinogen 297
Porphyrien 297
Potential, elektrochemisches 94
Präzipitat 307
Primärstruktur 18
Proenzyme 52
Proerythroblasten 301
Progesteron 280, 285
Proinsulin 263, 264
Prokollagen 341
Prolin 14, 338
–, Stoffwechsel 133
Promotorgen 204

Propionsäure 8, 82
Propionyl-CoA 105, 127
Prostacycline 228, 289
Prostaglandine 99, 228, 288, 289
Proteinaseinhibitoren 45, 47
Proteinbiosynthese 213
–, Insulin 267
–, Prinzip 207
Proteine 4, 9, 12, 17
–, Abbau und Resorption 253
–, Ausfällung 27
–, Biokatalyse 30
–, biologische Wertigkeit 226
–, isoelektrischer Punkt 26
–, Nahrungsbestandteile 223
–, posttranslationale Modifikation 216
–, quantitative Bestimmung 27
–, Raumstruktur 17
Proteinelektrophorese 26
Proteingemische, Fraktionierung 25
Proteinkinase 258
–, cAMP-abhängige 152
Proteinstoffwechsel, Hunger 145
–, Insulinstoffwechsel 265
–, Nahrungsmangel 138
Proteoglykane 59, 177, 178, 338, 339
–, Funktion 180
–, Stoffwechsel 342
Proteoglykanstoffwechsel, Störungen 344
Proteolyse 145
–, Insulin 267
Prothrombin 310
Protonengradient 94
Protoporphyrin III 297
Pteridin 236
Punktmutationen 219
Purinbasen, Abbau 190
–, Wiederverwertung 189
Purine, Biosynthese 184
Purinnucleotidcyclus 116
Puromycin 216
Pyridoxalphosphat 34, 112, 235
Pyridoxaminphosphat 112
Pyridoxin 34, 230, 235
Pyrimidinbasen, Wiederverwertung 189
Pyrimidine, Abbau 191
–, Biosynthese 188
Pyruvat 64
–, Aminosäureabbau 127
Pyruvatcarboxylase 145, 146, 147

Pyruvatdehydrogenase 52, 82, 143, 145, 157
—, Mechanismus 75
—, Regulation 76
Pyruvatkinase 64

Q_{10} s. Temperaturkoeffizient
Quartärstruktur 24, 50

Rachitis 243
Rasterschubmutationen 219
Reaktionskinetik 38
Redoxpotential 83
Redoxreaktionen 83
Regulation, allosterische 49
Regulatorgen 205
Registerpeptid 341
Renaturierung, Proteine 23
Renin-Angiotensin-System 286
Reparaturenzyme 220
Replikation, Hemmstoffe 206
—, semikonservative 199
Repressorprotein 205
Reticulocyten 302
reticuloendotheliales System 303
Reticulum, endoplasmatisches 5, 159
Retinal 240
Retinol 99, 100, 230, 240
Retinoldehydrogenase 240
Retinolmangel 242
Riboflavin 33, 230, 232
Ribonuclease 21, 22, 23, 206, 252
Ribose 6, 9, 55
Ribose-5-Phosphat 68
ribosomale RNS siehe rRNS
Ribosomen 6, 212, 213
Ribulose-5-Phosphat 68
Riesenwuchs 273
Rifampicin 206
Rhodopsin 240
mRNS 195, 202, 207
rRNS 195
tRNS 195, 210, 211
RNS, posttranskriptionale Modifikation 202
RNS-Polymerase, DNS-abhängig 201, 202
Röntgenstrukturanalyse 19
Rous-Sarkom 221

Saccharidasen 253
Saccharose 58

Säure-Basen-Katalyse 52
Salzbrücken 22
Sanfilippo-B-Syndrom 343
Sarkolemm 327
Sarkomer 327
Sarkoplasmatisches Reticulum 330
Sauerstoff 91
Scatol 256
Schilddrüsenhormone 274, 275
Schwefel-Eisen-Komplexe, Atmungskette 88
second messenger 258
Secretin 252
Sedoheptulose-7-Phosphat 68
Sehvorgang 240
Sekundärstruktur 19
Selektion, klonale 306
Serin 12, 15, 101, 115, 123, 127
Serotonin 123, 286, 288, 310, 337
Serum, Lipoproteine 313
Sexualhormone 277, 280
Sialinsäure 175
Sichelzellkrankheit 296
Signalpeptid 217
Skorbut 240
Somatomedine 273
Somatostatin 273
Speichel, Bestandteile 251
Sphingolipide 100, 101, 160, 162, 166
Sphingomyelin 101, 161, 166, 167
Sphingosin 101, 160, 166
Spurenelemente 245
Squalen 168
Stärke 7, 58
Startcodon 207
Stercobilinogen 299
Stereospezifität 35
Steroiddiabetes 283
Steroide 99
Steroidhormone 99, 100
—, Enzyminduktion 205
Stickstoffbilanz 224
Stoppcodon 207
Streptomycin 216
Strukturen 204
Substratbindung, Stereospezifität 52
Substratkettenphosphorylierung 63, 87
Substratspeicherung 138, 149
Substratumsatz 139
Succinat 78
Succinatdehydrogenase 79

Succinyl-CoA 78, 82, 107, 110
–, Aminosäureabbau 126
Sulfatide 166
Sulfatierung 320
Sulfonamide 237
Synapsen 336

T-Lymphocyten, zelluläre Immunantwort 303, 304
T_3 274
T_4 274
Taurin 137
Taurocholsäure 137, 168
Temperatur 44
Temperaturkoeffizient 44
Terminationsfaktor 215
Tertiärstruktur 21
Test, optisch-enzymatischer 37
Testosteron 278
Tetracycline 216
Tetrahydrobiopterin 128
Tetrahydrofolat 34, 126
Tetrahydrofolsäure 123, 236
Tetrajodthyronin 274
Thalassämien 296
Thermogenese 93
Thiamin 33, 230, 231
Thiaminmangel 232
Thiaminpyrophosphat 33, 75, 231
–, Transketolase 68
Thioester 87
Thiokinase 103
Thiolase 105
Thioredoxin 189
Thiotransferase 110
Threonin 12, 15, 115, 122, 123, 126, 224
Thrombin 310
Thrombocyten 309
Thrombocytenaggregation 310
Thromboplastin 311
Thromboxane 228, 289, 310
Thymidin 182
Thymin 10, 182
Thymindimerisierung, ultraviolettes Licht 220
Thymus, Bildung von T-Lymphocyten 304
Thyreocalcitonin 284
Thyreoglobulin 274
Thyreostatica 276

thyreotropes Hormon 275
Thyroxin 93, 129, 274
Tocochinone 100, 246
Tocopherol 100, 230, 245
α-Tocopherol 246
α-Tocopherol-Hydrochinon 246
Transaldolase 68, 70
Transaminasen 113, 146
Transaminierung 111, 112
Transcobalamin 239
Transduktion 219
Transfer-RNS, s. tRNS
Transferasen 31
Transferrin 247
Transition 219
Transketolase 68, 70
Transkriptase, reverse 221
Transkription, Hemmstoffe 206
–, hormonelle Kontrolle 259
–, Mechanismus 201
–, Regulation 204
Translation, Hemmstoffe 216
Transmitter 336
Transphosphorylierung 87
Transport, aktiver 253
Transversion 219
TRH 275
–, Adenylatcyclase 259
Triacylglycerin 8, 101, 139, 154
–, Abbau 101
–, Biosynthese 149, 154
–, Speicherung 152
Triacylglycerinbiosynthese, Regulation 157
Triacylglycerinlipase 52, 102
–, hormonelle Kontrolle 325
Trijodthyronin 129, 274
Trinkwasserfluoridierung 250
Triosephosphat-Isomerase 62
Tropokollagen 341
Tropomyosin 328, 330
Troponin 328, 330
Trypsin 36, 252
Tryptophan 12, 122, 123, 224
–, Abbau 135
TSH 275
–, Adenylatcyclase 259
Tumorviren 221
Tyramin 256
Tyrosin 12, 15, 82, 127
–, Abbau 127

Tyrosin, Absorptionsmaximum 27
–, Stoffwechsel 128
Tyrosinhydroxylase 268
Tyrosintransaminase 128

Ubichinon 34, 35, 99
–, Atmungskette 88
UDP-Galacturonat 173
UDP-Glucuronat, Biosynthese 172
– -Transferase 173
UDP-Iduronat 173
Ultrazentrifugation 25
UMP 188
Uracil 10, 182
Uricase 97
Uridin 182
Uridin-5′-Monophosphat, UMP 188
Uridindiphosphat 34
– -Glucose 149
Uronsäuren 171
Uroporphyrinogen III 297
UV-Bestrahlung, mutagene Wirkung 219

V-Typ 49, 50
Valin 12, 15, 82, 122, 123, 124, 125, 126
Vanillinmandelsäure 269
Vasopressin 28, 286
–, Adenylatcyclase 259
Verseifbarkeit, Lipide 99
Viren, Änderungen des genetischen Materials 221
Vitamin A 240
– B_1 33, 231
– B_2 33, 232
– B_6 34, 235
– B_{12} 105, 237
– C 33, 239
– D 242
– E 245
– K 244, 312
– K, Blutgerinnung 311
– K-Antagonisten 312
– K1 99
Vitamine 228
–, Einteilung 230
–, fettlösliche 227, 240
–, wasserlösliche 230
VLDL 313, 314

Wachse 100
Wachstumshormon, biochemische Wirkung 273
–, diabetogene Effekte 274
– (STH), Synthese und Sekretion 272
Wasser, Resorption 255
Wasserstoffbrückenbindungen 20, 21, 22, 24
Wechselwirkung, hydrophobe 15, 23, 24

Xanthin 190
Xanthinoxidase 47, 97, 190
Xeroderma pigmentosum 221
Xerophthalmie 242
Xylose 55
Xylulose 173
– -5-Phosphat 68

Zahnschmelz 344
Zellenzyme, Blut 314
Zellkern 5
Zentrum, aktives 38, 52
Zink 248
Zucker, Biosynthese 171
–, nukleotidaktivierter 171

Physiologische Chemie

Lehrbuch der medizinischen Biochemie und Pathobiochemie für Studierende der Medizin und Ärzte

Von G. Löffler, P. E. Petrides, L. Weiss, H. A. Harper

2., völlig überarbeitete Auflage. 1979.
672 Abbildungen, 199 Tabellen. XVI, 940 Seiten
Gebunden DM 98,–
ISBN 3-540-09332-X

Inhaltsübersicht: Stoffe und Stoffwechsel der Zelle: Stoffe: Bausteine der Zelle. – Stoffwechsel: Energie- und Materieumsatz der Zelle. – Struktur und Stoffwechsel der Gewebe. – Sachverzeichnis. – Hinweisindex zu den Gegenstandskatalogen „Physiologische Chemie" und „Pathobiochemie".

Dieses für Medizinstudenten und Kliniker aller Fachrichtungen geschriebene Buch liegt jetzt in 2., völlig überarbeiteter Auflage vor, enthält den im Gegenstandskatalog für das Fach Physiologische Chemie vorgeschriebenen Stoff und geht in wesentlichen Punkten noch darüber hinaus. Es stellt die Zusammenhänge zwischen chemischer Struktur und biologischer Funktion eines Stoffes dar, behandelt ausführlich die Regulation von biochemischen Prozessen und vermittelt den Bezug zur Klinik durch die Interpretation pathologischer Prozesse als Fehlregulation. Der Zugang zu diesem umfangreichen Fachgebiet wird erleichtert durch die Aufteilung des Buches in die Teile Stoffe und Stoffwechsel der Zelle sowie Struktur und Stoffwechsel der Gewebe, durch eine klare Gliederung innerhalb der Kapitel und Veranschaulichung des Textmaterials durch eine Fülle von Illustrationen. Literaturhinweise am Schluß jedes Kapitels ermöglichen die gezielte Vertiefung in die entsprechenden Sachgebiete. Das rasche Auffinden von Informationen ist durch das umfangreiche Sachverzeichnis gewährleistet, das dem Buch auch die zusätzliche Bedeutung eines Nachschlagewerkes verleiht.

Springer-Verlag
Berlin
Heidelberg
New York
Tokyo

Heidelberger Taschenbücher
Eine Auswahl

Band 101
A. A. Bühlmann, E. R. Froesch
Pathophysiologie
Unter Mitarbeit zahlreicher Fachwissenschaftler
4., überarbeitete Auflage. 1981. 92 Abbildungen,
89 Tabellen. XXI, 448 Seiten. DM 29,–
ISBN 3-540-10446-1

Band 119
K.-H. Bäßler, W. Fekl, K. Lang
Grundbegriffe der Ernährungslehre
3., überarbeitete zund erweiterte Auflage. 1979.
16 Abbildungen, 68 Tabellen. XVI, 200 Seiten
DM 24,80
ISBN 3-540-09388-5

Band 136
Grundriß der Sinnesphysiologie
Herausgeber R. F. Schmidt
Mit Beiträgen von zahlreichen Fachwissenschaftlern
4., korrigierte Auflage. 1980. 142 Abbildungen, 125 Testfragen zur Selbstkontrolle. XI, 336 Seiten. DM 24,80
ISBN 3-540-09909-3

Band 210
G. Thews, P. Vaupel
Grundriß der vegetativen Physiologie
1981. 171 Abbildungen. IX, 452 Seiten. DM 29,80
ISBN 3-540-10631-6

Band 211
H. P. Latscha, H. A. Klein
Organische Chemie
Chemie – Basiswissen II
1982. 121 Abbildungen, 56 Tabellen, 700 Formeln.
XXII, 554 Seiten. DM 49,80
ISBN 3-540-10814-9

Springer-Verlag
Berlin
Heidelberg
New York
Tokyo

Band 221
J. H. Wolf
Kompendium der medizinischen Terminologie
Korrigierter Nachdruck. 1982. XV, 220 Seiten. DM 24,80
ISBN 3-540-11911-6

MIX
Papier aus verantwortungsvollen Quellen
Paper from responsible sources
FSC® C105338

If you have any concerns about our products,
you can contact us on
ProductSafety@springernature.com

In case Publisher is established outside the EU,
the EU authorized representative is:
**Springer Nature Customer Service Center GmbH
Europaplatz 3, 69115 Heidelberg, Germany**

Printed by Libri Plureos GmbH
in Hamburg, Germany